항공보안론

고광남 · 소대섭 공저

AVIATION SECURITY

백산출판사

머리글

오늘날 고도의 경제성장과 교통, 통신, 무기체계 등 과학기술의 발달로 민간항공분야도 전 세계를 일일생활권으로 시간과 공간의 제약을 최소화하는데 기여하고 있습니다.
현대사회문명의 급속한 팽창은 선진국과 후진국간의 빈부의 격차심화와 정치 · 경제 · 사회적 불안이나 민족주의 성향고조 및 종교적 갈등 등으로 전쟁과 테러가 하루도 없는 날이 없다고 하여도 과언이 아닙니다.
전쟁이나 테러는 현대인류사회가 겪고 있는 위기 가운데서 가장 심각한 문제로 부각되고 있으며, 이러한 위기를 유발시키는 공격수단으로 항공기납치, 폭파 등 민간항공 및 항공운송의 안전을 위협하거나 저해하고 있어 가장 큰 문제로 대두되고 있습니다.
따라서 모든 위협행위로부터 민간항공보호를 최우선적으로 다루어져야 할 사항이므로 국가를 비롯하여 관계자들이 민간항공불법행위대상인 항공기가 정상적으로 운항되고 승객 및 승무원, 항공시설이 안전하게 보호될 수 있도록 적절한 조치가 이뤄져야 하겠습니다.
조치사항으로는 테러 등 각종 위협에 대한 예견(prediction)능력을 강화하고 적극적인 예방(prevention)활동과 테러저지(deterrence)를 위한 환경을 조성하여 사건발생시 일사불란하게 대응(reaction)할 수 있는 태세를 항시 갖추고 있어야 하겠습니다.
이러한 상시대비태세를 갖추기 위해서는 실무에서 근무하고 있는 요원들이 자기의 임무를 제대로 알고 수행하는 것이 그 무엇보다도 중요하다고 생각됩니다.
그리하여 항공보안실무에 필요로 하는 관련된 국제협약, 국제민간항공부속서#17(항공보안), 항공보안지침서(DOC/8973), 항공안전 및 보안에 관한 법률, 국가보안목표관리지침 등 관련된 법규와 항공시설 및 항공기 경비, 인원 및 화물보안검색, 기내식보안, 불법방해 행위에 대한 대응 등을 정리하여 보았습니다.
이 책이 발간될 수 있도록 도와주신 이규항님, 추재호님, 김승철님에게도 감사드리고, 아무쪼록 항공보안 분야에 관심있는 분들에게 다소나마 도움이 되었으면 하는 것이 저희들의 솔직한 바람이며 여러분의 끊임없는 성원과 관심 그리고 논평, 견해 및 제안을 주신다면 추후 개정판 발간 시 보완토록 하겠습니다.

2006년 2월
저자 올림

CONTENTS

CONTENTS

Aviation Security

제1장

테러의 개념 및 국제테러 분석

제1절 테러의 개념과 특성

1. 테러(Terror)의 정의

"테러"라는 용어는 '커다란 공포' 또는 '죽음의 심리적 상태'를 의미하는 라틴어 'Terrere'에서 유래한 것으로 온갖 폭력을 써서 남을 위협하거나 공포에 빠뜨리게 하는 행위를 말하며, 대통령 훈령 제47호「국가 대테러 활동지침」에 의하면 "테러라 함은 정치적 또는 사회적 목적 등을 가진 개인이나 집단이 추구하는 목적을 달성하거나 상징적인 효과를 얻고자 정부나 시민, 특정 단체들을 협박하거나 강요하는 계획된 불법행위"라고 정의하고 있다. 또한「신좌파와 테러리즘」에 의하면 "테러란 공포, 전율의 뜻을 가진 명사로서 정치적 적대자 또는 그 단체나 기관의 구성원에게 구타, 파괴, 방화, 학살 따위의 온갖 폭력을 행사하여 상대를 위협하거나 공포에 빠지게 하는 불법적인 행위"라고 정의하기도 한다. 미국 국방성에서는 테러에 대해 "직접적인 피해 당사자들 뿐만 아니라 국경을 초월하여 보다 폭넓은 목표집단들의 태도와 형태에 영향을 주려는 의도를 가진 경우의 정치적 목적을 위한 폭력의 위협 또는 행사"라고 정의하고 있다.

2. 테러리즘(Terrorism)이란?

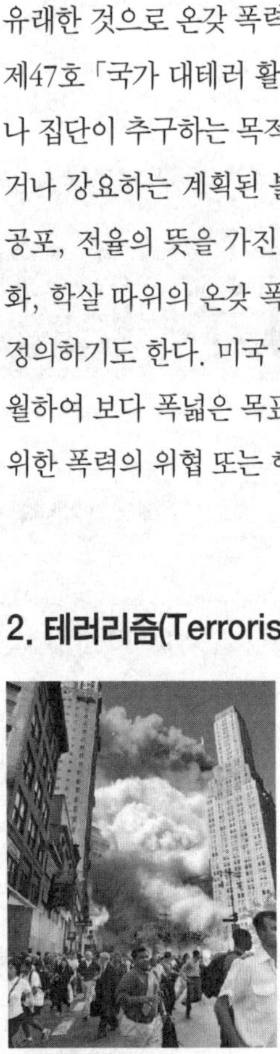
미국 9.11테러사건

테러리즘이란 용어는 1789년 프랑스 혁명 당시 혁명정부의 주역이었던 J.마라, G.J.당통, 로베스피에르 등이 공화파 집권정부의 혁명과업 수행을 위하여 왕권복귀를 꾀하던 왕당파를 무자비하게 암살, 고문, 처형하는 등 공포정치를 자행하였던 역사에서 유래하는 것으로 알려지고 있다.

'테러리즘'은 강제와 위압의 수단으로 테러를 체계적으로 활용하는 것으로 혁명기구나 정치적 · 이데올로기적 목적을 달성하기 위하여 개인, 사회 혹은 정부를 협박하거나 혼란스럽게 하여 자유민주주의의 파괴를 목적으로 하는 불법적인 정치적 극단주의의 한 형태이다.

테러라는 말이 우리 사회에 친숙하게 통용되고 있으나 그 정의에 대해서는 학자들 간에도 많은 이견이 있으며 시대마다, 나라마다 다른 정의가 내려지기도 하는데, 이를 정리해 보면,[1] "테러리즘이란 국가 혹은 특정단체 등이 정치적, 사회적, 종교적, 민족적인 목표 달성을 위하여 조직적이고 지속적인 폭력 사용 또는 폭력 사용에 대한 협박과 강요로 광범위한 공포분위기를 조성함으로써 특정 개인, 단체, 사회 그리고 정부의 인식 변화와 정책 변화 등을 유도하려는 상징적이고 심리적인 폭력행위의 총칭"이라고 규정지을 수 있다. 테러는 미리 계획된 고의적인 폭력행위, 정

1) 이상원, 범죄예방론 (대명출판사 2005)

치적 동기에서 유발된 폭력행위, 민간인을 공격목표로 하는 폭력행위, 국가의 정규군대가 아닌 조직이나 단체에 의해 수행되는 폭력행위 등으로 나누기도 한다. 미국 연방수사국은 테러리즘의 개념으로 "정치적 혹은 사회적 목적을 추구하는 과정에서 정부, 시민 또는 특정집단들을 협박하거나 강요하기 위해 사람들 또는 재산에 대해 불법으로 압력 또는 폭력을 행사하는 것"이라고 정의하기도 한다. 1937년 국제연맹에서 개최된 "테러리즘 방지와 처벌에 관한 회의"에서 테러리즘을 "한 국가에 대하여 직접적인 범죄행위를 가하거나, 일반인이나 군중들의 마음속에 공포심을 일으키는 것"이라고 정의하고, 국가원수의 배우자에 대한 살상, 공공시설 파괴 등을 테러리즘에 포함시켰다.

3. 최근 테러의 특성 및 변화동향[2]

테러는 "시대의 거울"이라고 하는데 이는 테러리즘이 정치적 산물인 동시에 시대적 상황을 반영하고 있기 때문이다. 테러조직은 각기 다른 역사적 · 정치적 · 사회적 환경에서 생성되었다가 상황이 변화되면 소멸되거나 세력이 약해지기도 하고 더 진화되거나 새로운 조직이 출현하는 등 계속적인 변화를 거듭한다. 현대 테러리즘은 60년대 월남전 반대운동이 확산되면서 극좌세력과 PLO(팔레스타인 해방기구, Palestine Liberation Organization)[3] 계의 테러조직과 같은 현대적 의미의 테러조직이 활동하면서 구주지역과 중남미 지역으로 급속히 확산되었으나, 90년대 초 공산주의 몰락으로 세계질서가 재편되고, 특히 미국의 9 · 11 테러사건을 계기로 국제테러의 역사는 새로운 전환점을 맞게 되었는데, 국제테러리즘의 변화 동향과 그 요인을 시대적 상황에 비추어 보면 다음과 같다.

첫째, 냉전종식으로 극좌테러조직의 네트워크가 붕괴되었다.[4] 60~80년대까지 서독적군파, 이탈리아의 붉은 여단, 일본 적군파, 팔레스타인 인민해방전선(PFLP)을 중심으로 사회주의와 무정부주의를 지향하는 중남미지역의 테러조직들이 구소련 · 동독 · 쿠바 · 레바논 · 시리아 · 이라크 등 반서방 성향의 테러지원 국가들과 네트워크를 형성하고 국제테러를 주도해 왔으나, 80년대의 세계적인 경제성장과 각국의 대테러 활동강화로 구라파 극좌세력은 활동 중단상태에 이르렀고, 베를린 장벽 붕괴(89.2)로 시작된 동구권의 몰락은 극좌테러의 퇴조현상을 가속화시켜 세계적인 네트워크가 무너지게 되었다. 한편, 아랍 과격테러조직의 유일한 후원자로 남아 있던 리비아의 카다피정권도 88년 팬암 항공기, 89년 프랑스 TUA 항공기 피격사건 이후 국제적 압력에 굴복하여 국제테러의 지원 내지는 관여를 포기하자 극좌 테러세력은 물론 아랍계 과격 테러조직의 활동이 위축되었다.

둘째, 걸프전(90.8.1)으로 아랍권 테러조직의 구성과 활동이 약화되었다.

---

2) 국제테러리즘의 양상과 대응전략(민병설, 제2회 항공보안세미나 주제발표논문, 2005)
3) PLO : 팔레스타인 국가건설을 목표로 1964년 설립된 전세계적으로 445만 명으로 추산되는 팔레스타인인을 대표하는 정치조직
4) 독일전군파는 98. 4.20 매스컴을 통해 해산 성명발표하였으며 이탈리아의 붉은 여단은 94년 내분이 생겨 2개파로 분열되었으나 완전히 소멸된 것은 아니며, 일본적군은 해외에서 활동을 주도하던 히게노부후사꼬(여60세) 체포로 사실상 소멸

90년대 초 국제테러의 주역은 아랍계 과격 테러조직이었으며 그들의 실질적 후원자는 사우디아라비아 · 쿠웨이트 등 풍부한 산유국이었는데, 이라크가 쿠웨이트를 침공하자 PLO를 비롯한 반미성향의 중동 테러조직이 이라크 노선을 지지하면서 그들에 대한 테러자금 유입이 동결되자 중동 테러조직의 구성과 활동이 쇠락되는 등 급속한 변화를 맞게 되었다. 특히 팔레스타인 테러조직은 94년 이스라엘과 평화협정이 체결되면서 자신들의 지역과 이스라엘 지역 외 제 3국에서 미국인이나 시설을 공격하는 등의 국제 테러행위는 일어나고 있지 않다.

반면에 70년대 중반부터 사우디아라비아가 막대한 오일달러를 기반으로 전 세계 이슬람 선교활동을 지원하면서 순수 이슬람주의를 추구하는 "와하비즘"을 전파했고 이러한 영향 때문에 동남아를 비롯한 각국의 무슬림들이 아프가니스탄의 대소련전(1980~1990년) 및 내전에 참여했다.[5] 이를 계기로 「빈라덴」을 중심으로 이슬람 과격 테러 연합조직인 알카에다(Al Quede)가 생성되었고, 걸프전 종식 이후에도 미국이 사우디아라비아에 장기 주둔하면서 국제테러는 새로운 국면을 맞게 되었다.

셋째, 21C 이념대립과 테러양상이 이미 전개되고 있다는 것이다.

9 · 11 테러사건은 납치한 항공기를 테러무기로 사용하는 전혀 예상치 못한 공격전술로서 미국이 진주만 피습이후 50년 만에 본토를 공격당하는 수모와 충격을 받았다. 현대전의 패러다임은 국가가 공식적 수단과 조직을 이용하여 상호 유사한 수단으로 싸우는 총력전으로 적이 누구이며 무엇을 파괴해야 하는지가 명확했으나, 9 · 11테러는 비국가적 · 초국가적 단위집단이 한 국가를 상대로 군사작전을 방불케 하는 치밀한 테러공격을 감행함으로써 제4세대 전쟁 혹은 비대칭 전쟁으로도 불리며 21C 새로운 전쟁유형을 예고하고 있다. 아울러 알카에다와 같은 민족 · 이념 · 종교 등 비국가 단위 조직들이 국제정치의 중요한 행위자로 등장하게 되었다. 알카에다는 2001.10 미국의 공격으로 아프가니스탄의 근거지를 상실하였고 파키스탄으로부터 더 이상의 지원이 불가능해지자 중동 · 아프리카 북동부 코카서스 등지로 잠입하여 생존을 모색해 왔으며, 특히 90년대 초반부터 현지 이슬람 단체들과 연계되어온 동남아 지역에 집중적으로 침투하여 지역세포조직을 구성하였으며, 전 세계 무슬림 공동체에 침투하여 종교, 정치, 문화 등 동질성을 이용하여 활동근거지를 확보하고 범 이슬람 국가건설을 위한 대정부 투쟁과 미국에 대한 공격을 지원하고 있다.

한편, 미국은 냉전시대에도 제국주의의 표상으로서 또는 이스라엘의 지원에 대한 보복으로 팔레스타인을 비롯한 이슬람 테러조직과 극좌세력의 주공격 목표가 되어 왔다. 1990.8월 이라크의 쿠웨이트 침공 이후 미군이 이슬람 성지인 사우디아라비아에 장기 주둔하고 있는 것에 대해 무슬림들은 기독교 군대가 성지를 점령한 것으로 보고 이를 이슬람의 패배와 굴욕으로 인식하고 있을 뿐 아니라

5) 와하비즘은 18세기초 「이븐아들와하비」에 의해 창설된 분파로 엄격한 이슬람 근본주의를 바탕으로 하고 있으며 사우디 왕국 건설에 기여함으로써 사우디에서 지배적인 이슬람 교단으로 자리잡고 있다.

미국의 석유이익 보호와 패권주의에 대해서도 강한 반감을 가지고 있어 이슬람 과격 테러조직의 일차적인 적은 미국일 수밖에 없으며 이러한 현상은 기독교 문명과 이슬람 문명의 갈등으로까지 비춰지고 있다. 그러나 미국은 알카에다 등 이슬람 과격 테러조직의 소탕과 석유이익 보호를 위해 어떤 형태로든 중동지역에 군대를 주둔시키고 이 지역 국가들에 대해 자유화, 민주화 압력을 강화하는 등 변화를 촉구할 것으로 예상되는 바, 이것은 이슬람 근본주의 테러조직의 투쟁목표와 배치되어 대립을 피할 수 없게 됨으로써 국제테러의 능동적 · 수동적 주체가 미국 및 친미국가와 알카에다를 비롯한 이슬람 과격 테러조직으로 양극화될 전망이다.

알카에다가 지향하는 목표는 ①십자군 및 식민지 시대부터 이슬람을 무시하고 분열시키고 모욕해온 서방국가들을 격퇴시키고, ②과거 영화를 누렸던 이슬람제국과 맞먹는 규모의 이슬람 단일국가를 건설하는 것인데, 이슬람 근본주의 국가건설은 곧 종교적 사회주의 이념의 탄생을 의미하는 것으로 테러와 대테러전은 21C 새로운 이념 대립과 전쟁의 유형을 예고하고 있다.[6]

6) 알카에다 등 이슬람 근본주의 테러조직이 지향하는 이슬람 단일국가는 과거 오토만 터키제국(1517~1918)이 지배했던 지역의 이슬람 국가들을 통합하여 하나의 국가를 건설하는 것이다.

제2절 2000년대 테러정세

1. 2001년 테러정세[7)]

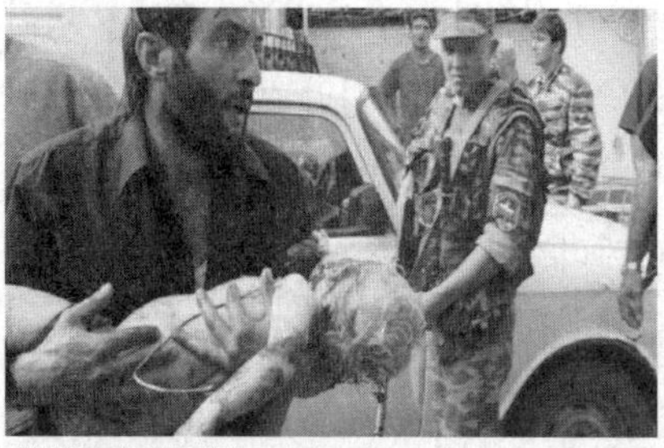

체첸반군에 의한 테러

2001년에는 466건의 테러가 발생하여 9,947명의 사상자(사망 5,509, 부상 4,438)가 발생하였는데 테러 발생건수를 보면 아시아 · 태평양지역 및 미주지역에서는 감소하였으나 중동 · 유럽 · 아프리카 지역에서 테러사건이 빈발하여 작년(429건)에 비해 9% 증가하였으며 인명피해도 '알 카에다' 에 의한 사상 초유의 항공기 자살테러로 많은 사상자가 발생하여 2000년도(5,026명)에 비해 98%나 급증하였다. 지역별 테러사건 발생 현황을 보면 이스라엘-팔레스타인 간 유혈분쟁 격화로 '하마스' 등 회교 테러단체들의 對 이스라엘 테러 및 알제리 이슬람 무장반군의 반정부활동이 활발했던 중동지역이 146건으로 가장 많았고, 중동지역은 2000년도(83건)에 비해 테러사건이 76% 증가하였으며, 필리핀 · 스리랑카 · 인도 · 인도네시아 등지에서 정치불안과 분리독립 등으로 인해 테러가 지속됐던 아 · 태지역이 126건이었으며, 스페인 '마스크 조국해방' (ETA) 등 민족주의 테러가 활발했던 유럽지역이 82건, 콜롬비아 등을 중심으로 좌익반군에 의한 테러가 주류를 이룬 미주지역이 59건, 아프리카 지역이 53건으로 나타났다.

특히, 9.11 테러는 '알 카에다' 에 의해 미국 뉴욕과 워싱턴에서 자행된 동시다발 테러로 '항공기 자살공격' 이라는 사상 초유의 수법과 무차별 대량살상이라는 소위 21세기형 '뉴 테러리즘' 의 모델이 되는 사건으로 사망자와 실종자가 3,000여 명에 이르는 등 테러 공포가 전세계에 확산되는 계기가 되었다. 과거의 테러양상과는 달리 테러범이 요구조건과 공격 주체를 밝히지 않고, 전쟁수준의 무차별적인 공격을 감행하여 테러로 인한 피해가 상상을 초월하며 테러조직이 그물망으로 운영되어 무력화가 곤란한 특징 등을 보여주었다. 또한 이스라엘-팔레스타인 간 유혈사태가 격화되면서 이스라엘에서는 팔레스타인 무장단체의 연쇄 자살폭탄테러가 월 평균 2건 이상 발생하여 자살테러가 확산추세를 보였으며 콩고 민주공화국 카빌라 대통령, 이스라엘 관방장관, 에티오피아 국가정보부장 등이 총격 암살되는 등 정치가 불안한 국가를 중심으로 요인암살 테러위협이 지속되었다. 그리고 9.11테러 이후 미국의 아프간 보복공격 개시 이후 회교세력들의 대규모 반미집회와 시위가 지속되는 가운데 '알 카에다' 등 과격 회교세력에 의한 테러위협이 고조되기도 하였다.

한편 9.11 미 테러사건 이후 유엔, 미국 등을 비롯한 세계 각국의 대테러 활동이 적극적으로 전개되었으며 유엔은 테러단체의 금융자산 동결 등을 촉구하는 '안보리 결의 1373호' 를 채택하고 산하

7) 2001년도 테러정세 (국가정보원)

위원회를 통해 각국의 대테러 조치 이행실태를 지속적으로 점검하도록 하였다. 미국은 테러범죄 수사권한을 강화한 대테러법을 발표하고 테러관련 단체 · 개인의 자금을 동결 조치하는 한편 아프간 보복공격을 감행하여 탈레반 정권과 '알 카에다' 조직을 와해시켰고, 영국 · 독일 · 스페인 · 호주 · 일본, 남아공화국 등 세계 각국에서 대테러 법령 정비 및 국제 공조수사를 통해 '알 카에다' 등 회교과격단체 조직원을 검거하는 등 국제사회의 대테러 활동이 활발하였다.

국내에서는 테러조직에 의한 직접적인 테러사건이 발생하지 않았으나 인터넷 폭발물 제조사이트 모방 사제폭발물 사건과 총기류 이용 강력사건 등 준테러형 범죄와 재외국민을 대상으로 한 인질납치 등의 피해사례가 지속되어 이에 대한 대책강구 필요성이 제기되었다. 미국 9.11테러사건 이후 과격 회교세력에 의한 테러위협이 고조된 가운데 각 기관별로 대응책을 강구하고, 뉴 테러리즘에 대비한 정부 종합대책을 마련하는 한편 「테러 방지법」 제정을 추진하기도 하였으며 공항과 항만, 정부시설 및 다중시설 등에 대한 보안활동이 강화되었다.

2. 2002년 테러정세[8)]

월드컵대비 대테러 특공대의 훈련장면

2002년에도 세계 각국에서 이슬람 원리주의 · 민족분리독립 · 극좌 · 극우 등 다양한 동기에서 비롯된 총 497건의 테러가 발생하여 9,202명(사망 3,110, 부상 6,092)의 인명피해가 발생하였다. 중동지역에서는 이스라엘 · 알제리 · 레바논 · 예멘 등지에서 주로 과격 이슬람 세력에 의한 반미 · 반정부 성향의 테러사건이 총 170건 발생하였는데, 이스라엘과 팔레스타인 간 자살폭탄테러와 보복공격 등 유혈사태가 지속되었으며, 알 카에다의 활동 재개를 알리는 테러사건이 빈발하였다. 아시아 · 태평양지역에서는 파키스탄 · 인도네시아 · 인도 · 필리핀 등지에서 주로 과격 이슬람 원리주의에 바탕을 둔 총 144건의 테러사건이 발생하였는데, 인도네시아 발리섬 나이트클럽 폭파테러 등 알 카에다의 테러활동 축이 동남아로 이동한 것으로 알려지면서 테러위협이 크게 고조되었다. 유럽지역에서는 스페인 · 러시아 · 영국 · 이탈리아 등지에서 민족주의 성향의 테러가 주류를 이루는 가운데 총 85건의 테러사건이 발생하였으며, 러시아 모스크바 오페라 극장 인질사태시 특수부대의 진압과정에서 사용된 마취가스로 많은 인명피해가 발생

8) 2002년도 테러정세 (국가정보원)

하였다. 아프리카 지역에서는 우간다 · 부룬디 등지에서 정권불안 · 종족분쟁 등으로 인해 총 52건의 테러사건이 발생한 가운데 '부룬디 민주전선' 과 우간다 '신의 저항군' 등에 의한 테러사건이 빈발하였으나, 콩고 · 수단 · 소말리아 등 일부 국가에서는 반군과 휴전협정을 체결하는 등 평화분위기가 확산되기도 하였다. 미주지역에서는 콜롬비아 · 페루 등 정권불안 국가를 중심으로 좌익 반정부주의 테러 등 총 46건의 테러사건이 발생하였는데, 특히 콜롬비아 좌익반군에 의한 대정부 테러공격이 미주지역에서 발생한 테러의 대부분을 차지하고 있으며, 기타 페루 등지에서 미 대사관을 대상으로 한 반미성향 테러도 지속적으로 발생하였다. 국내에서는 2002 한 · 일 월드컵 축구대회와 부산 아시아 경기대회 등 대형 국제대회가 개최되어 그 어느 때보다 테러 발생 가능성이 높은 것으로 평가되었으나, 보안기관의 철저한 대응으로 월드컵과 아시아 경기대회를 성공리에 마쳤다. 다만, 테러를 모방하는 유사테러사건이 간헐적으로 발생하였고, 외국에서 활동하는 우리 국민의 증가와 외국과의 빈번한 교류로 인해 외국의 테러사건에 직접 노출되어 피해를 입는 사례가 증가하고 있다.

3. 2003년 테러정세[9)]

2003년에는 모두 809건의 테러가 발생하여 처음으로 1만명이 넘는 10,249명의 사상자(사망 4,057, 부상 6,192)가 발생하여 테러가 전세계로 급속히 확산된 해로서 전세계에서 이슬람 관련 테러위협이 고조되면서 이슬람 국가들이 많은 아 · 태지역과 혼란상태에 있는 이라크 등 중동지역에서 반미 · 반서방 · 반정부 테러가 빈발하여 2002년(497건)에 비해 테러발생 건수가 63% 급증하였다. 인명피해는 러시아 · 사우디 · 터키 · 인도네시아 등지에서 알 카에다와 연계된 이슬람 과격세력에 의한 대형테러가 지속적으로 발생하여 2002년의 9,202명(사망 3,110, 부상 6,092)에 비해 11% 증가하였다. 지역별 테러발생 추세를 보면, 아프가니스탄 등지에서 테러가 빈발한 아 · 태지역이 261건으로 수위를 차지하였고, 후세인 잔당세력과 알 카에다 등 이슬람 과격세력의 반미 · 반서방 테러가 고조된 이라크를 비롯하여 이스라엘 등 중동지역에서 232건이 발생하였으며, 러시아 · 터키 · 스페인 등 유럽지역이 123건, '콜롬비아 무장혁명군' (FARC) 등 좌익 성향의 테러가 빈발한 미주지역이 120건, 아프리카 지역이 73건 순으로 발생하였다.

테러발생 추세와 관련하여 특이한 점은 미국의 이라크전(3.20~5.1)을 전후한 3개월간 테러사건이 급등하였으며, 미국이 종전을 선언한 5월 1일 이후에도 이라크 혼란상황이 지속되면서 이라크에서만 145건의 테러가 발생하였다는 점이다. 알 카에다는 '지하드(聖戰)' 의 전초기지로 변한 이라크

9) 2003년도 테러정세 (국가정보원)

에서 현지 저항세력과 연계하여 미군은 물론 이탈리아 · 폴란드 · 스페인 등 다국적군과 파병을 준비 중인 터키 · 일본 · 한국 등 친미 동맹국에도 공격을 강화하는 양상을 보였고, 심지어 유엔 · 국제적십자사 등 국제기구에까지 테러를 확대하였다. 특히 국제사회에서 이라크 파병 논의가 활발해지면서 세계 각지에서 알 카에다와 연계된 이슬람 과격세력들에 의한 대형 테러가 빈발했다. 대표적인 사건들로는 사우디 외국인 거주지역 연쇄 폭탄테러(5.12, 230여 명 사상) · 인도네시아 메리어트 호텔 차량 폭탄테러(8.5, 170여 명 사상) · 터키 이스탄불 유대교회당(11.15, 330여 명 사상)과 영국 총영사관(11.20, 480여 명 사상) 자살 폭탄테러 등을 들 수 있다.

국내에서도 이라크전 종전 이후 서희 · 제마부대의 이라크 파병에 이어 추가파병 논의가 본격화되고 대구 유니버시아드 대회를 앞둔 상태에서 알 카에다 등 이슬람 테러조직들이 파병국과 파병 예정국을 대상으로 보복테러를 공언함에 따라 대테러 활동이 강화되었다. 특히 알 카에다 고위간부인 '칼리드 셰이크 모하메드' (2003.3 파키스탄에서 체포, 미국으로 신병인도)가 95년경 동남아발 미국행 항공기 동시 납치계획(일명, 보진카 작전)의 일환으로 국내 입국을 기도했었다는 첩보가 있었고, 또다른 핵심간부 '알 나시리' (2002년 쿠웨이트에서 체포)가 2001년 말경 아프간에서 한국 비자를 위조하라고 지시했다는 첩보가 입수되어 대회기간 중 이슬람 테러분자 잠입가능성이 우려되었으나 보안기관의 철저한 준비와 운영으로 성공적인 대회가 개최되었다.

특히 이라크전 이후 이라크 현지 저항세력들이 미군과 다국적군을 대상으로 테러 공세를 강화하는 가운데 알 카에다가 이라크를 이슬람 성전의 최적지로 선정하고 활동을 강화하면서 우리나라에 대한 테러위협 수준도 매우 고조되었다. 바그다드 주재 대우상사와 KOTRA 지사 피격, 바그다드 주재 우리 공관원이 현지 저항세력에 의해 일시 피랍되어 "이라크를 떠나라"라는 협박을 받고 풀려난 바 있으며, 우리 공관이 입주해 있고 이라크 파병을 위한 국회조사단이 투숙 중이던 바그다드 소재 팔레스타인 호텔이 로켓포 공격을 받기도 했다. 또한 이라크 복구사업에 참여 중인 (주)오무전기 근로자 4명이 티크리트 인근에서 저항세력들의 무차별 총격을 받아 2명이 사망하고 2명이 부상(11.30)하는 참상을 당하였으며, 후세인 잔당세력들은 한국이 파병할 경우 한국군과 한국관련 시설에 대해 테러를 가하겠다고 공언하기도 하였다. 또한 알 카에다 등에 의한 친미 참전국 대상 테러위협 경고도 지속되었다.

4. 2004년 테러정세[10)]

2004년에는 전세계에서 이슬람 원리주의 · 민족 분리독립 · 극좌 · 극우 등 다양한 동기에서 비롯된 988건의 테러가 발생, 16,303명의 사상자(사망 5,231, 부상 11,072)가 발생하였다. 테러발생 건수는 이라크에서 이슬람 과격 테러조직 등 저항세력들이 미군 · 연합군 및 임시정부 등을 대상으로 테러 공세를 강화함에 따라 전년도(809건)에 비해 22%가 증가하였다. 인명피해는 스페인 마드리드 열차테러(3.11, 1,700여 명 사상), 이라크 카르빌라 연쇄폭탄테러(3.2, 1,000여 명 사상), 북오세티아 학교 인질사건(1,200여 명 억류) 등 대형 테러가 빈발한 데다 이라크 테러정세 악화로 인해 전년도 10,249명(사망 4,057, 부상 6,192)에 비해 59% 증가하였다. 이라크전 종전 이후에도 저항세력들의 테러 공세가 더욱 강화되어 최대 테러 발생국으로 부상(581건)하였으며, 특히 알 카에다가 이라크내 저항세력을 지원해 영향력 확대를 기도하고 있다는 점이다. 이라크에서는 외부에서 유입된 이슬람 과격분자들이 현지 저항세력들과 연대하여 미군 · 연합군 및 임시정부 청사 · 군경 · 민간인 대상 테러 공격을 강화하였다. 특히 미국과 파병국을 분열시키고 파병국 내에서 반전 · 철군 여론을 조성하기 위해 외국인을 납치한 후 아랍계 방송이나 인터넷을 통해 참수를 강행하겠다고 협박하는 신종 테러수법(일명 디지털 지하드)을 확산시키면서 국제사회를 테러공포에 몰아넣었는데 실제로 스페인 · 필리핀이 이러한 테러 전술에 굴복하여 철군하였고, 일부 파병국에서도 반전여론이 확산됨에 따라 파병기간 종료 후 철수하는 사례가 이어졌다.

한편, '오사마 빈 라덴' 등 알 카에다 지도부는 수차례에 걸쳐 아랍계 방송과 인터넷 음성 메시지를 통해 전세계 이슬람권 사회에 반미사상을 고취시키고 파병국에 대한 공격 등 이라크 내 지하드 활동을 선동하였다. 사우디아라비아에서는 알 카에다 동조세력들이 석유산업시설과 미국 영사관을 공격한 데 이어 치안기관에 대한 폭탄테러를 지속적으로 자행하였고, 서방국 정보당국은 이러한 상황이 쿠웨이트 · UAE · 요르단 등 주변국가로 번질 가능성이 있다고 경고하였다. 또한 필리핀 여객선 화재사건 · 스페인 열차 폭탄테러 · 러시아 국내선 여객기 2대 동시 공중폭발 · 북오세티아 학교 점거사건 · 인도네시아 주재 호주대사관 차량 자살폭탄테러 등의 대형 테러사건이 많이 발생하였다. 특히 스페인이 열차 폭탄테러 이후 이라크에서 철군하는 심각한 상황이 초래되었으며 미국 · 영국 등 파병국들은 유사테러 발생가능성에 대비하여 대중교통시설 등에 대한 대테러 활동을 대폭 강화하였다. 미국은 '9 · 11 테러 진상조사위' 의 권고안에 따라 '국가 대테러 센터' (NCTC)를 신설하는

10) 2004년도 테러정세 (국가정보원)

등 국가 대테러 체계를 보강하는 '정보개혁법'을 제정하였고, 독일은 정보 · 수사기관 합동 '대테러센터'를 공식 출범시켰으며, 일본은 '국제조직범죄 및 국제테러대책 추진본부'를 설치하는 등 대테러 기능 강화 조치들이 이어졌다.

국내의 경우 국내외적으로 우리나라에 대한 테러위협이 그 어느 때보다 고조된 한 해로서 우리나라의 대규모 이라크 파병과 관련하여 테러위협 첩보가 급증하였으며, 알 카에다가 미국 · 영국 · 일본 등 서방 10개국과 함께 우리나라를 테러대상으로 지목한 이후 테러위협이 고조되었다. 이라크에서는 NGO 회원 2명과 종교계 인사 7명이 일시 억류되었다가 석방되었으며, 이후 '알 자르카위'의 '유일신과 성전' 조직에 의해 김선일 납치 · 살해 사건이 발생하였는데, 이들은 24시간 내 한국군의 철수를 석방조건으로 제시했으며 요구시한 종료 직후에 무참히 살해하였다. 이 사건을 계기로 국내에서는 테러정보의 통합 필요성과 테러방지법 제정 등 국가 테러대응 체계의 재정비 논의가 본격화되기 시작하였으며, 아프가니스탄 · 파키스탄 · 사우디아라비아 등지에서도 우리 공관 · 교민 대상 테러첩보와 위협이 잇따랐다.

제3절 최근 테러사건 분석

1. 연도별 발생 현황

90년대는 민족주의 및 분리독립에 기인한 테러가 빈발한 가운데 이슬람 원리주의 테러가 확산될 조짐을 보인 시기였으며, 2000년대 들어서는 알 카에다와 그 추종세력들이 미국 9 · 11 테러 등을 자행하면서 이슬람 과격세력에 의한 반미 · 반서방 테러가 주류를 이루고 있다. 90년대 초 동 · 서 냉전 종식으로 극좌테러가 감소한 대신 러시아 · 유고 등 세계 각지에서 소수민족 분리독립 요구가 분출하고 과격 이슬람 원리주의 세력이 확산되면서 종전의 좌익이념에 기인한 테러를 대체하는 경향을 보였다.

연도별	1993	1994	1995	1996	1997	1998	1999	2000	2001	2002	2003	2004
발생건수	549	375	468	426	435	458	506	429	466	497	809	988

94년 영국 · 이스라엘 등 유럽 · 중동지역 분쟁국가에서 평화협상이 진전됨에 따라 테러사건이 일시 감소하였다가 95년 이후 다시 민족주의 및 이슬람 원리주의 테러가 확산되었다. 97년 이후에는 민족주의 테러가 감소하고 알 카에다 등에 의한 이슬람 원리주의 테러가 현재까지 주류를 형성하고 있는데, 이는 알 카에다 지도자 「오사마 빈 라덴」이 미국 · 서방국 등 전세계를 대상으로 테러를 선언(98 .2)한 이후 이슬람 동조세력들이 이에 적극 호응하고 있기 때문인 것으로 분석된다. 한편, 2001년 9 · 11 테러 이후 미국 주도의 대테러 활동이 본격화 되고, 각국의 적극적인 대테러 활동으로 테러가 일시 소강상태를 보이기도 했으나, 2003년 이라크전(3.20~5.1)을 계기로 이슬람 과격세력들이 이라크를 지하드(聖戰)의 새로운 전초기지로 삼아 반미 · 반서방 테러를 강화하면서 2004년 한해 동안 이라크에서만 전체 테러사건(988건)의 절반이 넘는 581건(59%)을 기록하였다.

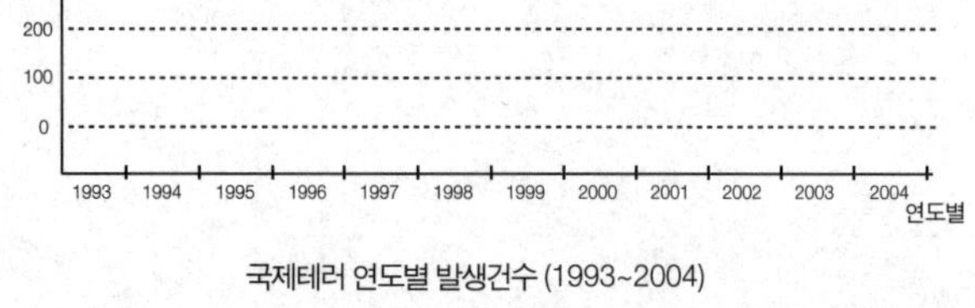

국제테러 연도별 발생건수 (1993~2004)

2. 테러 발생지역

연도별 발생현황에서 살펴본 바와 같이 2004년도 지역별 테러사건 발생현황을 보면, 중동지역이 627건으로 전체사건(988건)의 62%를 차지하였고 아 · 태 지역이 213건, 유럽지역이 110건, 미주지역이 31건, 아프리카 지역이 7건 등의 순으로 나타났다.

지역 / 연도별	계	아 · 태	중동	유럽	미주	아프리카
2001	466	126	146	82	59	53
2002	497	144	170	85	46	52
2003	809	261	232	123	120	73
2004	988	213	627	110	31	7

중동지역에서는 대부분의 테러가 이라크에서 집중 발생(581건)하였는데 연초부터 알 카에다와 연계된 '알 자르카위' 등 외부에서 유입된 국제테러단체들이 현지 저항세력과 연대하여 미군 · 연합군 등을 대상으로 공격을 강화했고, 임시정부 출범(6.1) 이후에는 정부 요인 · 군경 등 이라크인으로 테러대상을 확대하였다. 한편, 사우디아라비아에서도 이슬람 과격 분자에 의한 치안본부 · 내무부 등 치안기관과 미국 영사관 대상 폭탄테러가 잇따라 발생함에 따라 이라크 사태가 주변국가로 확대될 가능성이 우려되었다.

아 · 태지역에서는 전년도에 비해 테러사건은 감소하였으나 여전히 테러발생 빈도가 높았다. 아프가니스탄 · 인도 · 파키스탄 · 태국 · 네팔 등 분쟁지역을 중심으로 테러가 빈발하였으며, 이슬람 과격세력의 활동이 활발한 필리핀 · 인도네시아 등지에서도 테러가 지속되었다. 특히 태국은 그동안 테러위협이 크지 않았으나 2004년 1월 초부터 남부 지역에서 이슬람 과격세력에 의한 폭동이 테러로 발전하면서 연말까지 35건의 사건이 발생했다. 또한 동남아의 알 카에다로 알려진 '제마 이슬라미야(JI)' 는 각국의 대테러 활동으로 세력이 약화된 것으로 평가되었으나 9 · 9 인도네시아 자카르타 소재 호주대사관 폭탄 테러를 자행함으로써 건재함을 과시하였다.

유럽지역에서는 체첸반군에 의한 항공기 · 지하철 등 대중교통시설에 대한 테러와 학교 점거사건 등 대형사건이 잇따라 발생하면서 러시아 당국을 긴장시켰으며, 스페인은 열차 폭탄테러(3.11) 이후 이라크에서 철군을 선언(5.21)하였다. 한편, 아테네 올림픽(8.13~29) 개최국인 그리스에서도 올림픽 개최를 반대하는 좌익세력과 무정부주의자들에 의한 소규모 수준의 테러사건이 지속되었다. 미주지역에서는 지난해에 비해 콜롬비아에서 테러가 급감(95 → 23건)함에 따라 최근 수년간 최저

치인 31건의 테러가 발생하였다. 국제사회의 대테러 활동을 주도하고 있는 미국은 테러척결을 위해 국가 대테러 체계를 혁신하는 등 엄청난 자금과 조직을 동원하였으며, 콜롬비아는 미국 등 우방국의 지원하에 테러 주도세력인 '콜롬비아 무장혁명군'(FARC) 등에 대한 강력한 소탕작전을 전개하여 테러를 감소시켰다. 아프리카 지역에서도 전년도(73건) 대비 대폭 감소한 7건의 테러가 발생했다. 아프리카 지역에서는 종족 · 정파간 갈등에 기인한 폭력사건들이 빈발하였으나 우간다 · 부룬디 등 분쟁지역이 평화협상 등으로 안정세를 보이면서 사건이 감소했다.

3. 테러 유형

2004년도에 발생한 테러사건을 유형별로 보면 폭파와 무장공격이 810건으로 전체의 82%를 차지한 가운데 인질납치 115건, 주요인사 암살 50건, 방화 · 약탈 8건, 교통수단의 납치가 2건 등의 순으로 나타났다.

유형 / 연도별	계	폭파	무장공격	암살	인질납치	방화약탈	교통수단납치	기타
2001	466	231	149	41	31	1	7	6
2002	497	226	216	20	14	14	3	4
2003	809	357	310	64	48	17	5	8
2004	988	486	324	50	115	8	2	3

폭파테러는 이라크 내 이슬람 저항세력은 물론 팔레스타인 · 체첸계 국제테러조직 등에 의해 무차별적으로 자행되었으며, 가장 성공 가능성이 높고 대량의 인명피해를 가져올 수 있는 테러수법으로 인식됨에 따라 전체의 49%인 486건의 사건이 발생했다. 무장공격은 폭파테러와 함께 테러단체들이 즐겨 사용하는 테러수법으로 2004년도에는 324건이 발생하여 전체의 33%로 지난해와 비슷한 양상을 보였다. 인질납치 테러는 전년도(48건)에 비해 2배 이상 증가하였다. 이는 이라크 저항세력들이 4월 이후 외국인 납치, 파병군 철수나 금전을 요구하는 사례가 급증(99건)한 데 기인한다. 이외에도 아프가니스탄 · 러시아 · 콜롬비아 · 네팔 등지에서도 간헐적으로 인질납치 테러가 발생하였다. 주요인사에 대한 암살테러는 50건이 발생하였는데, 대표적 사례로는 체첸 '카디로프' 대통령 암살(5.9), 자작극 논란이 있었던 대만총통 암살 미수(3.19)를 들 수 있으며, 특히 이라크 저항세력에 의

해 임시정부요인 · 정치인을 대상으로 빈발하였고, 체첸반군들의 러시아 연방 주요인사 대상 사건도 지속되었다. 방화 및 약탈 등에 의한 테러는 8건이 발생하였는데 필리핀 '아부 사야프 그룹' 에 의한 여객선 화재(2.17)사건, 이라크 저항세력의 모술 경찰서 방화 및 무기탈취 등이 대표적이며, 그리스에서는 아테네 올림픽에 반대하는 무정부주의자들의 소규모 방화사건도 발생했다. 교통수단의 납치사건은 2건으로 리비아에서 추방된 에리트리아인이 비행기를 납치한 후 망명을 요구한 사건(8.27)과 그리스 게라카스 지역에서 무장괴한이 시외버스를 납치(12.15)하는 사건이 발생했다.

4. 테러 공격수단별

2004년도에 발생한 테러사건을 공격수단별로 보면 폭발물 및 총기류가 761건으로 전체의 76%를 차지, 주종을 이룬 가운데 중화기 82건, 도검류 15건 등 순으로 나타났다.

수단 / 연도별	계	폭발물	총기류	중화기	도검류	화염병 소이탄	우편폭탄	사이버	기타
2001	466	233	190	10	12	2	9	-	10
2002	497	227	219	10	4	5	1	-	31
2003	809	358	331	31	15	3	2	-	69
2004	988	489	272	82	15	2	2	-	126

이를 세부적으로 살펴보면 폭발물을 사용한 테러는 489건으로 전체의 49%를 차지하여 가장 빈번히 활용되었는데, 이는 동시에 대량인명을 살상함으로써 테러 효과를 극대화할 수 있기 때문으로 분석된다. 총기류와 중화기를 이용한 테러는 354건으로 전체의 36%를 차지하여 역시 높은 비율을 차지하였는데 이라크 저항세력을 비롯하여 좌익 반군 · 테러분자들이 무장공격 뿐만 아니라 인질 납치 및 요인암살에도 거의 예외 없이 총기류를 사용하고 있기 때문으로 향후에도 폭발물과 함께 가장 주요한 테러 수단이 될 것으로 보인다. 한편, 도검류에 의한 테러사건은 15건, 화염병 · 소이탄에 의한 테러가 2건, 우편폭탄 테러가 2건으로 나타났으며, 특히 사용무기를 알 수 없는 기타가 123건으로 예년에 비해 대폭 증가한 이유는 이라크에서 빈발한 외국인 납치사건에 기인한다.

5. 테러 대상

2004년도에 발생한 테러사건을 대상별로 보면 민간인 · 관련시설(399건) 및 군경 · 관련시설 대상 테러(383건)가 전체의 79%를 차지하였으며, 정부관리 · 정부청사 108건, 정치인 31건, 공공시설 40건으로 외교관 · 외교공관이 21건 등의 순으로 나타났다.

수단 / 연도별	계	민간인 (민간시설)	군 · 경 (민간시설)	정부관리 (민간시설)	정치인	공공 시설	외교관 (외교공관)	항공기 선박	기타
2001	466	255	92	36	32	34	5	10	2
2002	497	307	106	26	28	20	6	4	-
2003	809	415	199	81	46	35	24	9	-
2004	988	399	383	108	31	40	21	3	3

민간인 대상 테러는 399건으로 전체의 40%를 차지하였는데 이는 이라크 · 아프간 · 러시아 등 전 세계 테러 빈발국가에서 대테러 활동을 강화함에 따라 테러분자들이 공격이 용이한 민간인 및 민간시설 등 이른바 '소프트 타깃 (soft target)' 을 목표로 삼은 데 기인한다. 군경 및 관련시설에 대한 테러는 383건으로 전년도(199건)에 비해 2배 가까이 급증했다. 이는 이라크 저항세력들이 임시정부 출범(04.6) 이후 이라크 군경에 대한 공세를 강화했기 때문이다. 정부관리(108건), 정치인(31건), 공공시설(40건), 외교관(21건) 대상 테러는 전년도와 비슷한 수준을 보였으며, 항공기 납치 및 여객선 화재, 버스 점거 등의 사건도 각각 1건씩 발생했다.

6. 연도별 사상자 발생 실태

연도별로 사상자 발생추세를 살펴보면 2001년도에는 9 · 11 테러로 인해 2000년도에 비해 98%나 증가한 9,947명의 사상자(사망 5,509명, 부상 4,438명)가 발생하였다. 특히 9 · 11 알카에다에 의한 미국 뉴욕과 워싱턴에서 자행된 동시다발 테러는 항공기 자살테러라는 사상 초유의 수법과 무차별 대량 살상이라는 소위 21세기형 "뉴 테러리즘"의 등장을 알린 사건으로서 사망과 실종자를 포함하여 3,000여명의 사상자를 발생시켜 전 세계에 테러공포가 확산되는 계기가 되었다. 2002년도에는 9 · 11테러사건 이후 세계 도처에서 미국 주도의 대테러전이 활발히 전개되면서 테러사건이 한때 소강상태를 보이기도 했으나, 알카에다가 조직을 재건하고 테러활동을 재개한 것으로 알려진 가운데 제2의 대규모 테러 공포가 확산되었다. 총 497건의 테러사건으로 9,202명의 사상자(사망 3,110명, 부상 6,092명)가 발생하였으며, 대표적인 테러사건은 인도네시아 발리폭탄테러(202명 사망), 케냐 몸바사 동시다발 테러사건(12명 사망), 쿠웨이트 미군 피습, 요르단 미국 외교관 피살사건 등 대미 및 대서방 테러사건이 발생하였다. 2003년도에는 총 809건의 테러가 발생하여 10,249명의 사상자(사망 4,057명, 부상 6,192명)가 발생하였다. 러시아, 사우디아라비아, 터키, 인도네시아 등지에서 알카에다와 연계된 이슬람 과격단체에 의한 대형테러가 지속적으로 발생되었고, 특히 미국의 이라크戰(3.20~5.1)을 전후로 3개월간 테러사건이 매월 100여 건으로 급증했으며 이러한 추세는 미국의 대테러 선언(5.1)에도 불구하고 혼란상황이 지속되면서 이라크에서만 145건의 테러가 발생하였다. 대표적인 테러사건은 사우디아라비아 외국인 거주지역 연쇄폭파사건(230여 명 사상), 인도네시아 자카르타 메리어트호텔 차량폭탄테러(12명 사망, 150명 부상), 터키 이스탄불 유대교회당 자살테러(330여 명 사상), 터키주재 영국 총영사관 자살폭탄테러(480여 명 사상) 등이다.

연도별 \ 사상자	계	사망자	부상자	비고 (테러사건)
2001	9,947	5,509	4,438	466건
2002	9,202	3,110	6,092	497건
2003	10,249	4,057	6,192	809건
2004	16,303	5,231	11,072	988건

2004년도에는 전세계에서 이슬람 원리주의, 민족분리독립, 극좌 및 극우 등 다양한 동기에서 비롯한 988건의 테러사건이 발생하여 16,303명의 사상자(사망 5,231명, 부상 11,072명)로 최근 가장 많은 사상자를 발생하였다. 인명피해는 스페인 마드리드 열차테러로 1,700여명 사상(191명 사망, 1,200여 명 부상), 이라크 카르발라 연쇄폭탄테러로 1,000여명 사상, 북오세티아 학생 인질사건으로 1,200명 억류 등 대형테러와 이라크 테러정세 악화로 인해 2003년도 대비 59%가 증가하였다.

7. 테러 조직별 성향

2004년도 테러를 자행한 조직들을 성향별로 보면, 이슬람 원리주의가 556건(56%)으로 가장 많았고, 민족주의가 297건(30%), 극좌테러가 74건(8%), 극우테러가 2건, 기타 54건 등 순이었다. 이슬람 원리주의 테러는 총 556건 중 487건이 이라크에서 발생했다. 알 카에다와 연계된 '알 자르카위' 등 외부 유입 테러조직들이 치안과 정정불안 조성을 목적으로 미군 · 연합군 및 이라크 임시정부와 민간인을 대상으로 테러를 격화했기 때문이다. 이외에도 이스라엘-팔레스타인간 분쟁과 이슬람 과격세력의 활동이 활발한 필리핀 등지에서 빈발했다. 민족주의 테러 역시 총 297건 중 250건이 이라크에서 발생했는데 주로 수니파 출신 부족 · 종족들이 자신들의 기득권 유지 또는 금전 획득을 목적으로 테러를 강화했으며, 체첸 분리독립 · 바스크 분리주의 등 전통적인 지역분쟁과 관련된 사건도 지속되었다. 극좌 테러는 콜롬비아 · 네팔 등지에서 빈발했다. 대부분의 극좌테러는 정정이 불안하거나 경제발전이 낙후된 중남미와 아시아 일부국가에서 여전히 활발한 활동을 보였다. 극우 테러는 러시아 스킨헤드에 의한 2건이 전부였으며, 성향이 파악되지 않은 사건도 54건이나 발생하였다.

2004년도 테러조직별 테러 발생현황 [11)]

테러성향	테러조직	테러사건	비율
이슬람 원리주의	살라피스트 그룹	1	56%
	아부 사야프 그룹	4	
	알 아크사 순교사 여단	6	
	알카에다	16	
	제마 이스라미야	1	
	탈레반	35	
	팔레스타인 인민해방전선	1	
	하마스	5	
	이라크 저항세력	487	
	9개 조직	556	
민족주의	바스크조국해방	8	30%
	아삼 통일해방전선	5	
	자유 아체운동	1	
	체첸반군	27	
	쿠르드 노동자당	4	
	타밀엘람 해방호랑이	2	
	이라크 민족주의 세력	250	
	7개 조직	297	
극좌	마오이스트	17	7.4%
	콜롬비아 무장혁명군	17	
	빛나는 길	2	
	신인민군	2	
	인민혁명투쟁	2	
	혁명적 노동자협회	1	
	11 · 17 혁명기구	1	
	기타 극좌세력	32	
	8개 조직	74	
극우	러시아 스킨헤드	2	0.2%
	1개 조직	2	
기타	불명	54	5.4%
합계	26개 조직	983건	100%

11) 2004년도 테러정세 (국가정보원)

Aviation Security

제2장
국제항공기구 및 항공테러 대응

제1절 국제항공기구

1. 국제민간항공기구(ICAO)

1) 항공운송 발전과 ICAO 설립배경

초기의 항공수송은 노선과 시간이 정해져 있지 않은 부정기편 위주였다. 그러나 세계 1, 2차 전쟁을 통한 항공기술의 발달로 항공기의 대형화와 장거리화가 가능하게 됐으며 국가 간 교역의 증대로 정기 항공수송의 발전을 촉진하게 되었다. 이러한 국제간의 항공수송은 국가 간의 여러 가지 이해관계 등 많은 문제점을 발생시켜 국가간의 합의절차와 국제 항공질서의 확립이 필요하게 되었다. 국제민간항공운송은 2개 이상 국가의 영공에서 행해지는 여객, 화물 또는 우편물 등의 운송을 위하여 항공사가 국가 간 협약 및 규정에 따라 합의된 노선과 수송력(공급, 횟수, 기종 등)으로 국제 간 항공업무를 수행하는 것이다. 국제항공 질서가 확립되지 않은 초창기 국제민간 항공운송은 본격적인 상업적 목적과는 거리가 먼 금수송이나 구난구조, 우편물 수송 등 비정기적인 항공업무를 수행하는 것이 전부였다. 그러나 세계대전을 겪으면서 항공기가 대형화되고 장거리 운항이 가능해지면서 상업적 목적의 항공운송에 늘어나 본격적인 국제 민간항공운송 발전을 촉진시켰다.

한편, 이와 같은 변화로 국가 간의 이해가 충돌되는 등 상업적 운수권의 상호 교환에 대한 국가간 합의가 필요하게 되었고, 항공운송의 안전성과 신뢰성을 위한 운항, 기상통보, 공항시설, 통신 등 기술적인 부문 전반에 관한 국제적 표준화의 필요성도 대두되었다. 이에 따라 미국과 유럽을 주축으로 민간항공의 국가 간 자유로운 운항과 국제 민간항공을 통일적으로 규제할 수 있는 다자간 협약의 체결을 목적으로 2차례에 걸친 국제회의를 개최하여 파리협약(1919)과 하바나협약(1928)을 체결하였다. 그러나 이들 협약은 통일성 결여로 비약적으로 발전하는 항공산업의 요구를 충족할 수 없었다. 제2차 세계대전 중 각국은 국제민간항공의 수송체계 및 질서를 확립하기 위한 국제기구가 필요하다는데 인식을 같이하게 되었으며 이에 관심을 가진 52개국이 처음으로 모인 1944년 11월 1일 시카고에서 "국제민간항공협약(Convention on International Civil Aviation)"을 제정하고 '국제민간항공기구(ICAO)'를 설립하여 '하늘의 자유'라고 불리는 영공개방 문제 등을 협의했다. 이 협의에서 미국은 막강한 국력과 우세한 항공운송능력을 동원하여 항공자유화를 외쳤으나 영국 등 유럽의 반대로 부분적인 개방만 이끌어 냈다.

이 회의에 참가한 국가들은 전후 민간항공 업무를 전담할 상설기구로서 국제민간항공기구(ICAO : International Civil Aviation Organization)를 설치하는 데 합의하였으나, 상업적 운수권은 참가국 간에 자유로이 교환하는 것을 주요 내용으로 하는 한 개의 총괄적인 협약을 체결하는 데는 참가국들 간의 이견이 있었다. 특히 미국의 완전한 자유주의 입장과 영국을 위시한 유럽 국가들의 보호적, 규제적 입장의 대립으로 원활한 합의를 이루지 못하였다. 그러나 회의에 참가한 모든 국가가 수락할 수 있는 내용으로 시카고협약(Convention on International Civil Aviation)을 채택하였다. 그 밖에 국가 간의 영공 통과 및 기술 착륙만을 허용하는 것을 내용으로 하는 국제항공 업무통과 협약안(The International Air Services Transit Agreement)과 영공 통과 및 기술 착륙은 물론 실실석인 상업적 운수권에 해당하는 여객 · 화물을 수송할 수 있도록 허용하는 것을 내용으로 하는 국제항공운송협약안(The International Air Transport Agreement)을 별도로 작성하여 각국이 원하는 대로 채택하는 방식을 취하도록 하였다.

2) ICAO 설립목적

국제민간항공기구(ICAO)는 시카고협약(1944년)의 설립 헌장에 따라 1947년 4월 4일에 창설되었으며 같은 해 10월에 '세계 민간항공의 평화적이고 건전한 발전을 도모' 할 목적으로 유엔의 경제 · 사회 이사회 산하 전문기구로 편제되었으며 2005년 현재 188개국이 가입되어 있다. 국제민간항공기구는 국제민간항공의 안전하고 질서 있는 발전을 목적으로 설립되었고, 그 활동도 국제항공의 안전 확보, 보안대책 강화, 환경보전대책, 사고발생시 여객이나 관련 피해자에 대한 배상책임 등의 법적문제, 기타 경제적 측면에 관한 기준을 만들고 각 체약국의 민간항공 안전감시체제에 대한 감사업무, 기술협력 등 디방면에 걸처 있다. 구체적인 활동사항으로는 공항시설 및 운영, 항공기, 승무원, 통신, 항로 및 항법, 기술, 안전, 환경 등 모든 분야에서 국제표준화와 통일성을 기하고 있으며, 공항 및 항공과 관련한 각종 기준이나 지침, 권고, 업무지침서는 전 세계에 걸쳐 거의 헌법적이고 교과서적인 존재로 자리매김하고 있다.

3) ICAO 조직

국제민간항공기구의 주요기관으로는 총회, 이사회, 사무국이 있고 이사회 산하 주요 보조기관으로 3개 위원회가 있다. 항공기술 측면의 이론과 실제에 대한 정보의 수집 및 체약국에 통지할 내용을 이사회에 조언하는 항공항행위원회(Air Navigation Commission), 항공수송의 경제적인 부문과 통계를 담당하는 항공운송위원회(Air

Transport Commission), 국제항공 수송의 법률적 측면을 담당하여 협약 초안의 심의, 이사회에 대한 법률적 문제 조언, 항공에 대한 국제법상의 문제에 대해 국제기관과의 협력을 다루는 법률위원회(Legal Commission) 등이다. 사무국은 본부를 캐나다 몬트리올에 두고 있으며 항공항행국(Air Navigation Bureau), 항공운송국(Air Transport Bureau), 기술지원국(Technical Cooperation Bureau), 행정업무국(Bureau of Administration and Services), 법률국(Legal Bureau) 등의 5개국으로 분리 운영되고 있다.

지역사무소로는 아시아 · 태평양지역이 방콕에 있고 중동지역은 카이로, 서부 및 중앙아프리카지역은 다카르, 남미지역은 리마, 북미 · 중미 · 카리브지역은 멕시코, 동부 및 남부아프리카지역은 나이로비, 유럽지역 사무소는 파리에 있다. ICAO에서는 회원국을 국가라 부르지 않고 Contracting States라고 부르고 있는 것이 특징이다. 총회는 통상 3년마다 9월에서 10월까지 2개월에 걸쳐 열린다. 1974년도 제21회 총회 이후 몬트리올에서 열리고 있으며 34회 임시총회도 2003년 3월에 역시 몬트리올에서 개최됐다.

우리나라는 1952년에 가입하였으며 2001년 10월 캐나다 몬트리올에서 개최된 제33차 총회에서 숙원이던 상임이사국에 진출했다. 이는 이미 세계 10위권의 항공대국에 들어선 우리나라의 위상에 걸맞은 것으로 늦은 감이 없지 않다. 우리나라는 현재 몬트리올 총영사관을 몬트리올 총영사관 겸 ICAO대표부로 승격시켜 특명전권대사가 ICAO의 한국 대표자로 되어 있다.

4) ICAO 운영재정

국제민간항공기구의 운영을 위한 재정분담금은 회원 당해국의 국민소득에 의해 표시되는 분담능력과 민간항공상의 이해관계 및 중요성을 주된 요소로 하여 결정하는데, 우리나라의 재정분담금은 1999년도 71만$로 12위였던 것이 2003년도에는 2.19%(8위), 2004년도에는 2.36%로 해마다 늘어나는 추세이다. 참고로 2003년도 주요 국가별 분담금 비율(%)은 다음과 같다.[1)]

2003년도 주요 국가별 분담금 비율

1위 : 미국 25.0%	2위 : 일본 14.36%	3위 : 독일 7.63%	4위 : 프랑스 5.32%
5위 : 영국 5.31%	6위 : 이탈리아 3.73%	7위 : 캐나다 2.26%	8위 : 한국 2.19%
9위 : 스페인 2.01%	10위 : 네덜란드 1.95%	11위 : 브라질 1.80%	12위 : 중국 1.35%

1) A33-26 :Assessments to the General Fund for 2002, 2003, 2004 참조

2. 국제항공운송협회(IATA)

1) IATA 설립목적

정부간 항공협의체인 국제민간항공기구(ICAO)와는 별도로 또 하나의 세계 유수 항공기구로 국제항공운송협회(IATA : International Air Transport Association)가 있다.

국제항공운송협회는 시카고 회의가 국제 민간항공의 경제적 측면에 대한 어떠한 합의에도 도달하지 못하자 이로 인한 무질서를 우려한 민간항공업체가 상호 협의에 의하여 경제적 문제를 통일적으로 규율할 것을 목적으로, 1919년 헤이그에서 설립된 국제항공수송협회를 계승하여 1945년 4월 쿠바 하바나에서 세계 32개국의 61개 항공사가 회의를 개최하여 설립하게 되었다. 초기에는 주로 유럽지역에서 활동했다. 기술이 급속도로 발전하고 대형 항공기가 개발되는 등 여러 조건의 개선에 힘입어 항공운송 수요가 늘어남에 따라 성장을 거듭했다. 1955년까지는 독극물, 가연성 물질, 부식성 물질은 항공운항이 불가능했으나 IATA에서 위험물질규정을 만들었고 컨테이너를 연간 500만 개 이상 운송하고 있다. 1965년에는 동물도 항공운송할 수 있는 규정을 만들었으며, 1979년 10월 조직을 무역과 운임으로 나누었다. 무역부문에서는 기술, 법률, 재정, 교통 서비스, 기관업무 등을 다루고, 운임부문에서는 여객운임, 화물운임, 위탁업무 등을 담당하고 있다.

항공운송협회는 국가가 회원으로 되어 있는 ICAO와는 달리 순수한 항공사들로 구성된 비정부 조직으로 안전하고 정기적이며 경제적인 항공운송을 도모하며 항공운송 기업들 간에 협력할 수 있는 수단을 제공하기 위하여 표준운송약관, 항공권, 화물운송장, 대리점과의 표준계약 등 항공사 간에 통일적으로 사용해야 할 각종 표준방식을 설정하는 것을 주목적으로 하고 있다.

2) IATA 조직과 운영

IATA조직에는 총회 · 집행위원회 이외에 재정 · 기술 · 법무 · 운수 · 보건 등 5개 상설위원회가 있고 해마다 연차총회가 열린다. 항공운송 발전과 제반 문제 연구, 안전하고 경제적인 항공운송, 회원 업체 간 우호 증진 등을 목적으로 하며 국제민간항공기구(ICAO) 등 관련기관과 상호협력하고 있다. 주로 국제항공운임을 결정하고 항공기 양식통일, 연대운임 청산, 일정한 서비스 제공 등의 활동을 한다.

처음에는 유럽과 북아메리카에서 31개국 57개 회원으로 시작했으나, 2004년 현재 140여 개국에서 270개사가 회원으로 가입하고 있다. 한국은 대한항공이 1989년 1월 정회원, 아시아나항공이

2002년 5월 정회원으로 가입하였으며, 본부는 캐나다 퀘벡주 몬트리올, 스위스 제네바, 싱가포르에 있다. 국제항공운송협회의 가장 중요한 역할은 국제 항공요금 책정기능을 행사하는 것으로 양국 간 항공협정이 복잡한 국제항공 요금체제를 정하는 데 있어 IATA의 요금책정을 참조하기 때문에 이러한 IATA의 요금 책정기능은 1945년 이래 계속 강화되어 왔다.

3. 공항운영협의회 (ACI)

1) ACI 의 설립

1991년 발족한 공항운영협의회(ACI : Airports Council International)는 비영리법인으로서 회원공항 및 세계 항공에 관한 기타업체(정부대표기관, 항공사, 항공기 제조회사) 들의 협력증진을 통하여 안전하고 효율적이며 환경적으로 양립 가능한 항공운송시스템을 마련하여 항공여객들에게 기여하고 있으며, 전세계 공항의 대변자로서 국제민간항공기구(ICAO) 및 국제항공운송협회(IATA), WTO와 상호작용을 하고 ICAO 및 유엔 경제사회이사회와 자문관계 업무를 수행하고 있다. 약칭은 ACI이다. 국제공항운영협의회(AOCI)와 공항협의조정위원회(AACC), 국제민간공항협회(ICAA) 등 공항과 관련된 협회 3개를 합쳐 1991년 1월 1일 설립하였다.

2) ACI 조직 및 운영

ACI의 조직은 총회, 이사회, 집행위원회, 사무국, 5개 전문상임위원회인 경제위원회, 환경위원회, 출입국 간소화 및 공상 서비스 위원회, 보안위원회, 기술 · 안전위원회 등으로 이루어졌다. 항공관련 국제기구와의 업무협조 및 회원공항의 안전 · 효율성 · 재정자립, 공항 상호간의 협력과 상호지원 등을 목적으로 하며, 회원공항에 국내외 공항 개발에 대한 정보와 분석자료를 제공한다. 매년 총회를 개최하여 공항 상호간의 협력을 강화하고 개발도상국 공항에는 공항시설, 공항기술, 공항운영 등을 지원을 한다. 워크숍 · 세미나 등 공항간의 공동연구 활동을 비롯하여 미래 공항산업의 변화에 대처하기 위한 조사 연구도 진행하고 있다. 한국공항공단은 1991년 1월에 가입하였다.

본부는 스위스 제네바에 있다. 2004년 현재 전세계 1,530개 공항을 운영하는 175개국의 557개 공항운영사가 회원으로 가입되어 있으며 ACI 회원공항에서 운송한 여객의 수가 37억 명 정도이다. 공항 및 환경적으로 민감한 공항들이 안전하고 효율적이며 재정적으로 존립 가능한 운영을 할 수 있도록 조언하고 있다. ACI는 회원 공항들의 관심사를 반영한 입법, 규제 및 국제적 합의를 도출하고 상호 협조, 정보교환 등을 통한 협력 증진과 회원 공항에 시간적으로 적절한 정보 및 국내 · 국제 개발 정보를 제공하며 회원 공항들의 수요에 부응하는 프로그램과 서비스의 개발과 측정, 회원 수 유지와 성장에 대한 기여, 전 세계 공항의 대변자로서 ACI의 효율성 강화 등의 활동을 수행하고 있다.

제2절 국제민간항공기구(ICAO) 협약

1. ICAO협약서 전문내용

국제민간항공의 장래의 발달은 세계 각국과 각 국민 간에 우호와 이해를 창조하고 유지하는 것을 크게 조정할 수 있으나 그 남용은 일반적 안전에 위협이 될 수 있으므로 각국과 각 국민 간의 마찰을 피하고 세계 평화의 기초인 각국과 각 국민간의 협력을 촉진하는 것을 희망하므로 따라서 하기 서명 정부는 국제민간항공이 안전하고 정연하게 발달하도록 국제항공 사업체가 기회균등주의를 기초로 하여 확립되어서 건전하고 또 경제적으로 운영되도록 하기 위하여 일정한 원칙과 작정에 대한 의견이 일치하여 이에 본 협약을 결정한다.

2. 본문 구성 (4부 22장 96개 조항)

제 1 부 : 항 공

제 1 장 : 협약의 일반원칙과 적용

제 2 장 : 체약국 영역 상공의 비행

제 3 장 : 항공기의 국적

제 4 장 : 운항을 용이케 하는 조치

제 5 장 : 항공기에 관하여 이행시킬 요건

제 6 장 : 국제표준과 권고관행

제 2 부 : 국제민간항공기구

제 7 장 : 기구

제 8 장 : 총회

제 9 장 : 이사회

제 10 장 : 항공위원회

제 11 장 : 직원

제 12 장 : 재정

제 13 장 : 기타 국제약정

제 3 부 : 국제항공운송

제 14 장 : 정보와 보고

제 15 장 : 공과 타의 항공보안시설

제 16 장 : 공동운영조직과 공동계산업무

제 4 부 : 최종규정

제 17 장 : 타 항공협정의 항공약정

제 18 장 : 분쟁과 위약

제 19 장 : 전쟁

제 20 장 : 부속서

제 21 장 : 비준 · 가입 · 개정과 폐기

제 22 장 : 정의

3. 국제민간항공기구협약 ANNEX(부속서)의 구성

국제민간항공협약(시카고 협약) 제37조(국제표준 및 절차의 채택), 제54조(이사회의 임무), 제90조(부속서의 채택 및 개정)를 근거로 하여 이사회에서 채택한 ICAO의 표준 및 권고사항으로 기술된 부속서(Annex)는 1부터 18까지 구성되어 있으며 다음과 같다.

Annex 1 : Personnel Licensing(항공종사자의 면허)

Annex 2 : Rules of The Air(항공교통 규칙)

Annex 3 : Meteorology(항공기상)

Annex 4 : Aeronautical Charts(항공지도)

Annex 5 : Units of Measurement to be Used in Air and Ground Operations (공지통신에 사용되는 단위)

Annex 6 : Operation of Aircraft(항공기 운항)

Annex 7 : Aircraft Nationality and Registration Marks(항공기의 국적 및 등록부호)

Annex 8 : Airworthiness of Aircraft(항공기 감항성)

Annex 9 : Facilitation(출입국 간소화)

Annex10 : Aeronautical Telecommunications(항공통신)

Annex11 : Air Traffic Services(항공교통업무)

Annex12 : Search and Rescue(수색 및 구조)

Annex13 : Aircraft Accident and Incident Investigation(항공기 사고조사)

Annex14 : Aerodromes(비행장)

Annex15 : Aeronautical Information Services(항공정보업무)

Annex16 : Environmental Protection(환경보호)

Annex17 : Security(항공보안)

Annex18 : The Safe Transport of Dangerous Goods by Air(위험물 수송)

부속서는 표준(Standards) 및 권고실행(Recommended Practices)으로 구분하여 기술하고 있으며, 표준(Standards)은 규칙에 따라 안전한 국제항공을 위해 체약국이 지켜야 할 사항으로 체약국 표준이 ICAO 표준과 다를 경우에는 협약 제38조에 의거하여 당해 체약국은 상이한 내용을 이사회에 통보하여야 한다. 권고실행(Recommended Practices)은 규칙에 따라 효율적으로 안전한 국제항공을 위해 체약국이 가능한 한 실시하기를 권고하는 실행절차이다. 체약국의 실행절차가 ICAO의 실행절차와 차이가 있는 경우 통보할 의무는 없다. 이러한 표준(Standards) 및 권고실행(Recommended Practices)은 부속서(Annex)의 주요내용이며 기타 사항으로 부록(Appendices), 정의(Definitions), 도표(Table and Figures) 등으로 구성되어 있다.

제3절 민간항공 테러

1. 항공 테러의 유형

1) 항공기 납치(Aircraft Hi-jacking)

항공기 납치테러

1931년 1월 21일 페루혁명분자가 혁명 행동강령을 살포하기 위해 팬암 우편물 수송기를 납치한 세계 최초의 항공기 납치사건이 발생했다. 이때 납치된 리카드스 조종사는 30년 후인 61년 8월 3일 컨티넨탈 항공기가 납치됨으로써 역사상 2번 납치된 조종사로도 기록되고 있다. 1960년 중반 이후 점차 테러리스트 단체들이 항공기 납치를 그들의 정치적 목적을 달성하기 위한 수단으로 이용함으로써 항공기 납치는 심각한 문제로 등장하였다. 1968년과 1972년 사이에 절정을 이룬 항공기 납치는 1969년 한 해만 해도 85건이 발생하여 매주 2건의 납치가 발생한 것으로 나타났다. 항공 테러 중 항공기 납치가 수적으로 많은 이유는 테러리스트들이 그들의 정치적 목적을 주장하는 데 적은 인력과 비용으로 짧은 시간에 최대한의 효과를 발휘할 수 있는 방법이 항공기 납치임을 알고 있기 때문이다. 특히 국제교류가 증대해 다양한 국적의 항공기 이용객을 이용하여 국제적인 이목을 모을 수 있고, 통신체계의 발달로 전 세계 구석구석까지 TV 등을 통해 테러목적과 테러범의 주장을 손쉽게 알릴 수 있다는 이점을 가지고 있다. 또한, 항공기 이용객을 인질로 삼아 공격목표 대상 국가를 위협할 수 있다는 것이 항공기 납치 증가의 원인이기도 하다. 현재까지 900여 회 항공기 납치테러가 발생했으며 항공테러의 가장 큰 위협이 되고 있다.

2) 항공기 공중폭파

1949년 5월 7일 필리핀 PAL(DC-3)항공기가 세계 최초로 공중폭파하여 탑승자 13명이 모두 사망하는 사건이 발생했다. 이 사건은 거액의 보험금을 타낼 목적으로 남편을 살해하기 위해 저지른 사건이었으며 현재까지 100건 이상의 항공기 공중폭파사건이 발생하였다. 세계 최대의 항공기 공중폭파사건은 1988년 12월 21일 팬암 103(B747) 항공기가 런던을 출발하여 뉴욕으로 운항하던 중 영국 로커비 상공에서 공중폭발(일명 로커비 사건)하여 탑승자 259명과 기체 폭파 잔해가 떨어진 로커비 마을 주민 11명 등 총 270명이 사망한 사건이었다. 사건 조사결과 리비아 정보원인 압델 알 메그라히가 카세트녹음기 속에 SEMTEX[2] 플라스틱 폭발물을 장착하여 몰타공항에서 보안검색이 허술한 위탁수하물로 탁송하여 폭발시켰으며 영국정부의 테러범 인도요청에 리비아 최고지도자 카다피가

2) SEMTEX : 체코산 플라스틱 폭발물로서 팬암103항공기 폭파테러 및 DC-10기 폭파에 사용된 폭발물 중 하나

팬암항공기 납치범으로 지목된 폭파범

거부를 함으로써 서방국가로부터 경제제재조치를 당하게 되었다. 이후 국제사회의 오랜 봉쇄에 따른 정치적, 경제적 한계상황으로 인해 1999년 4월 리비아는 범인인 알 메그라히와 파마흐 등 2명의 신병을 인도하였으며, 스코틀랜드 재판부는 2001년 1월 31일 선고공판에서 압델 바세트 알리 알 메그라히(48)에게 종신형을 선고하고, 라멘 할리파 피마흐(44)에게는 무죄를 판결했다. 2003년 3월 리비아는 팬암항공기 폭파사건에 대한 배상을 약속하고 테러범을 인도하는 등 서방국가와의 관계개선을 추진하여 그 대가로 같은 해 9월에는 유엔의 경제제재 조치를 해제하였으며, 리비아 정부는 1988년 영국 로커비 상공에서 발생한 팬암기 폭파사건의 책임을 인정하고 희생자 270명의 가족들에게 각각 1,000만 달러씩 모두 27억 달러(약 3조2,000억원)의 배상금을 보상하였다.

항공기 공중폭파는 항공기 납치사건과 비교할 수 없을 정도로 적게 발생되지만 공중에서 발생하기 때문에 다른 테러사건보다 피해가 엄청나다. 또한 테러범들이 자행한 항공기 공중폭파가 성공한 후에는 범인 스스로 범죄행위를 밝히지 않는 이상 배후인물은 물론 모든 것이 흔적없이 감추어지는 장점이 있다. 테러범들은 주로 플라스틱폭탄인 C4 또는 SEMTEX를 사용하며 모양이나 색상을 자유자재로 변형할 수 있어 항공기 어느 곳이든 설치가 가능하다. 가증스러운 것은 테러범이 폭약을 휴대하여 항공기에 탑승하지 않고 승객의 수하물에 숨기거나 탑승자 중 가방을 휴대한 어린이에게 접근하여 폭약을 은밀하게 놓고 빠져나오는 행동을 한다는 것이다.

3) 공항 및 항공시설 공격

1968년 12월 26일 자동소총과 수류탄으로 무장한 PDFL[3] 테러리스트 2명이 그리스 공항에 이륙대기하고 있는 뉴욕행 엘 알 항공기를 향해 무차별 사격과 수류탄을 투척하는 무장공격으로 승객 1명이 사망하고 항공기가 심하게 파손되는 사건이 발생하였다.

1972년 5월 30일 이스라엘의 로드 공항터미널에서 에어프랑스 항공편으로 입국하는 승객을 향해 고조 오카모토를 포함한 3명의 일본 적군파[4] 테러리스트들이 수류탄과 자동소총을 난사하는 무차별

3) 팔레스타인 해방인민전선(PDFL : Popular Democratic Front for the Liberation of Palestine) 아랍 민족주의운동(Arab Nationalist Movement/ANM)의 일환으로서 G. 하바시에 의해 창설됨

4) 일본적군파(JRA : Japanese Red Army) 1969년 2개의 극좌파가 연합하여 이루어진 일본의 테러리스트 단체로서 1970. 3.31 JAL기(요도호) 공중납치사건, 여러 대사관 점거테러 등을 저지른 테러단체

필리핀공항 폭탄테러('03. 3. 4)

무장공격으로 28명이 사망하고 70여 명이 부상을 당하는 사건이 발생했다. 테러리스트 2명은 이스라엘 보안요원의 반격으로 사살되었고, 나머지 한 명인 고조 오카모토는 생포되었다. 2003년 3월 4일에는 필리핀공항 다바오국제공항 여객터미널 승객대기실에 방치된 가방이 폭발하여 미국인 1명을 포함하여 20명이 사망하고 146명이 부상을 당하는 사건이 발생했다. 이렇듯 공항시설공격은 항공기 납치 또는 항공기 폭파기술 등이 어려움이 없고 특히 폭발물이 장착된 가방을 여객터미널 지역에 방치하여 폭파시킴으로써 불특정 다수인에게 피해를 입히고 테러범 색출이 어렵다는 점에서 최근 증가추세에 있다.

4) 항공기 미사일 공격

1952년 4월 29일 에어 프랑스 소속 민간 항공기가 승객 12명과 승무원 5명을 싣고 독일의 베를린을 비행하던 중 소련 전투기의 미사일 공격을 받아 두 명의 승객과 한 명의 승무원이 부상당하고 베를린에 비상착륙한 사건이 발생하였으며 이는 민간 항공기에 대한 최초의 미사일 공격으로 기록되고 있다. 1975년 1월 13일에는 두 명의 테러리스트들이 136명의 승객과 9명의 승무원이 탑승하고 몬트리올을 향해 파리 오블리공항을 이륙하기 직전에 있는 엘 알 항공사 소속의 여객기를 향해 소련제 RPG-7 대전차 미사일을 발사하였으나 미사일은 엘 알 여객기를 빗나가 대신에 자그레브를 향해 비행할 예정이었던 유고슬로비아의 여객기 연료탱크에 적중하였으며 목표물에 대한 미사일 공격이 실패하자, 테러리스트들은 추가로 한 발의 미사일을 공항건물을 향해 발사하였다. 1998년 10월 10일에는 아프리카 콩고에서 반정부군에 의해 발사된 지대공 미사일에 민간인 긴급대피를 위해 운항 중이던 항공기가 맞아 추락하여 40명 전원이 사망하였다. 이러한 미사일 공격은 최근 휴대용 견착식 미사일을 손쉽게 구입할 수 있어 민간항공의 가장 위협적인 테러형태로서 ICAO 및 미국 TSA에서 미사일공격을 방어하기 위한 방법을 연구개발 중에 있다.

5) 항공기 자살테러

9 · 11 미국 항공기자살테러

2001년 9월 11일 미국에서 항공기 4대를 동시에 납치하여 조종사와 승무원 등을 살해하고 납치범들이 항공기를 직접 조종하여 세계무역센터 건물에 충돌시켜 폭파하고 미국 국방성(펜타곤) 건물에도 충돌시켜 폭파하였으며, 펜실베니아지역에 추락하는 동시 다발적인 자살테러사건이 발생하였다. 이 사건은 특히 항공보안이 상대적으로 허술한 미국 내 국내선 항공기를 납치하였고 사전에 치밀한 계획과 납치범들이 직접 항공기조종훈련을 받아 감행한 사건으로 오사마 빈 라덴의 지시로 알카에다 테러범이 저지른 사상 최대의 항공테러사건으로 기록되었다. 9 · 11 테러사태는 사상유례가 없는 비국가적 행위자에 의한 테러행위였으며, 최초로 미국 본토에서 자행된 대량테러공격이었다. 경제패권의 상징인 세계무역센터와 군사패권의 상징인 국방성을 공격함으로써 미국이 주도하는 세계경제체제와 국제안보체제에 도전한 것이다. 그런 의미에서 이것은 미국 패권주의와 미국의 세계전략에 대한 도전이었다. 또한 9 · 11사태는 6000여 명의 무고한 살상을 초래해 인류 보편적 가치인 인간존엄에 대한 도전이었다. 이에 대한 전 인류적 규탄과 범세계적 반테러 공조는 너무나 당연한 것이다.

9 · 11 테러사태 즉시 부시 행정부는 '새로운 전쟁'을 선포하고 테러참사 후 26일 만인 10월 7일 테러주모자로 지목된 오사마 빈 라덴과 탈레반 정권하의 아프가니스탄에 대한 무력공격을 개시하였다. 이 전쟁은 160여 개국이 테러리즘 규탄에 동참하고 40여 개국이 직 · 간접적으로 지원하고 있는 가운데 수행되고 있는 다국적, 다원적, 다기능적, 다차원적 전쟁인 동시에 정치, 군사, 외교, 경제, 재정, 과학, 기술 등이 복합적인 수단으로 동원된 전쟁이며, 장기전이 예상되는 전쟁이다. 오사마 빈 라덴과 탈레반 정권에 대한 공격이 계속되는 가운데 미국에서 탄저병 우편물이 의회, 국무부, 대법원, 중앙정보부, 언론사, 백악관 심지어 일반인에게까지 전달됨으로써 탄저병 환자가 잇달아 발생하면서 미국 사회 전체가 심리적 공포 속에 빠져들었고 특히 미국의 중심부까지 흔들렸다. 9 · 11 사태는 미국뿐만 아니라 전 세계적 차원에서 21세기 안보위협에 대하여 다음과 같이 새로운 인식을 갖게 하였다.

첫째는, 동시다발적 · 복합적 위협에 대한 인식이 고조되고 있다는 점이다. 21세기 국제사회는 도처에서 국제테러, 국제범죄, 사이버 전쟁 및 자원확보 전쟁이 더욱 확산될 가능성이 있으며, 분리 · 독립을 추구하는 분쟁위협들과 종족 갈등, 민족분규 위협, 내전 · 내란 · 붕괴위협, 기타 지역분쟁위협이 존재하고 있다.

둘째는, 대량살상무기 확산으로부터 오는 위협이 증폭되어가고 있다는 점이다. 핵탄두와 생화학무기와 같은 대량살상무기의 확산으로부터의 위협과 탄도미사일과 순항미사일과 같은 대량 파괴무기 전달 수단의 확산으로부터 오는 위협인식이 더욱 고조되고 있는 것이다.

이러한 다양한 위협이 불특정 테러집단이나 범지구적 범죄조직과 같은 비 국가행위자에 의해서 행하여질 수도 있다는 위협인식이 점증되고 있다. 또한 경제위협과 생태적 · 환경적 위협과 같이 초국가적 차원의 위협이 확산되고 있다는 인식이 증대되고 있는 것이다.

미국 9 · 11테러로 인한 피해 현황

구분	탑승객 사망	일반인 사망	재산피해(추정)
피해	총 261명(승무원 33명, 승객 228명)	2,760명	약 $ 2,000억

2. 국내 민간항공 테러

1) 국내 최초의 항공기 납치사건

납치된 DC-3와 동일기종 항공기

1958년 2월 16일 11시 45분 부산 수영공항을 출발해 서울로 비행중이던 대한국립항공(KNA)[5] 소속 쌍발여객기DC-3 창랑호가 승객 28명과 승무원 3명을 태운 채 평택상공에서 북한의 조종을 받던 김형 외 6명에 의해 공중납치되어 평양 순안비행장에 강제 착륙된 사건이 발생하였으며 국내 최초의 항공테러 사건으로 기록되었다. 사건 이후 국제사회의 비난 여론이 거세어지자 북한은 납치범과 가족 등 8명을 제외한 승객들은 송환하고 항공기는 억류하였다.

5) KNA(대한국립항공사 Korean National Airlines) 로서 대한항공의 전신

2) KAL 항공기 납치사건

KAL여객기 拉北

京鄕新聞

1969년 12월 11일 12시 25분 강릉공항 출발 서울행 대한항공 소속 YS-11 여객기가 승객 47명과 승무원 4명 등 총 51명을 태운 채 이륙 후 대관령 상공을 비행하던 중 고정간첩 조영희 등에 의해 북한으로 납치되어 북한 선덕비행장에 강제 착륙되었다. 북한은 최초 자진 월북이라고 사실을 날조했으나, 국제사회의 비난 여론이 비등해지자 사건 발생 65일만인 1970년 2월 14일에 탑승자 51명 중 39명만을 판문점을 통해 송환하고 12명과 항공기는 억류하였다.

3) 항공기 미사일 피격사건

KAL機 蘇사할린부근서 失踪

東亞日報

탑승자269명 生死몰라

1983년 9월 1일 새벽 3시 26분 사할린 인접 해역 1만m 상공에서 소련 전투기 수호이 15기가 발사한 2발의 공대공 미사일이 대한항공 소속 007 점보 여객기를 격추시켜 269명의 인명을 살상시킨 참사가 발생했다. KAL 007편은 8월 31일 0시 5분 뉴욕 케네디공항을 이륙하여 31일 오후 8시 37분 앵커리지공항에 착륙하여 9시 59분 다시 이륙, 알래스카 남단 캄차카 반도의 남쪽, 일본의 혼슈 상공을 넘어 강릉 · 서울로 이어지는 R-20 항로를 통해 운항하던 중 KAL기를 첩보기로 오인한 소련 전투기가 미사일 공격을 가하여 KAL기는 격추되고 탑승객 246명과 승무원 23명 등 총 269명이 사망하는 참사가 빚어졌다. 사건 발생 직후 정부는 소련을 격렬히 규탄하는 등 사건해결을 위해 노력하였으나 소련의 거부로 현재까지 사건경위 및 소련 당국의 사과와 피해보상이 전혀 이루어지지 않고 있는 실정이다.

4) 김포공항 폭파사건[6]

東亞日報

金浦空港서 시한폭탄爆發

5명死亡 19명重輕傷

號外

1986년 아시아경기대회를 1주일 정도 앞두고 김포국제공항 쓰레기통 폭파사건으로 86년 9월 14일 15시 12분경 국제선 1여객청사(현 국내선 청사) 1층 5번과 6번 출입문 사이 쓰레기통에서 강력한 폭탄이 폭발하여 5명이 사망하고 32명이 중경상을 당하는 사건이 발생했다. 이 폭발물은 C4[7]에 전기뇌관을 부착한 시한폭탄으로 86아시안게임의 개최를 방해할 목적으로 자행된 폭탄테러로 추정되고 있다.

5) 국내 최초의 항공기 폭파사건

京鄕新聞

115명탑승 KAL機 失踪

바그다드發 서울行 버마 랑군上空서

현대건설 中東근로자 56명

號外

1987년 11월 29일 바그다드에서 승객 95명과 승무원 20명 등 총 115명을 태우고 서울로 향하던 대한항공 소속 858편에 북한공작원 2명이 중간 기착지인 아부다비 공항에서 객실에 두고 내린 고성능 폭탄에 의해 미얀마 안다만 해역 상공에서 공중폭파되었다. 이는 북한에서 1988년 서울올림픽 게임을 방해하기 위해 저지른 것으로 사고 발생 후 테러리스트 중 1명인 김승일은 자살했고 레바논에서 체포된 김현희는 한국으로 인도되어 재판에 회부되어 사형선고를 받았으나 정치적 고려에 의해 사면되면서 종료된 사건이며 현재까지 많은 이들이 KAL기 폭파사건에 대해 많은 의혹을 제기하며 전면적인 재조사를 요구하고 있는 실정이다.

3. 항공테러 분석 및 불법방해 행위

1) 9 · 11 항공테러 분석

항공테러(범죄)는 비행중이거나 이륙준비단계에 있는 항공기 및 기내에 있는 승객들을 대상으로 하여 항공기 · 공항에 대한 파괴, 항공기 납치, 납치시도, 폭파, 비행 중인 항공기 공격, 시설에 대한

6) 테러와 공항보안대책 (항공진흥 2002년 1호. 장근승)
7) C4 : Composition 계열의 플라스틱 폭발물로서 KAL858기 등의 항공테러에 많이 사용된 가장 강력한 폭발물

공격, 기타 안전을 저해하는 행동 등으로 유형을 구분할 수 있다. 또한 항공기에 견착식 미사일을 사용한 무장공격(MANPAD)[8] 등 다양화된 형태로 자행될 것으로 예상되고 있다. 9 · 11테러는 1988년 팬암103 항공기 공중폭발 이후 최대의 항공테러로 기존의 테러 유형과 구분되는 새로운 항공테러로 다음과 같은 특성이 있다.

(1) 새로운 항공테러 형태의 항공기 자살테러

여객기를 목표물에 돌진해 자폭하는 여객기 자살테러 형태로 기존의 항공기 납치, 항공기 공중폭파 등과 구분되는 항공기 그 자체를 공격수단으로 사용하는 신종 항공 테러유형이다.

(2) 항공기 납치 시 기내반입이 허용된 단순한 칼 종류 사용

테러에 사용한 무기는 4개 항공기 납치사건 모두 정교한 첨단무기나 플라스틱 폭발물 등 전문 살상무기가 아닌 기존 법규에 의해 기내 휴대 가능한 단순한 Box cutter, 라이터겸용 칼 등을 사용하여 미 보안법규의 허술한 점을 이용하여 범행을 자행했다.

(3) 치밀하게 사전 준비 · 계획된 항공테러

테러는 이미 5년 전에 계획되었음을 보여주고 있으며 약 3년 전부터 구체적인 계획을 수립, 준비에 착수하여 미국 내 디즈니랜드를 비롯한 주요건물에 대한 감시를 해오다 2001년 4월 최종 테러 대상을 세계무역센터로 정한 것으로 추정된다.

2) 불법방해 행위(Act of Unlawful Interference)[9]

민간항공 및 항공운송의 안전을 위협할 수 있는 아래의 행위 또는 이러한 행위를 시도하는 행위를 말한다.

(1) 운항중인 항공기의 불법점유

(2) 지상 계류 항공기의 불법점유

(3) 항공기내 또는 공항에서의 인질극

(4) 항공기내, 공항, 항행시설에 대한 무력 불법 침입

(5) 범죄를 저지를 목적으로 항공기내 또는 공항으로 무기, 위험물품을 반입하는 행위

(6) 지상 계류 또는 운항중인 항공기, 승객, 승무원, 지상근무자, 일반인, 공항 또는 민간항공시설에 대해 안전을 위협하는 허위정보 제공행위

8) MANPAD (견착식지대공미사일) 개인이 휴대가 가능한 대공무기로서 전세계에 7000여개가 퍼져 있고 민간항공기에 가장 위협적인 무기로 등장하고 있다

9) 불법방해행위 : ICAO Security manual (Doc 8973) 제1장 용어정의 (ICAO,2002)

3) 연도별 항공테러 발생현황(ICAO) 자료

연도별	파괴행위	납치	납치시도	기내공격	공항시설	기타	계
1970	13	49	38	-	-	-	100
1971	3	38	20				61
1972	13	43	36				92
1973	12	17	12				41
1974	20	13	14				47
1975	24	12	11				47
1976	28	13	13				54
1977	31	18	16				65
1978	11	13	13				37
1979	11	16	10				37
1980	8	29	17				54
1981	15	24	14				53
1982	6	19	11				36
1983	7	21	17				45
1984	13	21	7				41
1985	13	20	7				40
1986	3	5	6				14
1987	3	4	6				13
1988	2	7	3				12
1989	2	8	4				14
1990	-	13	8	1	1	-	23
1991	-	7	5	2	1	-	15
1992	-	6	2	1	1	-	10
1993	-	21	4	2	1	2	30
1994	2	20	5	3	4	3	37
1995	-	9	2	1	2	-	14
1996	-	10	2	-	1	2	15
1997	-	4	1	-	-	1	6
1998	-	6	1	-	1	1	9
1999	-	6	-	-	-	-	6
2000	-	9	1	1	-	1	12
2001	-	7	1	-	2	1	11
2002	-	2	6	1	3	1	13
2003	4	3	5	3	0	19	34
2004	3	1	2	-	2	1	9
계	247	514	320	15	19	32	1,113

제4절 9 · 11테러 이후 항공보안 대응

1. 국제민간항공기구(ICAO) 보안대책

9 · 11 테러 직후 몬트리올에서 개최된 제33차 ICAO 총회(01.9.25~10.5)에서 A33-1 결의안으로 민간 항공기를 민간항공과 관련된 테러행위 및 파괴무기로 오용하는 것에 대해 강력히 비난하는 선언을 채택하였다. 2002년 2월 19일에는 ICAO체약국 장관급 항공보안회의가 개최되어 ICAO 관련 부속서 및 항공보안 규정을 보완하고 부속서 17에 항공안전 감독 규제능력을 강화하여 3년 내 체약국이 보안점검을 실시토록 결의하였으며, 개정 추진중이던 ICAO 부속서 17을 재검토하여 새로운 테러에 대응하기 위한 추가적인 규정을 삽입토록 하고 체약국의 공항 및 항공보안프로그램을 점검하는 항공보안 감사프로그램을 수립하여 추진할 것을 결의하여 체약국에 대한 ICAO 부속서 17(항공보안)의 준수실태를 점검하는 항공보안감사를 2008년까지 모든 ICAO 체약국에 대하여 실시하도록 결의하였다.

2002년 제14차 ICAO 항공보안패널회의에서 각 체약국은 항공보안대책의 시행을 최우선으로 하고 필요한 비용을 정부 또는 항공관련 업체가 부담하여 모든 보안대책에 필요한 비용이 적기에 지원되도록 하고 항공보안 점검 프로그램(AVSEC Audit Program)은 국제공항에 중점을 두고 실시하기로 하였으며, 항공보안지침서(Guidance material) 6차 개정판을 확정, 발간토록 결정하고 위협시 추가 지정되는 위해물품의 목록을 지속적으로 Working group에서 추진토록 하였다.

2003년 제15차 항공보안패널에서는 항공보안 개선을 위해 항공보안(AVSEC) 정보의 전달과 비밀 구분 등에 대한 연구 필요성 제기 및 민간항공위협 방지를 최우선으로 지속적인 연구를 실시하고, 항공보안훈련교재 및 보안평가 서류 등을 개선하여 휴대용 지대공미사일 및 소형항공기에 대한 개념을 추가하였다. 또한 부속서 17의 제한구역 출입자 100% 보안검색 시행방안을 권고안에서 표준안으로 격상하고 조종사 훈련시 정신적 테스트 및 개인이력 확인규정을 추가하였으며 지침자료(Guidance material) 및 교육훈련을 위해 각 국가가 적용할 수 있는 항공기 탑재금지품목을 보안규정에 포함하고 기내보안요원은 지속적으로 논의토록 하였다.

2. 국제항공운송협회(IATA) 보안대책

국제항공운송협회에서는 GASAG(Global Aviation Security Action Group) 조직을 구성, 최첨단 생체인식 시스템(Biometric System)을 도입하고 새로운 전자데이터 시스템을 개발하여 위조서류로 여행하는 승객이나 보안당국이 위험인물로 지정한 자를 확인토록 제안하였으며 기내 출입문 강화를 위한 조치 등의 항공보안 개선 주요 권고안을 제시하고 시행토록 하였다.

3. 미국의 보안대책

미국은 9 · 11항공테러의 직접적인 피해국가로서 항공보안을 강화하여 많은 대책을 강구하였으며 먼저 칼, 기타 절단도구를 포함한 모든 위해물품을 항공기내에 휴대하거나 탑재를 금지토록 하였다. 탑승수속 시 정부에서 발행한 사진이 부착된 신분증을 제시하고 탑승구에서 신분증을 재확인하는 조치와 기내 휴대물품을 1개로 엄격히 제한하고 모든 휴대용 컴퓨터 및 휴대폰에 대하여 정밀 검색하며, 특히 휴대용 컴퓨터는 케이스로부터 분리, 정밀조사를 실시토록 하였다. 보안검색대를 통과하는 승객이 의심되는 경우 탑승구 앞에서 휴대용 금속탐지기를 이용한 정밀 재검색을 실시하고 미국을 경유(통과)하여 제3국으로 여행하는 승객들이 최종 목적지로 가기 전에 모두 휴대물품과 함께 항공기에서 내려 재검색을 받고 출발하도록 탑승규정을 변경하였다. 또한 커브사이드 체크인지역의 제한적인 허용 및 개인 차량의 주차통제를 제한하고 국가방위군(6,000명)을 JFK, 보스턴, LA 등 주요공항에 배치하여 보안을 강화하였다.

미국은 2001년 11월 19일에 '항공 교통보안법'을 제정하였는데 이는 항공교통보안업무를 담당하는 FAA의 문제점을 보완하고, 교통보안 업무만을 전담하는 조직을 구성하여 미 교통부(Department of Transport, DOT) 산하에 차관을 청장으로 하는 교통보안전문 국가기구인 교통보안청(TSA : Transportation Security Administration)을 신설하여 항공을 비롯한 버스, 철도 등 육상교통 및 해상운송, 항만보안 등 교통전반의 보안업무를 담당하도록 하였으며, 공항보안검색 강화를 위해 연방정부에 고용된 보안검색요원 28,000명을 배치하였다. 공항보안검색 업무 주체에 대해 법안 발효 후 1년 이내에는 공항검색 업무는 연방정부가 담당하고 법안 발효 후 1년부터 2년간은 5개 공항을 선정하여 일반 보안용역회사 또는 연방정부와 혼합된 형태의 검색 업무담당체제 분석을 위한 시험운영을 한 후 법안발효 3년경과 후부터는 연방정부 보안기준 충족 공항에 대하여는 원할 경우 교통보안청장 허가를 얻어 일반보안 용역회사에 보안검색업무를 수행 (Opt-out 프로그램)할 수 있도록 민간분야 보안검색 수행의 여지를 남겼다.

위탁수하물 보안검색체제에 대해서는 법안 발효 후 60일 이내 모든 수하물을 검사하고 2002년 말까지 전 상업공항에 폭발물 탐지장비를 도입하며, 모든 위탁수하물에 폭발물이 들어있는지 확인할 수 있는 폭발물 탐지시스템(EDS)을 설치토록 규정하고 있다. 항공보안검색 강화에 따라 정부 재정부담 완화 및 보안검색 재정확보의 법적 기반 마련을 위해 미국 공항출발 탑승객 1인당 2.5달러 최대 편도 5달러를 부과토록 하였으며, 연방주재관(Federal Security Director) 공항배치, 조종실 안전강화를 위한 조종실 잠금장치 설치 등을 시행하였다. 2003년 3월 1일에는 국토안보부를 신설하고 미국 교통보안청(TSA)을 기존 교통부 산하에서 국토안보부 산하로 조직을 변경하기도 하였다.

4. 유럽연합(EU)의 보안대책

유럽연합에서는 유럽 통합 대테러 특수팀을 창설하였으며 미국과 보안 협력체계 강화, 테러조직의 자금을 동결하는 법안제정, 항공보안 비상대응 체제를 강화하는 조직(Health Security Committee)을 EU 내에 신설하고 국제선에만 적용되던 항공보안 정책을 국내선에도 동일하게 적용, 항공보안을 강화하기 위한 새로운 규정을 신설토록 하였다. 또한 통일된 국가민간항공보안 프로그램을 법 시행 후 3개월 이내 수립하고 국가민간항공보안 수준관리 프로그램(Quality Control Program)은 6개월 이내 수립하여 2003.1.1부터는 위탁수하물에 대해 100% 보안검색을 실시토록 하고 2004.7.1부터 보호구역으로 출입하는 모든 상주직원에 대해서도 100% 보안검색을 실시하도록 하였다.

5. 우리나라의 보안대책

국내의 경우 보안검색 장비와 인원보강에 주력하였는데 노후장비는 폭발물 탐지기능이 강화된 신형장비로 교체하고 국제공항 및 군 지원이 곤란한 공항에는 폭발물 처리(EOD) 전문인력을 보강하였으며 군지원이 가능한 공항은 군 인력의 지원을 받도록 협정체결을 추진하였다. 또한 폭발물 탐지 및 처리요원 상황별 시나리오에 의한 지속적인 대테러 훈련을 강화하고 항공기내 보안을 위해 항공기조종실 출입통제를 강화하도록 안전보안장치인 방탄 문 및 보조 잠금장치를 설치토록 하였다.

항공기 피랍 및 기내난동 등을 제압하기 위한 보안담당 객실승무원의 무기사용(가스총, 전자충격기, 고무탄총 등)이 가능토록 기내에 보관하도록 하고 기내난동 및 불법점유 등 기내 불법행위자에 대한 법적 제재를 강화하여 범칙금을 3만~5만원(경범죄처벌법)에서 최소 100만원으로 상향 조정하였다.

그리고 항공보안 교육훈련을 강화하기 위해 항공보안전문교육기관을 지정하여 보안전문요원을 양성토록 하고 객실승무원 보안교육을 강화하기 위해 기내테러 및 불법행위에 대한 가상시나리오 개발, 모의훈련 추가 실시, 기내 보안장비 및 가스분사기 등 무기사용법 훈련강화 등을 시행하였다.

또한 제도개선을 위해서 민간항공 보안을 위한 관련 기관들의 책임 할당, 공항 및 항공기와 항공보안시설에 대한 보안대책 수립근거 마련, 공항 검색요원자격 및 검색절차에 대한 세부사항 규정을 포함한 항공보안 관련 법규 제정 및 국가 민간항공보안지침을 제정하고 국제화 및 지능화된 테러에 대비하기 위하여 항공보안업무 전담부서 신설(항공안전본부 및 항공보안과 신설), 항공보안 점검 및 감독 강화, 항공보안 감독관(PSI : Principal Security Inspector)제도도 도입하였다.

Aviation Security

제3장

항공보안규정 및 책임

제1절 항공보안 및 관련법규

1. 항공보안의 개념

1) 항공보안(Aviation Security)이란?

항공보안(AVSEC)은 민간항공의 안전을 유지하기 위하여 인명 및 재산의 안전에 위해를 가하거나 항공업무를 수행하는 데 중대한 영향을 미치는 불법적인 행위 등을 방지하기 위한 수단이며, 불법적인 행위를 하는 자에 대한 처벌과 같은 법적 조치를 취하는 일체의 업무라고 할 수 있다. 국제민간항공협약 부속서 17(항공보안)에서는 항공보안을 "불법적인 방해행위로부터 승객, 승무원, 지상근무자, 일반인의 안전과 민간항공 및 항공관련시설을 보호하기 위한 대책 및 인적 · 물적 결합"으로 정의하고 있는데 궁극적으로는 국민의 재산과 생명을 보호하는 데 있다.

2) 항공보안의 목적

항공보안의 정의에서 밝히고 있는 바와 같이 국민의 재산과 생명을 보호하는 것이 가장 큰 목적이다. "항공기내에서 범한 범죄 및 기타행위에 관한 협약"에서는 항공보안의 목적이 민간항공을 대상으로 하는 항공기 납치, 항공기 폭파, 항행안전시설 및 공항시설의 파괴 등을 자행하는 테러 등의 불법방해 행위로부터 민간항공의 운항을 보호하고 승객, 승무원, 지상운영요원과 일반 국민을 보호하는 것이다.

3) 항공보안의 적용

국제민간항공기구에서는 항공보안에 관한 국제적인 기준이 되는 표준사항 및 절차 등을 부속서 17에서 정하고 있는데 제10차 개정안 이전까지는 국제선을 운영하고 있는 공항과 국제선 항공기만을 대상으로 적용하였으나, 2002. 7.1부터 국내선이 운항하는 공항과 국내선 항공기까지 포함하도록 확대되었다.

2. 항공보안 관련 법규

1) 목적

국제민간항공 보안의 주목적은 지상이나 공중에서 일어나는 불법방해 행위로부터 국제공항의 승객, 승무원, 지상요원, 일반대중 및 시설 등을 보호하기 위해서이다. 이러한 목적은 인적 및 물적 요소의 결합과 보안대책절차 등을 통하여 달성 가능하다. 보안정책의 시행은 이러한 레벨의 각 분야에서 수립된 보안프로그램의 기초가 된다. 불법행위로부터 민간항공 보호를 위한 모든 문제 중에서 승객, 승무원, 지상요원, 여행객의 안전이 최우선적으로 다루어져야 하므로 국가는 불법행위 대상 항공기가 정상운항할 때까지의 승객 및 승무원 안전을 위하여 적절한 조치를 취하여야 한다.

2) 항공보안관련 법규범 체계

구분	내용	
국제법규범	1. 국제민간항공조약 및 부속서 17(Security)	2. ICAO지침서(Doc8973) Security Mannual
법률 및 명령	1. 항공 안전 및 보안에 관한 법률 3. 항공 안전 및 보안에 관한 법률 시행규칙	2. 항공 안전 및 보안에 관한 법률 시행령
고시	1. 보안검색교육기관지정 및 운영기준 3. 항공화물보안기준	2. 항공안전보안장비 종류, 성능 및 운영기준
훈령	1. 항공보안감독관 업무규정	
지침	1. 항공안전 및 보안에 관한 세부운영지침(대외비) 3. 공항 건설 및 유지보수에 관한 지침	2. 국가민간항공보안 교육훈련지침 4. 국가민간항공보안 수준관리지침
계획	1. 국가항공보안 우발계획(대외비)	

3) 국제협약

1944년 시카고협정에 의해 수립된 부속서 17은 불법방해 행위로부터 국제민간항공을 보호하기 위한 표준절차와 권고안 등을 포함한다. 시카고협약의 37절과 38절은 각국이 이런 표준을 자국의 법령에 통합함으로써 준수해야 할 상위개념의 보안업무를 규정하고 있다. 불법방해 행위에 대한 규제조항은 도쿄협약, 헤이그협약 등 5가지인데, 이러한 협약서들은 그 협약에 가입하면 자동적으로 그 규정을 따라야 하는 국제협약이다. 항공보안협정에 있는 조항들은 때때로 실제적이지 않을 때에도 있으나 각국 법령에는 반영될 필요가 있는 것들이다. 그러므로 이 협약에 가입하려고 하는 국가 또는 가입된 국가들은 이런 여러 협약들의 관련 조항을 국내에 유효하게 적용하기 위한 별도의 특정 법규가 필요하다.

4) 국제민간항공협약 부속서 17(항공보안)

(1) 제정현황

ICAO 부속서 17(Security)은 국제민간항공에서 폭력범죄가 지속적으로 증가하자 항공기 납치와 같은 불법방해 행위에 관한 문제를 규정하기 위하여 1970년 6월 ICAO총회 특별회의에서 결의안을 채택하였다. 1974년 시카고에서 보안관련 기준 및 실행권고(SARPs: Standards and Recommended Practices)를 채택하여 부속서 17로 지정하였으며 항공보안업무를 세부적으로 정한 항공보안지침서(Doc 8973)가 있다.

(2) 주요 내용

가. 제1장(정의) : 에어사이드, 항공기 보안점검, 신원조회, 화물, 인적요소 원칙 등 용어 해설

나. 제2장(일반원칙) : 목표, 보안의 간소화, 국제협력, 장비의 연구개발

다. 제3장(조직) : 국가조직, 공항운영, 항공사, 수준 관리

라. 제4장(사전보안대책) : 목표, 항공기관련 대책, 승객 및 휴대물품 관련 대책, 위탁수하물 관련대책, 화물, 우편물, 기타물품관련대책, 특별승객관련대책, 접근통제 관련대책

마. 제5장(불법방해 행위의 대응에 대한 관리) : 예방, 대응, 정보 및 보고

이와 같이 국제민간항공협약 부속서 17에 포함되어 있는 국제적인 표준지침 및 권고사항에 대하여 준수방법을 기술하여 각 국가의 특성에 맞게 국제공항 보안프로그램, 항공사 보안프로그램 및 교육훈련프로그램을 작성, 운영하도록 하고 있다.

(3) 개정현황 및 주요 내용

개정	주요 개정 내용	적용시기
1	- 불법간섭행위 하에 있는 항공기와 관련한 정보의 편집 및 배포	1976.12.30
2	- 부속서9의 제9장에 있는 구체규정의 이전부속서 17의 출입국 간소화규정 (제7차)의 환승 및 통과여객과 수하물을 통제하기 위하여 취해진 조치와 관련 • 제5장 새로운 조항 신설 • 공항의 특별한 지역 미 허가자의 접근을 방지하기 위한 조치와 절차	1978. 8.10
3	- 상세한 규정 추가 • 국가에 의한 위협의 수준 • 훈련프로그램의 개발 • 보안검색을 거친 승객의 격리	1979.11.29

개정	주요 개정 내용	적용시기
3	• 은폐된 무기 또는 다른 위험물을 찾기 위한 항공기에 대한 수색 • 불법적으로 방향을 회항한 항공기의 승객과 승무원의 안전을 위한 조치의 채택 - 구체조항 보완 • 중간 기착 시 항공기의 격리 및 특별한 보호 등 표준화	
4 (제2차 개정판)	- 억류중인 사람의 운송에 관한 구체조항 추가 - 임대 · 전세 · 교체된 항공기에 대한 조항 개정 - 항공기 승객 및 승무원의 안전 관련 조항 변경 - 제1장의 적용가능성 삭제	1981.11.26
5	- 제1장의 정의에 대한 주(註)가 생략 - 법이나 다른 권한이 있는 자에 의해 탑재중인 무기운송에 필요한 절차를 정한 구체조항 수정 - 무기의 운반에 관한 구체조항 추가 - 승무원 없는 항공기 보호를 위한 규정을 명확히 함	1985.11.21
6 (제3차 개정판)	- 11개의 새로운 구체조항이 부속서에 신설 - 19개의 조항은 표준으로 채택	1989. 5.19
7 (제4차 개정판)	- 조직, 예방보안조치, 대응관리의 목표, 의무, 필요조치의 합리화를 위한 부속서 구성의 변경	1990.11.16
8 (제5차 개정판)	- 검색된 위탁수하물의 안전 확인, 속달화물, 우편물 등의 안전통제, 보안계획에 관련된 제반 절차, 국제선 항공기의 사전 보안점검 등의 통일된 시행을 위한 공항설계에 관련한 조치	1993. 4. 1
9 (제6차 개정판)	- 보안통제 및 수하물 확인 등의 업무에 종사하는 보안요원의 임용전 신원조회 및 능력 유지 - 기내식 물품, 항공사 비품 및 보급품 등에 대한 권한 및 적용되어야 할 대책 수립 - 보안프로그램의 효율성 및 불법 억류된 항공기의 알려진 또는 예상 목적지에 대하여 해당국가에 통지하는 등의 사항을 포함하고 있다.	1997. 8. 1
10	- 규정의 적용범위를 국내 항공운송으로 확대 적용 - 공인된 보안요원에 한하여 보안검색 업무를 수행 - 조종실 보호를 위한 보안대책 수립 • 운항 중 조종실 출입문 시건 장치 의무화 - 위탁수하물의 100% 검색 시행(2006.1.1부터) - 기내식 및 기내 저장품에 대한 보안 통제를 강화 - 항공협정 체결시 양국이 만족하는 항공보안 시스템이 추진될 수 있도록 제도 강화를 권고	2002. 7. 1

5) 항공보안 국제협약

(1) 항공기내에서 범한 범죄 및 기타행위에 관한 협약(Convention on Offences and Certain Other Acts Committed on Board Aircraft)

가. 1959년부터 1962년까지 초안 작성(ICAO 법률위원회)

나. 1963.9.14 : ICAO 정부대표자 회의에서 협약(안) 채택

다. 1969.12.4 : 협약 발효(협약 구성 : 전문 7장 26조 및 부칙)

라. 1971.5.20 : 우리나라 가입(조약 385호)

(2) 항공기의 불법납치 억제를 위한 협약(Convention for the Suppression of Unlawful Seizure of Aircraft)

가. 1970.12.16 : ICAO 주최 항공법 외교회의(헤이그)에서 채택(협약 구성 : 전문 14조 및 부칙)

나. 1971.12.31 : 협약 발효(비준서 기탁후 30일)

다. 1973.2.17 : 우리나라 가입(조약 제460호)

(3) 민간항공의 안전에 대한 불법적 행위의 억제를 위한 협약(Convention for the Suppression of Unlawful Acts Against the Safety of Civil Aviation)

가. 1971. 9.23 : ICAO 항공법에 관한 국제회의(몬트리올) 협약(안) 채택(협약 구성 : 전문 16조 및 부칙)

나. 1971.10.10 : 서명을 위해 개방(기탁일로부터 30일 이후 효력 발생)

다. 1973. 9.1 : 우리나라 가입(조약 제484호)

(4) 국제민간항공에 사용되는 항공에서의 불법적 폭력행위의 억제를 위한 의정서(Protocol for the Suppression of Unlawful Acts of Violence at Airports Serving International Civil Aviation)

가. 1988.2.24 : 항공법에 관한 국제회의(몬트리올)에서 채택(협약 구성 : 전문 9조 및 부칙)

나. 1989.2.24 : 협약(안) 작성 시행(협약 효력)

다. 1999.7.27 : 우리나라 가입(조약 1012호)

이 의정서는 1971년 9월 23일 몬트리올에서 채택된 민간항공의 안전에 대한 불법적 행위 억제를 위한 협약을 보충하고, 당사국간에는 협약과 함께 단일문서로 취급되고 해석된다.

(5) 가소성 폭약의 탐지를 위한 식별조치에 관한 협약(Convention on the Marking of Plastic Explosives for the Purpose of Detection)

가. 1991.3. 1 : ICAO 항공법에 관한 국제회의(몬트리올)에서 채택

나. 1998.6.21 : 발효(협약 구성 : 전문 15조 기술부속서(2부))

다. 2002.3.3 : 우리나라 가입(조약 제1584호)

라. 대한민국은 이 협약 제11조 제1항의 귀속을 받지 않는다. 폭약생산국임을 선언한다. 가소성 폭약에 의한 불법적 행위를 억제하기 위하여 가소성 폭약에 적정하게 식별조치하는 것을 보장하기 위한 적절한 조치를 채택하도록 각국에 의무를 부과

(6) 국제민간항공협약 부속서 2, 6, 9, 10, 11, 13, 14, 17, 18

(7) 국제민간항공기구 Doc8973/6판 발행 "불법방해 행위로부터 민간항공 보호를 위한 ICAO 보안지침서"(Security Manual for Safeguarding Civil Aviation Against of Unlawful Interference)

(8) 외교관계에 관한 비엔나 협약(Vienna Convention on Diplomatic Relations)

가. 협약 체결 : 1961. 4. 18.

나. 협약 발효 : 1964. 4.24

다. 주요내용 : 공관의 문서 및 서류는 어느 곳에서나 불가침하며, 외교행낭은 개봉되거나 유치되지 아니 한다.

3. 국내 법령

국제협약서 내용을 수행할 국내법과 아울러 국가는 보안활동을 수행할 책임기관을 설치하는 법령을 제정하는 것이 필수적이다. 그러한 법령에는 항공보안 책임권한을 적절한 기관에 위임하는 내용이 있어야 하며, 승객 및 승객의 물품을 검색할 권한과 함께 제한지역을 정하는 권한뿐 아니라 항공보안의 규칙, 규정, 절차 등을 집행할 법적인 권한을 명시하여야 한다. 각국은 관련 법규뿐 아니라 국가민간항공 보안프로그램의 법적인 권한을 부여하는 관련 법규가 있어야 한다.

1) 항공안전 및 보안에 관한 법률

(1) 개요

항공안전 및 보안에 관한 법률은 항공기운항안전법을 전면 개정하여 2002년 8월 26일 공포되어 부칙에서 정한 바에 따라 2002년 11월 27일 시행되었고 법조문은 50개로 구성되어 있으며 항공안전 및 보안에 관한 법률 시행령은 20개 조로, 동법 시행규칙은 20개 조문으로 구성되어 있다.

(2) 개정 배경

민간항공의 안전성, 정시성 및 효율성을 확보하기 위하여 국제민간항공협약에서 규정한 국제기준에 적합하도록 항공안전 및 보안에 관한 여러 국제협약에 따른 보안대책 등에 관한 법적 근거를 마련할 필요성에 따라 전면개정을 하였다. 기존 항공기운항안전법이 개정되었어도 국제민간항공협약 부속서 17에서 정한 표준 및 권고사항과 헤이그 협약 등 국제협약을 충족하고 있지 못한 실정이었으며, 보안검색은 항공법 제61조의 규정에 근거하여 항공운송사업자가 실시하고 있었으나, 세부적인 지침을 법적으로 해결하고 있지 못한 상태였다.

이와 같이 민간항공보안업무에 대한 법적인 근거가 불명확하여 국가 민간항공보안프로그램을 수립하여 시행할 필요성이 제기되었으며, 민간항공보안체계를 수립하기 위한 정책협의와 공항 내 보안활동의 심의 결정을 위한 항공안전위원회와 공항안전운영협의회의 구성이 필요하였다. 또한 보안검색의 책임소재를 명확히 하고 항공보안계획 수립대상 기관 및 업체 지정, 계획수립 의무, 안전보안지시, 조사 및 점검 등의 법적 근거를 마련하여 적용하였으며 항공기내 범죄행위에 국한하던 것을 항공보안관련 국제협약 규정에 의한 모든 범죄행위로 법 적용범위를 확대하는 계기가 되었다.

2) 항공안전 및 보안에 관한 법률 주요내용

(1) 법의 입법목적에 민간항공의 안전 및 보안에 관한 여러 국제협약을 포함하는 보안대책 규정을 추가하여 목적을 강화하였다.(제1조)

(2) 이 법의 적용범위에 공항운영자, 항공운송사업자, 항공기취급업체, 공항상주업체, 화물터미널 운영자 및 공항이용자 등을 구체화하고 여객터미널의 환승지역 내 범죄와 대한민국으로 운항하는 외국적항공기의 기내 범죄도 포함되도록 하였다.(제3조)

(3) 건설교통부장관이 항공안전 및 보안에 관한 계획수립, 관계 행정기관 간 업무협조체제 유지와 공항운영자 등에 대한 보안계획 승인과 실행점검 등을 수행토록 규정하였다.(제5조)

(4) 민간항공의 안전 및 보안에 관한 계획수립의 주체 등 책무수행 주체를 명확히 하고, 안전 및 보안계획에 대한 승인과 점검, 교육훈련 계획의 개발 등 책무 수행 주체와 항공안전 및 보안계획의 수립을 의무화하도록 규정하였다.(제5조 및 제8조)

(5) 항공안전 및 보안에 대한 정책협의를 위하여 항공안전위원회를 설치하고 공항 내 보안활동을 협의하기 위하여 공항안전운영협의회를 구성하여 운영할 수 있는 법적근거를 마련하였다.(제6조 및 제7조)

(6) 공항운영자에게 공항시설의 보호책임을 정하고 공항시설의 보호구역을 지정하여 승인을 받도

록 하였으며 보호구역 출입통제 등에 관한 법적근거를 명시하였다.(제9조, 제10조, 제11조)

(7) 항공기의 보안 및 승객의 안전에 대한 책임을 항공운송 사업자에게 부여하고 테러 등 항공안전에 위협이 되는 경우 항공보안요원으로 하여금 무기를 소지하거나 안전조치의무를 부과할 수 있도록 하였다.(제12조)

(8) 승객, 휴대물품, 위탁수하물 보안검색에 대한 책임은 공항운영자에게, 화물에 대한 검색은 항공운송 사업자에게 책임을 부과하고 보안검색에 소요되는 비용을 충당하기 위한 법적 근거를 마련하였다.(제13조)

(9) 통과 및 환승 승객에 대해 보안검색과 관리를 가능하도록 하기 위해 휴대물품 소지 후 하기를 강제하고 이들에 대한 보안검색을 가능케 하였다.(제15조)

(10) 접근통제 실패 시 건설교통부 장관에 통보하는 절차를 명시하고 관련국가에 해당 사실 통보 등에 대한 법적 근거를 마련하였다.(제17조)

(11) 효율적인 화물검색을 위한 상용화주의 면허기준 및 검색절차를 건설교통부령으로 정하고, 면허기준을 위반하여 검색 업무를 수행한 상용화주에 대하여는 그 면허를 취소하도록 하였다.(제19조 및 제20조)

(12) 범죄자 항공기 호송 시 상황별 적정기준을 수립하여 항공운송업자에게 통보하고 항공운송사업자는 승객의 안전에 위험이 우려된다고 판단된 경우 범죄자 탑승을 거절할 수 있도록 하였다.(제24조)

(13) 공항에 설치, 운영되는 항공안전 보안장비는 건설교통부 장관이 고시하는 장비를 사용토록 하며 세부 사항은 건설교통부 장관이 지정하도록 하였다.(제27조)

(14) 공항운영 및 항공보안관계자가 보안검색요원에게 업무의 효율성과 업무능력을 향상시킬 수 있는 보안교육훈련 프로그램의 표준화 근거를 마련하였다.(제29조)

(15) 민간항공의 안전 및 보안에 관련된 관계기관과 업체가 불법방해 행위에 효율적으로 대처할 수 있도록 자체의 우발계획을 수립하고 승인을 받도록 규정하였다.(제31조)

(16) 항공안전 및 보안을 위해 정기점검, 현장실태조사를 하여 필요할 경우에 시정조치 통보와 보호대책을 요구하도록 하고 항공보안감독관 운영에 대한 사항은 건설교통부령으로 정하도록 하였다.(제33조)

4. 보안검색교육기관 지정 및 운영기준 (고시)

1) 목적

국가민간항공보안 교육훈련지침은 항공안전 및 보안에 관한 법률 제28조 제2항 및 동 법률시행규칙 제15조 제2항의 규정에 의한 보안검색교육기관 지정에 필요한 세부사항 및 절차 등을 규정함을 목적으로 한다.

2) 구성

총 13조, 4개의 별표로 구성되어 있다.

3) 주요내용

항공안전 및 보안에 관한 법률 시행규칙 제15조 제2항에 의거하여 항공안전본부장이 보안검색교육기관을 지정하는 요건과 교육기관 운영지침, 교육기관 시설기준, 강사확보기준 등을 통하여 전문적인 항공보안교육기관을 운영하기 위함이다.

5. 항공안전보안장비 종류, 성능 및 운영기준 (고시)

1) 목적

항공안전보안장비 종류, 성능 및 운영기준은 항공안전 및 보안에 관한 법률 제27조의 규정에 의해 보안검색업무를 실시하기 위하여 사용하는 항공안전보안장비의 종류, 성능 및 운영 등에 관하여 필요한 사항을 규정함을 목적으로 한다.

2) 구성

총 16조, 1개의 별표로 구성되어 있다.

3) 주요내용

항공보안을 위해 사용하는 항공안전보안장비의 종류별로 성능과 운영기준을 명시하여 성능이 우수한 항공보안장비를 설치 · 운영하도록 하고 유지보수 기준 및 유지보수요원의 교육훈련기준 등을 명시하고 있다.

6. 항공화물 보안기준 (고시)

1) 목적

항공안전 및 보안에 관한 법률 제15조 및 동법 시행령 제12조 제3항의 규정에 의한 항공화물보안기준 등을 규정함을 목적으로 한다.

2) 구성

총 25조로 구성되어 있다.

3) 주요내용

항공안전 및 보안에 관한 법률 시행령 제12조 제3항의 규정에 의해 공항이외의 지역에서 항공화물의 보안통세를 할 수 있는 상용화주를 항공안선본부상이 인성하도록 개정되어 있고 현행제도의 운영과정에서 나타난 일부 미비점을 개선 · 보완하기 위해 「항공화물보안기준」을 제정하였다.
항공운송사업자가 항공화물을 전용으로 운송하는 화물항공기에 탑재하는 화물 중 공항이 외의 지역에서 운송되는 화물에 대한 보안통제와 이를 수행하는 화주, 복합운송주선업자, 항공운송사업자, 차량운전자 및 화물운송차량에 대해 적용하며 상용화주로 지정받고자 하는 화주또는 대리점의 편리를 도모를 위해 항공화물보안기준에서 규정한 사항이 포함될 수 있도록 기본모델인 “항공화물보안프로그램” 을 수립토록 하는 사항을 규정하고 있다.

7. 항공보안 감독관 업무규정 (훈령)

1) 목적

항공보안감독관 업무규정은 항공안전 및 보안에 관한 법률 제33조 및 동법 시행규칙 제19조의 규정에 의한 항공보안감독관 업무에 관하여 필요한 사항을 규정함을 목적으로 한다.

2) 구성

총 16조로 구성되어 있다.

3) 주요내용

항공보안감독관은 공항운영자 등이 항공안전 및 보안에 관한 법률, 동법 시행령, 동법 시행규칙, 훈령 및 고시 등에 대한 준수여부 확인, 국제민간항공기구 등 대외 점검기관으로부터 공항운영자 등에 대한 점검시 입회하여 점검업무 지원 및 협력, 항공기 납치 및 폭발사건 등 불법행위에 대한 보안사건 조사에 대한 참여 · 협력 지원, 기타 항공안전본부장이 정하는 업무를 수행하며 현장조사(Surveys), 보안점검(Inspections), 불시평가(Tests) 등을 통해 안전한 항공보안을 확보하기 위함이며 항공보안감독관은 항공안전 및 보안에 관한 법률 시행령 제20조 제11호의 규정에 의해 위임된 항공안전 및 보안에 관한 업무를 수행하기 위하여 항공안전본부장이 법 제33조 제1항의 규정에 의하여 항공보안감독관으로 지정한 소속공무원이 담당하고 있다.

8. 항공안전 및 보안에 관한 세부운영지침(대외비)

1) 목적

항공안전 및 보안에 관한 세부운영지침은 대외비 문서로 관리되며 항공안전 및 보안에 관한 법률과 동법 시행령, 관계법령 등에 의하여 불법행위에 대한 보호대책을 수립함으로써 항공의 안전성 · 정확성 · 효율성을 확보하고 국제 · 국내 공항과 국내외 취항 항공사의 안전 유지를 목적으로 한다.

2) 구성

총 13장 39절 제160조, 5개의 별표로 구성되어 있다.

3) 기본방침

항공안전 및 보안에 관한 세부운영지침은 항공협약 등 국제법에 민간항공을 불법방해 행위로부터 보호하기 위하여 타 체약국과 상호 협력할 사항을 정하며 체약국이 항공기 안전, 승객 및 승무원 안전, 공항 및 항행안전시설 보호, 공항근무직원 및 방문자 보호, 기타 위협에 대한 대응 등 민간항공에 대한 불법행위 방지를 위한 지원을 요청할 경우 지원에 관한 사항을 정한다. 국제민간항공협약 부속서 및 지침서 상의 보안 관련 규정을 준수하며, 비행정보구역 내의 공항운영자, 항공운송사업자, 항공기취급업체 등은 이 지침을 준수하여야 한다. 항공사들에게 항공기가 상대국의 영토에서 도착, 출발, 체류할 동안 상대국의 항공보안 요건을 준수하도록 하고 효율적인 항공보안을 위하여 탑승전 항공기 보호 및 승객 · 승무원 · 휴대물품 · 위탁수하물 · 화물 · 기내 저장품 등에 대한 검색방법을 정하며 항공기, 승객, 승무원, 공항 또는 항행안전시설에 대한 불법행위, 불법적인 사건이 발생하였을 경우 이를 신속히 종결할 수 있는 대책 및 통신 지원 방안 등을 정한다.

9. 국가민간항공보안 교육훈련지침

1) 목적

국가민간항공보안 교육훈련지침은 국제민간항공협약 부속서(Annex) 17 3.1.7항, 항공 안전 및 보안에 관한 세부운영지침 제104조의 규정에 의거 공사, 항공사 등의 보안업무 수행자의 체계적인 교육 훈련에 필요 사항을 정함을 목적으로 한다.

2) 구성

총 3장 10절 제33조, 16개 별표로 구성되어 있다.

3) 기본방침

항공안전 및 보안에 관한 법률 제10조의 규정에 의거해 항공안전 및 보안의 시행계획을 수립하는 자에 대하여 적용하며 적용대상자는 공항보안 책임자 또는 감독자, 항공사 보안 책임자 또는 감독자, 보안검색 또는 항공경비 감독자, 항공보안강사 및 사내보안강사, 보안검색요원, 항공경비요원, 항공기승무원, 화물보안 업무요원, 폭발물처리요원, 폭발물 위협분석관, 항공교통관제사, 탑승수속 담당 직원, 공항 및 항공사 전화 접수자 및 안내요원, 공항 및 항공사 등의 보안유관 부서장, 공항 및 항공사 등 일반 직원 등으로 공항에서 근무하는 대부분의 상주직원을 대상으로 하고 있으며 항공안전 및 보안업무를 수행하기 위하여 항공보안 교육훈련을 이수하여야 할 사항을 기술하고 있다.

10. 공항 건설 및 유지보수에 관한 지침

1) 목적

공항 건설 및 유지보수에 관한 지침은 국제민간항공협역 부속서(Annex) 17 3.2.6항, 항공안전 및 보안에 관한 세부운영지침 제33조 규정에 의거하여 공항을 건설하거나, 유지 · 보수할 경우 불법방해행위로부터 승객, 일반대중 및 시설 등을 보호하기 위한 보안 기준을 제공함으로써 효율적인 공항 운영 및 항공안전 확보를 목적으로 한다.

2) 구성

총 3장 제28조로 구성되어 있다.

3) 기본방침

공항 건설 및 유지 · 보수 책임이 있는 공항운영자 또는 공항 이외의 지역에서 항공기 승객 탑승수속 시설을 설계 또는 운영하는 자에게 적용되며 공항을 설계, 건설, 개 · 보수공사 등을 실시할 경우에 본 지침에 부합하여 시공하도록 함으로써 운영시에 안전한 항공보안을 확보하기 위함이다.

11. 국가민간항공보안 수준관리지침

1) 목적

국가민간항공보안 수준관리지침은 국제민간항공협약 부속서 17 3.4.4항, 항공안전 및 보안에 관한 세부운영지침 제139조의 규정에 의하여 항공보안의 지속적인 개선 및 향상을 위한 필요한 사항을 규정함을 목적으로 한다.

2) 구성

총 5장 5절, 제56조로 구성되어 있다.

3) 기본방침

국가항공보안 수준관리 지침의 수행 방침, 보안지침 및 절차의 효과적인 시행 확인, 국가 항공보안지침 준수여부 확인, 법령 · 규정 등의 지속적인 제 · 개정을 통한 효율성 확보, 국가 항공보안프로그램의 적절성과 효율성 점검, 항공보안 임무나 책임을 부여받은 모든 관련자가 해당 임무를 명확히 수행할 수 있도록 적절한 교육 이수, 적절한 불법방해행위 조사, 불법방해행위 발생 즉시 보안대책과 통제에 대한 검토 및 재평가 실시 등을 수행하도록 하고 있다.

12. 국가항공보안 우발계획(대외비)

1) 목적

우발계획은 항공안전 및 보안에 관한 법률 제31조의 규정에 의하여 공항 또는 민간항공기를 대상으로 일어나는 불법방해행위로부터 인명과 재산을 보호하고, 민간항공 운영의 신속한 정상화를 위하여 위협사태 유형별 대응 체계와 관련 기관 임무 등 불법행위 대응에 필요한 사항을 규정함을 목적으로 한다.

2) 구성

총 4장 17절, 13개의 별표로 구성되어 있다.

3) 주요내용

우발계획에는 관계기관의 조직별 임무가 분장되어 있으며 항공보안 우발사태에 대비한 등급설정, 우발사태 통보 및 해제책임, 우발사태별로 임무 및 특별보안조치 등이 기술되어 있다. 불법행위 대응방안과 사건의 전달체계와 사고대책반 구성 및 운영, 대책위원회 구성 및 운영방안을 제시하고 있다. 또한 항공기불법억류, 피랍, 폭발물위협, 인질극, 무장공격, 생화학 테러, 폭동, 파업, 시위 등 세부적인 시나리오에 따라 불법유형별 대응대책을 제시함으로써 불법상황이 발생할 경우 신속하고 정확한 절차에 따라 처리해 피해를 최소화하고 효율적으로 종결하도록 하고 있다.

제2절 항공보안요원의 자격기준

1. 개요

항공안전 및 보안에 관한 세부운영지침(대외비)에 의한 보안검색요원의 자격기준과 경비업법에서 정한 특수경비원의 자격요건에 부합하여야 하며 국가민간항공보안 교육훈련지침에 의거하여 교육훈련을 이수한 자만이 공항 또는 항공분야에서 보안업무를 수행할 수 있다. 이러한 자격요건 및 교육훈련 미이수자가 근무할 경우에는 처벌을 받도록 규정하고 있다.

2. 특수경비원 자격기준 및 교육훈련

"특수경비" 업무라 함은 공항 또는 항공기 등 대통령령이 정하는 국가중요시설의 경비 및 도난·화재 그 밖의 위험발생을 방지하는 업무로서 특수경비원의 자격요건은 경비업법 제10조 경비지도사 및 경비원의 결격사유조항에 의거하여 연령이 만 18세 미만 또는 만 58세 이상인 자, 금치산자, 한정치산자, 파산선고를 받고 복권되지 아니한 자, 금고 이상의 실형 선고를 받고 그 집행이 종료되거나 집행이 면제된 날부터 5년이 지나지 아니한 자, 금고 이상의 형의 집행유예선고를 받고 그 유예기간 중에 있는 자, 행정자치부령이 정하는 신체조건에 미달되는 자를 제외한 자로 한정하고 있다.

특수경비원의 교육훈련요건은 경비업법 제13조(경비원의 교육 등)에 의거하여 특수경비업자는 대통령령이 정하는 바에 따라 정기적으로 특수경비원 교육을 받게 하고 특수경비원 교육을 받지 아니한 자를 특수경비업무에 종사하게 하여서는 아니 된다고 명시하고 있으며, 경비업법 시행령 제19조(특수경비원에 대한 교육)에 의거하여 특수경비업자는 법 제13조 제1항의 규정에 의하여 특수경비원의 경력이 없는 사람으로서 특수경비원으로 채용된 사람, 특수경비원 교육을 받은 후 3년 이상의 기간동안 특수경비업무에 종사하지 아니하다가 다시 특수경비원으로 채용된 사람에 대해 특수경비업자의 부담으로 경찰교육기관이나 행정자치부령이 정하는 기준에 적합한 기관 또는 단체에서 개설한 특수경비원 신임교육을 받도록 하고 있다. 교육시간은 경비업법 시행규칙 제15조 (특수경비원 교육과목 등)에 의거하여 88시간의 교육을 이수하여야 하며 특수경비원 신임교육의 교육과목은 다음과 같다.

특수경비원 신임교육의 과목 및 시간[1]

구 분 (교육시간)	과 목	시 간
이론교육 (15시간)	ㅇ 경비업법 및 관련법(청원경찰법 · 경찰관직무집행법)	8
	ㅇ 헌법 및 형사법(인권, 경비관련범죄 및 현행범 체포에 관한 규정을 포함)	4
	ㅇ 범죄예방론(신고요령 포함)	3
실무교육	ㅇ 정신교육	2
	ㅇ 테러대응요령	4
	ㅇ 폭발물처리요령	6
	ㅇ 화재대처법	3
	ㅇ 응급처치법	3
	ㅇ 분사기사용법	3
	ㅇ 출입통제 요령	3
	ㅇ 예절교육	2
	ㅇ 기계경비 실무	3
	ㅇ 정보보호 및 보안업무	6
	ㅇ 시설경비요령(야간경비 포함)	4
	ㅇ 민방공(화생방 포함)	6
	ㅇ 총기조작	3
	ㅇ 총검술	5
	ㅇ 사격	8
	ㅇ 체포 · 호신술	5
	ㅇ 관찰 · 기록법	3
기타(4시간)	ㅇ 입교식, 평가, 수료식	4
계		88

그리고 경비업법 시행규칙 제16조 (특수경비원의 직무교육의 시간 등)에 의거하여 특수경비원은 매월 직무교육을 6시간 실시하도록 하고 있다.

3. 항공경비요원 전문교육훈련

항공경비요원은 공항 내의 공항 또는 항공사의 중요시설, 항공기 등을 보호하고, 보호구역 내에 출입을 통제하는 업무와 승객 아닌 자 및 물품 등에 대한 검색 또는 신원확인 업무를 수행하는 자로

1) 경비업법 시행규칙(법률 제 7671호 (2005.8.4)) 2006.2.5시행

서 항공안전본부장이 지정한 보안검색전문교육기관에서 항공경비요원 초기교육과정을 (4일 30시간 이상) 이수하여야 하며 항공경비요원 직무(OJT)교육을 (3일 24시간 이상) 실시한 경우에 항공경비 업무를 수행할 수 있다. 또한 항공경비요원 정기교육 과정은 연 1회 (1일 8시간 이상) 이수하여야 하며, 다만 경비업법에 의한 특수경비원 직무교육에 정기교육내용을 포함하여 교육을 실시할 경우에는 교육을 이수한 것으로 갈음할 수 있다. 경비요원이 경비업무를 수행 중에 불시점검에서 불합격하거나 또는 경비를 소홀히 하여 사고가 발생될 경우에는 항공경비요원 재교육과정을 보안검색전문교육기관에서 4시간 이상 이수하여야 경비업무를 재개할 수 있다.

4. 보안검색요원 전문 교육훈련

보안검색요원은 불법방해행위에 사용될 수 있는 무기 또는 폭발물 등 위험성이 있는 물건들을 탐지 및 수색하기 위한 보안검색 업무를 수행하는 자를 말하며, 항공안전본부장이 지정한 보안검색전문교육기관에서 보안검색운영자 초기교육과정(5일 40시간) 이상 교육을 이수하고 보안검색운영자 직무(OJT)교육 80시간 이상 현장적응훈련을 실시한 후 평가에 합격시 보안검색업무 수행자격 요건을 부여한다. 아울러 연 1회 1일(8시간) 이상 보안검색운영자 정기교육을 받아야 한다.

보안검색요원이 보안검색업무를 수행중에 불시점검에서 불합격하거나 또는 보안검색을 소홀히 하여 사고가 발생될 경우에는 보안검색운영자 재교육과정을 보안검색교육기관에서 4시간 이상 이수한 후 합격할 경우 보인검색업무를 재개할 수 있다.

제3절 책임

1. 항공보안관련기관 책임과 계획 수립

1) 개요

국가민간항공 보안프로그램 개발, 협력, 수행에 관한 전반적인 책임을 가지는 적정기관이 지정되어야 한다. 각 기관의 항공보안 관련 책임에 보안관련 기관들 간의 조정역할 수단 강구, 관련부분은 문서화하여 공항운영자, 항공사 및 관련자들이 이용할 수 있도록 하여야 한다. 그리고 발생할 불법방해 행위에 대한 대처의 적절성 여부를 검토하여 취약점을 항공사 보안프로그램 등 각종 보안프로그램의 수정 보완 및 국가보안정책과 규정을 수립하고 발간하여 공항 신축시 반영토록 관련 행정기관에 업무가 부여되고 협조되어야 한다.

2) 국가의 책무 및 공항운영자 등 협조의무[2)]

(1) 국가의 책무

건설교통부장관은 민간항공의 안전 및 보안에 관한 계획수립, 관계행정기관 간 업무협조체제 유지, 공항운영자, 항공운송사업자, 항공기 취급업체, 공항 상주업체, 항공여객 화물터미널 운영자 등의 안전 및 보안교육훈련의 개발 등의 업무를 수행한다.

(2) 공항운영자 등의 협조의무

공항운영자, 항공운송사업자, 항공기 취급업체, 공항 상주업체, 항공여객 및 화물터미널 운영자, 공항이용자 그 밖에 건설교통부령이 정하는 자는 항공안전 및 보안을 위한 국가의 시책에 협조를 하여야 한다.

(3) 항공안전조직의 설치 · 운영

건설교통부장관은 항공안전 및 보안에 관한 법률 또는 항공법에서 정한 항공안전 · 기술 등에 관한 업무를 전담하는 조직을 정부조직법 제2조 내지 제4조 규정에도 불구하고 대통령이 정하는 바에 의하여 중앙행정기관의 조직과 달리 설치 · 운영할 수 있다.

가. 항공안전본부 신설 : 2002년 8월 12일 (구)항공국(항공안전본부 및 항공정책심의관으로 분리)

2) 항공안전 및 보안에 관한 법률 세부운영지침('03. 5. 20)

나. 항공안전본부 조직

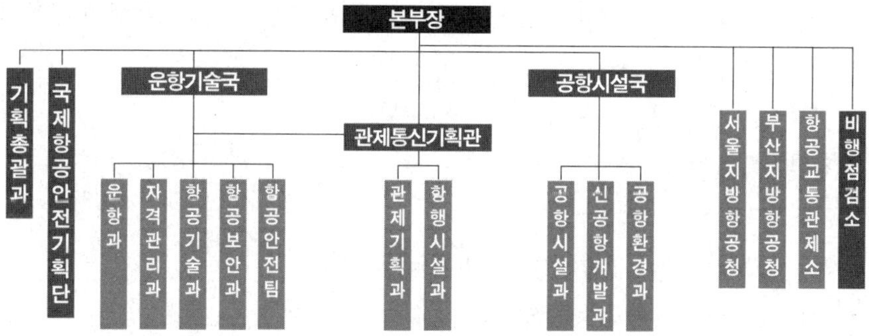

3) 항공안전 및 보안계획수립시 포함할 주요사항

(1) 기본계획

가. 항공안전 및 보안에 관한 기본방침

나. 항공안전 및 보안에 관한 중 · 장기 추진방향

다. 항공안전 및 보안에 관한 관련 행정기관의 역할

라. 공항운영자 등의 항공안전 및 보안에 관한 역할

마. 항공안전 및 보안에 관한 비상계획

바. 항공안전장비 개선계획

사. 항공안전 및 보안에 관한 교육훈련계획

아. 항공안전 및 보안에 관한 국제협력

자. 항공안전 및 보안에 관한 세부운영지침

차. 그 밖에 항공안전 및 보안에 관하여 필요한 사항

(2) 공항운영자의 시행계획

가. 항공안전 및 보안조직의 구성 · 업무 보안책임자의 지정

나. 항공안전 및 보안에 관한 교육훈련

다. 항공안전 및 보안에 관한 정보의 전달과 보고 절차

라. 공항시설의 경비대책

마. 보호구역지정 및 출입통제

바. 승객 · 휴대물품 및 위탁수하물에 대한 보안검색

사. 보안검색요원의 운영계획

아. 공항상주업체 (보호구역 밖에 있는 업체에 한한다)의 항공안전 및 보안관리 대책 항공안전보안장비의 관리와 운용

자. 보안검색 실패 등에 대한 대책 및 보고 · 전달체계

차. 보안검색기록의 작성 · 유지

(3) 항공운송사업자의 시행계획

가. 항공안전 및 보안조직의 구성 · 업무 보안책임자의 지정

나. 항공안전 및 보안에 관한 교육훈련

다. 항공안전 및 보안에 관한 정보의 전달과 보고절차

라. 항공기 정비시설 등 항공운송사업자가 관리 · 운영하는 시설에 대한 보안대책

마. 항공기 보안에 관한 사항

바. 항공기에 대한 경비대책

사. 비행 전 · 후 항공기에 대한 보안점검

아. 계류항공기에 대한 보안 및 통제절차

자. 항공기 운항 중 보안대책

차. 안전유지협조의무 위반자에 대한 처리절차

카. 수감 중인 자 등의 호송절차

타. 범인의 인도 · 인수 절차

파. 항공보안요원의 운영 및 무기운영절차

하. 국외취항항공기에 대한 보안대책

거. 항공기에 대한 위협증가 시 항공안전 및 보안대책

너. 조종실 출입절차 및 조종실 출입문 안전강화대책

더. 기장의 권한 및 그 권한의 위임절차

러. 기내 보안장비 운영절차

머. 기내식 및 저장품에 대한 보안대책

버. 화물에 대한 보안검색

서. 보안검색요원의 운영계획

어. 위해물품 탑재 및 운송절차

저. 승객 및 수하물에 대한 일치여부 확인 절차

처. 항공기의 탑승 거절 절차

커. 비행서류의 안전 및 보안관리 대책

터. 보안검색기록의 작성 · 유지

퍼. 보호구역 출입증 관리 대책

허. 그 밖에 항공안전 및 보안에 관하여 필요한 사항

(4) 항공기 취급업체 등의 시행계획

항공안전 및 보안에 관한 법10조의 규정에 의하여 항공기 취급업체, 공항상주업체(보호구역 안에 있는 업체에 한한다) 항공여객 · 화물터미널 운영자 및 그 밖에 건설교통부령이 정하는 자가 수립하는 시행계획에는 다음 각호의 사항이 포함되어야 한다.

가. 항공안전 및 보안조직의 구성 · 업무 보안책임자 지정

나. 항공안전 및 보안에 관한 교육훈련

다. 항공안전 및 보안에 관한 정보의 전달과 보고절차

라. 보호구역출입증 관리대책

마. 당해시설 경비보안 및 보안검색 대책

바. 항공안전보안장비 관리 및 운용

사. 그 밖에 항공안전 및 보안에 관한 사항

2. 항공보안 관련기관의 책임

1) 국가정보원

(1) 불법행위 등 국가항공보안 관련 국내외 정보 수집 · 작성 및 배포
(2) 불법행위 대응을 위한 정보협력체제 유지
(3) 항공보안 · 대테러업무 기획 · 조정 및 추진실태 지도 · 점검
(4) 공항 및 항공기 파괴 등 보안사고 전말 조사
(5) 불법행위 대응능력 배양을 위한 위기관리기법의 연구 발전 · 보안대책 제공 불법행위 대응 정보 · 기술 · 교육훈련 등 지원
(6) 공항설계 · 건설 · 개보수시 국가항공보안 대책 반영 여부 측정

2) 법무부

(1) 공항출입국심사지역에 대한 출입관리 및 관련 공항보안업무 지원
(2) 공항보안검색을 위한 위 · 변조 여권 등의 식별기법에 관한 업무지원
(3) 불법방해 행위와 연계된 혐의자의 출 · 입국 관리 및 체류동향에 대한 정보 제공 업무
(4) 공항에서의 비상사태 발생 시 관련 출입국 관리 업무 지원

3) 국방부

군은 공항에서 위기분석, 위기전파, 폭발물 탐지 및 제거, 무장진압 등을 하며 군 공항시설을 공

동으로 사용하는 경우는 공항접근통제 및 기타 보안 역할에 대한 책임을 진다.

(1) 공항시설 내 생 · 화학테러 및 폭발물 발견 시 군 폭발물인 경우 군 폭발물 처리반(생화학 테러 일 경우 생화학 부대)에서 지원 협조하고, 사제나 민수용 폭발물인 경우 공사 및 경찰에서 처리 불가시 공항보안대책 협의회 의장의 요청에 의거해 처리 지원 협조

(2) 공항시설 점거, 항공기 납치 등 무장 테러범에 의한 상황 발생 시는 국가 대테러 대책위원회 결정에 의거 군 대테러특공대 및 장비투입 지원

(3) 공항외곽(해안선 포함) 경계 및 방호업무

(4) 공항에서의 군인, 군무원 및 군사용장비 등에 대한 검문

4) 농림부

(1) 수 · 출입 동 · 식물 검역에 대한 항공보안업무 협조

(2) 수 · 출입 동 · 식물 검역 장소 지정 및 관리

(3) 수 · 출입 동 · 식물 검역에 따른 항공보안 관련 정보의 제공

5) 보건복지부

(1) 항공보안 관련 검역정보 수집 · 분석 및 제공

(2) 항공기 및 승객 · 승무원 · 화물검역에 관한 사항

(3) 항공보안에 관한 세균학적 검사업무 지원

6) 건설교통부

건설교통부
항공안전본부

(1) 민간항공보안 관련 법령 및 규정의 조사 · 연구와 유지 · 관리

(2) 민간항공보안의 기본계획 수립 및 관리

(3) 항공보안 운영지침의 제 · 개정 및 관리

(4) 공항 및 항공사 보안 시행계획의 승인

(5) 항공안전 및 보안업무에 관한 점검 및 현장조사

(6) 민간항공 보안검색 업무에 대한 교육훈련지침 제정 · 시행 및 공항 운영자 등이 수립한 보안 교육 지침의 승인

(7) 항공보안 관련 국제민간항공기구와의 연락 및 협력업무

(8) 항공보안 관련 정보의 접수 및 전파

(9) 항공보안 전문교육기관 지정 및 운영실태 지도 감독

(10) 항공안전보안장비 기준 제정

7) 관세청

관세청
KOREA CUSTOMS
SERVICE

(1) 보세운송 및 보세구역의 출입관리 관련 공항보안업무 지원

(2) 공항에 대한 세관지역 감시업무

(3) 총기류, 폭발물 등 테러관련 물품의 반입 저지 대책 수립 · 이행

8) 경찰청

경찰은 범죄예방 및 감시, 민간항공을 위협하는 요주의 인물에 대한 감시, 주요사건 및 비상사태에 대한 통제, 감독을 담당한다.

(1) 민간항공을 위협하는 범죄 예방 및 대응조치

(2) 항공안전 및 보안에 관한 법 제15조 제2항의 단서 및 동법 시행령 제14조 규정에 의한 필요조치 요구

(3) 항공기납치, 파괴, 폭탄 또는 기타 위협 등 불법행위 발생 시 진압, 사법처리

(4) 공항의 주요사건에 대한 대응 조치 및 특공대 지원 업무

(5) 불법행위와 연계된 출입국자의 체류동향에 대한 항공보안 관련정보의 제공업무

9) 해양경찰청

(1) 공항 인접 해상경비에 관한 계획의 수립 및 그 지도

(2) 공항 인접 해상에서의 항공기에 대한 불법행위 예방, 진압 및 사법처리

(3) 해양사고 구조업무에 관한 계획의 수립 및 그 지도

(4) 대형 해난사고에 대비한 계획의 수립 등

10) 공항공사(공항운영자)

국가민간항공 보안프로그램과 관련법규에 따라 공항의 운영 및 관리에 대한 책임을 지고, 불법적인 방해행위를 방지하기 위한 보안절차를 수립하고 수행하는 책임을 가진다.

(1) 항공보안 기본계획 및 운영지침에 의거한 공항보안 시행계획 수립 · 이행

(2) 공항보안 시행계획 이행을 총괄하는 공항보안책임자 지정

(3) 공항보호구역을 포함한 공항 방호

(4) 공항 보호구역 출입허가, 출입증 발급 및 관리

(5) 승객, 휴대물품 및 위탁수하물에 대한 보안 검색

(6) 공항보안시스템 관리 및 유지 보수에 필요한 자원 제공

(7) 국가항공보안 건설요건을 신축시설 설계 · 건축 및 공항의 기존시설의 개 · 보수에 반영

(8) 우발계획 수립 · 이행

(9) 폭발물처리 반및 생화학 테러 대응요원 운영

(10) 공항 보안교육 훈련지침 제 · 개정

(11) 공항근무 직원에 대한 보안 의식 제고

11) 항공사(항공운송사업자)

항공사는 국가민간항공 보안프로그램 및 공항 보안프로그램에 포함된 대책과 절차들에 대하여 협력해야 할 책임이 있으며, 국제항공업무를 담당하고 있는 항공사는 각국의 항공보안프로그램에 맞는 필요조건을 충족시키기 위한 관련 항공보안프로그램을 시행해야 한다. 항공사는 지정한 해당 행정기관에 보안프로그램을 제출하여 국가민간항공 보안프로그램에 부합하는지 검토하여야 한다.

(1) 항공보안 기본계획 및 운영지침에 의거한 항공사 보안시행계획 수립 · 이행

(2) 항공사 보안시행계획 이행을 총괄하는 항공사 보안책임자 지정

(3) 불법방해 행위로부터 승객, 승무원, 휴대물품, 수하물 및 화물 보호

(4) 항공화물에 대한 보안검색

(5) 항공기 및 항공기 물품에 대한 안전 및 보안책임

(6) 공사의 공항 우발계획에 연계하여 우발계획 수립

(7) 승무원을 포함한 직원에 대한 보안 교육 프로그램 수립 및 실시

(8) 항공사 보안계획에 의한 보안 효율성 유지

(9) 타 국가로 운항할 경우 해당 국가의 항공보안요건 준수

(10) 기타 항공기 보안관련 사항

12) 항공기 취급업체 · 공항 상주업체 · 화물터미널 운영자 등

공항 행정당국으로부터 공항에서 사업을 할 수 있도록 허가증 또는 법적문서로 허가받은 개인 및 법인을 의미한다. 예를 들면 매점업자, 기내식업자, 시설수리업자 등을 말하며 국가민간항공 보안프로그램에 포함되어 보안책임을 지며 항공기 취급업체 · 공항 상주업체 · 화물터미널 운영자의 임무는 다음과 같다.

(1) 항공보안 기본계획 및 공사의 시행계획을 충족시키는 시행계획 수립 · 이행

(2) 해당 직원에 대한 보안 교육 실시

(3) 공사의 우발계획에 연계한 우발계획 수립

(4) 보호구역으로 연결되는 곳에 위치한 경우 해당지역의 보호구역 보안통제에 대한 책임

(5) 기타 자체 시설에 대한 보안사항

3. 협력 및 상호연락

1) 항공안전협의회[3] 임무 및 구성

항공안전 및 보안에 관련되는 다음 사항을 협의하기 위하여 건설교통부에 건설교통부 장관을 위원장으로 하는 항공안전협의회를 둔다.

(1) 항공안전 및 보인에 관한 계획의 협의

(2) 관계행정기관간의 업무협조

(3) 항공안전 및 보안에 관한 법률 제10조에 의한 항공안전 및 보안의 시행계획의 승인을 위한 협의

(4) 그 밖의 항공안전 및 보안을 위하여 협의회의 장이 필요하다고 인정하는 사항

항공안전 및 보안에 관한 법률 제7조제1항의 규정에 의한 항공안전협의회는 위원장 1인을 포함한 20인 이내의 위원으로 구성한다.

가. 외교통상부, 법무부, 국방부, 문화관광부, 농림부, 보건복지부, 국가정보원, 관세청,경찰청 소속의 1급 또는 이에 상당하는 공무원 중 소속기관의 장이 지명하는 자 각 1인

나. 항공안전 및 보안에 관한 학식과 경험이 풍부한 자 중 건설교통부장관이 위촉한 자

3) 항공안전 및 보안에 관한 세부 시행 대책('02.5.20)

2) 공항안전운영협의회의 임무 및 구성

지방항공청장은 관할 공항별로 항공안전 및 보안에 관한 사항을 협의하기 위하여 공항안전운영협의회를 둔다.

(1) 항공안전 및 보안 시행계획의 수립에 관한 사항

(2) 공항시설의 안전 및 보안에 관한 사항

(3) 항공기의 안전 및 보안에 관한 사항

(4) 공항 비상계획에 관한 사항

(5) 그 밖에 공항의 안전 및 보안에 관한 사항

공항안전운영협의회는 위원장 1인을 포함한 10인 이내의 위원으로 구성한다.

가. 해당 공항운영자의 소속직원

나. 해당 공항에 상주하는 항공운송사업자의 소속직원

다. 그 밖에 항공안전 및 보안을 위하여 위원장이 위촉한 자

3) 보안대책협의회[4] 임무 및 구성

국가정보원의 국가보안목표관리지침에 의거하여 공항 내에서의 경비, 보안활동 및 출입국 보안업무에 관한 사항을 심의 조정하기 위해 보안대책협의회를 운영한다.

(1) 공항 내 시설의 경비, 보안 및 대 테러에 관한 사항

(2) 공항 출입증 발급대상 인원, 지역의 범위를 정하거나 변경하는 사항

(3) 테러분자, 여권 위 · 변조사범, 불법출입국 등 위해 인물 출입국 보안에 관한 사항

(4) 총기, 폭발물, 마약 등 국가 안전보장 또는 다수 국민건강과 항공기 안전을 위하여 해로운 물품의 보안검색에 관한 사항

(5) 다수 국민의 건강에 영향을 미칠 수 있는 인원, 동 · 식물, 식품, 수산물의 보안검색요원 및 검색장비 배치 운영에 관한 사항

(6) 보안 검색요원 및 검색장비 배치 · 운영에 관한 사항

(7) 항공기 안전운항에 중대한 영향을 미칠 수 있는 사항

(8) 종합상황실 구성 · 운영 및 첩보수집 · 전파에 관한 사항

(9) 기타 상주기관 간 심의가 필요한 출입국 및 경비 · 보안에 관한 사항

공항보안대책협의회 의장은 국가정보원 공항 보안실장(비 상주지역은 해지부 관계과장)으로 하

4) 국가보안목표관리지침 (국가정보원)

고 위원은 아래와 같다.

가. 공항 시설주와 당해 공항을 감독하는 건설교통부 소속기관의 기관장

나. 공항에 파견되어 출입국, 경비, 보안업무를 수행하는 법무, 국방(기무사), 보건복지, 농림부, 관세, 경찰청 소속기관의 기관장

다. 기타 의장이 위촉하는 자

4) 공항방위협의회[5] 임무 및 구성

인천국제공항공사 사장 및 한국공항공사 사장(지사장)은 직장방위협의회 의장으로서 각 관련 부서별 협조체제를 강구하며 기능별 임무는 다음과 같다.

(1) 공항방호책임 : 공항공사 사장(지사장)

(2) 정보 · 보안조정 책임 : 국가정보원(기무부대)파견 책임자

(3) 항공기 운항관리 책임 : 지방항공청장

공항운영자의 직장방위협의회 구성은 다음과 같다.

가. 당해 공항을 감독하는 지방항공청의 기관장. 항공사 대표자

나. 공항에 파견되어 출입국, 경비, 보안업무를 수행하는 국가정보원, 법무, 국방(기무사), 보건복지, 농림부, 관세, 경찰청 소속기관의 기관장

다. 기타 의장이 위촉하는 자

5) 통합방위지침 (대통령훈령 제28호. 국방부)

Aviation Security

제4장
공항 경비보안

제1절 국가보안목표시설 보호

1. 개념

공공기관, 공항, 항만, 주요 산업시설 등 적 및 불순분자에 의하여 점령 또는 파괴되거나 기능이 마비될 경우 국가안전과 국민생활에 심대한 영향을 미치는 시설을 국가보안목표시설[1]이라고 한다.

2. 시설주의 임무

국가보안목표의 소유주 및 관리주(시설주)는 국가보안목표에 대한 경비 · 보안책임을 지고 그에 따른 대책을 강구하여야 하며, 감독기관의 장 및 국가정보원장은 국가보안목표에 대한 보안지침을 정하고 경비 · 보안대책을 지도 · 조정하며, 관할경찰서장 또는 지역 군부대장은 국가보안목표에 대한 파괴 · 점거 등 긴급사태 발생에 대비하여 방호지원계획을 수립 · 시행하도록 하고 있다. 시설주는 해당 국가보안목표에 상주하는 기관과 업체에 대하여 경비 · 보안활동에 필요한 협조를 요구할 수 있으며, 군사보안목표의 보안에 관한 사항은 국방부장관이 정하는 바에 의한다.

3. 국가보안목표시설의 보호책

1) 경비보안계획 수립 시행

(1) 시설주는 국가보안목표인 공항시설을 보호하기 위하여 경비인력 배치 현황, 근무요령, 교육훈련계획, 조직운영 및 지휘감독 체계와 초소 등 출입 인원과 차량에 대한 출입통제 및 보안검색 대책, 외곽 울타리 및 초소 설치, CCTV 등 과학보안장비 운용방안, 무기 확보 · 운용 및 철침 판 · 차단기 등 대테러 장애물 운용 현황, 경찰 · 소방서 등 유관기관과의 비상연락체제 및 유사시 지원방안, 핵심시설에 대한 출입통제 및 경비 · 보안대책, 도난 · 화재 · 무단 침입 등 사태별 대응조치 요령 등을 포함하여 자체 지형과 특성에 맞는 경비 · 보안계획을 수립하여 시행하여야 한다.

(2) 경비 · 보안계획을 수립 시에는 경비인력 및 과학보안장비 등은 「경비요소 확보기준」을 따르되 국가보안목표의 위치 · 지형 · 구조와 장비의 기종 · 성능 등에 따라 소요를 조정하고 경비인력은 청원경찰 또는 경비업법에 의한 특수경비원을 배치하여 운용하도록 하여야 한다. 그리고 외곽울타리에는 울타리 · 철조망 등과 함께 CCTV · 적외선 감지기 등 침입감시와 감

1) 국가보안목표관리지침 (국가정보원)

지용 과학보안장비를 설치하여 울타리 및 과학보안장비를 수시로 점검하고 유지 · 보수해 상시 가동상태를 유지하도록 하여야 한다.

또한 내곽 취약지역 및 통제구역 등에는 CCTV · 지문인식 등 첨단과학장비를 설치하거나 경비 인력을 배치하여 출입자를 통제하고 감시하도록 경비 · 보안계획에 반영시켜야 한다.

(3) 시설주는 국가보안목표시설의 경비업무를 특수경비업체에 용역 의뢰한 경우에도 경비인력에 대한 근무실태 확인점검 등 관리감독을 철저히 하여야 한다.

(4) 시설주는 경비 · 보안 환경이 변하거나 시설 개 · 보수 등 여건이 변동된 때에는 즉시 경비 · 보안 계획을 수정 · 보완하여야 한다.

(5) 시설주가 경비 · 보안 계획을 수립할 때에는 감독기관의 협의 조정을 받아야 하며 관할 군 · 경찰 등 경비 · 보안 유관기관과 협의하여 유사시 협조 · 지원 체제를 구축하여야 한다.

(6) 단일 국가보안목표로 지정된 시설은 경비 요소를 일원화하여 통합 경비체제를 구축, 운영할 수 있다.

2) 경비상황실 설치운영

시설주는 효율적인 경비보안업무를 수행하고 비밀누설, 화재, 도난, 무단침입 등 위해상황 발생시에 신속대처하기 위하여 경비상황실을 설치하여 운용하여야 하며 상황실 편성 및 운영방안은 효과적인 지휘 · 통제와 각종 상황 발생시 신속히 대처하기 위하여 시설의 특징 및 여건을 고려하여 경비상황실의 규모를 결정한다. 경비상황실을 중심으로 유무선 통신시설 및 비상통신망을 설치 · 운용하며, 경비상황실의 정 · 부 책임자를 임명하고 근무자를 24시간 편성 · 운용한다. 경비상황실의 주요 임무는 외곽침입감지시스템, CCTV모니터, 출입통제 · 경보시스템 등 과학보안장비를 통합하여 내 · 외곽을 효율적으로 감시하고 화재 · 도난 또는 무단침입 등 경비 · 보안 위해상황 발생에 대비하여 시설 내외 유관부서 및 기관과 비상연락체제를 유지하여 관련 상황을 신속히 전파한다. 그리고 직통전화, 비상벨 등을 이용하여 정문을 비롯한 경비초소 근무자 등에게 경비관련 위해상황을 신속히 전파하여 즉각적인 대응체제를 구축하고 무단침입 등 긴급 상황 발생 시에 대비한 초동조치반을 편성하여 운용하며 무기고 열쇠를 보관하고 필요시에 반출 및 반입을 통제하는 등의 임무를 수행한다.

3) 보호구역 지정 및 보호

(1) 개념

공항시설 및 항공기 보호에 있어서 가장 먼저 고려해야 할 것은 해당지역 접근을 통제하는 것이다. 이를 효과적으로 통제하기 위해서는 법률적인 지원을 받아야 한다. 보호구역이 지정되어야 인가된 자 이외의 출입을 통제하고 불법침입시에 범죄요건 성립 및 비인가자 접근시 처벌 등을 규정한 법이 효력을 발휘할 수 있다.

(2) 고려사항

보호구역은 항공보안을 보장하기 위해 비인가자 접근이 통제되는 공항의 에어사이드지역이다. 이 지역은 보안검색지점과 항공기 사이의 모든 승객 출발지역을 포함하여 공항의 상업, 항공교통운영과 관련된 공간으로 시설이 없는 방대한 공간을 보호해야 한다는 것을 고려하여 지상에 보안요원들의 비효율적인 보안을 방지하기 위하여 적정한 규모로 조정되어야 한다. 그리고 보안제한구역은 항공기 운항규모, 가용보안자원의 수, 현 위협분석에 따라 효과적으로 중요시설에 배치된 자원을 고려하여 가능한 한 작은 범위를 유지해야 한다. 예를 들어 에어사이드지역의 항공기에 서비스를 제공하고 접근할 필요가 있는 차량과 인원만 출입을 허용하여 강화된 출입통제수준을 유지할 수 있다. 필요시 추가적인 단계별 접근통제 및 보호대책이 특정 항공기에 실시될 수 있다.

(3) 보호구역 설정

국가보안목표의 보호구역은 시설의 기능과 특성을 고려하여 각 기준에 따라 필요한 장소에 일정한 범위를 정하여 제한지역, 제한구역, 통제구역을 설정한다.

가. 제한지역

국가비밀의 보호와 정부재산을 보호하기 위하여 울타리 또는 경비요원에 의하여 일반인 출입에 감시가 요구되는 지역이다.

나. 제한구역

국가의 비밀, 국가보안목표시설 및 자재에 대한 비인가자의 접근을 방지하기 위하여 비인가자의 출입에 대한 안내가 요구되는 구역이다.

다. 통제구역

국가의 비밀, 국가보안목표시설 및 자재에 대한 비인가자의 출입이 금지되는 보안상 극히 중요한 구역이다.

(4) 보호구역 지정대상시설

가. 공항 내의 시설

가) 보안검색이 완료된 지역
나) 출 · 입국 심사장
다) 세관검사장
라) 관제탑 등 관제시설
마) 활주로 및 계류장
바) 항행안전시설 설치지역
사) 화물청사
아) 연료저장지역
자) 라)~아) 지역의 부대시설

나. 공항의 외곽시설

가) 관제탑, 레이다 지역
나) 항행 안전시설 지역(ILS, VOR, NDB)
다) 초단파(VHF)지상공중 안테나
라) 기상시설 등

(5) 보호구역의 지정 및 변경

가. 보호구역 지정

공항운영자가 항공안전 및 보안에 관한 법률 제12조에 의하여 보호구역 또는 임시보호구역의 지정 승인을 얻고자 하는 경우에는 보호구역 등의 지정목적, 도면, 출입통제대책, 지정기간에 관한 서류를 첨부하여 항공안전본부장에게 제출하여야 한다.

나. 보호구역 변경

공항운영자가 지정된 보호구역 등의 변경승인을 얻고자 하는 경우에는 보호구역 등의 변경사유, 변경하고자 하는 해당 보호구역 등의 도면, 출입통제대책의 서류를 첨부하여 항공안전본부장에게 제출하여야 한다.

다. 보호구역 지정취소

공항운영자가 보호구역 등의 지정을 취소하고자 하는 경우 항공안전본부장의 승인을 얻어야 한다.

(6) 보호구역(Security Restricted Area) 통제

가. 개념

법에 따라 보호를 필요로 하는 취약지역 및 위험지역이 일단 결정되면 불법침입자에 의해 발생되는 불법방해 행위로부터 이 지역을 보호하기 위한 보호구역 보호계획이 수립되어야 한다. 따라서 보호구역은 일반지역으로부터 분리하여 보안통제대책을 강구하여야 한다.

나. 보호구역 보호기준

지정된 보호구역은 해당지역으로 비인가자 접근을 방지하기 위한 인적 · 물리적 보호대책을 통하여 보호되어야 하고, 지정된 보호구역은 비정기적으로 순찰, 점검되는 물리적 장벽을 설치하여 일반지역으로 분리시켜야 하며, 국제공항이나 기타 지정된 공항 외부의 공항관련 시설의 보호구역 접근은 출입증시스템으로 통제되어야 한다.

다. 보호구역별 보호대책

가) 제한지역

공항의 에어사이드(Airside)와 랜드사이드(Landside) 사이에 울타리 등 보호대책을 강구하고 도랑 및 하수구 등은 쇠창살이나 바(bar)를 설치하여 외부인의 무단침투를 방지하며, 울타리지역에 조명시설, 경고판, 경보기 등을 설치하여 침투자를 사전에 발견하여 경고 조치한다.

그리고 출입문에는 경비인력을 배치하여 출입 인원 및 차량진입을 통제하되, 소속직원은 별도의 승인절차 없이 신분증으로 출입이 가능하다

나) 제한구역

제한구역 출입 인가자를 사전에 지정, 출입증을 발급하여 불필요한 인원의 접근을 통제하고 울타리에 근접한 건물 및 터미널의 문, 창문, 지붕 등에 대한 외부투시,

도청과 위험물투척 방지 등 물리적 수단을 이용하여 시설을 보호하여야 한다.

그리고 출입 비인가자는 관리책임자에게 신고 후 출입통제대장에 출입목적 등을 기록하고 안내를 받아 출입하도록 하며 활주로, 계류장 등 개방지역은 순찰, 경비, 감시 등에 의거 보호되도록 조치하여야 한다. 또한 출입문에는 자동잠금장치, 침입감지시스템, 인터폰 등을 부착하여 무단출입을 방지한다.

다) 통제구역

통제구역은 최고의 보호가 필요한 건물 · 지역으로서 출입인가자를 사전에 지정하고 출입자의 명단을 비치하고 상시근무자와 감독자 외의 사람에 대해서는 원칙적으로 출입을 금지하고 있다. 단, 보안업무의 총괄, 유지 보수 등 업무상 출입이 필요한 자는 사전에 관리책임자의 허가를 받아 출입이 가능하다.

그리고 상시출입자 외의 모든 출입자는 안내 및 입회자의 감독을 받아야 하고 출입통제대장에 기록을 유지하여야 한다.

이외에도 외부에서 투시하거나 도청 및 위험물투척을 방지할 수 있는 대책을 강구하며 출입문에 자동잠금장치, 무단출입방지시스템, 인터폰 등을 설치하고 항공기는 순찰, 경비 또는 추가 울타리를 설치하여 특별 보호대책과 물리적인 통제수단인 회전문, 초소 등을 이용한 보안요원에 의한 통제, 자동통제수단인 키 카드시스템 등 전자 장비를 이용한 통제대책을 강구하여야 한다.

4) 출입증 발급 및 패용

(1) 개요

공항의 에어사이드 및 보안제한구역 출입통제는 보안출입증 시스템을 통하여 시행된다. 출입증 시스템은 공항에서 근무하는 개인이 공항 에어사이드 또는 보안제한구역으로 출입이 필요한 자에게 발급되는 출입카드 또는 기타 서류로 구성되어 있다. 이 시스템의 목적은 개인 신분을 확인하여 출입을 원활히 하는 것이다. 차량출입증은 차량의 접근통제를 원활히 하기 위하여 발급된다. 공항에서 사용하는 출입증을 공항출입카드 또는 출입패스라고 부르기도 한다.

(2) 출입증 발급요건

출입증 발급은 기관 또는 업체장의 명의로 공항운영자에게 신청하며 출입증 발급 신청시에는 보호구역 출입목적, 구역 등을 명기한다. 공항운영자는 정규출입증 발급신청을 받은 경우 신청자에 대한 신원조사를 반드시 실시하여야 하며, 신원조회 결과 문제점이 있는 자에 대하여서는 출입증심사협의회의 협의를 거쳐 출입증 발급 여부를 결정한다. 단, 특례업체 등의 직원에 대하여는 기존의 신원조사결과 회보서 사본으로 갈음하며 상주기관(대사관, 국제기구, 주한미군 등)의 직원에 대해서는 필요시 신원조사 회보서 제출을 요구할 수 있다. 공항운영자(공항공사)는 기 발급한 출입증에 대하여 업무상 출입이 불필요하다고 인정되는 자와 출입실적이 극히 저조한 자에 대하여 출입구역을 축소 조정하거나 취소할 수 있으며, 구역 변경사유가 발생한 경우에는 출입구역을 변경하여 재발급할 수 있다.

(3) 출입증 발급 절차

가. 출입증 발급기관 지정

출입증 발급, 사용, 시스템 감시 등의 요건은 관련 항공보안당국에 의하여 수립되어 공표되어야 한다. 공항의 에어사이드지역 또는 보안제한지역으로 출입에 필요한 출입증은 공항운영조직 또는 관련 항공보안당국에 의하여 책임을 부여받은 공항공사에서 발급하여야 한다.

나. 출입구역 구분

에어사이드지역은 그 지역에서 수행하는 기능에 따라 몇 개의 구역으로 나누어져야 하며 지역에 따라 출입이 허용되어야 한다. 이 지역으로의 접근은 공적인 임무나 용무가 있는 자에 한하여 허가되는 방식이어야 한다.

다. 출입증 발급신청

개별 출입증 신청은 반드시 소속회사에서 해당자의 이력과 업무 그리고 보안지역 출입사유를 서면으로 작성하여 출입증 발급책임자에게 신청하여야 한다. 보안제한구역을 출입할 필요가 없거나 가끔 출입하는 자에게 출입증이 발급되지 않도록 특별한 주의를 기울여야 한다. 직위 또는 직책이 출입증 발급의 기준이 되어서는 아니 된다.

라. 신원조회

신원 및 전과를 포함한 이전경력을 확인하기 위한 신원조회는 해당인원이 에어사이드 또는 보안제한구역으로 인솔 없이 출입하는데 적합한지 여부를 분석하는 용도로 실시되어야 한다. 신원조회는 개인이 필수기준을 지속적으로 충족하는지 확인하기 위해 정기적으로 실시한다.

마. 출입신청지역의 적절성 조사

일단 신원조회가 끝났을 경우 신청서는 관련책임기관에 의하여 주어진 업무를 수행하기 위하여 제한구역으로 신청자가 출입을 할 필요가 있는지를 결정하기 위하여 재조사를 받아야 한다. 예를 들면 항공기정비사나 항공기청소부는 여객청사를 출입할 필요가 없는 것이 확실하다. 반대로 입주 상점업자들과 여객청사 청소부들은 업무상 이유로 항공기 운항지역으로 접근할 필요가 없다.

바. 출입증 발급

신청자의 요건을 만족시킬 때 인가책임자는 신청자가 어떤 지역으로 필요한 업무를 위하여 출입해야 하는지를 결정해야 하며, 이 출입증에 숫자, 알파벳, 또는 색깔로 지정된 지역만으로 출입할 수 있도록 표시하여야 한다. 그러나 일반적으로 특정지역만 출입하도록 허가받은 직원이 특별한 이유로 다른 지역으로 출입할 수도 있다. 이에 따른 출입절차가 필요하다.

(4) 출입증 발급

가. 인원 출입증

가) 정규출입증 발급

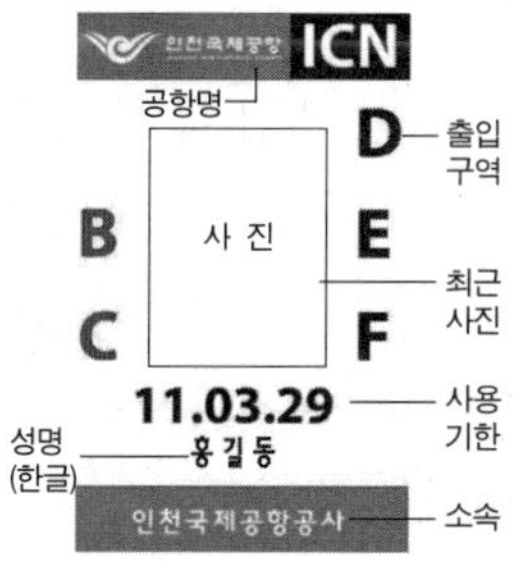

시설주는 보호구역지정시설에 상시 근무하는 종사자에게 정규출입증을 발급하고, 업무와 관련하여 임시 출입하는 인원에게 임시출입증을 발급한다. 다만, 보세구역의 출입증을 발급하고자 할 때에는 미리 세관장에게 협의하여야 한다. 정규출입증 발급대상자는 신원조사를 실시하고 보안준수서약과 보안교육을 실시하여야 한다. 그리고 인원출입증 발급시 표시사항은 본인 사진(최근 3월 이내 촬영된 것), 유효기간, 출입허가지역(알파벳, 숫자, 색깔 등을 이용하여 출입허가구역 표시), 소지자 성명, 공항명 또는 로고, 소속기관명, 발행 일련번호, 출입증 소지자 준수사항 등 본인 여부를 확인할 수 있도록 한다.

나) 임시출입증 발급

공항운영자는 업무상 필요에 따라 공항상주보안기관의 장이 문서로 요청한 경우 임시출입증을 최소한의 범위 내에서 대여할 수 있다. 출입증을 대여받은 소속기관의 장은 업무목적에 한하여 사용하고 실적을 기록 유지하며, 업무이외의 목적으로 임시출입증 불법대여 사실 발견시 임시출입증을 회수하고 관련자에 대한 조치 등을 요구할 수 있다. 또한 공항운영자는 임시 및 방문출입증 소지자가 공항보호구역으로 출입하는 경우 정규인원출입증 소지자의 인솔하에 출입하고 다만, 외교관 등 특별히 필요한 경우는 공항운영자가 별도로 정할 수 있으며, 해당지역 출입목적이 명시된 공문을 소지하거나 허가서 소지 여부 등을 확인하여야 한다.

다) 출입증 사후관리

인원출입증 발급 후에 업무상 출입이 불필요한 출입구역은 축소시키고 출입증 유효기간은 2년을 초과하지 않도록 하여야 하며, 전자 칩을 활용하여 출입통제시스템을 설치시에는 5년을 초과하지 않도록 한다. 그리고 발급된 출입증이 5% 이상 분실시에는 일제 갱신을 하여야 하며, 출입증 관리 실태를 연 1회 이상 점검하여 이상 유무를 확인하고 출입증 제작 및 사진 교체시 위조방지대책을 강구하여야 한다.

나. 차량출입증 발급

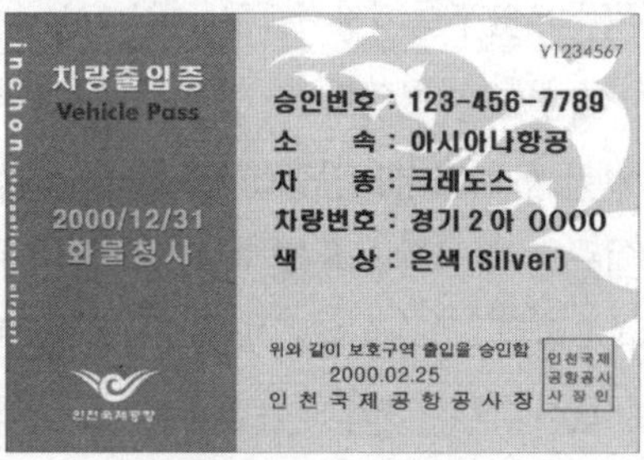

차량의 보호구역출입을 허가하는 출입증을 제작 · 관리 · 발급 및 통제 등에 필요한 대책을 수립한다. 이동지역 등에 공항 운영과 관련된 차량 이외에는 출입증 발급을 최소화한다. 차량운전자는 차량출입증을 항상 식별이 용이한 차량 전면에 고정 영구 부착한다. 변경하거나 위조할 수 없는 형태로 되어야 한다. 차량출입증은 최소한 차량등록번호, 차량소유회사명, 유효기간(최고 12개월), 접근이 허가된 보안통제지역, 차량이 접근 가능한 검문소 등이 포함되어야 한다. 그리고 차량출입증의 사후관리로 유효기간이 1년을 초과하지 않도록 하여야 하며 전자 칩을 활용한 출입통제시스템을 설치시는 3년을 초과해서는 안 된다. 차량

출입증을 타인에게 양도할 수 없으며 출입하는 차량은 반드시 검색을 한다. 보호구역 출입 통제요원은 차량 출입 시 차량운전자에 대한 검색을 별도로 하여야 한다. 만약 보안 강화가 필요할 경우 차량출입증은 공항 진입시 발급되고 공항에서 나올 때 회수해야 한다.

다. 출입증 수령

사신, 서명 및 기타 인적 특성을 확인하기 위하여 출입증 신청자는 직접 출입증을 수령하여야 한다.

(5) 출입증소지자 책임

가. 출입증 사용목적

출입증 발급목적은 보안제한지역과 에어사이드지역 내에서 인가된 자가 근무 중에 출입할 수 있도록 접근을 제한하면서 비인가자를 확인 가능토록 하는 것을 목적으로 한다.

나. 출입증 사용책임

출입증 소지자의 책임은 출입증 분실이나 도난 및 잘못 사용되는 것을 방지하고 분실시 발급기관에 즉시 보고하여 공항보안에 기여하여야 한다. 또한 출입증은 발급된 해당자에 한하여 유효하며 출입증은 타인에게 양도될 수 없으며, 그리고 출입증 소지자가 근무 중에 한하여 지정된 보안제한구역 또는 에어사이드로 출입이 가능하다.

다. 출입증 벌칙사항

출입증 불법사용에 대한 벌칙으로는 발급당국이 출입증을 회수 또는 처벌할 수 있다.

라. 출입증 소지자의 신고사항

출입증 소지자는 접근통제절차 위반자 또는 위반사항이나 총기, 폭발물 등 위험물과 일반지역에 방치된 물건 발견시, 그리고 보안위협을 야기할 수 있거나 의심을 일으킬 수 있는 상황 또는 사건을 비롯하여 총기 및 폭발물과 유사한 물품을 법적 권한이나 정당한 사유 없이 공항에서 소지한 자를 인지할 경우에는 보안요원 또는 공항당국에 즉시 신고하여야 한다.

(6) 출입증 패용 및 통제

가. 출입증 패용

출입증을 소지한 모든 직원 및 방문자는 여객터미널, 에어사이드, 항공기처리지역,

보안제한지역, 유지보수지역, 기내식 시설지역 및 항공화물지역에서 근무 중에는 출입증을 착용하여야 한다. 출입증은 가슴높이 의복 외부의 잘 보이는 곳에 패용하거나 안전을 고려하여 투명한 포켓을 만들어 출입증을 넣어 패용하는 방법이 있다. 이는 출입증이 없는 자에 대하여 즉시 검문을 할 수 있고, 방문자 또는 임시고용자와 정규직원과의 구별과 출입증 유효기간의 식별을 용이하게 한다. 또한 소지자가 출입증을 가지고 출입할 수 있는 지역, 소지자 성명과 여권 및 운전면허증 등 신분증 대조, 소속회사 확인, 출입증 일련번호기록 등 행정관리가 편리한 이점을 가질 수 있다. 그리고 시설주는 국가보안목표시설의 보안제한구역 출입자에게 항상 출입증을 패용하게 하고 허가받지 않은 지역의 출입을 통제하여야 한다. 출입증 소지자가 에어사이드 또는 보안제한구역으로 진입 전에 접근통제보안요원이 확인할 수 있도록 출입증을 제시하고 보안요원, 국정원, 경찰, 세관, 출입국관리요원이 에어사이드 또는 보안제한구역에서 보안책임을 수행하고 있는 자가 요청할 경우 출입증을 제시하여야 한다. 그리고 에어사이드 또는 보안제한구역에서 벗어날 경우에도 보안요원이 출입증 점검을 위하여 요청시 출입증을 제시하여야 한다. 유효기간이 만료되었거나 접근통제권한이 철회되었을 경우 즉시 발급기관에 반납하여야 한다. 출입증은 발급당국의 소유물이다.

시설주는 국가보안목표시설이 기밀 보호 및 기능 유지를 위해 출입인원과 차량에 대하여 보안검색을 실시하여야 하며, 보호구역의 경비근무자 출입인원 및 차량 등 모든 출입사항을 기록유지 관리하여야 한다.

나. 출입증 통제

가짜 및 위조출입증을 방지하기 위한 보호대책은 다음과 같이 실시한다.

보안제한구역으로 출입하지 않을 경우 출입증에 대한 특별한 통제를 취하는 것은 고용인에게 발급된 출입증이 사용되지 않을 때 고용자가 회수하도록 하는 출입증 발급요건을 규정하여 정기적으로 점검한다. 미 사용되는 출입증에 대한 통제방법은 시설을 설치하여 직원들이 직접 업무 연계 및 교대시에 출입증관리대장에 서명을 하거나 출근시간에 시간카드를 찍는 것 등을 통해 확인을 하고 발급하는 방법이 있다.

5) 출입통제

보안제한구역의 외곽은 자연적 경계, 독립적으로 서 있는 울타리, 빌딩의 외벽, 또는 빌딩 안의 내부경계에 의해 한정할 수 있다. 이것의 기능은 침입에 대한 물리적 · 심리적 억제 및 법적 억제를 하는 것이다. 보안대책으로 침입감지시스템, CCTV, 보안등, 접근통제초소 그리고 경비대 순찰에 의해서 한층 효율성이 강화될 수 있다.

(1) 경비요원에 의한 출입통제

보안제한구역으로 출입은 엄격히 통제되어야 하고, 출입지점은 최소로 하여야 하며, 효과적인 출입통제조치나 잠금장치가 설치되어야 한다. 보안제한구역 출입은 업무를 목적으로 분명한 사유가 있는 직원들로 제한하되, 출입 전에 모든 인원은 유효한 출입증을 제시해야 하고, 그들이 휴대한 모든 물품은 여객의 검색과 동일한 기준으로 검색을 하여야 한다. 예외적으로 국가에서는 평가된 위험에 따라서 무작위로 검색을 수행하도록 기준을 수립하여 검색할 수도 있다.

승객은 보안제한구역이나 에어사이드로 진입하기 전에 여권 같은 정부발행 신분증과 함께 탑승권 또는 유효한 항공권을 제출해야 한다. 일반인이 공항에 도착하는 승객을 만나기 위해서 보안제한구역이나 에어사이드로 출입해서는 아니 된다.

그리고 차량출입통제는 인원출입과 유사한 보안통제가 적용되어야 하는데 운영상 명확한 출입 필요성을 가지고 있는 차량에 한하여 제한구역으로 출입할 수 있도록 하여야 한다. 차량에 출입증이 붙어 있는 것은 차량의 출입을 승인하는 것이지 차량에 탑승한 인원들에게 출입을 승인한 것은 아니다. 차량출입을 허가하기 전에 모든 탑승한 인원에 대하여 신분확인서류와 인원출입허가증을 확인해야 한다.

(2) 물리적 출입통제

가. 일반적인 원칙

가) 에어사이드와 보안제한구역 외곽울타리는 물리적인 차단시설로 보호되어야 한다. 그러나 보안제한구역의 울타리가 에어사이드지역을 포함한 개방된 지역에 인접한 경우 해당 지역의 외곽울타리지역으로 비인가자가 접근시 탐지할 수 있도록 충분히 감시되고 순찰되어야 한다. 그리고 에어사이드지역은 보안제한지역 일부이든지 아니든지 관계없이 울타리나 다른 효과적인 물리적 보안조치로 랜드사이드지역으로부터 분리되어야 한다.

만약 안전이나 운영상의 이유로 경계선의 특정위치, 예를 들어 항행시설 근처 또는 활주로의 도착 및 출발지점 등에 울타리를 설치하는 것이 불가능할 수 있다. 이 경우 비금속 물질이나 부러지기 쉬운 재료 등과 같은 특수한 울타리 설치방법이 필요하다.

나) 보안제한구역 울타리에 인접한 건물은 비인가자가 건물을 통해서 보안제한구역으로 출입할 수 없도록 보안대책을 강구하고, 보안제한구역으로 출입할 수 있는 모든 창과 환기구 같은 개봉구는 시건장치를 하거나 바(bar), 창살 등을 설치함으로써 보안을 유지할 수 있다. 건물 지붕은 비인가자에게 또다른 통로가 될 수 있기 때문에 같은 방법으로 보호되어야 하는데, 특히 지붕선과 건물이 보안제한구역 울타리와 닿는 지점은 보호되어야 한다.

다) 지하배관, 하수로 그리고 터널이 에어사이드나 보안제한구역 경계선을 가로질러 설치되는 경우 모든 닥트와 맨홀 그리고 에어사이드로 출입할 수 있는 통로를 통제하고 주기적으로 순찰해야 하며 침입감지시스템으로 보호되어야 한다.

라) 강이나 골짜기지역 등이 에어사이드 또는 보안제한구역의 울타리일부가 될 경우에는 울타리를 설치했을 때와 같은 수준의 보안이 필요하다. 울타리에서 자연적인 경계로 바꿀 때에는 경계선의 보안성을 유지하기 위한 특별한 주의가 요망되므로 도보 또는 차량을 이용한 해안순찰 뿐 아니라 보트(boat)로도 순찰을 하여야 한다.

나. 물리적 출입통제 수단

가) 울타리

(가) 울타리 보호수준

울타리에 의한 보안수준 정도는 울타리의 높이, 울타리 재질, 철조망, 침입감지시스템, 보안등, CCTV와 같이 보안수행능력 또는 효율성을 높이기 위해서 사용된 부가적인 보안장치와 관련되며, 외곽에 설치된 울타리는 예상되는 위협 상황 및 형태에 따라 보안위기 분석과 대응을 위해 분류되어야 한다.

(나) 외곽울타리의 효율성은 대부분 출입초소 보안수준의 정도에 달려 있다.

출입문은 울타리와 같은 보안수준으로 만들어져야 하고 어떤 형태든 출입통제가 되어야 하며 그렇지 않을 경우에는 폐쇄하여야 한다. 울타리 및 출입초소는 적절한 보안등의 조명을 유지하고 월담이 곤란한 높이 2.7m 이상으로 시설외곽에 설치하되, 낭떠러지 등 자연방어벽, 경비지원기관과의 거리, 시설의 중요성, 과학보안장비설치를 감안하여 담의 높이는 조정이 가능하다. 그러나 외곽울타리 설치기준 적용이 현저히 곤란한 도심관광지 등의 경우에는 사전에 관계기관과 협의하여 경비인력, 과학보안장비 등을 보강하여 미관울타리설치도 가능하다. 그리고 침입자의 은폐 및 월담을 방지하기 위하여 울타리 내 · 외곽에 울타리 5~10m까지 장애물이 없도록 하고 도보 또는 차량 순찰로를 설치하여 경비근무투입 및 교대, 근무감독 등이 원활하게 되도록 하여야 한다. 울타리가 핵심시설과 장비에 근접해 있을 경우 내부투시 및 위험물이 투척되지 않도록 창문, 지붕, 환풍구 등에 대한 보안조치를 강구하여야 한다.

(다) 울타리에 설치된 장력감지기, CCTV 등 과학보안장비를 설치시에는 울타리와 호환될 수 있어야 하고 설치방법에는 울타리에 부착하거나 별도의 방어벽으로 설치하는 방법이 있으나 가능한 한 별도의 방어벽으로 설치하는 것이 효과적이며, 과학보안장비 운영에 지장을 초래하는 나무 등은 제거하고 감시의 용이성을 위해서 가능한 한 일직선 및 수직으로 만들어 경비요원 또는 순찰자의 감시가 용이하여야 한다.

나) 외곽침입탐지 시스템

외곽침입탐지시스템은 울타리의 보안수준을 강화하기 위해서 외곽울타리에 사용될 수 있다. 외곽침입탐지시스템은 외곽울타리를 넘어 침입을 시도하거나 침입한 자를 탐지하여 경보로 알려주는 전자장치이다. 이러한 전사장치는 울타리나 경비요원의 외곽보호대책의 효율성을 높일 수 있지만 오경보가 작동하므로 CCTV 또는 경비요원과 같은 경보확인시스템과 같이 사용되어야 한다. 그리고 외부탐지시스템을 설치하기 전에 요건을 충족할 수 있는지에 대해 자격을 갖춘 조사자가 고려할 사항은 탐지하여야 할 외곽울타리 길이, 공격지점에 탐지지역을 설정할 수 있는 충분한 공간이 있는지의 여부, 지역의 토양 및 지상표면상태, 해당지역의 날씨 및 야생동물 출몰빈도, CCTV나 경비요원 같은 경보를 확인할 수 있는 자원 등이다.

(가) 보안등

보안등은 경비요원에 의한 직접감시 또는 폐쇄회로를 통한 간접감시를 효율적으로 하기 위해 필요한 조명을 제공하는 것 외에 잠재적인 침입자에게 활동 억제역할을 할 수 있다. 보안등은 물리적 통제수단에 중요한 역할을 할 수 있지만 잘못하면 경비요원을 지원하기보다는 침입자를 돕는 데 사용될 수 있다. 보안등 설치조건은

첫째, 침입자가 목표물에 도달하기 전에 경비요원이 발견할 수 있어야 하고

둘째, 침입자로부터 경비요원을 은폐할 수 있도록 하며

셋째, 침입자 저지 또는 그들의 목적수행을 저지하여야 한다.

보안등은 저비용으로 침입자 억지효과를 내는 역할을 한다. 조명이 어둡더라도 잠재침입자를 저지시킬 수 있다. 만약 폐쇄회로를 설치시 보안요원에게 깨끗한 화면을 제공할 수 있을 정도의 조명 밝기가 제공되어야 한다.

(나) CCTV

CCTV는 인력을 절감할 수 있으며 침입탐지시스템 및 자동출입통제시스템과 연동하여 사용하는 경우에 외곽 또는 광범위한 지역을 보호하는데 유용하며 기존보안시스템을 보완하여 더욱더 효율적이다. 특히 외곽침입탐지시스템에서 발생한 경보를 확인하기 위해서 사용한다면 이는 위험, 악천후 또는 관련 업무를 위해 수행하여야 하는 불편한 일에 노출되어 있는 경비요원의 근로조건을 향상시킬 수 있다.

그리고 CCTV시스템은 간단한 실내 · 외 시스템에서부터 복잡한 다중카메라 저조도 시스템까지 다양하다. 가장 단순한 시스템에서는 카메라가 인원통제센터에 위치한 모니터에 연결되어 있는 것이다. 건물 또는 다른 외부물품에 부착된 카메라는 빌딩이나 보호구역으로 진입하는 자의 상황을 경비요원이 감시할 수 있도록 화면을 제공한다. 좀더 정밀한 시스템은 이동 팬틸 줌렌즈가 장착되어야 하며 24시간 감시를 위해서 일반 보안등 또는 적외선등을 사용할 수 있다. 가능한 지역감시, 외곽울타리 경보감시, 장비 감시 또는 출입지점 감시와 같은 특정지점 정밀감시(pin-point monitoring), 경보조사 및 검증 등을 통한 침입탐지시스템 지원, 지역감시 등에 사용된다. 이러한 시스템을 설치 시에는 잠재적인 사용자가 CCTV 대한

요건을 정확히 하고, CCTV의 제한 사항을 이해하는 것이 중요하다. 이 요건은 감시하여야 할 지역 및 감시대상지역의 감시목적, 감시지역에 필요한 화질, 침입탐지 시스템과 연결이 필요한지의 여부, 감시 및 기타 성능요건을 고려한 운영요건과 지역, 기후와 환경, 기존의 광원 등에 대한 현장조사는 낮과 밤에 실시되어야 한다. 또한 비디오녹화 및 동작시스템, CCTV시험운영 및 감시방법, CCTV 감시시스템이 단독으로 사용될 경우 대응시간은 고정 근무하는 운영자의 모니터 감시형태와 주기에 의해 정의할 수 있다. 운영자의 역할은 경보가 작동한 것에 대응하는 것이고, 대응시간 내에 대응조치를 취하는 것이 중요하다.

다) 자동출입통제 시스템(AACS)

자동출입통제 시스템은 사용자의 신원을 확인하는 즉시 출입구에 있는 잠금쇠를 풀어 자동으로 출입을 허용하는 통제장치에 연결되어 있는 전자기계 시스템이다.

(가) 자동출입통제 시스템의 장 · 단점

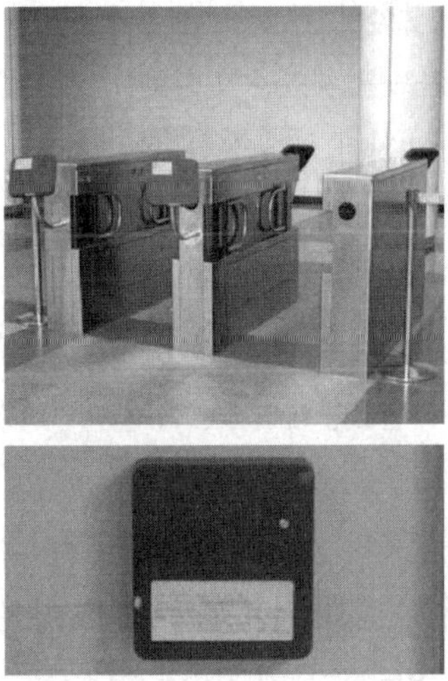

자동출입통제 시스템은 영구적이며 경비요원이 일시 자리를 비웠을 때도 출입을 지속적으로 통제할 수 있고 부주의하거나, 종속되거나, 회유되거나, 협박당하지 않는다. 그리고 경비요원에 소요되는 지속적 비용과는 달리 초기 사본시출이 일회성이며 분실, 도난당한 출입증의 사용시도자, 인가자 출입시도탐지 프로그램화가 가능하고 무단출입에 물리적 차단을 하고 시스템을 감독하는 경비요원을 보호할 수 있을 뿐 아니라 직원의 이동을 기록하도록 프로그램화할 수 있다.

이와 반대로 시스템 고장 및 비상사태 시 또는 방문자를 처리하는 데 사람의 감독이 필요하고 출입 인가자가 동반한 비인가자의 출입을 방지하지 못하며 단순한 출입통제에 대한 수단으로 사용된다는 단점이 있다.

(나) 자동출입통제 시스템의 유형

자동출입통제 시스템의 원리는 확인된 사람만이 통제지역으로 출입할 수 있도록 인가자의 신원을 확인하고 출입을 통제하는 것이다. 상업적으로 널리 사용되는 출입통제 시스템으로

첫째, 코드화된 카드로 핸즈프리카드, 근접카드, 토큰시스템 및 생체인식접근통제시스템이 있다.

둘째, 다른 카드나 토큰은 여러 모양의 크기나 형태로 사용되지만, 자동출입통제 시스템의 코드화된 카드는 보통 신용카드 크기이며 플라스틱으로 제작된다. 카드 위에 디자인이나 로고를 새기며 사진을 넣어 공식적인 출입증으로서 사용할 수 있다. 자동출입통제시스템의 코드화된 카드를 공항의 보안출입증시스템으로 사용하는 경우에는 출입증 디자인 및 갱신을 위한 조건을 반드시 충족시켜야 한다.

셋째, 코드화된 카드 및 개인 인식번호카드는 개인 인식번호와 같이 사용하면 자동출입통제시스템의 보안을 더 강화할 수 있다. 개인 인식번호 없이 사용하는 카드는 사용하는 사람이 아니라 카드 자체만을 인식한다. 개인 인식번호는 적어도 4자리 숫자 이상으로 시스템 관리자가 할당을 하여야 하고 개인이 선별할 수 없도록 해야 한다.

넷째, 핸즈프리 자동접근통제시스템은 핸즈프리나 무선형의 자동접근통제시스템에서 플라스틱카드나 표시는 고유의 코드신호를 출입문 통제장치에 보낸다. 이 신호를 문에서 접수하여 자동접근통제시스템에서 확인한다. 만약 신호가 접수되면 시건장치가 해제된다.

이러한 자동접근통제시스템 유형은 손이 자유롭다는 장점이 있는 반면에 보안상 여러 가지 단점도 있다. 코드신호는 기록되고 복제가 가능하여 가짜 신호가 시건장치를 작동시킬 수 있다. 이런 이유 때문에 핸즈프리는 보안제한구역에서 개인 비밀번호와 같이 쓰인다.

(다) 시스템관리

시스템의 적절한 관리, 감독 및 정기적 유지보수를 통하여 장비신뢰성과 보안성을 유지할 수 있다. 또한 컴퓨터와 소프트웨어에 대한 접근은 인가자로 제한하고 분실, 도난, 불필요한 카드는 가능한 한 빨리 시스템에서 사용할 수 없도록 하여야 한다.

휴가, 병가, 전출 등으로 보안제한구역에 출입할 필요가 없는 기간 동안에 카드를 회수하는 특별 조치를 취해야 한다.

(라) 경비요원과 자동출입통제시스템의 조건 비교

경비요원에 의한 경비	자동통제시스템
사람을 물리적으로 출입지점 통과 또는 주변지역 접근을 방지함으로써 출입통제를 유지한다.	접근통제지점이나 부근 접근을 방지하며 센서가 물리적 울타리 및 주변지역의 보안성을 유지한다.
출입증 소지자와 출입증 대조, 허가내용, 출입증 유효 확인(종류, 유효일자, 사진, 일자, 서명 등)	출입증 유효기간에 대한 완전 전자시스템이 필요
출입의 정당성 확인, 정보획득을 위한 질문 또는 비정상적인 상황파악을 위한 출입증소지자와 대담	출입증소지자가 요청사항이나 특이한 상황처리 위해 시스템과 접속방법이 필요 (선택 사항)
인가된 출입증 소지자만 출입하고 뒤따라가기, 출입자 협박, 출입증 넘기기 등을 방지할 수 있다.	울타리 설계시 인가된 출입증 소지자만 접근토록 하며 동시에 다른 자가 접근 방지 대책 강구
보안 위반사항, 울타리 난입, 화재와 같은 비상상황 하에 비상출입 등에 즉각적인 대응조치 가능	보안 위반사항이나 특수한 상황하에 비상 출입등에 대응하기 위하여 보안요원이 필요하다.

라) 생체인식 시스템

생체인식 시스템은 컴퓨터 메모리 내에 저장된 기록과 비교해서 출입장소에서 받는 신체적 특징을 조사하여 사용자의 신원을 확인하는 시스템이다. 현재 가능한 시스템은 지문, 손 형태, 망막, 정맥 형태, 음성 및 서명 등이다. 생체인식시스템의 주요 장점은, 다른 시스템들은 카드와 비밀번호만을 인식하지만 이 시스템은 출입하는 사람들의 신원을 인식할 수 있다는 것이다. 인가자의 적극적인 협조 없이는 주어진 신체적 특징을 속이는 것이 거의 불가능하다. 생체인식 시스템은 비싸고 운영하는 데 시간이 많이 걸리며 사용자의 인권을 침해할 수 있다.

마) 침입탐지 시스템

(가) 운영

침입탐지 시스템은 침입자가 제한구역으로 침입하거나 침입시도를 탐지하며 침입자의 위치를 확인하고 대응요원에 경보신호를 보내도록 설계되어 있다. 침입탐지 시스템은 보호구역에 대한 지속적인 감시를 수행하며 경비인력을 절감할 수 있고 어떤 경우에는 경비요원을 대응할 수 있으며, 일반적으로 지붕 또는 시건된 사무실과 같이 순찰요원이 출입할 수 없는 지역까지 보호범위를 확대할 수 있다. 침입탐지 시스템은 시건된 사무실과 보안성을 갖춘 외곽울타리 같은 물리적 보안대책과 연계하여 사용되어야 한다.

(나) 설치

침입탐지 시스템을 피하거나 기술적인 문제나 오경보로 인한 성능 저하를 방지하기 위하여 침입탐지 시스템의 구매, 적용 및 설치시 세심한 주의가 필요하다. 침입탐지 시스템 요건을 분명히 정의하고 그 한계를 정확히 이해하는 것이 중요하다. 침입탐지 시스템 설치 요건은 보호해야할 대상지역 및 장비, 위협의 수준 또는 정도, 폐쇄회로와 다른 전자시스템과의 연결의 필요성 여부, 현장 경비요원을 보유할 것인지 또는 대응보안요원에 신호를 보낼 것인지 그리고 대응보안요원 유형 또는 필요한 감시에 대하여 명확히 해야 한다.

(다) 시스템 요소

침입탐지 시스템의 설치는 탐지센서, 사건기록과 프린터를 갖춘 조작판, 경보표시, 설치선(installation wiring), 조작판과 경보표시를 연결하는 경보신호체계, 대응보안 요원, 독립 또는 예비전원으로 할 것인지 등의 요소를 모두 또는 일부 포함할 것인지 결정하여야 한다.

(라) 센서의 유형

첫째, 접촉센서는 micro switch, magnetic reed, pressure pad와 일부 전동센서 같은 여러 스위치 장치를 포함한다. 스위치는 접지모드로 사용되며 전원손실이 시스템을 중단시키고 경보를 야기할 수 있으므로 주의하여야 한다. 보안수준이 높은 곳에서는 자기 릴(reed) 스위치는 조작방지 스위치가 포함된 이중 릴 스위치를 사용하여야 한다.

둘째, 공간(spatia) 또는 입체(volumetrics)센서는 시야 범위 내에서의 움직임을 탐지하도록 되어 있고 방, 복도, 지붕, 개방된 지역 또는 출입문을 감시하는 데 사용된다. 초음속센서는 고주파음파와 광열 도플러 효과 및 반사송신을 사용한다. 이러한 장비는 믿을 수 있는 장비이나 전화벨 소리 같은 외부의 소리 또는 공기의 난기류로 오경보를 발생할 수 있다. 적외선센서(PIR)는 감시지역의 적외선 변화를 감시하며 사람침입에 의한 변화를 탐지한다. 마이크로파센서는 고주파 무선전송 및 반사를 이용하여 움직임을 탐지한다. 마이크로파의 침투성 때문에 보호구역 밖의 움직임으로 인해 발생하는 오경보를 줄이기 위해 설치와 세팅에 주의가 필요하다.

셋째, 빔 방해 장치(beam interruption device)는 문이나 창문같이 개방된 지역에서 적외선 발·송신기를 이용하는 적외선 유형의 장치이다. 창문이나 문을 통과하거나 입구 출입으로 인해 빔이 손상될 경우 경보가 울린다.

넷째, 진동은 여러 가지 장치 또는 기술로 탐지할 수 있다. 관성(inertia)스위치는 공의 접촉 또는 접촉을 분리할 경우 진동을 울리거나 반응하며 경보를 발생시킨다. 수진기(geophone)는 탐지코일 안에서 움직이는 진자의 움직임을 파악한다. 구조압에 의해 전류를 생산하는 압전기(piezoelectric) 크리스털의 특성이 진동을 탐지하고 경보를 울리는 데 사용된다.

다섯째, 이중기술센서(dual technology sensor)는 경보를 보내기 전에 같이 한 장소 내에서 두 가지 센서(적외선감지시스템과 마이크로웨이브)가 작동하도록 하는 장치이다. 이 센서 사용시 오경보의 가능성이 매우 감소된다. 이중 기술센서는 조심스럽게 사용해야 한다. 경보를 보내기 전에 두 장치를 같이 작동하여야 한다는 요건이 있을 경우 시스템의 전반적인 감지도가 감소할 수 있다는 위험이 있다.

(마) 경보표시

경보는 적절한 대응조치를 할 수 있는 경비요원이 있는 초소에 보내야 한다. 경보는 일반적으로 시각적·청각적 수단으로 전달되며 센서에 의한 경보, 외부조작에 의한 경보, 전원손실에 의한 경보의 내용을 알려주어야 하며 경보발생 위치도 알려주어야 한다. 좀더 정교한 대형시스템에서는 컴퓨터그래픽과 시각표시장치가 경보 발생한 특정회로, 경보 발생지역, 경비요원이 취해야 할 행동을 알려주는 데 사용된다.

(바) 대응요원

대응요원에게 제공한 침입탐지 시스템의 중요한 요소이다. 일반적으로 현장에 대응반이 도착해야 할 최대규정시간은 15분이다. 만약 이 시간을 지킬 수 없다면, 효율적인 대안을 검토하여야 한다. 공항은 보안수준이 높으므로 대응반이 더 신속하게 대응할 수 있도록 해야 한다.

제2절 공항 경비보안 운영

1. 공항시설 경비의 기본원칙

1) 목적

공항의 취약지역, 주요시설, 항공기, 장비 등을 보호하고 보호구역으로 출입하는 인원과 차량을 통제하여 각종 위협 및 공격을 통제, 저지, 방해하기 위한 제반 활동사항을 말한다.

2) 주요위협

(1) 민간항공 테러는 비행중이거나 주기중에 있는 항공기, 공항이용객 및 공항시설을 대상으로 하여 납치, 폭파 등 무차별인 공격행동으로 안전에 위협이 증가하고 있다.

(2) 항공기를 여러 대 납치하여 몇 개의 목표물에 동시다발적으로 충돌시킴으로써 정치, 경제, 군사력을 일시에 파괴하는, 항공기 그 자체를 폭발물로 사용하는 신종 항공테러가 자행되고 있다.

(3) 항공기 이 · 착륙시 단거리 지대공 미사일을 이용한 무장공격(MANPAD) 등 다양화된 공격이 예상되고 있다.

3) 공항경비의 기본원칙

(1) 일반지침

가. 공항공사 사장(지사장)은 직장방위협의회 의장으로서 각 관련 부서별 협조체제를 강구하며 기능별 임무로서 공항방호책임은 공항공사 사장(지사장)에게 있고 정보 · 보안에 관한 조정책임은 국가정보원이나 국군기무부대 공항 파견책임자에게 있으며 항공기운항관리책임은 지방항공청장에게 있다.

나. 공항방호를 위한 합동상황실은 시설주의 지원을 받아 방호책임자가 운영하되 지역의 특성과 여건에 따라 운영방법을 조정할 수 있다.

다. 공항에 상주하는 정부 관련부서, 국영업체에 방호업무를 부여하며, 공항 전 근무요원은 고유 업무를 수행하면서 담당구역에 대한 감시 및 경비업무를 수행할 수 있도록 특별수칙을 부여한다. 각 책임구역별 감시 및 방호책임자를 임명하고 순찰과 감시구역을 중복하여 사각지대를 해소한다.

라. 정보 · 보안검색을 위하여 상주하고 있는 부서는 사무실 자체방호 및 안전을책임진다.

(2) 3지대 방호 개념[2)]

공항의 3지대 방호 개념은 타 시설방호 개념과 상이하므로 기지의 특성을 고려하여 방호해야 한다. 지역이 넓고 개활지이므로 여객청사, 화물청사, 관제탑, 동력동 등 시설별 자체보호, 거부장애물 설치, 주변 감제고지 통제 등이 이루어져야 하며 5분대기조를 분산 보유해야 한다.

가. 제1지대(경계지대)는 적의 침투 및 적화기의 사거리를 고려하여 이를 저지할 수 있는 예상 접근로상의 "목" 지역 및 감제고지와 항공기 이 · 착륙 회랑(기지특성 고려 활주로방향 8~12㎞)을 통제하는 경계지대로서 불규칙적인 수색정찰이나 매복활동과 관측소 및 검문소 운용과 대비책을 수립 시행한다.

나. 제2지대(주 방어지대)는 공항울타리 외곽 1~2㎞ 범위 내에서 적 침투 및 공격을 저지 격멸하는 주방어지대로서 전면방어 개념을 적용하여 진지를 편성하고 경비요원, 주 · 야간 초소 운용, 순찰활동으로 출입자를 통제하고 현대화된 과학화 장비 및 시설물 설치와 5분대기조를 보유하는 등 적의 침투대비책을 수립 시행한다.

다. 제3지대(핵심방어지대)는 시설의 주 기능에 결정적인 영향을 미치는 핵심시설로서 주방어지대의 중심을 보강하고 침투한 적을 최종적으로 격멸하기 위해서 초소 운영, 유사시 전면방어를 할 수 있도록 5분대기조를 분산 운영하여 적의 침투에 대비한다. 울타리로부터 외곽으로 소총유효사거리를 기준으로 하되, 지형지물을 고려하여 설정, 방호한다.

(3) 공항방호를 위한 지휘체제

공항방호책임자가 지형, 규모, 시설여건 등을 고려하여 중요시설 방호개념에 의거, 제 작전요소(군, 경찰, 청원경찰, 특수경비원, 직장예비군 등)를 통합하여 지휘 및 협조체제를 구축한다.

(4) 기타

가. 공항보호를 위해서는 울타리와 보안조명을 효과적으로 설치하고 출입하는 인원 및 차량을 통제하여야 한다. 그리고 건물접근은 물리적 수단인 시건장치, 창문, 환기창, 지붕, 맨홀, 경보체계 등을 이용하여 방어하고 랜드사이드와 에어사이드 지역은 배수로나 송수관 등 취약지역에 대한 물리적인 대책을 강구하여야 한다.

나. 효율적인 보안울타리 운영요건은 보안요원에 의한 경비 및 순찰을 실시하는 것으로 경비는 고정된 감시임무를 수행하고 순찰은 차량이나 도보 등으로 정기 또는 수시로 실시하되, 위협 증가시는 경비요원을 증가 운용하고 순찰 지역 및 횟수도 증가하여야 한다.

2) 국가 중요 시설 지정 및 관리 지침(국방부)

다. 특별조치가 요구되는 취약지역

가) 자연장애물을 이용한 지역

나) 수로, 배수로, 송수관, 환기통, 맨홀 등 배관시설

다) 빌딩을 이용한 경계지역

라) 차량접근 통제 불가지역(공공 차도가 이어지는 공항지역)

2. 공항경비 형태

1) 개요

경비형태는 크게 인력경비와 기계경비로 구분할 수 있다. 우리나라의 경비형태는 과거에는 인력경비에 대부분 의존하고 있었으나, 최근 들어서는 첨단과학화 장비를 이용한 기계경비로 전환하고 있는 실정이다.

따라서 오늘날의 경비형태는 실질적으로 순수인력경비 또는 순수기계경비보다는 기계경비와 인력경비가 혼합되어 이루어지는 경우가 많다. 그러므로 경비형태의 분류는 경비시스템의 운영에서 어느 부분에 더욱 중점을 두고 있느냐에 따라서 달라질 수 있다.

2) 경비 형태

(1) 인력경비

가. 경비인력으로는 청원경찰 또는 특수경비원을 운영하고 시설의 규모 및 성격, 지역의 특성 등을 고려하여 경비인원을 배치하되 시설주가 적정인원을 확보하여 운용하고, 긴급 및 우발상황 발생시 즉각적인 조치를 강구할 수 있도록 5분대기조를 편성 운용하여야 한다.

나. 적의 침투로부터 자체시설을 보호할 수 있도록 울타리, 보안등, 경비초소, 참호진지, 망루시설 등을 설치하여 운영한다. 초소설치간격은 100~500m당 1개소를 설치하여 사주방어가 가능한 방탄시설을 구비하고, 유 · 무선 통신 및 경보장치를 설치하여 필요시 경비상황실과 연락할 수 있도록 하여야 한다.

다. 출입문 통제는 대인검색용 문형 및 휴대용 금속탐지기를 설치, 운용하고 휴대물품이나

화물을 검색하기 위하여 X-Ray투시기, 폭발물 탐지기 등을 설치하여 검색에 활용하며, 방폭담요, 방독면 등 폭발물 · 화생방테러 초동조치 장비를 비치하여 운용한다.

그리고 차량출입구에는 차량검색경 등을 비치하여 차량하부검색 등에 활용함으로써 인원 및 차량을 효과적으로 통제할 수 있다.

(2) 기계경비

가. 개념

기계경비는 첨단과학화 장비를 사용하여 사람 없이도 경비를 실시하는 시스템을 의미한다. 즉 발생 가능한 침입행위를 방지하기 위하여 물리적인 방호장치를 설치하거나 벽이나 울타리, 출입문, 창문 등과 같은 곳에 각종 감지기 또는 CCTV 등 감시기계를 설치하여 불법침입자 발생시 이를 감지하고 경보음을 울리게 하거나 미리 기억된 전화번호가 자동으로 연결되어 파출소, 경찰서, 상황실 등에 설치되어 있는 수신기에 경보음을 울리게 하는 등의 형태이다.

나. 기계경비시스템 대응절차

가) 불법침입에 대한 감지

기계경비시스템이 외부의 침입행위로 인한 상태변화를 감지하여 경비기기 운용자와 침입자에게 경고하는 과정이다.

나) 침입정보의 전달

기계경비시스템이 효과적으로 작용하기 위해서는 경비기기를 운용하는 사람과 적절한 의사전달 과정이 이루어져야 한다.

다) 침입행위의 대응

기계경비시스템은 대처요원에 대한 신속한 연락뿐만 아니라 침입자의 행동을 지연시킬 수 있는 기능도 갖추고 있어야 한다. 시설물에 대한 각종 물리적 보호 장치가 여기에 속한다.

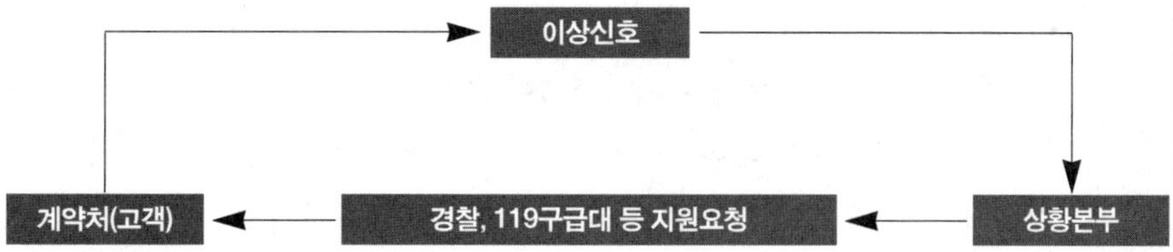

시스템 운영

① 고객 측 이상신호 발생　② 이상신호의 접수

③ 상황에 따라 지시, 연락　④ 이상신호에 대한 조치 (순찰차, 기동대기조 출동)

※ 시스템은 고객, 상황본부, 긴급출동차량의 삼각연락망이 유·무선으로 연결되어 상호 유기적인 체계를 유지하게 되며 그 절차는 감지, 송신, 수신, 분석, 판단, 지령, 대처, 조치, 완료의 순이다.

(3) 혼합 경비

가. 개념

혼합 기계경비는 인력경비와 기계경비가 복합적으로 이루어지는 경비형태를 의미한다. 침입자의 제한구역에 대한 침입시도 및 침입을 탐지하며, 침입자의 위치를 확인할 수 있는 침입탐지시스템 설치지역에 인력경비초소를 운영하는 형태로 설계되어 있다.

따라서 경비요원과 경비과학장비에 의한 2중 감시체제를 구축할 수 있을 뿐 아니라 인력경비와 기계경비의 단점을 보완할 수 있는 이점이 있다.

나. 시스템 구성

침입탐지 시스템의 설치는 탐지센서, 사건기록과 프린터를 갖춘 조작판, 경보표시, 설치선(installation wiring), 조작판과 경보표시를 연결하는 경보신호체계, 대응보안요원, 독립 또는 예비전원으로 할 것인지 등의 요소를 모두 또는 일부 포함할 것인지 결정하여야 한다.

공항의 특성을 감안하여 경비과학 장비는 외곽울타리지역에 장력감지시스템, 충격감지시스템, 광 신호 및 적외선 감지시스템 등을 설치운영하고 내곽지역은 진동감지 및 지문인식기, 적외선 감지기 등을 설치하여 운영하고 있다. 그리고 내·외곽 지역에는 CCTV를 설치하여 감지와 감시를 동시에 할 수 있어 더욱 효과적이다.

다. 운영

침입상황 발생시 중앙통제시스템에 경보신호를 하여 상황본부에 있는 상황실 요원이 유 · 무선통신을 이용하여 경비인력초소에 전파하고 순찰요원 또는 5분대기조를 신속히 출동시켜 상황을 처리토록 하는 경비형태이다. 경보는 일반적으로 시각적, 청각적 수단으로 전달되며 센서에 의한 경보, 외부조작에 의한 경보, 전원손실에 의한 경보의 내용을 알려주어야 하며 경보 발생 위치도 알려주어야 한다. 좀더 정교한 대형시스템에서는 컴퓨터그래픽과 시각표시장치가 경보 발생한 특정회로, 경보 발생지역, 경비요원이 취해야할 행동을 알려주는 데 사용된다.

라. 임무 수행 절차

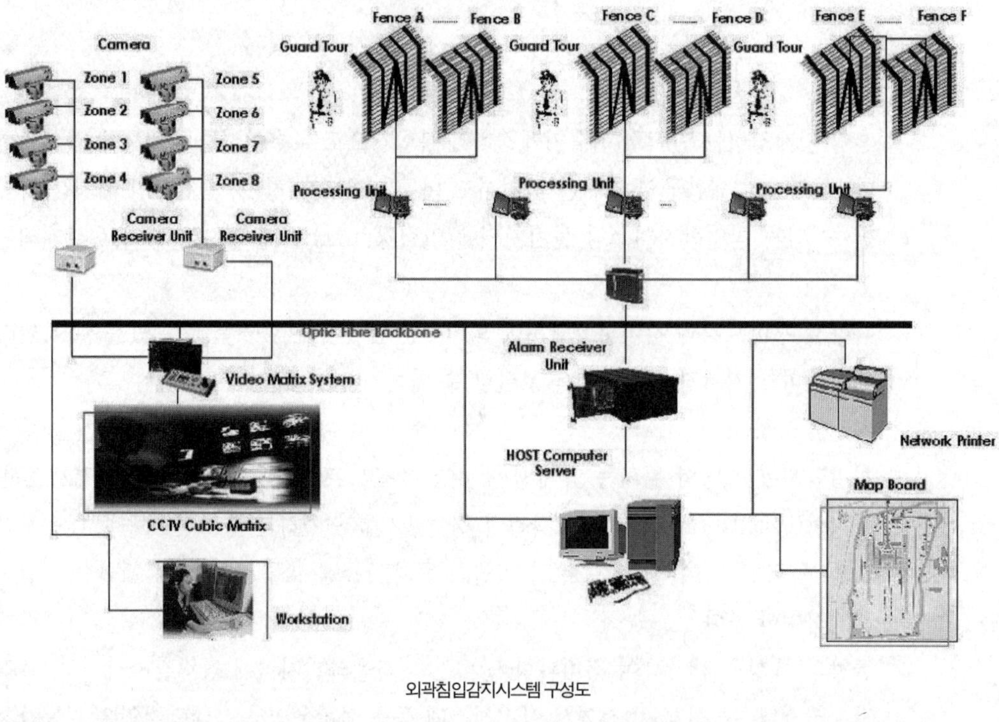

외곽침입감지시스템 구성도

제3절 공항보안 예방조치

1. 여객터미널 보안

1) 개념

여객터미널의 보안은 불법행위를 신속하게 저지하고 대응하기 위한 보안대책들로 구성되어야 한다. 가능한 한 항공교통이 가지고 있는 신속성이라는 장점을 유지하면서 보안조치가 이루어지도록 해야 한다. 기본요건 외에 추가적으로 취하는 보안조치는 위협과 직접적인 관련이 있어야 하며 결과적으로 승객과 일반인에 대한 보안조치의 혼란을 최소화할 수 있도록 하여야 한다.

2) 감시

불법행위사건, 불법행위로 의심되는 행위에 적절하게 대처하고 수상한 자에 대한 검문과 잠재적인 보안 사고에 대응할 수 있도록 항상 경찰관이 대기하고 있어야 한다. 터미널 내 제한구역이나 공공장소는 사복경찰 또는 공항보안요원이 공개적으로 또는 은밀하게 항상 감시를 하여야 한다. 만약 CCTV가 설치되었을 경우에는 그 용도표지판을 눈에 잘 띄는 곳에 설치하여야 한다. 쓰레기통, 계단, 화장실 등 폭발물을 숨길 수 있는 곳은 점검을 쉽게 할 수 있도록 하여야 하며 지속적인 감시와 정기적인 점검을 하여야 한다.

3) 공항 이용객에 대한 공지

여객터미널에 적용되는 보안요건과 불법방해행위 방지를 위한 공항 이용객들의 역할을 알고 있어야 한다. 방치수하물 방지를 위해 일반대중이 취해야 할 기본 보안절차와 수상한 자 발견시 즉시 경찰 및 보안요원에게 신고요령 등에 대하여 터미널 내 방송시스템을 이용하여 정기적인 안내방송을 해야 한다. 추가적으로 여객터미널, 항공사 및 여행사 사무실 등에 안내표지를 설치할 수 있다.

안내문

- 수하물을 별도 방치하여 두지 말 것
- 위험물품을 수하물에 넣지 말 것
- 타인으로부터 수하물운송 부탁을 받지 말 것
- 만약 수하물운송 부탁을 받았다면 즉시 항공사에 신고하여야 함
  (위험물 또는 폭발물을 운송할 시에 선의의 공범자로 기소됨)
- 타인 물품을 부탁받아 휴대시 탑승수속시 신고하기 바람

4) 터미널 근무요원

공항 상주직원 등은 국가항공 보안프로그램에 규정한 보안조치 또는 강화된 보안조치 대상자를 식별할 수 있는 훈련을 받음으로써 보안에서 중요한 역할을 할 수 있다. 불법행위에 사용될 수 있는 여행 서류의 도난을 방지하기 위해서 발권, 다른 수속카운터시설은 승객 및 일반인들의 접근을 방지할 수 있도록 만들어져야 한다. 항공기 탑승권, 환승서류 및 수하물표 같은 여행 서류는 도난당하거나 잘못 사용되지 않도록 항상 보호되어야 한다.

5) 수하물처리시스템(BHS)[3)]

인가되지 않은 물품이 수하물처리시스템으로 유입되는 것을 막기 위해서 탑승수속지역으로부터 수하물 분류 및 처리지역까지의 수하물 컨베이어 벨트는 검색 및 기타 출입통제대책을 강구하여 보호되어야 한다. 오직 유지보수를 위해 인가된 자만이 수하물처리시스템에 접근할 수 있도록 허가되어야 한다.

6) 터미널 주차

차량은 장 · 단기 주차할 것 없이 터미널 전면에서 최소 50m 이상 떨어져 주차되어야 한다. 주인 없는 차량이나 비인가된 차량이 주차되어 있지 않도록 전면도로에 충분한 순찰을 실시하여야 하고, 특히 터미널 앞에 차량이 단기주차가 허가될 경우 신속한 처리가 될 수 있도록 통제하여야 한다. 터미널 앞쪽지역에 일정간격으로 안전기둥이나 차단시스템을 설치하여 차량이 인도로 올라오거나 터미널 내로 진입하는 것을 방지할 수 있도록 해야 한다.

7) 무주 수하물

공항터미널 내에 버려지거나 또는 남겨진 무주 수하물에는 폭발물이나 다른 위험한 물질이 있을 수 있다는 것을 공항 이용객에게 주지시켜 경찰 또는 보안요원에게 신고를 할 수 있도록 하고 관계자가 조사한 후 필요한 조치를 취해야 한다. 방치된 수하물처리나 보관시설은 폭발의 영향을 최소화할 수 있도록 하고 관리자가 없을 경우에는 보안성을 갖출 수 있도록 건설되어야 한다. 이러한 물품은 보관하기 전에 폭발물 처리요원에 의해 검색을 하여야 한다.

3) BHS (Baggage Handling System) 수하물처리시스템

8) 미 수취 수하물

항공기에서 하역되었으나 승객이 찾아가지 않는 위탁수하물은 조사를 해야 하고 소유주를 확인할 수 없을 때는 안전한 장소로 이동시켜 가능한 한 짧은 시간 내에 위험 여부를 확인하기 위해서 검색해야 한다. 이런 수하물은 소유자에게 반환되거나 현지 법률에 따라서 안전하게 처리될 때까지 침입방지시스템 또는 경비요원에 의해 24시간 감시되고 있는 저장시설에 보관되어야 한다.

9) 일반 전망지역

계류장에 주기한 항공기나 여객처리과정을 관람할 수 있는 랜드사이드 일반관람객석 또는 지역에 대해서는 접근을 통제하고 보안요원이 감독을 해야 하며 주기한 항공기나 보안제한구역에 물체를 투척하거나 비 인가된 접근을 통제하기 위해 울타리나 차단벽을 설치하여야 한다. 접근통제장치는 보안성을 유지할 수 있어야 하며 필요시 일반대중을 통제할 수 있는 장치여야 한다. 승객탑승수속창구, 승객 및 직원 검색, 승객 항공기 탑승 및 하기 관련업무 등은 일반인이 접근해서 관람할 수 있는 장소에서 볼 수 없도록 해야 한다.

10) 귀빈시설

귀빈시설을 이용하는 사람들에 대한 위협의 정도가 높기 때문에 귀빈시설에 대해 세심한 고려를 해야 한다. 귀빈과 그들의 환영 및 출국 절차를 통제할 수 있는 시설을 갖추어야 한다. 일반승객 처리와는 분리된 승객탑승수속처리시실, 휴내물품 및 위탁수하물 검색 전용시설을 갖추어야 한다. 귀빈시설을 용이하게 사용하기 위해서 랜드사이드와 에어사이드 사이에 걸쳐 있을 경우 다른 출입지점과 동일한 출입통제수준이 적용되어야 하며, 이런 시설 사용시 에어사이드와 랜드사이드의 경계의 보안성을 유지하도록 해야 한다. 귀빈시설을 사용하지 않을 때에는 안전하게 관리해야 한다.

11) 추가 보안조치

위협의 상태에 따라서 승객, 일반인, 그리고 터미널 시설을 보호하기 위해 선별적으로 적용해야 하는 보안조치에는 터미널지역 내와 주위에 무장한 보안요원과 감시업무를 수행하는 사복을 한 보안요원의 수를 증강시키고 폭발물 탐지견 팀의 순찰 횟수를 늘려야 한다. 터미널 출입문을 축소하고 출입 인원에 대하여 무작위로 검색을 실시하고 터미널 진입로로 접근하는 인원과 차량에 대해서도 무작위로 검문 · 검색을 강화하여 터미널 주변 지역에 주차를 금지시킨다. 공중 수하물 보관함의 사용을 금지하거나 제한하고 폭발물을 은닉할 수 있는 휴지통이나 기타 용기를 수시로 비우거나 제거하여야 한다. 또한 CCTV 감시 및 보안순찰을 증가하고 터미널지역의 감시수준을 강화하며, 특정위협 목표가 된 항공사와 위협이 낮은 항공사가 이용하는 발권 및 수속카운터를 분리운영한다. 그리고 위험수준이 고조된 경우 여객의 식별위험을 줄이기 위해서 공동탑승수속 카운터를 사용한다.

※ 평상시 휴지통 등 용기는 폭파 시 파편효과가 적은 투명용기 사용

2. 공항 외곽지역 보호

항공기, 공항시설 및 장비 공격에 대한 방어는 외곽지역에 대한 감시를 통해 가능하다. 이러한 감시에는 경비요원의 공항외곽순찰과 기존에 설치된 초소에서의 감시 또는 과학보안장비를 이용한 감시가 이루어져야 한다. 수목이 우거진 지역, 주차장, 항공기의 이 · 착륙항로지역에 위치한 사용하지 않는 건물 등 감시가 용이하지 않은 지역에 대해서는 각별히 주의해야 한다. 일반도로 위에 설치된 활주로나 유도로로 운항하는 항공기는 원거리공격에 취약하며 이 지점보다 높은 지점으로부터의 공격에 대한 별도의 추가 물리적 보안조치가 고려되어야 한다.

공항 외곽울타리 비상출입문은 항공기 사고시 긴급출입을 하기 위해 '크래쉬 게이트(crash-gate)' 라고 하는 긴급출입초소가 공항 외곽울타리에 설치되어야 한다. 이 출입구 펜스의 보안성 및 표준요건을 유지하도록 설치되어야 하며 사용하지 않을 때에는 시건장치를 하거나 경비요원을 배치하여 계속적인 감시를 해야 한다. 침입감지장치를 갖춘 원격출입 초소도 고려할 수 있다.

3. 공항 주요시설

공항 주요시설(vulnerable point)이란 손상되거나 파괴되는 경우 공항운영에 치명적인 손상을 주는 공항관련 시설들을 말한다. 관제탑, 통신설비, 항행안전시설, 변전소, 1, 2차 동력동 및 공항 내 또는 인근의 연료저장소가 공격받기 쉬운 지점으로 간주되어야 한다. 외부에서 불법조작을 할 경우 항공기의 관제시 잘못된 신호를 보낼 수도 있는 통신 및 항행보조시설에 대하여는 높은 수준의 보안을 유지하여야 한다. 공항의 주요 시설들은 물리적 보안조치나 침입감지장치로 보호받을 수 없는 곳에 있을 경우 보안요원이나 관련 유지보수 자들이 자주 점검하도록 해야 한다. 유인시설물은 엄격한 출입통제장치가 설치되어 있어야 하며 해당 시설 출입증이 있는 자에 한하여 출입하도록 통제하여야 한다.

제4절 공항수색 및 조치

1. 수색 및 대피요령

1) 일반원칙

(1) 항공기나 터미널건물 등을 효과적으로 수색하기 위해서는 관련된 지역에 익숙한 자들에 의한 수색을 실시하여야 한다. 외부인원은 부대시설에 익숙하지 못해서 변동사항을 쉽게 찾을 수 없기 때문이다. 그리고 수색은 사전에 계획을 수립하여 수색 참가인원을 교육하고 책임자를 임명하여 수색통제 및 대피결정을 하도록 해야 한다.

(2) 수색 시 의심스러운 물건을 발견시 만지거나 건드리지 말고 해당 위치를 표시하고, 즉시 주변지역에서 철수하여 책임자에게 보고 후 다음 지시를 기다려야 한다. 의심스러운 물건이 발견되었을 때 2차 의심스러운 물건의 발견 가능성을 생각해야 한다.

(3) 휴대용 통신수단은 수색과 대피를 통제하는 유일한 수단이나 의심스러운 물건 발견시에는 25m 이내에서 무선통신을 사용해서는 안 되며 지역 내의 인원과 통신장비를 통제선 밖으로 이동시켜야 한다.

(4) 수색 시작 전에 수색지역에 대한 엄격한 접근 통제가 이루어져야 한다. 이것은 일단 통제지역이 안전지역으로 확인된 후 해당지역으로 위험한 장치들이 유입되는 것을 방지하기 위해서다.

(5) 효과적이고 체계적인 수색에는 시간이 많이 소요된다. 만약 접수한 위협이 정밀수색을 중단하게 만들 수 있는 폭파시간을 명시할 경우 가장 안전한 최선의 방법은 모든 인원을 안전지대로 대피시키고 폭발물처리요원이 도착할 때까지 기다리는 것이다.

2) 수색 실시

일반안내 방송을 통해 수색 팀에게 보내는 메시지는 일반인들이 놀라거나 불필요한 방해를 받지 않도록 코드화하여 개인무선통신인 삐삐나 휴대폰을 이용하고 전화 'cascade(폭포식 방법)' 시스템을 사용한다. 예를 들어 통제자가 3명에게 개인휴대통신이 울리게 하면 각각 다른 3명에게 전달하여 모든 팀원들이 연락을 받게 하는 시스템이다.

3) 수색요원이 찾아야 할 물품

폭발물 의심장치들은 여러가지 방법으로 위장이 되어있기 때문에 수색팀에게 폭발물 의심장치의 형태를 알려주는 것이 어렵다. 따라서 수색팀은 미확인 물체나 있지 않아야 할 곳에 있는 물품, 확인되지 않는 물품, 부적합한 곳에 있는 물품을 조사하기 위해 설명을 들어야 한다.

4) 여객터미널 등 수색지침

(1) 수색계획

수색 목표는 여객터미널 건물지역에 대하여 가능한 한 빠르고 효과적으로 수색하는 것으로 사전에 수색계획을 수립하고 직원을 교육시키는 것이 매우 중요하다. 수색계획은 모든 수색요원이 항상 열람할 수 있도록 건물도면, 배수도면 등 수색에 필요한 자료를 충분히 준비해야 한다. 수색책임자는 수색이 완료되었을 때 계획된 구역에서 수색 완료된 지역을 지워나가야 한다.

수색계획 수립의 첫째 단계는 터미널을 2개 지역으로 나누는 것이다. 구역은 수색자가 가능한 능력 내에서 수색을 할 수 있도록 수색범위를 적절히 할당해야 한다.

수색구역은 탑승수속지역, 탑승동, 수하물수취지역 또는 여러 작은 항공사와 연결된 방과 같이 하나의 큰 지역으로 구분될 수 있다. 가장 중요한 것은 주차장 및 기타건물 밖의 지역뿐만 아니라 휴대품보관소, 계단, 복도, 엘리베이터도 수색계획에 포함시켜야 한다는 것이다.

(2) 수색 팀

수색팀원이 가장 익숙한 지역을 수색할 수 있도록 편성하되 수색인원의 수는 수색업무 특성에 따라 결정하고 수색인원이 결원될 경우를 고려하여 충분한 인력을 임명하여 교육훈련을 시켜 놓아야 한다.

(3) 수색 우선순위

수색을 실시할 우선순위는 여객대피 장소로 사용되는 지역과 일반인들과 수색 인원들이 영향을 받을 수 있는 지역, 범인이 쉽게 접근할 수 있는 휴게실, 엘리베이터, 계단, 현관입구, 복도와 같은 지역, 주차장, 터미널, 건물 밖 및 울타리지역 그리고 일반적으로 접근이 통제되는 지역을 마지막 순위로 수색을 실시하여야 한다.

(4) 수색방법

가. 수색 성공은 현장에 대한 지식에 달려 있다. 즉 체계적이고 빠진 곳이 없도록 수색을 철저히 해야 한다. 수색 요원들은 대상지역 수색감각을 얻고 소요시간을 파악하기 위하여 실습을 하여야 한다.

나. 특정 수색지역 내의 방 수색 방식은 실제 수색 대상지역의 특성을 반영하여 조정되어야 한다.

다. 수색은 방의 입구에서 우선 정지된 상태로 서서 방 주위를 둘러보고 내용물들을 확인한다. 특별한 주의가 필요한 지역에 대하여 신속히 평가하고 사제폭발물의 회로에 사용되는 전원과 같은 불빛과 이상한 소음(특히 째깍째깍 소리나 위-윙 소리)을 주의 깊게 청취하여야 한다. 이러한 물품이 보이지 않을 때 수색을 시작하여야 한다.

라. 수색 통제자는 이상한 물품이 발견되었다는 보고를 받았을 때 건물에서 사람들을 대피시킬 것인지를 결정해야 한다.

마. 수색지역 주위를 한 방향으로 움직이면서 조직적으로 수색이 실시되어야 한다. 수색은 3개 구역으로 나누어 실시되어야 한다.

첫째, 수색구역은 방의 가장자리 주위를 수색하는 것으로 벽 위에서부터 아래로 내려오면서 벽의 내부와 바닥 밑을 조사하는 것이다. 벽난로의 안쪽 및 창문의 블라인드, 방 가장자리 가구 안쪽 및 뒤쪽을 수색하고 수색이 시작된 문 앞에서 종료하여야 한다.

둘째, 수색구역은 가구 안과 바닥지역을 수색하는 것이다. 가구는 이동시키지 말고 서랍을 열어서 수색해야 하며 가구 안과 아래 부분의 틈새를 수색해야 한다. 바닥 덮개가 최근에 움직인 흔적이 있는 경우 바닥을 확인하여야 한다.

셋째, 수색구역은 천장지역으로, 천장에 어떤 물체를 숨길 수 있는 곳이 있으면 천장 안을 수색해야 한다. 한쪽 구석에서부터 시작하여 체계적으로 전체를 수색해야 한다.

바. 수색 완료 후 특이점을 발견하지 못하였다면 즉시 수색통제자에게 알리고 해당지역을 '이상 없음(clear)' 이라고 수색계획도에 표기하여야 한다.

사. 전체 대상지역이 점검 완료될 때까지 수색을 계속하여야 하고 2차 폭발 장치가 있을 수 있다는 것을 잊어서는 안된다.

아. 수상한 물체가 발견될 경우 수상한 물체를 만지거나 옮겨서는 안 되며 접근을 통제하기 위해 폭발물 표시를 하여야 한다. 그리고 필요시에 지정된 통제 위치로 수상한 물체를 옮기고 전등을 켜두고 수색팀장 또는 수색통제자에게 통보한다.

통보를 받은 수색통제자는 대피계획에 따른 대피 지시를 하고 현장에 위치하면서 경찰이나 폭발물처리반 지원을 위하여 수상한 물체의 위치에 대한 정확한 지점을 표시한다. 그리고 수상한 물체를 발견한 사람을 경찰이나 보안당국과 즉시 인터뷰가 가능하도록 하여야 한다.

(5) 대피 결정

대피 결정은 수색통제자가 결정하여야 하지만 경찰 또는 공항보안요원이 대피결정에 대한 자문을 할 수 있고, 경찰이나 보안당국이 예외적으로 특정정보를 입수하였다면 스스로 대피명령을 할 수도 있다. 필요한 경우 수색통제자의 결정을 번복할 수도 있으며 경찰이나 보안당국이 건물에서 대피할 필요가 없다고 주장할 수도 있다. 예를 들면 경찰이나 보안당국이 폭파장치가 건물의 밖에 있다고 믿는 근거가 있을 경우 대피가 사람들을 더 큰 위험에 빠뜨릴 수 있기 때문이다.

수색통제자가 취할 수 있는 4가지 선택방법이 있는데 어떤 것을 선택할 것인가는 상황에 대한 위협평가에 따라 달라진다. 이러한 선택 사항은 다음과 같다.

가. 아무 조치도 취하지 않는 방법 선택은 취객이나 어린이가 위협을 하였을 경우 가능한 조치일 수 있지만 수색통제자가 이 위협이 심술궂은 장난전화라고 확신하지 못할 경우에는 절대 선택하여서는 안된다. 조금의 의심이라도 있을 경우 다른 조치를 선택하여야 한다.

나. 수색을 실시하고 의심물체가 발견되면 대피시키는 방법 선택은 폭발물위협이 있더라도 사람들이 터미널건물 안에 계속 있도록 하는 경우이다. 그러나 폭발물이 일단 발견되면 위험으로부터 사람들을 대피시킬 수 있다. 만약 아무것도 발견되지 않아서 수색통제자가 위협 레벨을 낮게 평가할 때 이 선택이 적절하다.

다. 수색 팀과 핵심인력을 제외한 모든 사람들을 대피시키고 난 다음 수색을 실시하고 의심스러운 물체가 발견되면 완전히 대피시키는 방법 선택은 위협의 정도가 중간 정도로 판단되나 폭발이 임박하였다는 명확한 증거가 없을 때 또는 수상한 장치가 작고(예 : 폭탄편지), 터미널 건물의 일부가 폭탄장치로부터 상당히 떨어져 있을 경우 통제자는 터미널 건물의 일부에 대한 대피를 고려할 수 있고 일부 핵심인력 및 수색요원을 터미널 건물 안에 남겨둘 수도 있다.

라. 즉시 모든 인력을 대피시키고 난 다음 훈련받은 수색요원을 투입시키는 방법 선택은 전화접수 후 총괄통제 자가 아주 높은 위험이 있다고 판단되면 수색을 실시하지 않고 가능한 한 빨리 대피해야 할 경우가 있다. 특히 금방 폭발이 일어날 가능성이 있는 경우 더욱 그러하다.

위협전화에서 폭발시간이 명시되었을 경우 폭파장치가 발견되었든지 안되었든지 간에 폭파시간의 최소 20분 전에 수색을 종결하고 직원들을 대피시켜야 한다.

(6) 대피

대피의 목적은 위험지역으로부터 사람들을 안전한 장소로 이동시키는 것으로 다음과 같이 수행하여야 한다. 안전지역의 내부에서 대피하는 방법이 있고 대형건물이나 수상한 폭발물 편지나 소형폭파장치가 발견되었을 경우에는 위험지역의 일부를 대피시키고 위험이 클 경우에는 완전히 대피시킨다. 어떤 경우라도 폭탄위협을 접수하면, 수색통제자는 즉시 공항보안요원과 경찰에 알리고 어떤 조치를 취해야 할지를 권고해야 한다.

(7) 대피계획

가. 수색계획에 총괄통제자는 대피계획에 대한 최신도면을 갖고 있어야 한다. 특히 터미널 건물에 출구가 많을 경우 이러한 도면이 필요하다. 도면을 가지고 있어야 하는 이유는 2가지로

첫째, 이용 가능한 모든 출구를 통하여 가장 빠르고 효율적으로 대피하기 위해서 안내방송 직원들에게 특정출구를 지정해 대피하는 데 도움을 주게 된다. 다른 통신수단이 없다면 화재경보기가 화재 시 발생하는 경보와 비상 신호를 구별할 수 있도록 직원교육을 하여야 하며, 화재비상신호 사용은 일반 안내방송보다 나은 시스템이 설치되기 전까지 일시적으로 사용해야 한다.

둘째, 대피시 사람들이 폭발의심장치에 근접하여 통과함으로써 위험에 노출되는 것을 방지하기 위하여 대체 대피통로를 제공한다. 예를 들어 4개의 탈출 경로가 있는데 그 중 하나가 다른 탈출 경로보다 폭발의심장치와 근접해 있다면 통제자는 즉시 다른 대피통로를 사용하여 대피하도록 결정해야 한다.

나. 일반인들의 안전한 대피를 보장하기 위해 통제자는 일부직원들을 대피요원으로 지정하여 사전에 설정된 통로를 통해 일반인들이 아무런 공포감 없이 신속히 대피할 수 있도록 해야 한다. 대피요원은 미리 선정되어 있어야 하며 자신들의 역할에 대한 교육을 받아야 한다.

다. 대피 계획에는 사람들이 대피 후에 집결장소로 서로 반대방향에 두 개의 지정지역을 선정해야 한다. 종종 화재대피장소가 이런 목적으로 사용되는데 터미널 건물에서부터 최소 400m정도 떨어져 위치하고 있어야 한다. 어떤 경우에는 대피장소가 터미널 건물에서부터 1,000m 떨어져 있어야 한다. 이런 경우가 필요한지 여부는 폭발물처리 전문가로부터 조언을 받아야 한다.

라. 이상적으로 모든 직원들과 일반인들은 자신이 소지하고 있는 소지품과 수하물을 가지고 대피하도록 하여야 한다. 왜냐하면 대피 후에 남겨진 품목에 대한 불필요한 의심의

소지를 없애기 위해서이다. 그러나 일반 안내방송이나 통신수단을 적절히 사용할 수 없을 경우 이를 실행하기는 어렵다.

마. 대피한 승객과 직원들은 터미널이 안전하다고 할 때까지 오랫동안 밖에서 기다릴 수도 있다. 따라서 지붕이 있는 대피소를 제공하는 것이 최상의 방법이다. 대체 건물에 수용시설을 확보하는 것도 필요하다. 이렇게 함으로써 날씨로부터 보호받고 양호한 통신 상태를 유지하여 개인적인 욕구를 충족시킬 수 있다.

바. 가능한 한 주차장을 집결장소로 지정해서는 안되며 특히 주차장이 대피한 터미널건물과 인접해 있는 경우라면 주차장 차량 내에 2차 폭발장치를 설치했을 가능성이 있기 때문에 집결장소로 지정해서는 안된다.

사. 대피 집결지역은 수색계획에 포함되어야 하고 수색절차가 적용되거나 긴급대피명령이 내려질 때마다 수색하여야 한다.

아. 대피가 시작되었을 때 가능하면 창문과 문을 열어둔 채로 대피하여야 하며, 특히 폭발의심물체의 인접 거리에 있는 창문과 문은 개방하여야 한다. 전등은 켜진 상태로 두어야 하지만 가능한 범위 내에서 설비와 기계류들은 작동을 중지시켜야 한다. 상업시설에서 사용하는 주방 조리시설이 안전한 상태로 되도록 적절한 절차를 수립해야한다. 가스와 물(건물 스프링클러 작동에 영향이 없을시) 같이 수색을 용이하게 하는데 필요하지 않은 시설은 폭발이 발생할 경우 피해를 최소화하기 위해서 사용을 중지하여야 한다.

자. 대피조치 이후에 모든 사람들이 건물에서 빠져나갔는지 확인할 수 있는 방법이 준비되고 확인되어야 한다. 건물이 안전하다고 판단될 때까지 건물 안으로 재진입해서는 안된다.

(8) 재사용 결정

대피가 완료되면 통제자는 언제 재사용허가를 할 것인지를 결정해야 한다. 물론 폭발의심물체가 발견된 곳에 대한 재사용 결정을 할 경우 안전하다고 판단될 때까지 경찰 및 보안관련 기관과 긴밀한 협력을 해야 한다.

터미널 내에 또 다른 폭발의심물체가 발견될지 모른다는 것을 명심해야 한다. 왜냐하면 첫 번째 폭발의심물체가 발견되어 대피가 이루어진 후 다른 폭발의심물체가 또 있을 수 있기 때문에 건물의 나머지 부분에 대한 수색을 실시하여야 한다. 그리고 폭발시간이 되었으나 폭발하지 않을 경우에는 총괄통제자는 최소 1시간 이상 기다린 후에 수색을 시작하도록 하여야 한다.

(9) 직원교육

수색이나 대피의 경우에 수색팀뿐 아니라 공항의 모든 종사자들이 어떻게 해야 할지를 알아야 하기 때문에 교육이 필수적이고 정규수색 및 대피교육은 직원들의 경각심과 경계심을 유지하는 데 도움이 된다. 모든 직원은 대피장소를 알고 있어야 하고 전화접수요원, 안내요원 및 일반인의 전화응답을 하는 자들은 폭발물 위협전화 대처 방법을 교육받아야 한다.

그리고 대피안내와 같은 주요 요원들은 자신들의 역할을 숙지하여야 하고 정기적으로 교육을 받아야 하며 모든 직원은 특정임무를 임명받은 자를 알고 그 지시에 따라야 한다는 것을 알고 있어야 한다.

또한 임무수행의 공백을 방지하기 위하여 대체 직원을 지정하는 절차가 수립되어야 한다.

2. 수상한 물품 발견시 조치

수상한 물품이 발견될 경우 인원안전 및 항공기 운항방해 최소화를 위하여 4단계로 처리되어야 한다. 인명피해를 최소화하기 위해서 취해야 할 순서는 확인, 대피(조치), 통제선 설치, 현장통제 순으로 조치되어야 한다.

1) 확인

발견된 물품이 실제로 수상한 폭발물인지 확인하고 물건의 주인을 확인할 수 있는 라벨 또는 꼬리표가 있는지 확인한 후 이동시 폭발할 수 있는 장치가 있을 수 있으므로 해당 물품을 이동시켜서는 안 되며 수상한 물품확인에 너무 오랜 시간을 소비해서는 안된다. 왜냐하면 수상한 물품이 시간장치 또는 리모컨에 의해 폭파될 수 있기 때문이다.

경찰 또는 폭발물처리요원이 도착하면 수상한 물품을 확인하는 데 도움을 주기 위하여 발견시간, 정확한 위치 및 물품의 모양 등을 간단히 기록한다.

그리고 수상한 물품이 인명을 살상하거나 자원을 파괴할 목적으로 설치되었는지 아니면 대상목표가 가치가 있고 중요한 공격목표이거나 위협에 따른 공격 대상인지 분석을 하여 의심스러울 때는 폭발물로 간주하여 처리한다.

2) 대피

의심스러운 물품 주위로부터 모든 인원을 최소한 100m 이상 대피시키고 주위에 대형유리가 있거나 발화물질 또는 폭발물이 의심스러운 물품 주위에 위치해 있을 경우는 현장상황에 따라 대피거리를 더 멀리하여야 한다.

이와 동시에 폭발물처리전문요원, 공항보안요원 또는 당직근무자 같은 관련 요원들에게 의심스러운 물품관련 정보가 통보되어야 한다.

3) 통제선 설정

의심스러운 물품 위치지역으로 접근을 통제하도록 하되 해당 물품의 폭발위험지역 밖에 통제선을 설정하고, 폭발물처리전문요원의 안전여부가 확인되기 전까지는 현장 통제자가 인가한 자 이외에는 어떠한 자도 해당 물체로 접근하지 못하도록 하여야 한다.

그리고 경찰은 안전한 대피와 비상대응요원의 신속한 도착을 위해 접근통제지점에 추가 외부 통제선을 설정할 수 있다.

4) 통제

폭발물 발견자는 관련자에게 통보하고 현장에 남아 경찰 및 폭발물처리전문요원이 도착하여 현장을 통제하기 전까지 사건 통제지점을 설정하고, 경찰은 현장 도착시 통제권을 인수받아 추가로 필요한 조치를 취하여야 한다.

사건발생시 도착할 모든 관련기관을 위하여 통제선 외부에 협조지점을 지정하고 의심스러운 물품 및 폭발물 처리에 대한 해당 절차를 준수하여야 한다.

그리고 소방대원 및 의료진 같은 비상대응요원은 통제선 외부의 지정된 지점에서 폭발시 또는 화재 발생시 대처하기 위하여 대기하고 사고로 부상당한 승객에 대한 응급조치가 즉시 실시되어야 하며, 기 수립된 우발계획에 따라 처리하면서도 폭발피해에 대한 통제와 2차 폭발물이 있는지를 확인하기 위하여 수색을 계속하여야 한다.

※ 정 의

수상한 폭발물관련 사건처리시 오해 발생을 최소로 하기 위하여 공통적인 용어 사용이 중요하다. 아래 정의는 많은 폭발물처리전문가 및 기관에서 사용하는 용어로 폭발물사건관련 ICAO 보고서 작성에 많이 사용된다

- 사제폭발물(IED) : 테러분자 또는 범죄자에 의해 제조된 폭발물 장치. 이러한 장치는 군용폭발물요소(포탄, 수류탄 등)를 포함할 수 있으나 군용이 아닌 요소로 구성되는 것이 일반적이다.
- 폭발물 위협 : 폭발물 사건이 시작되는 방법은 종종 전화로 위협을 하나 때때로 의심스러운 물품 발견으로 인하여 발생하는 경우도 있다.
- 폭발물 두려움 : 폭발물위협이 조사 또는 분석되어 허위로 판명된 경우이다. 어떠한 폭발물도 발견되지 않고 경고 해제되며 평상시 상황으로 돌아가는 상태를 말한다.
- 오 경보 : 의심스러운 사제폭발물이 발견되어 폭발물 처리요원이 출동하여 폭발물처리 전문가에 의한 조사결과 해당 물품이 이상이 없음을 판명한다. (예 : 고의적인 목적이 아니고 폭발물질도 없는 방치된 물품)
- 허위 위협 : 의심스러운 사제폭발물이 발견되어 폭발물 처리요원이 조사한 결과 실제 사제폭발물과 유사하나 폭발물 또는 위해물품을 포함하지 않은 경우를 말한다.

3. 거동 수상자 검문검색

1) 개요

(1) 의의

불심검문이란 경찰관이 범죄의 예방 및 범인 검거의 목적으로 거동불심자를 정지시켜서 그 권한에 의하여 직접 질문하여 조사하는 것을 말한다. 여기서 일컫는 불심자란 수상한 거동 기타 주위의 사정을 합리적으로 판단하여 어떠한 죄를 범하였거나 죄를 범하려 하고 있다고 의심할 만한 상당한 이유가 있는 자 및 이미 행하여진 범죄 혹은 행하여지려고 하는 범죄에 관하여 그 사실을 안다고 인정되는 자를 말한다.

(2) 법적근거

경찰관직무집행법에 규정되어 있는데 그 내용은 직무질문권, 동행요구권, 흉기의 조사 등이다.

(3) 법적성질

경찰관직무집행법상의 대인적 강제수단이다.

2) 불심검문의 대상 및 판단기준

(1) 질문의 대상자(불심자)

어떤 죄를 범하였거나 또는 범하려고 또는 범하려하고 있다고 의심할만한 상당한 이유가 있는 자, 여기서 '상당한 이유' 란 주관적 판단에 의한 것이 아니라 객관적, 합리적으로 판단할 때의 상당한 이유이어야 함을 뜻하고 행하여진 범죄 혹은 행하여지려고 하는 범죄에 관하여 그 사실을 안다고 인정되는 자이다.

(2) 불심자의 판단기준

불심검문의 대상자에 해당하는지 여부는 수상한 거동, 기타 주위의 사정을 합리적으로 판단하여 정한다.

가. 수상한 거동을 발견하는 방법에는 불러 세웠을 때의 일반적인 거동에서 발견하는 방법과 질문 중의 태도에서 발견하는 방법 등이 있다.

나. 소지품에서는 본인과 잘 어울리지 않는 저명인사의 명함 등을 소지하고 있는 자, 전당포 등에 신분상 어울리지 않는 물건을 가지고 와서 다른 사람에게서 부탁받은 것이라 변명하는 자, 신용카드, 각종 신분증, 주민등록증(여권), 운전면허증 등의 이름과 일치하지 않는 자, 일시보관소의 전당표 등을 많이 소지하고 이름이 다른 도장을 소지하고 있는 자, 신문에 게재된 중요사건을 스크랩해서 소지하고 있는 자, 소지하고 있는 수첩에 이상한 기호, 부호 등이 기입되어 있는 자, 지갑이나 시계 등을 2개 이상 소지하고 있는 자, 의류를 많이 소지하고 있는 자, 휴대품에 흙, 거미줄, 먼지 등이 묻어 있는 자, 보기에는 신사 같은데 보따리를 가지고 있는 자, 필요 없는 코트나 양복상의를 소지하고 있는 자, 포승줄, 노끈 류, 전선 등을 소지하고 있는 자, 색안경, 마스크, 장갑 등을 소지하고 있는 자, 칼, 여벌열쇠, 끌, 유리조각, 드라이버, 쇠 지레 등을 소지하고 있는 자, 응급약품 등을 소지하고 있는 자 등은 유심히 관찰하여야 한다.

다. 착용하고 있는 옷에서는 아침 일찍 먼지나 흙 묻은 옷을 입고 서성거리는 사람, 의류에 다른 사람의 이름이 표기된 옷을 입었거나 양복의 상표를 뜯어 내버린 자, 입고 있는 옷이 연령과 체격과 맞지 않은 자, 입은 옷이 현저히 남루하고 찢기거나 더러운 옷 위에 다른 옷을 껴입은 자, 입은 옷이 상하의와 신발이 맞지 않고 낡았거나 더럽거나 젖은 자, 머리에 거미줄 등이 붙어 있는 자, 몸이나 입은 옷, 신발에 혈흔 등이 묻었거나 악취가 나는 자, 의도적으로 신사나 여행자로 가장한 자는 주의가 요망된다.

라. 말과 행동에서는 위세가 당당하거나 질문에 반응이 없는 자, 이미 질문을 다른 곳에서 받았다고 하면서 검문을 독촉하는 자, 출발지나 행선지로 보아 시간적으로 맞지 않는 자, 주소 · 국적 · 직업 · 방문목적 및 기간 · 투숙지역 등을 반복하여 질문하였을 때 처음 답변과 다른 자, 자기가 답변한 직업에 대한 지식이 없거나 다른 답변을 하는 자, 동행자를 따로 질문하였을 때 답변이 다른 자, 휴대품이나 소지품의 설명이 애매하거나 확실치 않은 자, 말을 더듬거나 서투르거나 억양이 이상한 자 등에 대하여 세심한 관찰이 요구된다.

(3) 검문검색

검문은 상대방의 태도나 주위환경을 고려하여 주도면밀하게 실시하여야 한다.

가. 검문검색요령으로는 반드시 검문조, 경계조의 임무를 분담하고 소지한 무기가 피탈되지 않도록 소지품은 피검문자가 스스로 열어보이게 하며, 피검문자와 신체적 접촉을 최소화하고 가급적 2~3m 거리를 확보한다.

그리고 신분증 확인, 무선조회시 무기가 피검자에게 노출되지 않게 하고 흉기를 꺼내어 공격할 때에는 즉시 거리를 두고 경고하며, 이에 불응하면 공포탄을 발사하여 재차 경고한다. 그래도 계속 공격할 때에는 무기를 사용한다.

나. 검문시 착안사항으로는 무기류의 소지 여부를 확인한 다음에 검문하고, 경계하는 태도가 엿보이거나 안색이 침울하고 애써서 침착 안정하려는 동작 등을 주의 깊게 관찰한다. 그리고 용모를 통해서 몸이나 계절 및 환경에 맞지 않는 의복, 이발이나 목욕상태 등 이상한 점이 있거나 허세를 부리거나 길 · 흉사를 빙자하는 자는 특히 유의해서 관찰하고, 사투리를 사용하지 않는가를 확인하며, 물가시세, 지방유지의 성명, 특산물, 최근에 발생한 주요사건 등을 다양하게 질문하여 차이점을 발견한다.

다. 검색시 착안사항은 무기나 난수표, 외화 등의 소지 여부와 여권을 비롯한 각종 증명서의 위조 여부를 확인하고, 수첩에 기재된 내용을 세밀하게 검토하여 확증을 얻으면 당황하지 말고 자연스럽게 행동하다가 불시에 기습적으로 처리하여야 한다.

라. 대인검문검색실시 "예"

가) 정중하게 접근 : 거수경례

나) 소속과 성명을 밝힘 : 저는 ㅇㅇ공항 특수경비원 ㅇㅇㅇ입니다.

다) 검문사유고지 : 공항 내 안전을 위하여 잠시 검문하겠습니다.
협조하여 주시기 바랍니다.

라) 신분증 제시요구 : 신분증 또는 여권이나 주민등록증을 좀 보여주세요.
신분증(여권) 위조여부 및 사진과 얼굴 대조 확인

마) 의심이 갈 경우 : 주민등록번호(여권번호), 거주지, 방문목적 등 확인

바) 소지품 내용물 확인 : 가방을 잠시 열어 주시겠습니까? 내용물 확인.
예, 확인이 되었습니다. 꺼내신 물건을 넣으셔도 좋습니다.

사) 정중히 거수경례 : 협조하여 주셔서 감사합니다.

(4) 불심검문 후의 조치

가. 현장조치

범인과 대치할 경우에 경비근무자의 행동은 충동적이어서는 안 된다. 범인에 대한 접근은 망설이지 말고 확신 있는 태도로 행할 필요가 있다. 범인과는 낮에는 3보, 야간에는 6보 이상 떨어지는 것이 좋다. 범인의 오른쪽이 접근의 위치로 상대에 대해서 90°의 각도를 취하고 자신의 좌측면이 상대를 향하도록 자세를 취한다. 가스총 등으로 돌발적인 공격에 대하여 금방 사용할 수 있도록 사격자세를 취한다. 가능한 한 범인을 설득해서 체포를 하는 것이 최상의 방법이지만 최후의 수단으로 강제력을 사용할 수밖에 없는 경우도 있다. 대상시설에 침입한 범인이 도주할 장소로는 침입구, 어두운 창이나 문, 기계실, 매점, 사무실, 화장실 등이다.

범인과 대치하게 되는 경우 경비상황실에 보고하고 현장을 감시하면서 동료나 경찰관의 지원을 기다린다.

나. 현행범 체포

가) 현행범의 의의

현행범이란 '범죄를 실행 중' 이거나 '실행직후' 인 자를 말한다. 형사소송법상 범죄를 저지른 사람은 영장이 있어야 체포가 가능하나 현행범인에 대하여는 일반인도 체포가 가능하도록 하고 있으므로 경비요원은 당연히 체포하여야 한다.

이와 같이 준현행범도 역시 현행범인으로 간주하여 체포가 가능한데 준현행범의 요건은 범인으로 호칭되어 추적되고 있거나 장물이나 범죄에 사용되었다고 인정함에 충분한 무기, 흉기 등을 가진 자 그리고 신체 또는 의복에 현저한 범죄의 증적이 있거나 검문에 응하지 않고 도망하는 자를 말한다.

나) 현행범인에 대한 조치

(가) 체포

현행범에 대해서는 누구라도 체포할 수 있으며 경비근무자가 현행범인을 목격하였을 경우 당연히 체포하여야 한다.

(나) 인도

경비근무자가 현행범을 체포하였을 때에는 지체 없이 경찰에게 인도하여야 한다.

(다) 체포의 제한

현행 범인이라 하더라도 경미한 범죄(5만원 이하의 벌금, 구류, 과료에 해당하는)를 범한 현행범인은 체포할 수 없고 범인의 주거가 확실하지 않은 경우에만 체포할 수 있다.

(라) 범인이 소지한 무기, 흉기

범인이 소지한 무기, 흉기 등 장물에 대해서 수사기관이 아닌 일반인은 압수, 수색할 수 있는 규정이 없지만 범인의 자살방지와 증거인멸 방지를 위하여 범인으로부터 분리하여야 한다.

제5절 항공경비요원 직무 및 운영

1. 개요

항공경비요원은 경계근무를 위해 지시된 시간과 장소에서 근무하는 자를 말하며 경비요원은 경계시설의 눈, 귀, 신경이다. 그러므로 경비요원에게 부여된 임무는 신성하고 임무 수행 시 권한은 절대적이며 그 누구도 침해하여서는 안 된다. 경비요원은 책임감, 희생정신을 구비하여야 하고 임무수행 간에는 인내심, 침착성, 대담성이 필요하다.

2. 항공경비요원의 직무

1) 청원경찰의 직무

청원경찰은 법 제4조 제2항의 규정에 의하여 청원경찰의 배치결정을 받은 자와 배치된 기관・시설 또는 사업장 등의 구역을 관할하는 경찰서장의 감독을 받아 그 경비 구역 안에 한하여 경비목적을 위하여 필요한 범위 안에서 경찰관직무집행법에 의한 경찰관의 직무를 행한다.[4]

2) 특수경비업무

공항(항공기 포함) 등 대통령령이 정하는 국가중요시설의 경비 및 도난, 화재, 그 밖의 위험 발생을 방지하는 업무이다.[5]

3. 항공경비요원의 자격

1) 경비요원으로서 갖추어야 할 자격요건

신임교육을 받은 자, 담력과 기지(機智)를 겸비한 자, 책임감이 왕성한 자, 근무지역 환경에 익숙한 자, 신체조건(건강상태)이 경계 근무에 지장이 없는 자이다.

2) 특수경비원의 결격사유

다음 각 호의 1에 해당하는 자는 특수경비원이 될 수 없다.

(1) 만 18세 미만 또는 만 58세 이상인 자, 금치산자, 한정치산자

---

4) 청원경찰법 제3조
5) 경비업법 제2조 마목

(2) 파산선고를 받고 미복권 자

(3) 금고 이상의 형의 선고유예를 받고 그 유예기간 중에 있는 자

(4) 행정자치부령이 정하는 신체조건에 미달되는 자

※ "행정자치부령이 정하는 신체조건"이라 함은 팔과 다리가 완전하고 두 눈의 나안시력이 각각 0.2이하 또는 교정시력이 0.8이하를 말한다.

4. 특수경비원의 직무 및 무기사용 등

1) 특수경비업자는 특수경비원으로 하여금 배치된 경비구역 안에서 관할경찰서장 및 공항경찰대장 등 국가중요시설의 경비책임자와 국가중요시설의 시설주의 감독을 받아 시설을 경비하고 도난 · 화재 그 밖의 위험의 발생을 방지하는 업무를 수행하게 하여야 한다.
2) 특수경비원은 국가중요시설에 대한 경비업무 수행 중 국가중요시설의 정상적인 운영을 해치는 장애를 일으켜서는 안된다.
3) 지방경찰청장은 국가중요시설에 대한 경비업무 수행을 위하여 인정하는 때에는 시설주의 신청에 의하여 무기를 구입한다. 이 경우 시설주는 그 무기의 구입 대금을 지급하고 구입한 무기를 국가에 기부체납 하여야 한다.
4) 지방경찰청장은 국가중요시설에 대한 경비업무의 수행을 위하여 필요하다고 인정하는 때에는 관할 경찰서장으로 하여금 시설주의 신청에 의하여 시설주로부터 국가에 기부 체납된 무기를 대여하게 하고 시설주는 이를 특수경비원으로 하여금 휴대하게 할 수 있다. 이 경우 특수경비원은 정당한 사유 없이 무기를 소지하고 배치된 경비구역을 벗어나서는 안된다.
5) 시설주가 제 3항의 규정에 의하여 대여 받은 무기에 대하여 시설주 및 관할경찰관서장은 무기의 관리책임을 지고 관할경찰서장은 시설주 및 특수경비원의 무기 관리 상황을 대통령령이 정하는 바에 따라 지도 감독하여야 한다.
6) 관할경찰관서장은 무기의 적절한 관리를 위하여 제3항의 규정에 의하여 무기를 대여받은 시설주에 대하여 필요한 명령을 발할 수 있다.
7) 시설주로부터 무기의 관리를 위하여 지정 받은 책임자(관리책임자)는 무기출납부 및 무기장비운영카드를 비치 · 기록하고 무기는 관리책임자가 직접 지급 · 회수하여야 한다.

8) 특수경비원은 국가중요시설의 경비를 위하여 무기를 사용하지 아니하고는 다른 수단이 없다고 인정되는 때에는 필요한 한도 안에서 무기를 사용할 수 있다. 다만, 무기 또는 폭발물을 소지하고 국가중요시설에 침입한 자가 특수경비원으로부터 3회 이상 투기 또는 투항을 요구받고도 이에 불응하면서 계속 항거하는 경우 이를 억제하기 위하여 무기를 사용하지 아니하고는 다른 수단이 없다고 인정되는 때 또는 국가중요시설에 침입한 무장간첩이 특수경비원으로부터 투항을 요구받고도 이에 불응한 때를 제외하고는 사람에게 위해를 끼쳐서는 아니 된다.

5. 특수경비원의 의무

1) 특수경비원은 직무를 수행함에 있어 시설주 · 관할 경찰관서장 및 소속 상사의 직무상 명령에 복종하여야 한다.
2) 특수경비원은 소속 상사의 허가 또는 정당한 사유 없이 경비구역을 벗어나서는 아니 된다.
3) 특수경비원은 파업 · 태업 · 기타 경비업무의 정상적인 운영을 저해하는 일체의 쟁의행위를 하여는 아니 된다.
4) 특수경비원의 무기를 휴대하고 경비업무를 수행하는 때에는 다음 각호의 1에 정하는 무기의 안전사용수칙을 지켜야 한다.
   (1) 특수경비원은 사람을 향하여 권총 또는 소총을 발사하고자 하는 때에는 미리 구두 또는 공포탄에 의한 사격으로 상대방에게 경고하여야 한다. 다만, 특수경비원을 급습하거나 타인의 생명 · 신체에 대한 중대한 위험을 야기하는 범행이 목전에 실행되고 있는 등 상황이 급박하여 경고할 시간적 여유가 없을 경우 및 인질 · 간첩 또는 테러사건에 있어서 은밀히 작전을 수행하는 경우로서 부득이 한 때에는 경고하지 아니 할 수 있다.
   (2) 특수경비원은 무기를 사용하는 경우에 있어서 범죄와 무관한 다중의 생명 · 신체에 위해를 가질 우려가 있을 때에는 이를 사용하여서는 아니 된다. 다만, 무기를 사용하지 아니하고서는 타인 또는 특수경비원의 생명 · 신체에 대한 중대한 위협을 방지할 수 없다고 인정되는 때에는 필요한 최소한의 범위 안에서 이를 사용할 수 있다.
   (3) 특수경비원은 총기 또는 폭발물을 가지고 대항하는 경우를 제외하고는 14세 미만의 자 또는 임산부에 대하여는 권총 또는 소총을 발사하여서는 아니 된다.

6. 경비요원 근무수칙

경비요원이 경계임무 수행 간 지켜야 하는 규칙을 일반수칙과 특별수칙으로 구분하는데 초소 또는 경비요원이 쉽게 볼 수 있는 곳에 부착, 위치시켜 실제 활용이 가능토록 한다.

1) 일반수칙

일반수칙은 어떠한 상황이나 지역에 관계없이 모든 경비요원이 준수해야 할 사항으로 경비요원은 책임구역을 경계하며 책임구역 내의 인원과 재산을 보호하고 경계근무상 상관의 명령을 받아 근무하며, 상황이 발생시 즉각 조치하고 이를 종합상황실에 보고 및 인접초소에 전파한다. 경비요원은 출입하는 모든 인원 및 차량(적재물 포함)을 통제하며 필요시 검문검색을 하고 경비요원의 정당한 요구에 응하지 않는 자에 대해서는 필요한 조치를 취한다. 경비요원은 어떠한 경우라도 무기와 탄약을 방치하거나 타인에게 넘겨주어서는 안 된다. 또한 경비요원은 근무 중 인접초소에 상황이 발생하여 증원할 때를 제외하고는 지정된 위치를 이탈하거나 불필요한 말과 행동을 해서는 안 되며, 근무 중에 있었던 사항을 후번 근무자에게 인계한다.

2) 특별수칙

특별수칙은 일반수칙에 추가하여 임무숙지 및 행동화를 고려하여 간단 명료해야 하고 또한 경비요원은 초소에 부여된 특별수칙을 숙지하고 근무하여야 한다. 근무 및 인접 초소를 포함한 초소의 명칭. 지상, 해상, 공중, 지하 등을 포함한 경계 및 감시구역, 도로, 교량, 마을, 고지 등의 중요 시형지물 명칭. 특별히 경계해야 할 요소 및 방향, 경계활동의 협조사항, 기타 부여된 지시사항을 기준으로 근무지별 특성, 여건에 맞도록 특별수칙을 적용한다.

7. 경비인력 근무방법

1) 경비인력 기준 및 임무

경비인력의 운영기준은 시설의 규모, 핵심시설의 수, 지리적 취약요소, 경비 사각지대의 수 등을 고려하여 경비인력을 조정할 수 있으며 또한 외곽울타리, 건물, 지역에 CCTV 등 경비과학보안장비를 설치하여 운영시 경비인력을 가감할 수 있다.

2) 운영기준[6]

(1) 경비요원

가. 정문, 상시사용출입문, 경비상황실 : 2명 이상

나. 핵심시설 밀집보호구역 출입구, 일반초소 : 1명

다. 순찰, 초동조치 : 2명 이상

(2) 5분 대기조

공항별 규모 및 특성에 따라 적절한 규모로 운용하며 상시 출동태세를 유지하고 경비상황실과의 통신대책이 강구되어야 한다.

(3) 후속증원요원

경찰이나 군의 지원을 받을 수 있도록 필요한 계획을 수립하여 평상시 훈련을 통하여 원활한 지원을 받을 수 있도록 사전에 준비되고 필요시 경계협정서를 체결하여야 한다.

3) 경비근무 형태 및 시간

(1) 경비근무 형태에는 3부제 2교대 근무로서 예를 들면 A조는 주간에 근무하고 B조는 야간에 근무하며 C조는 휴식을 하는 근무형태이고, 격일제 2교대 근무의 경우는 A조가 1일(24시간) 근무를 하고 B조는 휴식을 취하는 근무형태이며, 일일근무는 1일에 8시간을 근무하는 것을 말하며 이외에도 시간제 근무형태 등이 있다.

(2) 경계근무시간을 얼마로 정할 것인가에 대한 기준을 설정한다는 것은 사실상 어려움이 있다. 왜냐하면 근무지역에 대한 기후, 환경이나 근무여건 등이 서로 다르기 때문이다. 그러나 군에서 정한 기준에 의하면 하절기에는 2시간, 동절기에는 1시간 정도를 근무한다. 따라서 근무지역의 제반여건을 고려하여 실정에 맞게 경계근무시간을 정하여 근무하면 된다.

6) 국가보안목표관리지침 (국정원) 별표1 경비요소확보기준

4) 각 직책별 임무

직 책	임 무
경비대장	· 경비대 지휘통제, 관리, 교육 및 근무감독 · 경비근무계획 편성 · 경비초소 순찰 및 경비요원 근무실태 관리 · 군, 경찰, 예비군 등 관련기관과 업무협조 체제 유지 · 근무감독기관과 업무연락 체계유지 · 상황 발생 시 조치 및 보고 · 대원 면담 및 애로사항 조치 · 기타 지시사항 이행
경비반장	· 반원 지휘통솔, 관리, 교육 및 근무감독 · 경비근무 계획 수립 및 시행 · 책임지역 내 순찰 및 경비요원 근무 실태 확인 · 군, 경찰, 예비군 등 관련기관과 업무 협조 · 반원의 면담 및 애로사항 조치 · 상황보고 · 기타 지시사항 이행
경비조장	· 조원 지휘통솔, 관리 및 근무감독 · 근무 배치 및 교대 시 인수, 인계상태 확인 · 유사시 상황보고 및 군, 경찰 등 상황전파 · 책임지역 내 · 외부 순찰, 감시 · 초소시설 및 장비 유지 관리 · 통신선 소통상태 확인 · 조원 면담 및 애로사항 조치 · 내방객 안내 및 차량 출입통제 · 기타 지시사항 이행
경비요원	· CCTV모니터 감시 및 시설 경비근무 · 허가된 자 외 접근 시 경고 및 계속 감시 · 상황 발생시 경비상황실(조장)에 보고 · 초소 통신선 소통상태 점검 · 출입인원 및 차량통제 · 기타 지시사항 이행

8. 경비초소

1) 초소 위치

경비초소의 위치는 임무, 지형 및 기상, 가용시간, 위협요소를 고려하여 책임구역을 가장 잘 감시할 수 있고 상황발생시 유리한 지형에 위치해야 한다. 주간초소 위치는 넓은 지역의 감시가 용이한 곳, 불순분자의 관측으로부터 은폐와 엄폐된 곳으로 불순분자의 행동을 감시하면서 예상접근로, 출입인원 및 차량통제가 용이한 곳에 위치하여야 한다. 야간에는 공제선상에서 적 또는 불순분자의 감시가 용이한 낮은 곳, 음향 청취 및 화염 발견이 용이하고 불순분자의 접근지역 통제가 용이하면서 주위가 조용한 곳이 좋다.

2) 초소 설치 간격

주변 지형, 감시범위, 순찰로 및 순찰제도, 과학보안장비 설치 등 경비여건과 주 · 야간 육안식별거리를 고려하여 설치하되, 사각지대가 발생하지 않도록 하여야 하고, 순찰 인원, 수단, 횟수 등에 따라 초소 설치거리를 연장할 수 있다.

3) 초소의 종류

초소의 종류에는 시설주위이나 울타리지역 밖이 잘 보이도록 하기 위한 망루초소를 비롯하여 사람의 출입을 통제하는 초소, 차량의 출입통제초소, 사람과 차량의 출입을 동시에 통제하는 출입통제초소 등 그 임무와 성격에 따라 다양하게 구분될 수 있다.

9. 경비요원 배치 및 근무방법

1) 경비요원 배치 방법

경비요원 배치란 책임지역 내에서 경비요원을 지정된 장소에 위치시키는 것으로서 경비요원 배치방법은 인솔배치법, 직접투입법, 혼합법 등으로 구분된다.

(1) 인솔배치법

경비요원을 교대장이 인솔하여 축차적으로 초소에 배치하는 방법으로서 이동수단에 따라 도

보인솔, 차량인솔로 구분할 수 있다.

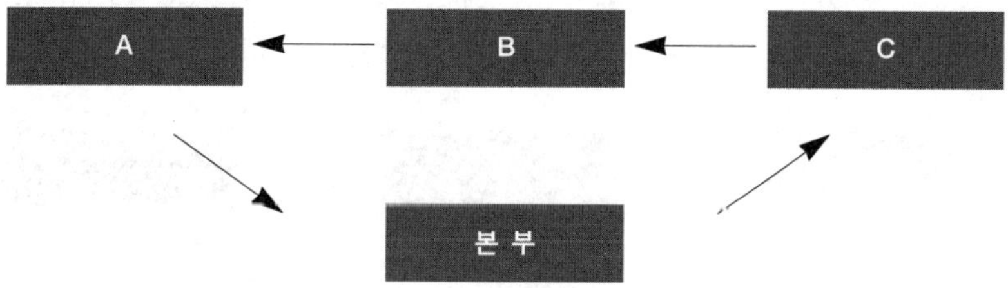

인솔배치법

가. 도보 인솔법

도보 인솔법은 교대장이 교대요원을 인솔하여 교대장입회하에 경비요원을 경계지역을 따라 배치시키는 방법을 말하며, 지형이 익숙하지 않거나 책임지역이 비교적 협소하여 인솔 배치하여도 시간이 과다하게 소요되지 않을 때 적용된다.

나. 차량 인솔법

차량 인솔법은 교대장이 교대요원을 차량에 탑승시켜 인솔하여 초소에 배치시키는 방법으로 원거리 또는 넓은 지역일 경우에 적용된다. 초소수가 많거나 광범위한 지역에 초소 이동시는 2개 지역 이상으로 분할하여 이동시킬 수 있다.

(2) 직접투입법

직접투입법은 인솔자 없이 경비요원이 직접 지정된 초소로 이동하여 교대하는 방법으로 지형에 익숙하고 인솔투입시 많은 시간이 소요될 때 사용하는 방법이다.

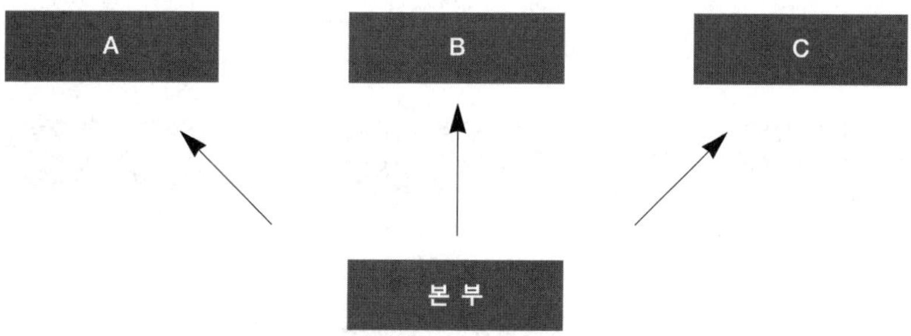

직접 투입법

(3) 혼합법

혼합법은 근무지역이나 이동수단, 근무투입 시간소요 등을 고려하여 일부지역은 인솔배치하고 일부지역은 직접 투입하는 방법을 혼합하여 배치하는 방법이다.

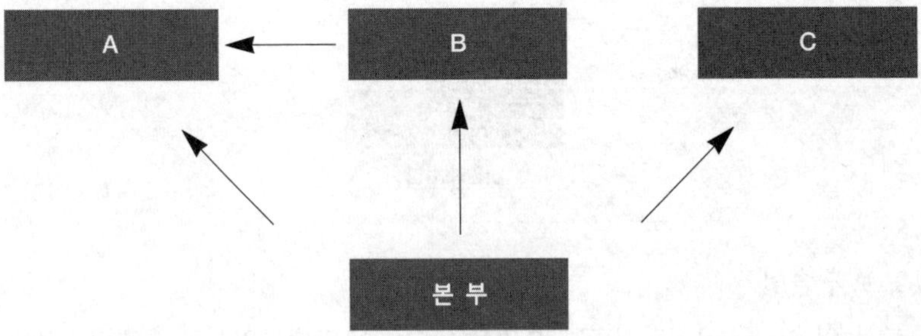

혼합법

2) 경비요원 근무방법

경비요원 근무방법에는 밀어내기식, 고정근무식, 전원순찰식이 있으며 임무, 지형, 기상, 가용시간 등을 고려하여 최상의 경계태세가 유지될 수 있도록 시설별로 융통성 있게 적용할 수 있다.

(1) 밀어내기식

밀어내기식은 일정한 시간마다 대기실에 위치한 대기자가 이동하여 A 초소 근무자를 밀어내고 A 초소 근무자는 B 초소 근무자를 밀어내며 이와 같이 계속 실시하여 마지막 초소 근무조가 대기실로 복귀하는 방법이다. 이 근무방법은 시설의 지형, 여건에 따라 책임지역을 2개조로 구분하는 등 융통성 있게 적용할 수 있다. 장점으로는 초소간격을 통제하기가 용이하고 졸음을 방지할 수가 있으며, 권태감을 해소할 수 있는 반면에 경비요원의 위치를 노출시킴으로써 보안 유지가 곤란한 단점이 있다.

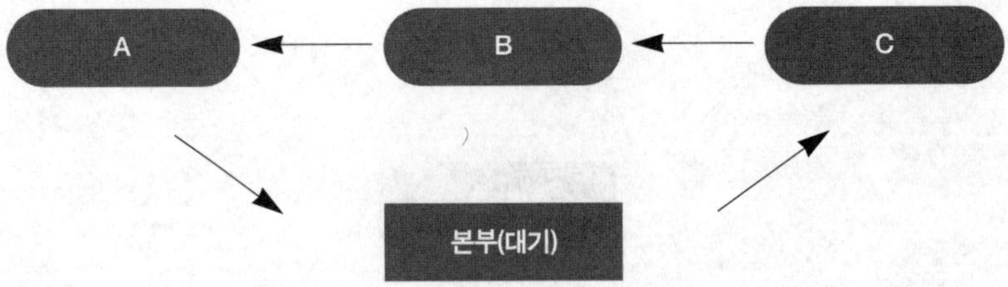

밀어내기식

(2) 고정근무식

고정근무식은 지정된 초소에서 계획된 시간동안 계속 근무하는 방법으로 침입자를 발견할 경우 즉각적인 조치나 보안을 유지할 수 있는 이점이 있는가 하면 고정근무로 인한 권태감이나 졸음 방지가 곤란하고 초소간격 통제가 취약하며 순찰의 소요가 증대되는 단점이 있다.

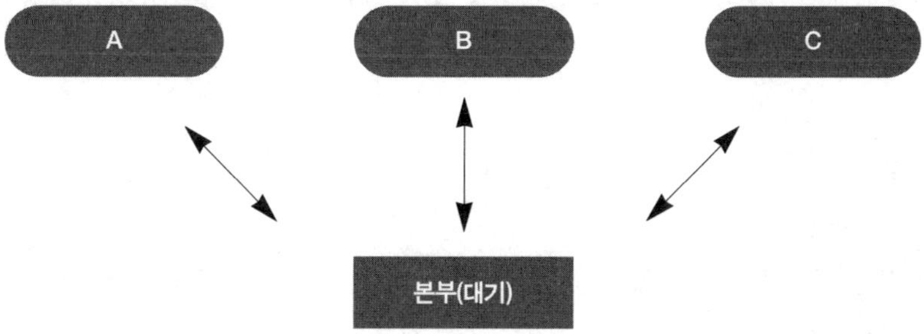

고정근무식 근무

(3) 전원순찰식

전원순찰식은 지정된 책임구역을 계획된 근무시간 동안에 경비근무요원이 지정된 구간을 왔다 갔다를 반복하면서 근무하는 방법이다. 이는 순찰식으로 근무하기 때문에 졸음을 방지할 수 있으면서 초소간격을 통제하기가 용이한 이점이 있는 반면에 침입자를 발견하였을 경우 즉각적인 조치 및 보안을 유지하기 곤란하고 피로가 증가되는 단점도 있다.

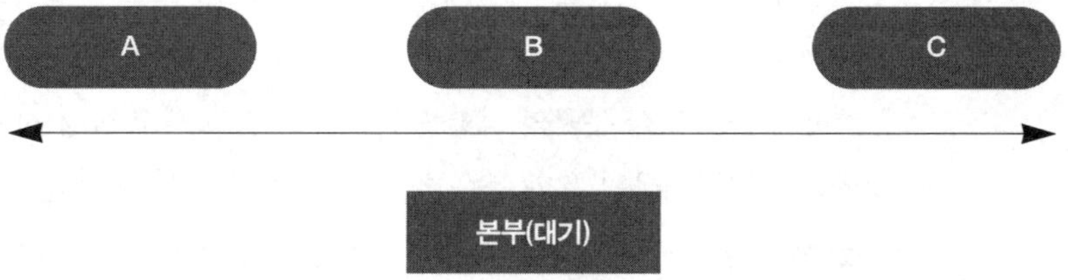

전원 순찰식

10. 순찰근무

1) 목적

순찰이란 경비책임구역으로 비인가자의 접근을 금지시키고 공항, 항공기, 시설물에 대한 공격, 또는 공격시도탐지를 비롯하여 문, 창문, 통로 등 보안울타리의 효율성을 유지하고 공격 및 공격시도에 대하여 신속하게 대응하기 위해서 실시한다.

2) 순찰의 종류

(1) 노선에 의한 구분[7)]

가. 정선순찰 : 사전에 정해놓은 순찰 노선을 따라 규칙적으로 하는 순찰이다.

나. 난선순찰 : 순찰근무자가 임의로 순찰 노선을 택하여 목적지를 순찰하는 방식이다.

다. 요점순찰 : 순찰구역 내의 중요한 지점을 지정하여 순찰근무자는 반드시 그 지점을 통과하며 지정된 요점과 요점 사이에서는 난선순찰방식에 따른 순찰을 하는 것을 말한다. 정선순찰과 난선순찰의 장점을 살리고 단점이 보완되는 방식이다.

라. 복수순찰 : 순찰구역 내의 몇 곳을 순찰 소구역으로 설정하여 이 소구역을 중점적으로 난선순찰하는 것을 말하며 시설 내에 특별히 범죄의 우려가 있는 취약지역의 경우에 사용하는 순찰이다.

(2) 기동력에 의한 구분

가. 도보순찰 : 걸어서 순찰하는 순찰근무자의 전형적인 순찰방법으로 순찰속도가 느리다는 단점이 있으나 은밀히 순찰하면서 면밀히 관찰할 수 있다. 순찰근무자가 상세하게 순찰 노선 부근의 정황을 관찰할 수 있고 사고 발생 시 신속하게 대처할 수 있다. 외부의 음향 등을 청취하는 데 편리하므로 야간 등 청력을 필요로 하는 경우에 유리하다. 특별한 장비는 필요로 하지 않으며 비좁은 장소나 도로 등 어떠한 장소에서도 용이하게 순찰을 실시할 수 있고 상세한 지형이나 주변 정황에 통달할 수 있으나 속도가 느려 소구역 순찰시 실시한다.

나. 차량순찰 : 차량을 이용하는 순찰로서 112 순찰차, 무전기를 장착한 자동차, 오토바이 등이 이용된다. 상당히 넓은 지역을 순찰할 수 있다는 장점이 있으나 세부적으로 지역을 살필 수 없다는 단점이 있다. 공항 등 대규모지역이나 긴급히 출

---

7) 청원경찰법 시행규칙 제7조

동하여야 할 경우에 유용하다.

(3) 인원에 따른 구분

가. 단독순찰 : 한 사람의 근무자가 행하는 순찰을 말하며 소수의 인원으로 넓은 구역을 순찰할 수 있고 장비가 우수하면 단독순찰이라도 충분히 효과를 거둘 수 있다. 은밀히 주의력을 집중하여 순찰할 수 있으나 다수의 범죄 기도자가 있을 경우 대처가 불가능하다.

나. 복수순찰 : 2인 이상의 근무자가 순찰하는 것으로 범죄의 위험이 있을 경우 유용하다. 다수의 범인에 대한 대처가 가능하며 유사시 연락이 가능한 이점이 있다.

3) 순찰방법

(1) 순찰구역을 도보로 순찰할 때에는 낮에는 주위의 눈에 띄도록 걷고 야간에는 건물 가까이 걷는다. 낮에 행하는 도보순찰은 가능한 한 많은 사람들에게 근무자의 모습을 보임으로써 예방목적을 가지는 것이고 야간에는 도보순찰의 목적은 가능한 한 침입자들에게 경비근무자의 모습을 보이지 않고 체포하기 위한 것이다.

(2) 야간 순찰시 건물들에 접근할 때 주의해서 행동하여야 한다. 침입자들이 건물 안이나 문 쪽에 숨어 있을 가능성을 생각해야 한다. 순간적으로 멈추고 보이지 않도록 어두운 지역을 관찰하면서 이상한 소리에 귀를 기울여야 한다. 고요한 밤에는 유리 깨지는 소리, 걷는 소리 등이 확대되어 들린다.

(3) 차량순찰의 경우 반드시 지켜야 할 규칙 중 하나는 차에서 자주 내려서 확인한다는 것이다. 경비근무자들이 속력을 빠르게 하여 순찰하면 순찰의 목적달성이 저하될 수 있으므로 주위상황에 맞게 속도를 조절하여야 한다. 순찰차량의 창문을 열고 무전기의 소음이 밖으로 나가지 않도록 소리를 줄이고, 구역을 순찰할 때는 주변을 세밀히 살펴야 한다.

(4) 건물 수색시 경비근무자가 건물 내에 들어갈 때 통신에 장애가 있을 수 있기 때문에 경비상황실에 알리는 것이 필요하다. 일정시간이 지났는데 경비근무자와 통화가 되지 않을 경우는 확인을 하여야 하고 항상 불의의 공격을 받을 수 있으므로 경계심을 가지고 순찰을 하여야 하며 필요시 지원요청을 하여야 한다.

(5) 수색할 건물에서 좀 떨어진 곳에 차를 주차하고 걸어서 순찰하되 소리가 작게 나도록 하고 어둠이나 그늘 등의 자연적인 은폐물을 이용하고 반드시 필요한 경우가 아니면 손전등을 사용해서는 안 된다.

(6) 순찰은 2명이 한 팀으로 서로 엄호하고 서로 대화를 하여야 한다면 속삭여야 한다. 속삭일 때 "쉬쉬" 소리가 나는 것을 줄이기 위해 처음에 숨을 깊이 들이 마시고 쉿 소리를 하기 전에 공기를 반만 보낸다.

4) 순찰근무 시 착안사항

(1) 건물내부

가. 폐쇄 문 시건 상태

나. 출입문, 창문, 셔터 등의 파손 여부

다. 사무실의 시건 여부

라. 계단, 통로, 화장실, 휴지통 등 범인은거 및 폭발물 설치가능지역 점검

마. 휴게실, 사무실 등 재떨이 화재예방상태 점검

바. 전기 스위치 소등상태 점검

사. 소화기 상태 점검

아. 기타 필요한 사항

(2) 대상시설 확인

가. 각종신고 통신수단 및 방치물품, 무주화물 등 확인

나. 거동수상자 확인

다. 소화기, 소화설비, 피난설비의 확인

라. 옥외 조명등 조명상태 확인

마. 사진촬영 단속

바. 울타리 및 외곽지역 블록담, 철조망 등 파손여부

사. 배수지역 침투방지 망 훼손유무

아. 초소별 통신 소통상태

자. 경비원 근무상태(정위치, 복장, 휴대장비 등)

차. 보안등, 탐조등 조도 및 작동상태

카. 경비과학시설 작동상태

타. 울타리지역 월담 이용 가능한 물체 유무

파. 기타 지시사항

5) 순찰자의 준수사항

순찰자가 순찰을 할 때는 국가중요시설의 경비 및 도난, 화재 그 밖의 위험 발생을 방지한다는 목적의식을 가지고 순찰을 하여야 하고 순찰을 나가기 전에 복장과 장비를 확인하되 특히 무기 · 경봉 · 경적을, 야간에는 손전등을 준비해야 한다. 그리고 순찰시에 흡연을 하여서는 절대 안 되며 손전등 사용도 가능한 한 자제를 하고 소음이나 순찰위치를 노출시키지 않음으로써 범죄자나 범죄시도자에 대한 동태를 감시하고 기습효과를 얻을 수 있다. 또한 순찰지점은 경비취약지역, 화재위험지역 등으로 확인사항을 사전에 숙지하고 반드시 점검되어야 하며, 이상한 냄새나 소리를 들었을 때 원인을 찾아서 필요한 조치를 강구하고 순찰출발 전, 순찰 도중, 상황발생시, 순찰복귀 후에 순찰결과를 감독자나 관계자에게 보고하여야 한다.

11. 상황보고

상황보고란 하급자가 상급자에게 정기적 또는 비정기적으로 어떤 일의 내용이나 결과를 알려주는 것이다. 이는 상사의 판단, 결심, 임무수행에 중대한 영향을 끼치므로 육하원칙에 의거 신속, 정확하게 보고하여야 한다.

1) 보고시기

경비요원의 보고 시기는 지시된 시간, 불순분자 발견 시, 이상이 있을 때 실시하며, 보고의 기본원칙은 '선 보고 후 조치' 이나 상황이 긴박할 때에는 '선 조치 후 보고' 를 할 수 있다.

2) 보고의 종류 및 내용

보고는 최초, 중간, 최종 보고로 구분하며 세부내용은 다음과 같다.

구 분	내 용
최초보고	· 주안 : 신속성 · 상황발생 시 즉시 알고 있는 사실 그대로 보고
중간보고	· 주안 : 정확성 · 최초보고 사항 중 변경된 상황이나 수정사항위주 보고 · 상황 진행사항을 육하원칙에 의거 수시로 보고
최종보고	· 주안 : 상황 발생시부터 종료시까지 종합 · 상황에 대한 배경, 분석, 문제점 및 교훈도출 보고 · 감시 및 식별, 조치사항에 대한 전반적인 내용 종합보고

3) 보고요령

경비요원의 최초보고는 누가(보고자, 초소번호, 명칭), 언제(상황발생 및 인지시간), 어디서(상황 발생장소), 무엇을(내용)의 4가지 요소를 포함하여 육하원칙에 의거, 주간에는 지휘조직계통으로 야간에는 당직계통으로 보고하되 긴급한 상황에는 중간책임자 보고는 생략 후 추후 보고할 수 있다.

4) 통신수단

경계근무 간 경고 및 보고를 위한 통신수단은 매우 중요하므로 다양한 통신대책이 강구되어야 한다.

(1) 유 · 무선 통신은 전화기, 무전기, 인터폰 등에 의해서 연락하는 방법이 있으며 불순분자(집단)의 도청에 유의하되 알파벳은 아래와 같이 호출한다.

■통화 알파벳 발음															
A	Alpha	B	Bravo	C	Charlie	D	Delta	E	Echo	F	Foxtrot	G	Golf	H	Hotel
I	India	J	Juliet	K	Kilo	L	Lima	M	Mike	N	November	O	Oscar	P	Papa
Q	Quebec	R	Romeo	S	Sierra	T	Tango	U	Uniform	V	Victor	W	Whiskey	X	X-ray
Y	Yankee	Z	Zulu												

■통화 숫자 발음									
0	ZE-RO	1	WUN	2	TWO	3	TREE	4	FOW-er
5	FIFE	6	SIX	7	SEV-en	8	AIT	9	NIN-er

(2) 시호통신

시호통신은 가시거리 내에서 사전에 약정된 신호규정에 의거 완수 및 수기, 음향 및 불꽃신호 등으로 연락하는 방법이 있다.

(3) 직접전달방법

직접전달방법은 경비요원이 인접초소까지 이동하여 전달하는 방법과 양개 초소의 경비요원이 사전에 약정된 시간과 장소에서 접촉하여 전달하는 방법이 있다.

(4) 순찰자에 의한 방법

순찰자에 의한 방법은 비교적 시간적인 여유가 있을 때 순찰자가 각 초소에 직접 전달하는 방법이다.

(5) 기타

휴대폰 등 이용 가능한 방법을 활용하여 연락수단을 강구할 수 있다.

제6절 경비보안시스템 및 보안시설요건

1. 외곽 침입감지시스템

외곽 침입감지시스템은 외곽울타리를 넘어 침입을 시도하거나 침입한 침입자를 탐지하여 경보를 알려주는 전자장치이다. 적절히 배치하면 울타리나 경비요원 같은 외곽보호대책의 효율성을 높일 수 있지만 오작동을 하므로 CCTV 또는 경비요원과 같은 경보 확인시스템과 같이 사용되어야 한다. 만약 설치위치가 부적절할 경우에는 탐지율이 떨어질 수 있다. 외곽 침입감지시스템을 설치하기 위해서는 울타리의 형태 또는 범위, 외곽울타리 길이, 감지지역을 설정할 수 있는 충분한 공간확보 여부, 지역의 토양 및 지상 표면상태, 해당 지역 날씨 및 야생동물 출현빈도, CCTV 또는 경비요원에 의한 경보확인 가능자원 등을 종합적으로 판단하여 고려하여야 한다.

2. 보안등

보안등은 경비요원에 의한 감시 또는 CCTV에 의한 효율적인 감시를 위해 필요한 조명을 제공하는 것 이외에 침입자에게 사전에 침입의사를 포기시키는 역할도 할 수 있다. 보안등 설치조건은 침입자가 목표물에 도달하기 전에 경비요원에 의해 발견할 수 있도록 하여야 하며 침입자로부터 경비요원을 은폐할 수 있는 역할도 할 수 있도록 하고 침입자 저지 또는 그들의 목적을 사전에 저지하도록 함으로써 보안등은 저비용으로 침입자 억지효과를 내는 역할을 한다. 조명이 낮더라도 잠재 침입자를 저지시킬 수 있다. 만약 CCTV를 설치시, 보안요원에게 깨끗한 화면을 제공할 수 있을 정도의 조명밝기가 제공되어야 한다. 오래 사용시 보안등의 출력이 현저히 감소되므로 보안등에 대한 지속적인 유지점검이 꼭 필요하다. 장시간의 예열준비 과정이 필요한 등은 특정 보안등 적용에는 적합하지 않다. 타임스위치, 움직임 감지센서 또는 사진 전기센서(photo-electric sensor)는 보안등의 통제를 위하여 유용하지만 후자는 용의주도한 방해사항 발생시 취약하다. 특정 사양을 충족시키는 보안등에는 아래와 같은 여러 가지 유형이 있다.

1) 외곽울타리등은 외곽울타리에 강력한 조명을 발산하기 위하여 설계되었다. 침입자 시야를 방해, 저지하는 데 뛰어난 효과가 있는 overhead 램프나 low-mounted 램프로 만들 수 있다. 만약 후자를 사용한다면, 항공기에 위험을 주거나 불편함을 주지 않도록 세심한 배려를 해야 한다.
2) 지역등은 침입자들이 그들의 목표에 도달하기 위해서 반드시 건너야 하는 외곽내부를 비추도록 하여야 한다. 이것은 침입자를 탐지할 수 있는 경비요원의 능력을 배가시킬 뿐 아니라 강력한 억제책으로서의 역할을 한다. 이상적으로는 조명이 균등히 배열되어야 하며 그림자가 없어야 한다. 모든 지역의 각 부분들은 그림자가 지는 것을 막기 위해서 적어도 두 개의 등으로 밝혀야 한다.
3) 로컬조명은 지역별 조명이 부적당하게 밝혀주는 지역을 비추어야 하고 침입자를 숨길 수 있는 지역을 비추어야 한다. 튼튼하고 간섭을 견딜 수 있는 칸막이 등을 사용해야 한다. 형광등 또는 할로겐-텅스텐 등은 소형 투광조명으로 사용될 수 있다. 모든 어두운 장소는 제거되어야 한다. 비상구, 지붕, 화재탈출구는 그러한 로컬조명으로 비추어져야 한다.
4) 투광조명은 침입자가 그들의 목적지에 도착하기 전에 반드시 거쳐야 하는 장소(건물 또는 펜스)를 비추는 데 사용되어야 한다. 낮은 조도일 경우 눈은 외부 윤곽 인식 능력에만 의존한다. 이동하는 모양선은 조명을 받은 벽(흰색 또는 다른 엷은 색깔로 칠해진 벽)에 그림자 형태로 나타난다.

   조명등에 설치되는 물리적 보호장치는 위협과 관련이 있는 것이어야 한다. 일반적으로 견고한 외부 보호막, 튼튼한 케이블, 보호장치가 된 개폐기가 요구된다. 전기공급은 일반 전원공급 장치와 분리되어야 한다. 격리주기장 같은 특별히 중요한 시설은 외부 침입자가 조작을 하더라도 지속적인 작동을 보장하기 위해서 이중배선 및 임시발전 시스템이 필요하다. 전등회로는 외부 침입자 조작시 경보를 울리도록 탐지시스템과 연결되어 사용할 수 있다.

3. CCTV

CCTV는 인력을 절감할 수 있으며, 침입탐지시스템 및 자동출입통제 시스템과 연동하여 사용하는 경우에 외곽 또는 광범위한 지역을 커버하는 데 유용하게 사용할 수 있으며, 기존 보안시스템을 보충, 보완하여 더욱더 효율적으로 사용할 수 있도록 한다. 특히 외곽침입 탐지시스템에서 발생한 경보를 확인하기 위해서 사용한다면 이는 위험, 악천후, 또는 관련업무를 위해 수행하여야 하는 기

타 불편한 일에 노출되어 있는 경비요원의 근로조건을 향상시킬 수 있다. 그런 시스템의 유효성은 적절한 장비의 선택과 설치에 달려있다. CCTV 시스템은 간단한 실 · 내외 시스템에서부터 복잡한 다중카메라 저조도 시스템까지 다양하다. 가장 단순한 시스템에서는 카메라가 유인통제센터에 위치한 모니터에 연결되어 있는 것이다. 건물 또는 다른 외부 물품에 부착된 카메라는 빌딩이나 보호구역으로 진입하는 자의 상황을 경비요원이 감시할 수 있도록 화면이 제공된다. 좀더 정밀한 시스템은 이동 팬틸 줌렌즈가 장착되어 있으며 24시간 감시를 위해서 조명등을 포함하여야 한다. CCTV시스템을 설치 운영하기 위해서는 사용자가 CCTV에 대한 요건을 명확히 하고 CCTV의 제한사항을 이해하는 것이 중요하며 감시하여야 할 지역, 감시 대상 지역별로 감시목적, 감시지역에 필요한 화질, 침입감지시스템과 연동여부, 감시요건, 기타 저조도 기능 등을 최대한 고려하여야 한다. CCTV를 설치하기 위해서는 현장조사가 필수적이며 지역별로 아스팔트, 초원, 빨간 벽돌빌딩 등과 같은 다른 배경종류에 따라 성능이 다르게 나타나고 기후와 환경에 의해 카메라의 성능은 민감하게 작용할 수 있다. 그리고 매우 높은 온도와 낮은 온도 등에 의해 기능을 발휘하지 못할 수 있으며 눈, 안개 폭우나 연기로 인해 감시가 차단될 수도 있어 필요시 카메라 렌즈 앞면에 와이퍼 또는 히터를 설치해야 한다. 또한 카메라의 성능을 손상시킬 수 있는 요소들은 반드시 차단되어야 하고 이런 것을 피할 수 있는 곳에 카메라를 설치해야 한다. 이런 요소에는 가로등, 보안등, 일출, 일몰, 수면반사, 창문유리반사 등이 있으며 이러한 현장조사는 주간뿐 아니라 야간에도 실시되어야 한다.

CCTV영상을 녹화하는 녹화장치는 예전에는 Reel비디오테이프, VCR테이프 등에 의해 저장하였으나 최근에는 기술발전에 따라 컴퓨터 하드디스크에 녹화하는 방법이 사용되고 있어 필요 부분을 즉시 재생하여 조사하는 데 매우 유용하게 사용되고 있다. 비디오 동작 감시시스템은 영상화면의 화소변화의 차이에 따라 비디오 신호를 감지하여 경보를 발생하는 시스템으로 모니터상에 시각적 표시와 함께 보안요원에게 경보를 알리기 위한 경보신호를 발생하며 화면의 움직임 또는 빛의 변화에 대한 장비의 민감도는 현장 상황 특성에 따라 조정할 수 있다. 시스템 유형은 하나의 카메라 프로세서와 모니터 시스템 유형부터 하나의 처리기에 의해서 항상 비디오신호를 평가하는 카메라 그룹까지 다양하다. 대다수 다른 장비는 기술적인 제한으로 인하여 실내에서만 사용할 수 있는 반면, 이러한 장치들은 야외의 다양한 빛이 있는 상황에서도 사용할 수 있다. 비디오 동작탐지시스템은 실제적으로는 많은 제한이 있다. 비디오 동작탐지카메라는 외부지역에 대해서 합리적으로 넓은 전경을 탐지하지만, 불리한 기상조건에서는 잘 보이지 않으며 정규적인 움직임이 많은 지역에서 비효과적이다. 하지만 이동이 발생하는 지역을 차단할 수 있는 여러 시스템이 있다면 가능하다.

모든 CCTV는 설치한 후 필히 시험운영을 하여 정기적으로 적절한 방법을 사용하여 자체점검을 하여야 한다. CCTV 테스트방법은 감시범위, 목표물 선명도, 목표물 이미지의 높이, 시스템 대응시간 등이 기존 시스템운영요건과 일치하는지 여부와 현장에 적용 가능한지 등의 최소요건을 점검하고 측정하여야 한다. 감시범위가 최소한으로 중첩되게 하기 위해서 중첩정도는 수직적으로 인접한 섹터에 대한 화면높이 또는 수평적으로 인접한 섹터의 화면폭의 비율로써 정의하며 최소한의 권고 중복은 각각 5% 또는 10% 정도이다. 목표물 선명도는 최악의 조도에서 얼마나 쉽게 목표물이 모니터상에 보이는지를 측정하는 것이며 목표물의 선명도는 쉽게 탐지가능, 다소 쉽게 탐지가능, 탐지하기 어려움, 탐지불가능 등 4단계로 구분하여 측정할 수 있다. 위장한 목표물품은 사람의 경우 위장복을 입은 인형, 더럽고 흙이 묻은 가방, 흙이 묻은 차량 번호판 등을 사용하여 측정하여야 한다.

모니터상의 목표물 영상 높이는 모니터 화면에 나타나는 영상의 높이로 퍼센트로써 나타내며 최소이미지 높이의 탐지능력은 10~30%, 인지능력은 50~100%, 확인능력은 100~250% 정도이다. 시스템 대응시간은 CCTV가 외곽침입감지시스템과 연결되어 사용되고 있을 경우 최초 경보신호를 운영자가 모니터를 통해 목표를 확인하는 시간부터이며 은폐된 목표물은 가시거리 내와 경보가 최초 울린 곳에 있다. CCTV 감시시스템이 어떤 형태의 시스템 경보 없이 사용될 경우 대응시간은 고정근무하는 운영자의 모니터 감시 행태와 감시주기에 의해 정의할 수 있다. 운영자의 역할은 경보가

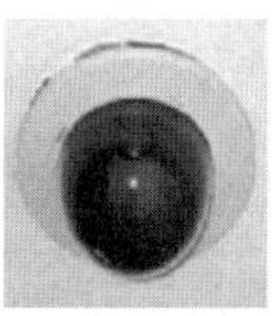
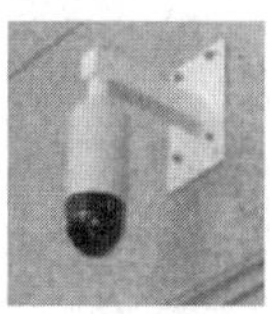
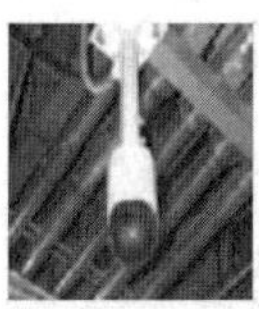
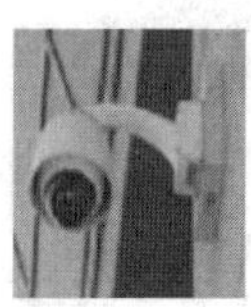

작동한 것에 대응하는 것이고 대응시간 내에 대응조치를 취하는 것이다.

CCTV 감시시스템의 사용목적은 CCTV는 공항의 운영과 경비보안의 목적으로 폭넓게 사용되며 CCTV 시스템은 고정카메라와 상하좌우 이동이 가능하며 확대기능(Pan-Tilt-Zoom)이 있는 카메라로 나눌 수 있다. 모든 카메라는 상황이 발생했을 경우에 경비 보안 센터의 모니터링시스템에 전달되며 보안센터 요원이 인근의 보안요원에 연락하여 현장상황을 파악할 수 있게 한다. CCTV 감시 시스템은 일반감시와 경비 보안용으로 분류된다. 일반감시용 CCTV는 주차장, 여객터미널, 원격 탑승동, 탑승구 대기구역계류장, 차량 출입구, 수하물 수취지역, 세관 및 도착지역, 기타 사람이 많이 모이는 장소에 설치된다. 경비보안 CCTV 감시 시스템은 출입구, 핵심지역 및 보안사항이 요구되는 매우 중요한 구역에 설치된다. 이 시스템은 보안센터의 전용 모니터링 시스템과 연결되어 경비보안 위반사건이 발생하면 즉시 출동이 가능하도록 한 과학화 경비 시스템의 일종이다. 보안센터 운영요원은 CCTV를 활용하여 범죄활동 및 수상한 움직임을 감시하고 탐지할 수 있다.

4. 출입통제시스템

1) 자동출입통제시스템(AACS)

자동출입통제 시스템은 사용자의 신원을 확인하는 즉시 출입구에 있는 잠금쇠를 풀어 자동으로 출입을 허용하는 통제장치에 연결되어 있는 전자기계 시스템이다. 자동이라는 용어에도 불구하고 자동출입통제시스템은 사람의 감독이 필요하다.

자동출입통제시스템의 장점은 시스템이 영구적이고 경비요원이 일시 부재중인 경우에도 출입을 지속적으로 통제할 수 있으며 인력 출입통제에 비해 부주의하지 않고 종속되거나 회유되거나 협박당하지도 않는다는 것이다. 경비요원의 경우 지속적으로 비용이 소요되지만 시스템은 초기비용만으로 가능하다. 또한 분실 또는 도난 신고된 출입증의 불법사용 시도와 비상상황시 인가자가 출입시도를 탐지하도록 프로그램화하여 운영할 수 있으며 강제적 출입에 대해 물리적 차단을 할 수 있고 시스템을 감독하는 경비요원을 보호할 수 있다. 그리고 출입자의 이동지역을 기록하도록 프로그램화 할 수 있다.

자동출입통제시스템의 단점으로는 시스템 고장 또는 비상사태시에는 인력을 필요로 하며 인가자의 불법적인 행동으로 인한 비인가자의 출입을 제재하지 못하는 단순한 출입통제에 대한 수단이라는 것이다.

자동출입통제시스템의 원리는 확인된 사람만이 통제지역으로 출입할 수 있도록 인가자의 신원을 확인하고 출입을 통제하는 것이다. 상업적으로 널리 사용되는 출입통제시스템은 개인비밀번호가 있거나 없는 코드화된 출입카드, 개인비밀번호가 있거나 없는 핸즈프리 카드 또는 근접식 카드 또는 무선시스템 등이 있으며 최근에는 생체인식 접근통제 시스템이 많이 개발되어 사용되고 있는 실정이다.

카드화된 자동출입 통제시스템은 코드화된 카드로서 보통 신용카드 크기이며 플라스틱으로 제작되고 카드 위에 각종 디자인, 로고, 사진, 출입구역 등을 인쇄하여 출입증으로 사용할 수 있다. 자동출입통제시스템 코드화된 카드를 공항의 보안출입증시스템으로 사용하는 경우에는 출입증 디자인 및 사용기한 등의 조건을 반드시 충족시켜야 하며 각각의 자동출입통제시스템은 한 개의 기계판독코드나 숫자를 포함하고 있다. 이 번호는 출입할 수 있는 장소나 출입통제지점을 인식하는 데 사용할 수 있고 출입카드를 발급받은 사람을 등록할 수도 있다. 카드를 이용하여 코드화하는 기술적인 방법은 홀로그램, wiegand wire, 워터마크 마그네틱 선, 적외선코드, 유도자기선, barium ferrite, 펀치카드 등이 사용되고 있으며 최근에는 RFID방식을 가장 많이 사용하고 있다. 카드를 개인인식번호와 같이 사용하면 자동출입통제시스템의 보안을 더 강화할 수 있다. 개인 인식 번호 없이 사용하는 카드는 그것을 사용하는 사람이 아니라 카드 자체만을 인식하지만 개인인식번호방식은 카드 인식 후 개인별로 지정된 비밀번호를 적어도 4자리 숫자 이상 입력하여 출입통제하는 방식으로 보안성이 더 뛰어난다.

자동출입통제시스템은 중앙통제장치나 컴퓨터로부터 제어되는 온라인 출입통제시스템과 단말기로부터 독립되어 출입통제되는 오프라인 시스템으로 구분할 수 있으며, 개인비밀 번호를 사용하는 코드화된 카드를 이용하는 자동출입통제시스템은 각 출입구에 키패드가 있는 카드리더, 지역별 통제장치, 중앙통제장치 및 컴퓨터, 잠금장치 및 배리어 등으로 구성되어 있다. 카드판독기는 카드 기술이나 운영할 수 있는 여건에 따라서 여러 유형의 카드리더가 사용될 수 있다. 보통 두 개의 카드리더가 각각의 문에 설치되는데 하나의 통제지역으로 진입통제하기 위해 설치된 키패드가 달린 카드리더이고 다른 하나는 밖으로 나가는 것을 통제하기 위한 키패드가 없는 카드리더가 설치된다. 이 시스템은 모든 출입을 기록하고 모니터할 수 있도록 하고 뒤따라가기 방지를 강화하고 통제지역에 있는 모든 사람들을 기록 유지할 수 있도록 한다. 모든 카드리더는 각 출입통제장치와 연계되어 있으며 사용자는 카드리더에 카드를 삽입하고 개인식별번호를 입력한다. 지역통제장치는 데이터베이스 안에 있는 데이터를 확인하고 출입장치의 전자 잠금장치를 해제하여 출입을 허용한다. 온라인 시스템에서, 지역통제장치는 저장된 중앙통제장치에 출입정보를 보내고 중앙통제 장치는 이를 기록하여 시스템에 있는 다른 모든 지역통제장치에 정보를 보낸다. 배포 정보로 알려진 이 정보는 모든 출입결정이 지역통제장치에서 결정되고 중앙통제장치는 시스템 매니저와 문서창고로서의 역할만을 수행한다.

베리어는 문, 회전식 문 또는 부스 형태일 수 있으며 이는 자동출입통제장치의 일부분이다. 보안제한구역에서, 차단기는 천장과 인접 벽 그리고 파티션 위에 공간이 없도록 설치하여야 한다. 한번에 한 사람이 통과할 수 있도록 설계되어야 한다. 금속탐지기나 중량센터 같은 추가적인 예방조치가 자동출입통제시스템에 통합되어야 한다. 중앙출입문에서 다수의 사용자들에 대처할 수 있는 가장 효과적인 출입문은 금속봉이나 폴리카보네이트 시트로 만들어진 회전식(turnstile)이다. 자동출입통제시스템에 연계된 출입문은 뒤따라 들어가기 등의 보안상 취약성을 가지고 있으므로 출입이 허가된 자 이외의 비인가자가 출입하지 못하도록 통제 가능한 출입문 클로저가 설치되어야 한다. 제한구역의 출입통제를 위해 설치된 자동출입통제시스템에 의한 출입문은 예비전원이 공급되어야 하며 전원공급이 중단되거나 다른 비상사태로 사건장치가 풀리지 않도록 보안을 유지할 수 있어야 한다. 비상시에 보안지역에서 일반지역으로 탈출할 수 있는 비상출입장치가 설치되어 있어야 하며 근무시간 및 목적에 따라 적절한 시건장치를 갖추고 있어야 한다. 조작 및 외부침입자에 의한 불법작동이 방지되도록 하여야 하며 시스템오용이나 신호실패에 대한 경보시설을 갖추고 있어야 한다. 분실 또는 도난당한 출입증 사용을 방지할 수 있는 설계와 일정 횟수(3회 정도)이상 실패할 경우에 출입통제장치가 작동하지 못하게 하는 기능도 부가되어야 한다.

핸즈프리나 무선방식의 자동접근통제 시스템에서 플라스틱카드나 표시는 고유의 코드신호를 출입문 통제장치에 보내면 이 신호를 카드리더에서 수신하여 자동접근통제 시스템에서 확인한 후 승인될 경우 시건장치가 해제된다. 이런 자동접근통제 시스템 유형은 손이 자유롭다는 장점이 있는 반면, 보안상 여러 가지 단점도 있다. 코드신호는 기록되고 복제가 가능하여 가짜 신호가 시건장치를 작동시킬 수 있다. 이런 이유 때문에, 핸즈프리는 보안제한구역에서 개인비밀번호와 같이 쓰인다. 핸즈프리시스템은 장거리 또는 단거리에서 운영할 수 있다.

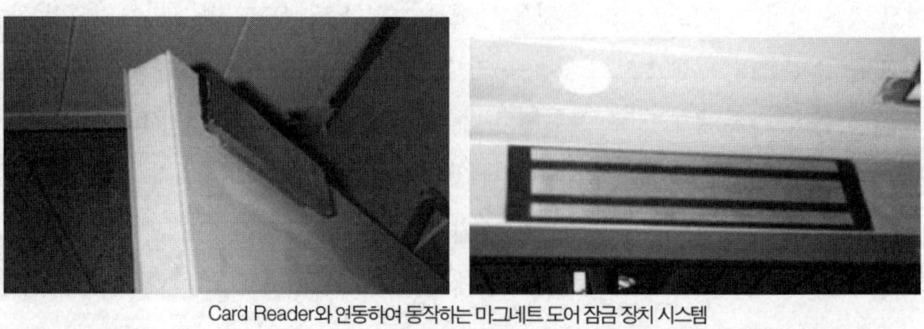

Card Reader와 연동하여 동작하는 마그네트 도어 잠금 장치 시스템

단거리 또는 근접식 카드나 토큰은 문 근처 1미터 내로 근접시켜 자동 출입통제시스템을 작동시킬 수 있다. 수 미터 벗어난 지점에서 운영할 수 있는 장거리시스템은 카드 내에 수명이 긴 전원을 가지고 있고 장거리 카드시스템이라고 부른다.

사용자는 개별적으로 자동접근통제 시스템에 카드를 근접할 수 있는 능력이 있기 때문에 무선전화기처럼 핸즈프리 시스템에 보안상 잠재적인 위험이 있다는 것을 항상 인식해야 한다.

최근 각광받고 있는 생체인식 시스템은 컴퓨터 메모리 내에 저장된 기록과 비교해서 출입장소에서 받는 신체적 특징을 조사하여 사용자의 신원을 확인하는 시스템이다. 현재 가능한 시스템은 지문, 장문, 망막, 정맥, 음성, 얼굴 등의 신체적 특징에 근거한 시스템으로 생체인식 시스템의 주요 장점은 다른 시스템들이 도난당하거나 분실한 카드와 비밀번호만을 인식하지만 이 시스템은 출입하는 사람들의 신원을 인식할 수 있다. 인가자의 적극적인 협조 없이는 주어진 신체적 특징을 속인다는 것이 거의 불가능하다. 생체측정시스템은 비싸고 운영하는 데 시간이 많이 걸리며 사용자를 침해할 수 있다. 비인가자의 출입을 방지하기 위해서 아주 민감한 감도를 유지해야 한다. 이로 인하여 많은 인가자가 출입을 하지 못할 수 있다.

2) 자동출입통제시스템(AACS)의 관리

자동출입통제 시스템(AACS) 관리는 저비용으로 믿을 만한 보안제한구역 출입통제 방법을 제공한다. 어떤 시스템은 매우 고가일 수 있으며 보안을 유지하기 위하여는 세심한 감독이 필요하고 전담관리자 및 지원인력이 필요할 수 있다. 자동출입통제시스템(AACS) 감독과 전반적인 통제를 책임질 시스템관리자가 임명되어야 한다. 관리자의 책임에 카드 및 개인식별번호의 발급과 출입권한의 인가와 삭제 그리고 시스템 로그의 검사, 경보, 오작동에 대한 조사를 포함한다. 오직 시스템관리자와 대리인만이 프로그램시설에 접근할 수 있어야 한다.

(1) 출입통제시스템

가. 출입통제시스템은 일반적으로 보안 관리의 효율성을 극대화하기 위하여 출입 제어, 불법 침입 감지시스템 등을 도입하여 건물의 안전 관리 및 시설 관리를 도모한다.

나. 효과적인 확인 감시 및 통제 체계의 확립으로 불의의 상황을 조기에 발견하여 중요한 시설, 정보 등의 도난, 파괴 행위로 인한 손실을 최소화하기 위해 도입되는 시스템이다.

다. 개별적으로 지급되는 ID카드를 이용하여 출입이 허가된 인원에 한하여 출입이 가능하며 출입 정보 및 경보데이터는 보안센터의 운영자에 의해 관제, 처리, 저장된다.

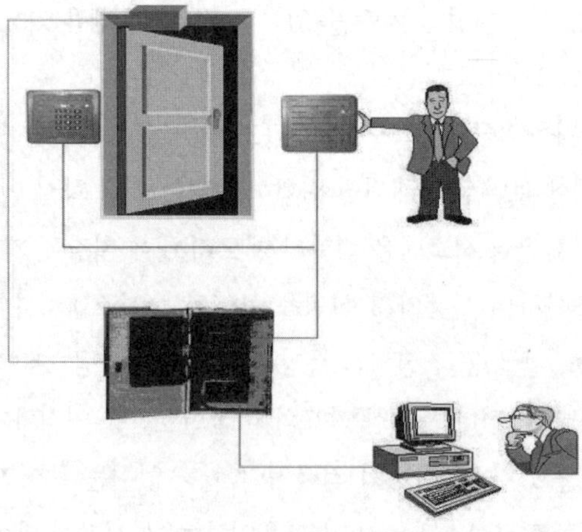

C / R : Card Reader
ACU : Access Controller Unit

라. 여객 터미널내에서 무인 출입문을 통한 보안구역으로의 출입은 이 시스템에 의하여 통제된다.

마. 이 시스템은 RF 근접식 카드를 사용하여 출입시간 및 지역, 구체적 위치 등을 통제할 수 있다. 몇몇 통제구역에서는 그 구역으로의 진입 시뿐만 아니라 퇴출 시에도 카드판독기를 사용하여야 한다.

(Card Reader)

(Keypad형 Card Reader)

이 시스템은 보안센터의 보안 네트워크와 연계하여 입실을 확인하고 출입권한을 즉시 갱신하거나 취소하며, 비상시 특정 구역을 격리하여 출입을 제한할 수 있다. 출입 통제 및 경보감시 장치가 설치된 문에서 과학화 경비 장비가 비정상적인 상황을 감지하면 경보가 발생하고 근처의 CCTV가 자동으로 작동하여 경보가 발생된 지역의 화면을 보안센터의 모니터링 시스템에 전달하며 보안센터 요원이 인근의 상황실에 전달하여 현장상황을 파악할 수 있게 한다. Reader는 무선 주파수 (RF : Radio Frequency)를 이용한 비접촉식이며 카드를 근접시키면 카드의 데이터를 읽어 들여 ACU (Access Controller Unit)에 전송하는 인식 장치이다.

(2) 경보버튼(Duress Alarm Button)

경보버튼은 비상사태가 발생하거나 즉각적인 협조가 필요할 때 은밀히, 또는 은밀하지 않게 비상스위치를 눌러 중앙통제센터나 다른 보안센터 등에서 그 위치를 파악하여 적절한 대응조치를 취할 수 있게 한다.

(3) 마그네틱 도어스위치(Magnetic Door Switch)

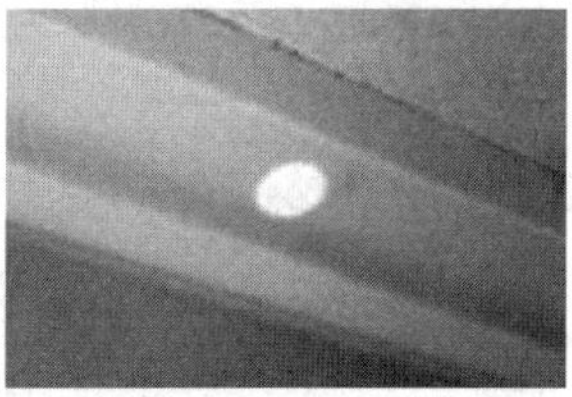

중앙 부근에 설치한 마그네틱 도어 스위치

불법침입을 감지할 필요성이 있는 출입문에는 스틸 마그네틱 도어 스위치를 설치한다. 스틸 마그네틱 도어 스위치는 문의 상단 부근에 수평 부착한다. 또한 반대편의 접촉 스위치는 문 상단에 부착하여 닫혀진 문에 의해 은폐되도록 부착되어 있으며, 문에 부착된 도어스위치와 대칭으로 배치한다.

(4) 셔터감지기(Shutter Sensor)

주로 건물 내부와 외부를 차단하기 위해 설치된 셔터를 무단 개방하였을 시 경보를 발생하고 셔터의 진동이나 충격 등에 오경보를 발생하지 않는다. 셔터 스위치는 셔터 개폐 시 발생하는 진동에 영향을 받지 않고 파손되지 않는다.

(5) 유리파괴 감지기(Glass Break Sensor)

불법 침투자가 유리를 파괴하고 침투할시 유리의 파괴 진동파를 감지하여 불법침입을 보안센터에 통보하는 시스템이다.

(6) 복합 감지기(PIR+Microwave Sensor)

감지 영역에 대한 오경보 및 신뢰성 있는 감지 능력을 수행할 수 있는 적외선과 마이크로 웨이브 복합 센서를 채택하여 어떠한 경우에도 감지를 보장 받는다.

(7) 실내형적외선감지기(passive infrared sensor, indoor)

모든 물체에서 방사되는 열(절대온도 이상의 발열)을 렌즈를 통하여 고감도의 초 전소자에 집광시킨 열(원적외선)의 변화를 이용하여 감지한다. 특히 Multifocus optics 기술에 의한 커튼이나 작은 동물 등의 감지에 의한 오경보는 제외되도록 향상된 감지 능력을 보장한다. 또한 Quad zone logic에 의한 상부, 하부 각각 4개의 감지 존을 형성하여 정확한 감지 능력을 보장한다

5. 침입감지시스템

침입탐지시스템은 침입자가 제한구역으로 침입하거나 침입시도를 탐지하며 침입자의 위치를 확인하고 대응요원에 경보신호를 보내도록 설계되어 있다. 보안위협을 평가하고 대처하기 위해서, 침입탐지시스템이 제공하는 보안수준에 따라서 등급이 매겨진다. 등급 4는 시스템의 최고의 보안을, 등급 1은 가장 낮은 보안수준을 제공하는데 세부내용은 아래와 같다.

1) 등급 4 : 다른 모든 요소보다 보안을 최우선시하는 지역에 사용하기 위한 경보시스템. 이는 침입자가 상세하게 침입을 계획했을 경우 대응할 수 있는 시스템이며 중요 시스템요소를 대체할 수 있는 모든 장비를 갖추어야 한다. 등급 4는 종합적인 물리적 보안조치 및 보안절차를 통해서 보완되어야 한다.

2) 등급 3 : 고가의 자산이 있는 곳에 사용하는 경보시스템. 이 시스템은 적절한 물리적 보호대책을 포함하고 있다. 이 시스템은 침입탐지시스템을 잘 알고 있는 침입자로부터 시스템을 보호하도록 하여야 하며 모든 종류의 도구와 휴대용 전자장비를 가지고 있는 침입자로부터 대비하도록 시스템이 설치되어야 한다.

3) 등급 2 : 치밀하게 준비된 공격 위협이 낮은 곳에서 주로 사용하는 경보시스템. 침입자는 경보시스템에 대해서 제한적인 지식을 소유하고 있으며 단지 기본적인 도구와 휴대용 도구를 가지고 있다.

4) 등급 1 : 침입자가 경보시스템을 잘 알지 못하고 제한적인 도구를 소지하고 있는 곳에서 사용하는 경보시스템. 이러한 시스템은 지정된 대응팀이 없으며 지역경보기나 섬광등에 대한 일반인의 신고에 의존한다.

침입탐지시스템은 보호구역에 대한 지속적인 감시를 수행하며 경비인력을 절감할 수 있다. 어떤 경우에는, 경비요원을 대용할 수 있고 일반적으로 지붕 또는 시건된 사무실과 같이 순찰요원이 출입할 수 없는 지역까지 보호범위를 확대할 수 있다. 침입탐지 시스템은 시건된 사무실과 보안성을 갖춘 외곽 울타리 같은 물리적 보안대책과 연계하여 사용되어야 한다. 침입탐지 시스템을 교묘히 피하거나 기술적인 문제나 오경보로 인한 성능 저하를 방지하기 위하여 침입탐지 시스템의 구매, 적용 및 설치시 세심한 주의가 필요하다. 잠재구매자가 그들이 침입탐지시스템 요건을 분명히 정의하고 그 한계를 명확히 이해하는 것이 중요하다. 침입탐지시스템 요건은 보호해야 할 대상 지역과 장비,

위협의 레벨 또는 정도, CCTV 및 자동출입통제 시스템 같은 다른 전자시스템과의 연결 필요 여부, 보호지역이 현장경비대를 보유할 것인지 또는 대응보안요원에 신호를 보낼 것인지 여부, 대응보안요원 유형 또는 필요한 감시장치 등의 항목에 대하여 명확히 하여야 한다.

침입탐지시스템의 설치요건은 탐지센서, 선택적 사건기록장치와 프린터를 갖춘 조작판, 경보표시, 설치선(installation wiring), 조작판과 경보표시를 연결하는 경보신호체계, 대응보안 요원, 독립 또는 예비전원 등의 요소를 포함하여야 한다.

탐지센서는 센서가 설치된 범위 내의 침입을 탐지하고 이를 경보 형태로 하여 통제판에 표시하도록 설계되었다. 여러 유형의 센서를 사용할 수 있는데, 보호되는 지역의 특성에 따라 선택하여야 한다. 기술적 취약점을 보완하고 오경보를 줄이고 탐지 실패를 줄이기 위해 여러 센서를 조합해서 사용할 수 있다. 가장 적절한 설치는 문이나 창문같은 출입구에 침입탐지센서를 집중시켜 설치하는 것이다.

센서의 종류 중에 접촉센서는 microswitch, magnetic reed, pressure pad와 일부 진동센서 같은 여러 스위치 장치를 포함한다. 스위치는 접지모드(개방형 또는 폐쇄형)로 사용되며 불시적 또는 의도적인 전원손실이 시스템을 다운시키고 경보를 야기할 수 있으므로 주의하여야 한다. 보안수준이 높은 곳에서는 자기reed 스위치는 조작방지 스위치가 포함된 이중 reed 스위치를 사용하여야 한다. 공간(spatial) 또는 입체(volumetrics)센서는 시야 범위 내에서의 움직임을 탐지하도록 설계되어 있고 방, 복도, 지붕, 그리고 다른 개방된 지역 또는 출입문을 감시하는 데 사용된다.

초음속 센서는 고주파 음파와 광열 도플러 효과 및 반사송신을 사용한다. 이러한 장비는 믿을 수 있는 장비이나 전화벨 소리 같은 외부의 소리 또는 공기의 난기류로 오경보를 발생할 수 있다.

적외선 센서(PIR)는 감시지역 적외선 변화를 감시하며 사람 침입에 의한 변화를 탐지한다. 마이크로파센서는 고주파 무선전송 및 반사를 이용하여 움직임을 탐지한다. 마이크로파의 침투성 때문에, 보호구역 밖의 움직임으로 인해 발생하는 오경보를 줄이기 위해 주의깊은 설치와 세팅이 필요하다.

빔 방해 장치(beam interruption device)는 문이나 창문 같은 개방된 지역에서 적외선 발신기 송신기를 이용하여 빔을 투사하는 적외선 유형의 장치이다. 창문이나 문을 통과하거나 문의 출입으로 인해 빔이 손상될 경우 경보가 울린다.

진동은 여러 가지 장치 또는 기술로 탐지할 수 있다. 관성(inertia)스위치는 공의 접촉 또는 접촉을 분리할 경우 진동을 울리거나 반응하며 경보를 발생시킨다. 수진기(geophone)는 탐지코일 안에서 움직이는 진자 움직임을 파악한다. 구조압에 의해 전류를 생산하는 piezoelectric 크리스털의 특성이 진동을 탐지하고 경보를 울리는데 사용된다. 이중기술센서(dual technology sensor)는 경보를 보내기 전에 같이 한 장소 내에서 두 가지 센서기술(PIR과 마이크로 웨이브)이 작동하도록 하는 장치이다. 이 센서 사용시 오경보의 가능성이 매우 감소된다. 이중 기술센서는 조심스럽게 사용되어야 한다. 그리고 현 상황에서 대안이 없을 경우에만 사용하여야 한다. 경보를 보내기 전에 두 장치를 같이 작동하여야 한다는 요건이 있을 경우, 시스템의 전반적인 감지도가 감소할 수 있다는 위험이 있다.

침입탐지시스템의 제어는 인가자만에 의해 설정 또는 해제되어야 한다. 제어판은 지정된 자를 제외하고 일반인이 접근할 수 없도록 위치하여야 하며 보호되어야 한다. 제어판에 키를 절대 꽂아두어서는 아니되며 보안키처럼 취급하여야 한다. 운영코드는 컴비네이션 시건 장치 또는 시스템 비밀번호와 같은 방법으로 보호되어야 한다. 만약 제어판이 영구적으로 감독되는 지역에 위치하지 않는다면, 인가된 보안 캐비닛 또는 보관함에 보관하여 비인가자의 접근을 방지할 필요가 있다. 해당 보관함은 시건되고 침입탐지시스템으로 보호되어야 한다. 비인가자가 설치된 침입탐지시스템 센서에 접근할 수 없도록 모든 노력을 다 해야 한다.

외부 침입에 대한 경보는 하루 24시간 감독을 해야 하고 모든 센서의 정상적인 운영상태는 일정한 간격으로 점검을 해야 한다. 센서의 전면에 튀어나온 붉은색 LED(빛 발산 다이오드)인 Walk-Test전등은 장치가 제공하고 있다는 것을 표시하기 위해 설치된다. 이런 표시는 혼란을 줄 수 있으며 시스템 시험으로 간주하여서는 아니 된다. 침입탐지시스템을 시험할 수 있는 가장 효과적인 방법은 센서를 작동시켜 경보가 울리는지 확인하는 것이다. walk-test전등은 센서 설치범위를 표시하여 줌으로써 공격자에게 도움을 줄 수 있다. 그래서 모든 높은 보안수준이 필요한 곳에는 등을 덮어 씌우거나 연결시키지 않도록 강력히 권고된다. 높은 보안수준이 필요한 곳에 설치된 침입탐지시스템은 적어도 하루에 한번 시험을 해야 한다. 그것이 불가능한 곳에서는 보안규정에 명시하여 일정간격으로 시험을 해야 한다. 이 시험은 각 센서의 기능과 민감도 점검을 포함하며 조작판에서 경보신호를 올바르게 수신하는지도 점검하여야 한다. 사건 기록장치가 설치된 곳에서는 기록장치 기록을 보안관리자가 정기적으로 조사를 해야 하며 경비요원이 제출한 보고서와 함께 비교, 검토를 해야 한다. 보안요원들은 수상한 사건의 전개를 인지할 수 있도록 훈련을 받아야 하고 유지보수 실패 등과 같은 사건을 조사할 수 있는 권한을 가지도록 하는 것이 중요하다. 사건에 대한 내용을 출력하여 분석과 조사를 할 수 있도록 최소한 3년 이상 보관하여야 한다.

원인이 분명하지 않은 경보가 울리는 경우, 시스템의 기술적 결함이나 환경적 요인으로 발생할 수 있는 것으로 생각하여, 더 이상의 조사 없이 경보를 무시하려는 경향이 있다. 이렇게 하는 것은 시스템이 계획적인 공격을 당하고 있을 수 있다는 가능성을 무시하는 것이다. 침입탐지시스템을 기어

올라 넘는 사건이 발생할 경우, 센서는 그것을 넘기 전에 오직 한번의 경보만을 울린다. 따라서 모든 경보는 가능하다면, 침입탐지시스템의 기술자와 연계하여 보안요원이 철저히 조사를 해야 한다. 그리고 원인을 밝히기 위하여 모든 노력을 하여야 한다. 일정기간 이상 설명할 수 없는 경보가 연속적으로 일어나는 경우 이것은 공격이 진행중이거나 또는 공격자가 시스템의 신뢰성을 약화시키고 있을 가능성이 있다. 침입탐지시스템이 설치된 후에 빌딩이나 개인사무실을 개조하는 경우가 종종 있다. 칸막이의 재배열과 보호장비의 재배치는 원래 침입탐지시스템이 제공하는 보호수준을 감소시킬 수 있다. 필요시 기초조사를 수행하고, 침입탐지시스템이 새로 설치된 환경에 적응할 수 있도록 해야 한다. 건물 개조를 하는 경우, 건물를 공사하는 자가 감독자 없이 침입탐지시스템에 접근할 수 없도록 해야 하고 작업이 마무리되면 시스템에 대한 철저한 조사를 해야 한다. 만약 주요한 구조변경을 해야 하는 경우 작업이 마무리될 때까지 침입탐지시스템을 해제하여야 한다.

6. 건물보안시설요건

건물의 물리적 보안 및 보호지침은 일반 계획시 기억해야 할 필요가 있는 필수항목에 대하여 작성되었다. 에어사이드의 또는 보안제한구역 일부를 구성하는 모든 건물은 기능을 유지하는 범위 내에서 가능한 한 최소 출입구만을 가지고 있어야 한다. 모든 출입 가능한 지점에 대한 보안을 확보하기 위해 해당 건물에 대한 조사를 실시해야 한다. 여기에는 모든 문과 기타 출입구(다른 건물과 공유하는 문 포함), 1층의 창문, 기타 출입 가능한 창문, 연료구, 맨홀뚜껑, 주차장, 전기설비, 배수구, 지붕 등을 포함한다. 창문 바, 창살, 셔터 및 보안 문과 같은 여러 물리적 보안대책과 건물로 접근할 수 있는 개방지역에서 보호목적으로 사용될 수 있다. 이러한 장치는 침입탐지 시스템, CCTV 또는 경비요원에 의해서 효율성이 강화될 수 있다. 여러 가능한 선택사양으로부터 적절한 장치를 선택시 아래의 사항을 고려하여야 한다.

보호장치의 중요목적은 침입자를 억제하는 것이다. 이 장치들은 또한 공격자가 보호장치를 제거하는 과정에서 발생하는 소음을 발생시키도록 하며, 도구를 사용하게 함으로써 침입자에게 침입을 지연시키고, 어려움을 주어야 한다. 궁극적으로 충분한 시간이 있으며, 침입자가 굳은 의지를 가질 경우 어떤 실제적인 차단도 불가능하다.

환기가 주요 목적이 아닌 곳에서는 개방형 차단기보다는 고정형이 좋다. 튼튼한 문이 격자문보다는 더 안전하다. 고정차단기는 이동식 차단기보다 좋다. 복도경계나 문에 위치한 차단기는 레버, 해머, 램 같은 도구를 사용한 공격에 대하여 추가적인 보호를 해 줄 것이다.

1) 출입문

외부문은 최소 44㎜이상의 딱딱한 합판 또는 딱딱한 코팅된 주물 형태와 딱딱한 여러 겹으로 된 나무판이어야 한다. 문은 밖으로 열려야 한다. 왜냐하면 이 경우 힘으로 열기가 더욱 어렵기 때문이다. 주로 볼트로 보강하는 경첩에 대해서 특별한 주의를 기울여야 한다. 문은 딱 맞아야 하며 적절한 시건장치를 구비해야 한다. 문 뒤를 가로지르는 시건막대기는 추가적인 보호역할을 한다. 필요하다면 편지함을 봉하거나 유리채광창을 막아야 한다. 사용하지 않는 외부문이나 비상출입구가 아닌 문은 벽돌을 쌓아 막든지 아니면, 문틀 내부를 가로지르는 강철판을 설치, 영구적으로 막아야 한다. 거의 사용하지 않는 외부문의 외부 열쇠구멍도 막아야 한다. 내부에 설치된 패드볼트(패드락에 의한 볼트) 또는 무거운 시건 막대기는 추가적인 보호장치 역할을 한다.

패널을 한 문에 강철판을 대어 추가적인 보호를 할 수 있다. 문의 끝단에 둘러서 강철판을 대는 것이 바람직하다. 판유리를 한 문이나 반판유리를 한 문은 강철로 된 망사를 문에 고정함으로써 어느 정도 강도를 높일 수 있다. 대안으로 강철로 된 롤러셔트나 grille gate를 문 뒤에 설치할 수 있다. 이중문은 문 처음에 닫는 금속에 붙여진 볼트로 조이거나 다른 금속에 붙은 후크볼트로 된 보안 잠금장치를 설치해야 한다. 최종 출구가 아닌 이중문은 내부에 빗장을 치며 2차적으로 배럴 볼트로 보안성을 유지할 수 있다.

2) 내부로 통하는 출입문

따로 분리된 빌딩의 다른 부분과 통하는 문은 외부문과 같은 정도의 보안을 유지해야 한다. 이러한 문은 침입경보와 출입통제시스템으로 보호하는 것이 권고된다. 내부출입문은 지하, 지상 또는 1층 방으로 향하는 문은 시건상태로 유지해야 한다. 이런 문의 열쇠는 보안상태를 유지한 곳에 보호하여야 하며, 인가자만이 출입할 수 있도록 하여야 한다. 비상구 출입문은 비상출구 보안성과 관련하여, 안전과 보안의 필요성 사이에서 종종 갈등이 있다. bar release 유형을 포함해서, 대부분 비상출구시건은 완전하게 보안을 유지하지 못하므로 비상출구는 일반적으로 침입탐지시스템을 갖추고 있어야 한다.

3) 문틀

문에 대한 보안은 문틀에 달려 있으며 따라서 건물에 붙어 있는 문의 틀을 강화해야 한다. 어떤 상황에 따라, 나무로 된 문지방을 콘크리트로 교체하여 문틀을 강화시킬 필요가 있다. 만약 프레임이 못으로 박혀있다면, 보안을 강화하기 위해 벽돌을 강철 받침대로 붙이고 틀 양쪽에 강철 지지대를 갖춘 벽돌을 박을 수 있다. 또한 이에 대한 대안으로, expanding bolt를 벽돌 깊숙이 박을 수 있다면 이것을 사용할 수 있다.

문 볼트(door bolt)는 시건장치와 연계해서 주로 사용되고 (문 위 아래쪽으로) 짝으로 설치되어야 한다. 볼트를 끼울 때 외부에서 열리지 않도록 하고 스테이플의 강도와 고정이 적절하도록 세심한 주의를 기울여야 한다. 만약 볼트를 바닥에 조립한다면, 완전하게 조립하여야 하며 바닥에 구멍을 낼 경우 방해되지 않도록 해야 한다. 영구적으로 문을 고정하기 위해서 자물쇠를 한 볼트를 사용한다.

경첩과 독 볼트(dog bolt)의 경첩핀은 문 바깥쪽에서 제거할 수 없도록 해야 하고, 나사를 고정시키는 경첩은 어느 편에서도 문이 닫혀 있을 경우에는 접근할 수 없도록 해야 한다. 경첩은 각 경첩 근처에 독 볼트를 설치해 강화시킬 수 있다. 각각의 숫볼트의 반은 문의 경첩 끝에 맞춰져 있고 암볼트의 반은 문틀에 맞춰져 있다. 문이 닫힐 때 둘은 상호 시건이 되어 경첩이 분리되더라도 틀에서 경첩이 떨어져 나가는 것을 막을 수 있다.

창살(grilles) 및 셔터(shutters)의 넓은 창살문(expanding grille gate), 롤러 창살(roller grille), 롤러 셔터(roller shutter)가 복도, 통로 또는 다른 개방지역에서 사용될 수 있다. 이런 시설들은 강제진입 공격 위협이 예상되는 곳에 기존 외곽 출입문 뒤에서 2차적인 방어대책으로 유용할 것이다. 창살은 시건장치 양쪽으로 출입할 수 있도록 허용하기 때문에 어느 정도 취약점이 있다. 이런 잠재적인 약점을 알고 있어야 한다. 창살과 셔터의 틀은 건물 외부에 보안성을 유지하여 설치되어야 하며 건물 외부의 침입을 막을 수 있도록 설치하는 것이 바람직하다.

4) 광각 접안렌즈(wide-angle optical viewers)

경비요원이 문을 열지 않고 방문자를 확인할 필요가 있는 곳이나 또는 출입하지 않고 방의 내부를 조사할 필요가 있는 곳에서는 보안유리와 잘 맞는 광각 접안렌즈(wide-angle optical viewers) 설치가 적합하다. 이런 접안렌즈와 함께 볼록렌즈가 사용되어 은폐된 지역을 볼 수 있도록 도와준다. 문의 반대편 지역을 비추는 적당한 조명이 있어야 하며 경비요원이 스위치에 근접할 수 있어야 한다.

5) 창문

출입할 수 있는 중요하지 않은 모든 창문은 벽돌을 쌓아 막거나 기타 방법을 이용하여 보안성을 유지하여야 하고, 접근할 수 있는 모든 지하, 지상층 창문은 보안 장치가 설치되어야 한다. 지붕창은 종종 빌딩의 창문으로 진입이 가능하다. 창문 손잡이를 점검하고 고장난 것은 교체해야 한다. 침입자경보를 통해서 보호를 하도록 세심한 주의를 해야 한다. 근무가 끝날 때 창문 보안성을 확보하는 책임이 건물 보안지침에 명확히 명시되어야 한다. 보안제한구역을 관망할 수 있는 창문에는 시건장치를 설치하여 적극적으로 보호를 하여야 한다. 가장 취약한 창문은 주로 지하 또는 길가, 소방비상구 근처나 지붕 아래에 있는 창문이다. 시건장치, 걸쇠, 또는 볼트를 사용한 것보다 더 효율적으로 창문의 보안을 확보해야 하는 경우 빗장, 그릴, 셔트를 사용해야 한다. 또한 침입탐지시스템 센서를 설치하여야 한다.

6) 유리

유리로만 보안방벽을 사용하는 것은 유리의 특성등을 감안하여 신중하게 고려하여야 하며 보안이 가장 중요한 사항일 경우 국가 보안기관의 전문가로부터 의견을 얻어야 한다. 이중 판유리는 비밀 공격에 대해 훌륭하게 보호를 하고 무장공격에 대해 일부 보호역할을 할 수 있다. 이는 시각적으로 방해되지 않으며 민감한 지역이 주의를 끌지 않으며 빗장이나 철장보다 미적으로 더 뛰어나다. 이중 판유리는 경보를 할 수 있으며 절연의 이점이 있고 방음효과가 있다. 창문틀에 설치되는 유리에 보안을 유지하기 위해서 사용되는 glazing bead 또는 해당 물질은 외부에서 출입이 불가능하도록 하여 외부 공격에 대비하도록 세심한 주의를 기울여야 한다.

7) 지붕

인근 건물, 나무, 화재비상탈출구 등을 통해 지붕으로 접근이 가능한지 확인하기 위해 지붕을 조사해야 한다. 만약 가능할 경우 적절한 방벽을 세워야 한다. 화재비상탈출구와 같이 출입이 필요할 경우 침입자 경보장치를 설치해야 한다. 다락방이나 지붕공간을 통해서 건물로 접근할 수 있다. 이런 접근을 방지하기 위한 적절한 조치가 수립되어야 한다. 어떤 경우에는 굴뚝을 통해 건물로 출입할 수도 있다. 그러한 경우에는 적당한 쇠 창살 같은 것을 설치하여 출입을 막을 수 있다. 지상 또는 인접한 건물에서 지붕으로 접근이 가능할 경우, 다른 외부출입문과 같은 방법으로 지붕 출입문 시건장치를 설치해야 한다. 만약 이 지붕문이 인접건물의 거주자를 위한 비상탈출구 역할을 한다면, 적당한 출구장치나 침입자 경보장치를 문에 설치해야 한다.

8) 스카이라이트(skylight), 팬등(fanlight), 천장등(rooflight)

시건장치나 볼트로 스카이라이트(skylight), 팬등(fanlight), 천장등(rooflight)에 대한 보안을 확보할 수 있다. 더 강력한 보안이 필요할 경우 유리를 보안판유리로 교체하거나 빗장 또는 철장 설치, 스크류로 틀을 고정하고 내부에 유리를 강철망사로 보완, 침입탐지시스템을 설치하는 방법이 있다.

9) 수직 낙수 홈통(downpipe)

건물 위층으로 접근하거나 지붕으로부터 출입은 비 홈통을 통해서 가능할 수도 있다. 오름방지 페인트(얇은 그리스를 영구적으로 함유하고 있는 혼합물)를 칠하거나 파이프에 방해 장치를 설치해 이러한 출입을 제한할 수 있다. 지나가는 사람의 접촉을 피하기 위해 8피트 이상의 높이에서만 적용되어야 한다. 일반대중이 침입할 수 있는 지역에 오름방지 페인트를 사용하는 것에는 법적인 사항이 관련되므로 항상 법적인 조언을 구해야 한다.

10) 움푹 들어간(sunken) 외부지역

건물에는 일반거리에서 접근할 수 있는 지하높이의 움푹 들어간 지역이 있다. 이러한 지역은 지하창문을 통해 비밀리에 접근하려는 자에게 은폐물 역할을 할 수 있으며 폭발물이나 방화장치를 설치하기 용이한 장소를 물색하는 사람에게 은폐물이 될 수도 있다. 외부인들이 건물로 쉽게 출입할 수 없도록 쇠창살 또는 강철망사로 막아야 한다. 움푹 들어간 지역으로 연결되는 통풍구나 거리로 튀어나와 있는 통풍구 또한 취약지역으로 내부 쇠창살을 설치하여야 한다. 서비스터널, 연료구 또는 석탄구멍을 통한 출입을 내부에 패드볼트 또는 빗장을 설치하여 방지해야 한다. 침입탐지센서 설치가 필요할 수 있다.

11) 주차/로딩 베이(loading bay)

빌딩의 주차/로딩베이는 보호하기 어려우며 비용이 많이 소요된다. 롤러셔트로 폐쇄하거나 내부에 슬라이딩 셔트로 보안을 확보해야 한다. 근무시간에는 관리자가 세심한 주의를 하여야 하며, 위협 고조시, 진입하는 차량이 확인된 경우에만 개방되는 전자 운영셔트로 통제해야 하며 필요시 수색을 실시해야 한다.

12) 공공 유틸리티 시설

빌딩 내 수도공급, 전기 가스의 설비는 잠재적으로 출입통제 취약점을 제공할 수 있다. 가능하다면, 케이블과 파이프는 지하로 매설되어야 하고 공공서비스 측정기는 보안제한구역으로 출입할 필요가 없는 곳에 설치해야 한다. 장비의 운영(컴퓨터 등)에 에어컨이 필수적으로 설치되어야 한다면, 에어컨 시스템에 필요한 전기와 물 공급에 적절한 보호를 해야 한다. 만약 시설 파괴행위가 예상될 경우, 추가적인 보안조치가 필요하고 관련 국가 보안기관으로부터 적절한 자문을 받아야 한다.

13) 여객터미널 판유리(terminal glazing)

여객 터미널 인근에서 또는 내 폭발물 폭파시 판유리에 큰 피해를 유발시키며 많은 인명피해를 초래할 수 있다. 일부 여객터미널 디자인은 외부에 판유리의 사용을 최소화하는 경우도 있지만, 대부분의 경우에는 그런 판유리 사용을 최대로 하고 있으므로 유리종류의 파손에 대해 이해해야 한다. 기존 판유리 설치시설에 대하여 재시공하는 것은 실제적이진 않지만, 파편유리로 인한 인명피해를 줄이는 데는 여러 가지 방법이 있다. 예를 들면, 투명한 폴리에스테르 분산방지 필름 또는 방폭커튼을 설치하는 것이다.

14) 유리 파손 특징

유리는 평평하고 일반 담금질을 한 유리는 강도가 약하여 낮은 폭발압에도 쉽게 깨져 날카롭고 위험한 파편이 생긴다. 이 파편은 바람에 의해 날려가 심각한 부상을 입힐 수도 있다. 강화유리는 단단하고 일반유리보다 2배나 강하다. 이 유리는 깨질 경우 모이는 성질을 갖고 있어, 작은 주사위 모양의 파편을 많이 만들어 일반유리의 날카로운 파편보다 덜 위험하다. 박편화된 유리는 폴리비닐부틸로 된 흡착력이 있는 두 층의 유리로 되어 있다. 일반 유리와 비슷한 압력에 금이 가지만 박편유리가 프레임에 잘 밀착되었을 경우, 폴리비닐부틸이 막의 역할을 하여 더 큰 압력에도 견뎌낸다. 7.5㎜의 박편유리는 일반 유리보다 3배나 더 강력하다. 강화유리와 박편유리를 비교할 경우, 앞에서 명시된 깨질 때의 특징으로부터 다음의 결론을 유추할 수 있다.

(1) 강화유리는 강한 충격, 차에 의한 충격 등에도 금이 가지 않고 더 잘 견딘다.

(2) 특정강도의 폭파에 대해, 박편유리는 훨씬 더 넓은 지역에 걸쳐 금이 가므로 결국 바꾸어야 한다.

(3) '폭발영향 거리' 에서 비교적 먼 거리에서는, 강화유리는 전혀 손상되지 않지만 박편유리는 깨지지는 않지만 금이 간다.

(4) 중간 정도의 거리에서 강화유리는 깨져 돌풍에 의해 주사위 모양의 파편이 흩어지지만, 박편

유리는 깨지지 않는다.

(5) 유리 프레임의 단단함은 강화유리 강도에 큰 영향을 미친다.

(6) 유리 프레임의 최대강도, 이음부분 고정의 강도 및 깊이는 박편유리가 깨지는 시점에 중대한 영향을 미친다. pvb로 된 안쪽층에 균열이 발생하기 전에 유리판이 이음부분에서 떨어져 나올 경우, 유리판 전체가 날아가는 큰 파편의 경우 특히 그러하다.

최종분석에 있어 차이는 어떠한 '폭발위협' 에든 폭발안전위치 지대가 있어, 이 범위 내에서는 박편유리가 강화유리보다 훨씬 더 안전하다. 다른 고려사항들보다 더 중시하여야 하는 이론적인 안전값에 어떤 유리종류는 충족하고 어떠한 유리종류는 충족하지 않는다. 분석에 있어 정확한 안전지역의 범위가 주변 창틀이나 이음강도에 따라 불명확해질 수 있다는 사실, 실제 위협의 크기와 위치가 불명확할 수도 있다는 사실, 안전지대의 아래쪽 끝에서 강화유리 파편은 치명적인 속도로 날아가며, 박편 판유리는 더 큰 폭발에 한꺼번에 날아갈 위험이 있다는 사실을 고려해야 한다.

박편강화유리는 이 두 종류의 장점을 모아놓은 유리종류이다. 폭발에 대한 내구성을 테스트할 수는 없지만 동일한 두께의 강화유리와 동일한 압력에서 균열이 간다. 즉 일반유리나 박편유리보다는 높은 압력에서 균열이 가며 처음 균열상태에서 마지막 파열 때까지 박편유리와 비슷한 양상을 보이는 성질을 유추해볼 수 있다. 강화유리와 마찬가지로, 박편강화유리의 피해발생 반경은 박편유리보다 적으나, 강화유리가 깨지는 지점에도 박편유리는 완전히 파열되지 않는다. 박편강화유리는 같은 두께로 된 단면 강화유리보다 더 강하지는 않지만 더 유연하다. 따라서 처음 균열이 일어나기까지의 높은 압력에도 잘 견디며 특히 지지 프레임이 휘어져 유리가 파열될 때 더욱 더 그러하다. 또한 이중창 되었을 경우, 첫 균열 발생시의 저항은 초기 최대 폭파압에 영향을 미쳐, 내부 판유리의 첫 균열 및 마지막 파열에 대한 저항력을 높인다. 접착강도와 판유리 설치가 제대로 되지 않아 유리파열의 원인일 때 폭발이 클수록 앞의 이점도 줄어드는 두 가지 장점을 가지고 있다.

프레임의 구조적 한계를 고려하는 것이 중요하다. 세로창살의 붕괴위험과 가로창살의 휨 정도를 모두 계산해 보아야 한다. 일부 유리 깨짐은 강력한 가장자리 고정과 적절한 리베이트의 깊이에 달려 있다.

15) 유리파편으로부터 보호

판유리에 대한 대안으로, 유리파편이 튀어 발생할 수 있는 부상의 위험을 감소시키는 데는 유리에 투명한 폴리에스테르로 된 파열방지막을 입히는 방법과 폭탄 파편방지 커튼을 설치하는 방법으로 투명반 분쇄 폴리에스테르필름은 100마이크론 두께의 압력에 민감한 부착제가 첨가된 폴리에스테르 막을 유리 내부에 붙인다. 폭발시, 유리는 막이 붙어 있어 파열되지 않고, 위험한 파편도 날아다니지 않는다. 3평방미터의 창문일 경우 또는 유리가 6㎜ 이상의 두께일 경우, 175마이크론의 막을 사용해야 한다. 이러한 막은 폭탄 파편방지 커튼이 설치되지 않은 경우에도 사용된다. 이러한 커튼이 설치 안 된 경우, 3평방미터의 지상층 창문에 대해 10평방미터의 판유리, 300마이크론의 막을 설치한다. 새로운 창문일 경우, 또 유리를 새로 끼우는 경우, 새로운 유리는 프레임에 끼우기 전에 적절한 처리를 해야 한다. 즉, 이러한 막이 유리의 구석 끝까지 다 입히도록 해야 한다. 다른 작업, 먼지 등이 긁힌 자국을 남길 수 있는 현장여건일 경우에, 유리 설치 전에 막을 설치해야 한다. 기존 창문의 경우, 막은 창문유리 접착제가 붙어 있는 창틀에 있는 3㎜이하의 가장자리 여분을 남겨두고 가능하면 가까이 입혀야 한다. 그러나 가장자리 여분이, 특히 부정형일 경우에는 최대 5㎜까지 가장자리 여분을 허용할 수 있다. 막은 깨끗하고 먼지가 없는 환경에서 입혀져야 한다. 얼어붙은, 그림이 있는, 갈대를 붙인 유리에는 입힐 수 없지만 유리 안쪽을 반대로 돌려놓고 작업을 할 수 있다. 막이 전체 한 조각으로 유리를 입힐 수 없을 경우 조인트를 사용한다. 이중유리 창문에 이러한 보호막을 입히는 것은 창문의 유형에 많은 영향을 받는다. 창문이 두 개의 별다른 프레임으로 되어 있을 경우, 또 안쪽 프레임이 다른 쪽과 독립적으로 열릴 경우, 두 유리 모두 다 유리의 안쪽부분에서 막을 입힐 수 있다. 만약 안쪽 프레임이 독립적으로 열리지 않을 경우, 상호 유리가 일치할 경우, 안쪽 프레임에만 막을 입히는 것이 적절하다. 이중유리의 경우 안쪽 판유리는 단단히 고정되어 있지 않다. 이럴 경우 단단히 고정해야 한다. 현장에서의 막 입히기의 시공품질을 보장하기 위해, 또 막을 입힌 이후 그 성능이 저하되었는지 여부를 테스트하기 위하여 접착 강도 측정 테스트가 개발되었다.

7. 통합 경비보안시스템

통합 경비 보안 시스템의 운영은 CCTV 시스템, 침입감지 시스템, 출입 통제시스템 및 경비 통신 시스템을 통합하여 하나의 Security Network로 연결하여 각 과학화 장비의 신호를 검사 및 관찰하고 공항의 보안사고를 사전에 예방하고 상황 발생시 신속하게 대처하며 상부 센터의 네트워크를 통한 보안사항을 공유한다. 통합 경비 보안 시스템의 운영요원은 각 과학화 장비의 신호 상황을 수시로 체크하며 감시 요원은 24시간 모니터를 감시하며 이상 발생시 카메라를 조작 클로즈업하여 감시한다. 이상 상태 발생 부분에 대한 상황을 즉시 녹화하며 현장 확인 요원을 즉시 출동시키고 확인한다. 또한 상황 내용을 기록 관리 및 보고한다. 보안센터의 운영 요원의 자질은 기계경비 지도사 자격을 취득한 자로서 상황관련근무에 경험이 있으며 상황 발생시 신속하게 대처할 수 있는 자로 선발을 하며 지속적인 교육을 통해 관련 과학화 경비 시스템과 시큐리티 네트워크와의 연동 하에 경비 보안을 수행하는 데 아무런 문제가 없어야 한다.

통합 경비 보안 시스템

Aviation Security

제5장 보안검색 운영

제1절 보안검색의 개요

1. 보안검색의 정의

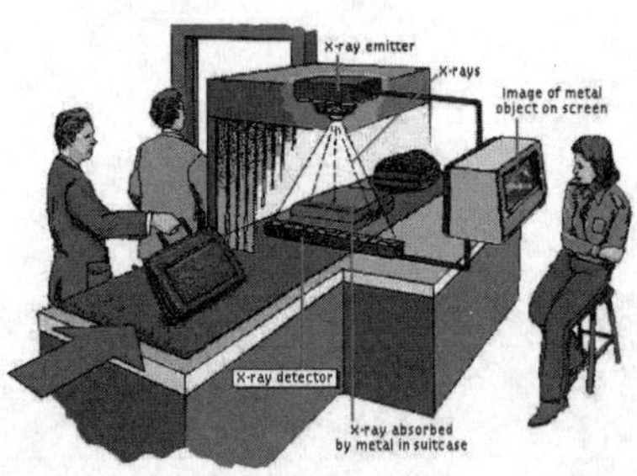

보안검색[1]이란 불법방해 행위에 사용할 수 있는 무기 또는 폭발물 등 위험성이 있는 물건들을 탐지하기 위한 행동을 말한다. 실제적으로 공항에서 이루어지는 보안검색은 출국하는 승객들의 신체 및 수하물 검색을 통하여 항공기 안전운항에 위해를 줄 수 있는 위해물품을 적발하는 행위로 설명할 수 있다. 하루에도 수많은 인원과 물류가 움직이는 공항은 밀수, 외화밀반출, 총기류 밀반입, 밀입국 등 각종 범법행위가 발생하는 곳인데, 특히 항공테러는 사고발생시 인명과 재산의 피해가 매우 심대하기 때문에 보안검색은 공항보안의 핵심요소라고 할 수 있다.

2. 보안검색 발전과정[2]

1) 국제적 발전과정

세계 최초로 항공기 납치사건(hijacking)이 1931년 남아메리카의 페루에서 발생하였으며, 그 후 1947~1958년의 약 10년간은 동 · 서독 분단으로 인한 정치적, 이념적 적대관계로 항공기 납치사건이 수시로 발생하였고, 1958~1963년에는 미주지역에서도 빈번하게 일어났다. 팔레스타인에 의한 이스라엘을 정치적, 경제적으로 고립시키기 위하여 하이재킹 전쟁이라 불릴 만큼 현대적 테러가 빈번하게 발생하자 국제민간항공기구 참가국들은 동경에 모여서 항공기내에서 범한 범죄 및 기타 행위에 관한 협약(1963년 9월 14일)을 체결하였다. 항공기에 대한 납치사건과 관련된 대비책 마련 차원에서 항공보안활동과 보안검색이 본격적으로 전개되기 시작하였다. 1968년 이후에는 정치적, 이념적 목적 이외에 금전적, 정신적, 동료죄수 석방수단 등 다목적으로 이용되었으며, 1972년 이후에는 범인이 항공기에 탑승하지 않고 전화로 위협하거나 실제로 기내에 폭약을 장치하거나, 수하물 속에 폭약을 투입시키는 사례도 있었다. 이런 협박이 사실이 아니더라도 항공기는 회항하여 정밀조사를 해야 하는 어려운 문제가 야기되고 이로인한 인적, 물적, 경제적, 시간적 손실이 매우 컸다.

1969년 최초의 보안검색제도는 Eastern Airlines에서의 하이제커 개인신상정보(Hijacker

1) ICAO 부속서 17(Security) 용어의 정의
2) 공항 보안검색의 발전과정과 운영실태에 관한연구(김용욱.한국 경호경비학회 2004.02)

Profile)를 이용하였으며, 1970년에는 비행기 내에서 불법사례 발생시 법 집행자인 미 해병대 특수요원을 활용하여 스카이 에어 마셜제도(Sky Marshall)를 실시하였다. 1971년 9월 28일에는 미국 연방항공국(FAA)에서 총107개 공항의 항공보안실태를 점검하여 항공보안규정에 위배되는 사항의 적발과 기타 항공보안제한구역의 불법적인 침입에 대하여 조사한 것을 바탕으로 해서 538조나 되는 항공보안규정을 제정하였다. 항공보안 지역 내 불법적인 무기류나 물건의 반입을 방지하는 것이 그 주요한 내용이었고 항공시설 파괴행위에 대한 사전방지책 등을 제시하였다. 여기서 가장 혁신적인 보안검색에 관한 내용은 보안요원들의 검색을 거치지 않은 승객의 수하물은 어떠한 화물이라도 절대로 항공기에 탑재가 불가능하다는 점으로서 모든 보안요원들이 수하물을 검색할 수 있는 법적인 권한과 검색절차에 관한 규정을 만들었다는 것이다. 1972년에는 미국의 메이저항공사인 아메리칸 유나이티드항공사는 100% 검색을 의무화하였고, 1973년에는 주요공항 검색을 위하여 국가 공권력을 행사할 수 있는 보안검색요원이 배치되었으며, 1976년에는 Federal Air Marshall 제도가 시행되었다. 1980년대 이후 오늘날까지 세계 항공업계의 기본적인 흐름은 대형화 · 민영화 · 그룹화로 특징지을 수 있다. 이러한 새로운 흐름은 일찍이 1970년대 후반 카터정부의 국내 및 국제 항공업에 대한 규제완화(Deregulation)를 시도한 미국의 항공 자유화 정책에서 비롯되었으며, 유럽지역 항공사들도 유럽통합을 계기로 국제적 제휴를 추진하였다. 미국에서는 9 · 11테러 이후 미 연방항공국(FAA)이 육상, 해상, 공중을 통합한 '교통보안청'(TSA)으로 기구가 확대되어 국가가 민간항공관련 항공보안검색을 관장하여 국가민간항공 보안 프로그램을 개발, 실천, 유지함으로써 항공보안대책에 만전을 기하고 있는 상태이다.

2) 국내적 발전과정

우리나라의 보안검색 발전과정을 살펴보면 외국의 경우와 마찬가지로 항공테러사건 발생에 따른 후속대책을 강구하는 형식의 발전과정을 거친 것이 공통적인 특징이며, 남북한의 분단으로 북한의 특수공작원에 의해 자행된 경우가 대부분이다. 또한 ICAO 등 국제적인 항공보안규정 정착에 따라 우리나라도 미국 FAA 등이 요구하는 국제 기준에 맞게 보안검색과 관련된 분야를 발전시키고 있는 상태이다.

1980년 이전에 국내공항이 비교적 체계적인 보안활동을 펼치게 된 것은 1969년 12월 11일 북한 간첩이 강릉을 출발하여 서울로 오는 대한항공 항공기 납치사건 발생이 계기가 되었다. 그 다음 해인 1970년 1월 7일 내무부 치안국 김포공항 외사분실이 설치되어 공항관련 첩보수집 및 보안검색에 참여한 것이 정부기관에 의한 공항보안의 시작이라 할 수 있다. 한편 군 병력이 담당하던 공항 외곽에 대한 경비도 경찰 중심으로 바뀌었으며, 이후 민간경비업체와 경찰이 혼합된 보안체제를 유지하게 되었고, 군은 일부 특수부대병력과 공항 상공의 적기출현에 대비한 대공포 운영병력 일부만을 주둔시켜 왔다.

1970년 2월 26일 이후에는 경찰관으로 구성된 보안관(50명)이 당시 유일의 국적기인 대한항공기에 직접 탑승하는 등 더욱 적극적으로 항공기와 탑승객의 안전문제에 관여하게 되었다. 1971년 7월 1일 공항운영위원회(AOC)소속의 보안검색원 7명을 선발하여 경찰의 지도 · 감독 하에서 출국승객의 신체 및 휴대품과 탁송화물에 대한 보안검색을 실시하였다.

1979년 7월 29일에 이르러 탁송화물에 대한 보안검색업무를 세관에 이관하였고, 1980년 6월 30일부터 국제선 전 노선에 탑승했던 경찰보안관이 철수되고 일부 취약노선을 제외한 대한항공 자체보안관이 매 편마다 2명씩 탑승함과 아울러 취약노선에만 경찰관이 탑승하여 이를 지도 감독하였다.

1980년 이후는 1980년 8월 12일 국제선 제1청사가 개청되었으며 이때 공항보안분야에도 변화가 있었는데, 보안검색업무 개선계획의 일환으로 과학화된 보안장비가 도입되었으며 X-RAY판독기의 도입으로 보안검색방법이 그 동안 손에 의한 수검색 방법에서 탈피하게 되었다.

1986년 9월 서울아시아경기대회를 1주일 정도 앞두고 김포국제공항 쓰레기통에 설치된 사제폭발물 폭파사건으로 인해 5명이 사망하고 32명이 중경상을 당하는 사건이 발생한 이후 1988년 서울올림픽의 성공적인 개최를 목적으로 여객터미널 출입문마다 전투경찰요원이 배치되어 문형금속탐지기 및 휴대용 금속탐지기를 이용하여 보안검색을 실시하였으나 여성 출입자에 대한 이성 간의 신체검색 문제가 계속 발생함에 따라 남성인 전투경찰대원의 출입여성 검색에 대한 불편을 해소하기 위해 1988년 2월 5일 한국공항관리공단(현재 한국공항공사) 소속의 여자검색대가 발대되어 검색을 실시하게 되었다.

1988년 4월 20일 국제선 제2청사가 개청되고 88 서울 올림픽의 성공적인 개최와 테러위협의 감소, 국적항공기에 경찰보안요원 탑승 · 활동에 따른 비효율성과 문제점이 제기되어 1993년 5월 1일 취약노선에 대한 경찰 보안관 탑승제도가 폐지되었다.

또한 공항시설 보호차원에서 실시되던 여객터미널 출입문 신체검색 업무가 항공수요의 급증에 따른 혼잡 및 불편가중, 여객청사 출입승객 검문검색의 법적 근거 부재, '94년 한국방문의 해를 맞아 국제적인 이미지를 개선시키자는 의도에서 1994년 1월 1일부로 각 청사출입문에서 운영되던 보안검색대가 폐지되었다. 또한 보안검색의 전문화 및 항공서비스 향상, 수익성 사업은 수익자 부담원칙에 의해 기존에 경찰에서 수행하던 보안검색업무를 항공법 제61조에 의해 항공사로 환원되었다.

시대적인 변화 추세에 따라 국내공항의 보안검색업무는 항공사에 의해 체결된 민간경비업체 소속의 보안검색요원이 전담하고, 경찰은 검색 지도감독업무만을 수행한다는 방침이 정해져 93년 9월 7일부터 김포, 김해, 제주공항과 97년 개항된 원주, 청주공항 등의 보안검색업무가 민간보안검색요원으로 이관되어 운영되었다.

인천국제공항이 건설 중이던 1999년부터 국내 보안검색업무가 본격적으로 논의되었다. 보안검색운영방안 및 검색장비 설치문제에 대해 기존 김포공항에서 감독업무를 수행하던 경찰과 세관의 법적인 책임공방이 가열되면서 1999년 보안관련기관과의 보안협의회에서 인천국제공항의 보안검색업무 수행은 현행과 같이 항공사에서 수행하되 경찰과 세관으로 이원화해 운영되던 보안검색감독업무는 '인천국제공항공사' 로 일원화하여 보안을 강화하도록 결정되면서 국내 보안검색제도 및 운영방안에 대해 획기적인 변화가 모색되기 시작하였다.

인천국제공항공사에서는 인천공항의 성공적인 개항을 밑받침하기 위해 보안검색 감독관 및 경비보안요원과 폭발물처리팀을 운영하면서 공항보안을 강화하였으며, 개항 당시 항공사의 보안검색비용의 50% 지원요청방안에 대해 건설교통부와 보안관련기관의 조정 하에 협정체결을 통해 항공사에서 부담하던 검색비용의 50%를 지원하였다. 공사(公社)의 비용분담 목적은 김포공항에 비해 대규모 시설로 검색요원의 대폭 증가에 의한 비용 증가와 출퇴근 등 근무여건의 열악함에 따른 급여인상, 높은 이직률을 해소하기 위한 처우 개선 등에 필요한 비용을 지원하기 위해 취한 조치였으며, 이는 국내 보안검색 수준을 크게 향상시키는 계기가 되기도 했다. 이러한 공사의 50% 검색비용 분담조치는 미국의 9.11항공테러 이후 항공보안의 중요성과 보안검색의 강화 등의 국가정책에 따라, '항공안전 및 보안에 관한 법률' 이 시행(2002년 11월 26일)되면서 보안검색비용의 전액을 공항당국에서 부담하고 있다. 2002년 4월 3일 개항된 양양공항도 경찰이 아닌 항공사에 의한 민간보안검색요원이 보안검색업무를 수행하기 시작하였으며 보안검색의 운영 및 감독업무는 2002년 7월 30일 국회를 통과하고 8월 26일 공포되어 11월 26일 시행된 항공안전 및 보안에 관한 법률에 의거하여 대구, 광주, 강릉, 군산, 목포, 여수, 포항, 예천, 울산, 사천 등 모두 국내공항의 보안검색 감독 및 검색업무가 2003년 5월 1일부터 민간신분에 의한 보안검색으로 완전 전환되어 오늘에 이르고 있다. 인천국제공항의 개항 이후 전국 공항의 공항보안운영은 획기적으로 발전하게 되었으며, 이때부터 점차적으로 국내공항의 대인 및 휴대물품 그리고 위탁수하물 보안검색, 공항내·외곽경비의 운영 및 감독은 공항운영자가 담당하게 되고, 화물검색은 항공사에서 담당하게 되었다.

3. 보안검색의 대상과 법적 근거

1) 보안검색의 대상

보안검색을 하는 가장 직접적인 이유는 '기내반입금지물품' 을 적발하기 위해서다. 기내반입금지물품(Restricted Items)이라는 것은 항공기 안전운항 및 승객의 생명과 재산을 보호하기 위하여 비행기에 탑승하는 모든 승객이 휴대하는 물품 중 휴대 및 탑재가 금지되는 물품을 말하며, 의미 그대로 승객들이 탑승할 때 기내로 반입할 수 없는 물품 또는 물건을 말한다. 위해물품 또는 제한물품(Restricted Article)과도 유사한 의미이다.

기내 반입 금지물품은 크게 위해물품과 위험물품으로 나뉜다. 위해물품은 총기류, 탄약류, 도검류, 곤봉류, 화약류, 폭발물, 탄약, 화염액체, 가스분사류, 전자충격기, 얼음송곳, 가위 등이다. 그리고 위험물품은 항공기에 의해 운송될 때 인명과 항공기에 위험을 초래할 수 있는 인화성 또는 폭발 가능한 물품들로서 조명탄, 라이터 연료, 부탄가스, 캠핑가스, 에러로졸 같은 스프레이류, 부식성 물질, 인화성 물질, 방사성 물질 등이 있다.

2) 보안검색의 법적 근거

(1) 국내 법령

가. 항공안전 및 보안에 관한 법률

나. 항공법

다. 통합방위지침(대통령훈령 제28호)

라. 국가 대테러 활동지침(대통령훈령 제47호)

마. 국가보안목표 관리지침

(2) 국제협약 및 ICAO 부속서

가. 항공기내에서 범한 범죄 및 기타행위에 관한 협약

나. 항공기의 불법납치 억제를 위한 협약

다. 민간 항공의 안전에 대한 불법적 행위의 억제를 위한 협약

라. 민간 항공의 안전에 대한 불법적 행위의 억제를 위한 협약을 보완하는 국제공항에서의 불법적 폭력행위의 억제를 위한 의정서

마. 가소성 폭약의 탐지를 위한 식별조치에 관한 협약

바. 국제 민간항공 협약부속서 2, 6, 9, 10, 11, 13, 14, 17, 18

사. 국제민간항공기구 "불법방해 행위로부터 민간항공 보호를 위한 ICAO 보안지침서" (Security Manual for Safeguarding Civil Aviation Against of Unlawful Interference)

제2절 금지물품 및 위험물

1. 개요

보안검색요원은 승객 휴대물품 속에 '위험물'로 분류되는 물품운송 제한요건뿐 아니라 금지품목 제한요건이 있다는 것을 알아야 한다. 위험물이란 항공기로 운송을 하는 경우 재산과 안전 및 건강에 중대한 위험을 초래할 수 있는 것을 말한다. 운항 중 기온이나 기압의 급격한 변화는 캔 또는 병이 새거나 발화되거나 유독물질이 유출될 수 있다. 승객은 총기와 경찰봉, 도끼, 침이 달린 지팡이 같은 끝이 뾰족하거나 뭉툭한 쇠붙이로 공격용 또는 방어용으로 제작된 물품과 얼음 칼, 끝이 금속으로 입힌 지팡이, 면도날, 끝이 길고 뾰족한 가위, 칼, 전문가 연장, 에어 졸처럼 공격용 또는 방어용으로 사용될 수 있는 모든 일반 물품 등의 모조품, 기타 의심스러운 물품은 항공기 내에 소지할 수 없다. ICAO 위험물안전 항공운송기술지침서에는 특정한 물품과 물질을 위험물로 분류하고 있으며 이러한 위험물품을 승객이 소지하거나 휴대물품 또는 위탁수하물에 넣어서 운송되지 않도록 하여야 한다. 예를 들면 폭발물은 수류탄 · 폭죽 · 조명탄 등과 가스에는 프로판 · 부탄가스, 발화성액체에는 가솔린 · 메탄올, 발화고체 및 반응물질에는 마그네슘 · 파이어 라이터, 산화제 및 유기과산화물은 표백제 · 자동차 차제 수리 키트, 유독물질 및 감염물질은 쥐약 · 감염된 혈액, 방사능물질에는 의료용 또는 상업용의 방사능 동위원소, 부식물에는 수은 · 차량용 배터리, 기타 연료기름을 포함하는 차량용 연료 구성 요소 등으로 3,000개 이상의 위험물을 열거하고 있다.

2. 보안검색완료지역 물품반입규제 지침

1) 제한물품

제한물품은 잠재적인 위험을 가진 물품 또는 물질을 말한다. 이러한 제한 물품은 무기 또는 폭발물이 아닐지라도 항공기 객실에 탑재될 수 없다. 이러한 물품이 발견될 경우 즉시 감독자에게 알려야 하고 승객에게 이러한 물품이 위탁수하물로 운송되도록 선택권을 줄 수 있다.

- "예" 장난감권총 또는 모형권총, 무술장비, 큰칼, 기병도, 사냥칼 등

2) 위험물품

위험물품은 종종 위험물로 불리며 항공기운송에 위험한 물질이다. 승객은 이러한 물품을 항공사의 허락 없이 위탁수하물로 항공기에 탑재시킬 수 없다.

- "예" 발화성용액, 대량의 성냥, 신체보호용 스프레이, 산화제, 프로판가스 용기, 표백제, 독약, 살충제 같은 독성 물질

3) 반입금지물품(위해물품)

무기 및 폭발물장치 등 반입금지물품은 보안검색완료구역으로 반입할 수 없으며 이러한 금지물품이 발견되면 검색대 감독자, 경찰, 항공사, 검색 용역회사(해당 사항일 경우)에 통보하여야 한다.

3. 기내 반입 금지 휴대물품[3]

구 분	품 목	기내반입 여부
발화 및 인화성 물질	부탄가스 · 캠핑용가스 · 라이터가스 · 라이터기름, 딱성냥, 휘발유, 등유, 아마인유, 70도 이상 주류, 물과 접촉시 가연성 가스 발생물질, 기타 가연성이 있는 물질	반입불가
	1회용 라이터, 성냥	1개한도 객실반입 가능 ※ 미주지역은 객실 반입 불가
	석유버너, 램프 등 캠핑장비	연료 없으면 객실반입 가능
	페인트 · 시너 · 본드 · 솔벤트	수성은 위탁수하물 처리, 유성은 반입불가
고압 가스	화기용 물감	유성튜브 형만 허용되며, 이외는 반입 불가
	가연성물질 내포 캔	반입불가
	산소통 · 산소 캔 · 온도계	의료용만 허용, 기타는 반입불가
	이산화탄소 실린더	라이프 재킷용 2개까지 객실 반입 가능, 이외는 위탁수하물 처리
	기타 불활성 가스 류	40psi이하 객실 반입 가능, 이외는 반입 불가
	액체질소, 산소	40psi이하 객실 반입 가능, 이외는 반입 불가
	향수 · 화장용품 헤어스프레이	0.5리터이내 2개까지 객실 반입 가능 이외는 위탁수하물 처리
무기 및 폭발물류	총기류 및 위장무기, 스포츠용 총기 및 실탄, 탄피	승인된 경우 위탁수하물 처리
	장난감총기, 도검류, 장난감뇌관, 딱총 알	위탁수하물 처리
	도검류, 가위류, 도끼, 5.5㎝이상 뾰족한 물건, Letter Opener	위탁수하물 처리

3) 항공 안전 및 보안에 관한 세부운영지침('04. 4.10)

구 분	품 목	기내반입 여부
무기 및 폭발물류	최루가스, 전기, 충격기류, 폭죽, 탄약 · 화약 · 폭약류	반입 불가
	자동 톱	반입불가 물품으로 전원장치 제거 시 위탁수하물 처리
	공구 및 연장 류	위탁수하물 처리
	유사시 무기사용가능 물품	위탁수하물 처리
기타 위험 품목	골프채, 낚싯대, 야구배트, 스키세트, 하키스틱, 다트	위탁수하물처리
	당구큐대, 우산, 소화기, 볼링공, 수예바늘	위탁수하물 처리
	독극물, 방사능, 부식성 · 자기성 물질, 유해 · 자극적 물질	반입 불가
	유황, 산화제, 표백제 등 화학물질	반입 불가
	수은온도계, 수은기압계	누설방지장치 후 위탁수하물 처리
	가스포함 Hair Curler	1인 1개한도 객실반입 가능, 이외는 위탁수하물 처리
	건전지, 건습식 배터리	전자기기 등에 내장된 건전지외 기타 건전지, 배터리는 위탁수하물 처리
	배터리구동 휠체어	배터리 제거 · 양극절연 시 객실반입 가능
	심장박동기	의료용으로 착용 시 객실반입 가능
	알림장치 · 리튬배터리, 불꽃생성물질	반입불가
	Life Vest	개당 1개 카트리지 객실 반입가능 이외는 위탁수하물 처리
	고체이산화탄소, 드라이아이스	1인당 2kg 객실반입 가능 이외는 위탁수하물 처리
	예비용 타이어	압력제거 후 위탁수하물 처리
	수중토오치, 램프	연료제거 후 위탁수하물 처리
	산소발생기 휴대용 발전기, 가솔린엔진, 가스쇼바	연료제거후 위탁수하물 처리
	Painball Guns, 잔디깎이	연료제거후 위탁수하물 처리
	부동액, 염색제, 에테르, 질산암모늄비료	반입 불가
	Dry Shipper	유해물품 없으면 위탁수하물 처리

4. 위해물품 구분

1) 총포[4]

'총포' 라 함은 권총 · 소총 · 기관총 · 포 · 엽총 그 밖의 금속성 탄알이나 가스 등을 쏠 수 있는 장약총포와 공기총(압축가스를 이용하는 것을 포함)을 말한다. 이를 세부적으로 알아보면 권총(기관권총포함) · 소총 · 구경 20㎜ 이상의 기관권총이 있고 엽총에는 산탄총 · 강선총 · 공기총 · 가스총이 있으며, 어획총에는 어획소총 · 섬총 그 외 마취총 · 도살총 · 산업용총 · 타정총 · 청소총 · 광쇄총 · 쇠줄발사총 · 구난구명총 · 구명줄발사총 · 구명신호총 · 가스발사총 · 기타 뇌관의 원리를 이용한 장약총 등이 있다. 포에는 소구경포로 구경 20㎜에서 40㎜까지가 있고, 중구경포는 구경 40㎜ 초과 90㎜ 미만의 것에 한하며, 대구경포는 구경 90㎜ 이상의 것이며 그 외에 박격포, 포경포에 한한다. 총포의 부품으로는 총 포신 및 기관부와 포가, 약협 및 산탄(납알) 탄알, 소음기 및 조준경이 있다. 공기총이란 사람 · 가축 또는 조류 등을 살상할 수 있는 성능을 갖춘 것을 말한다

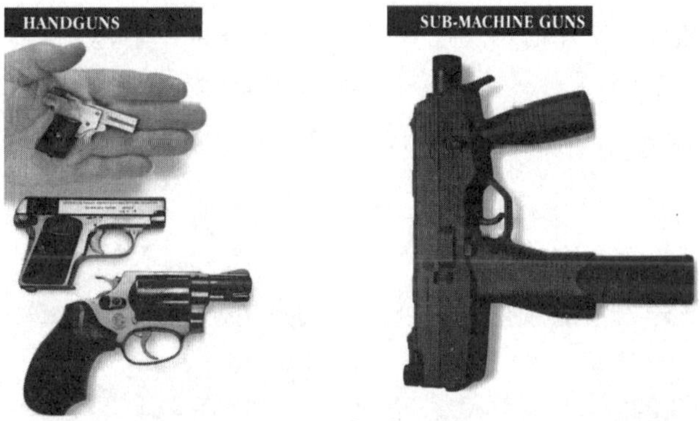

총기류

탄약

4) 총포, 도검, 화약류 등 단속법 ('91. 5.31)

2) 폭발물

폭발물이란 열, 충격 또는 기계적인 작용에 의해 급격한 반응을 일으켜 다량의 가스와 열을 방출하면서 분해 또는 재배열하는 화합물 또는 혼합물을 말한다. 성능에 의한 분류에 따르면 폭발물은 저성능폭발물과 고성능폭발물로 분류되는데, 저성능 폭발물은 일반적으로 화약이라 부르며 폭파속도는 초당 400m 내외이고 단계적 연소(폭연)방식에 의한 폭발이 일어난다. 고성능폭발물은 일반적으로 폭약 또는 작약이라 부르며 순간적인 분해(폭탄)에 의한 폭발이 일어난다. 폭파속도는 초당 1,000~8,000m 정도에 이른다. 일반적으로 저성능폭발물은 총알 또는 폭탄을 쏘아 보내는 추진제로 사용되며 고성능폭발물은 파괴용으로 사용되지만 저성능폭발물도 폭발시 생긴 압력을 보존할 수 있는 장치(철재파이프 또는 철재통에 넣었을 때)가 되어 있다면 고성능폭발물과 유사한 정도의 피해를 가져올 수 있다. 공장에서 완제품으로 제조한 폭약이 아닌 개인이 여러가지 화공약품을 섞어 만든 사제폭탄이 있으나 이 경우 화학물질의 성질, 조성 등에 따라 저 · 고성능이 결정된다.

(1) 폭발물 분류

가. 저성능 폭발물

저성능폭발물은 흑색화약과 무연화약으로 구분되며 흑색화약은 짙은 흑색, 회흑색, 갈색 등으로 미세한 분말에서부터 직경이 6㎜ 정도의 과립형까지 다양하며, 젖었을 경우 매우 둔감하나 건조 후에는 충격, 열, 마찰 등에 매우 민감하다. 폭파속도는 초당 400m 내외이다.

그리고 무연화약은 오렌지색, 흑갈색, 흑색, 백색, 적색 등 다양하며 과립형, 조각형, 막대형, 구형 등 형태가 다양하다. 마찰, 충격에 민감하며 폭파속도는 초당 600m 내외이다.

나. 고성능 폭발물

다이너마이트류 중에 스트레이트 다이너마이트는 황갈색 또는 적갈색이며 기름종이로 싼 막대형(포장 종이의 색상은 황색, 황갈색, 백색, 흑색 등 다양하며 크기도 다양하다)으로 뇌관 없이 50m 거리에서 쏜 총탄의 충격으로 폭발이 가능하며, 열, 충격, 마찰 등에 매우 민감하다.

그리고 TNT는 연황색, 연갈색이며 블록 형태이다. TNT는 모든 폭발물의 기본이며, 폭파 속도는 초당 6,700~6,800m 내외이다. 끝으로 컴포지션류(Composition)는 컴포지션 C-3로 황갈색으로 블록형이며 파괴용 플라스틱 폭약이다. 손으로 주물러서 필요한 형태로 쓸 수 있는 가소성폭약이며, 폭파속도는 초당 7,600m 정도이고, 컴포지션 C-4는 흰색으로손으로 주물러서 어떤 형태로든지 변형이 가능하며 폭파속도는 초당 8,040m이다. 컴포지션 A, A-2, A-3은 담황색으로 블록형이며 흡수성이 없고 벤젠, 아세톤, 데운페놀 등에 녹고 폭파속도는 초당 8,100m이다. 컴포지션 B는 황갈색으로 주물로 된 블록형이며 미얀마 아웅산사건에 사용하였던 것으로 폭파속도는 초당 7,900~8,060m이다.

TNT블록

Composition - 4

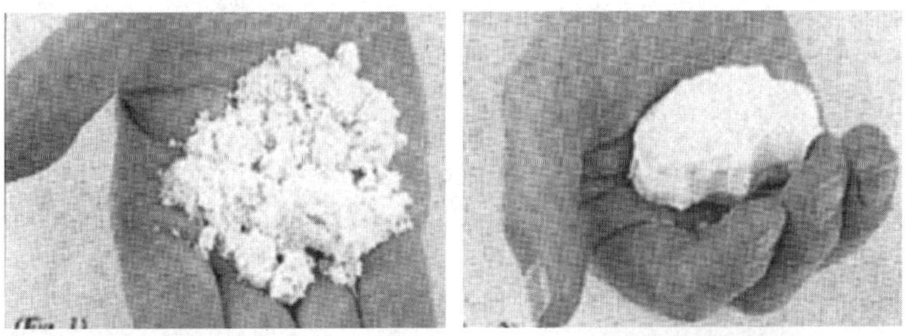
※ 컴포지션(Composition)을 이용한 다양한 형태 변화

(2) 기폭장치

폭발물을 기폭시켜서 장약에 연결하는 장치는 다양하다. 이런 장치에는 기폭장치, 퓨즈, 충격튜브등이 있다. 기폭장치는 초기폭발물을 담고있는 작은 실린더이며 보통 고성능 폭발을 위한 booster이다. 기폭장치는 높은 폭발을 얻기 위한 초기기폭장치로 사용된다. 폭발과 소멸함으로서 보통 기폭장치는 고폭발장치로부터 분리되어 저장되며, 전하가 생기고 탈출할 때에만 삽입된다. 일반 기폭제는 한쪽 끝 부분이 열려있다. 퓨즈를 열린 부분으로 넣고, 퓨즈 임핀지로부터 초기폭약에 스파크를 발생시키고 기폭장치에 불을 붙이게 된다. 일반기폭제는 종종 충격캡 및 불꽃을 발생시키는 기타 장치들과 같이 사용된다. 전자기폭제는 끝부분에 밖으로 삐져나온 철선이 있다. 이 철선들은 전선을 통해 전자를 통과시켜 불을 붙이게 된다. 법적으로 이 전류는 뇌관이라 불리는 휴대용 장치에 의해 제공된다. 테러리스트들과 범죄자들은 기폭장치 폭발을 위해서 보통 개량된 전자회로(타이머, 전기기기 또는 TPU)가 장착된 배터리를 사용한다.

(3) 사제폭발물(Improvise Explosive Device)

사제폭발물(IED)은 테러단체나 개인이 주위환경과 목적에 적합하게 여러 형태의 성능으로 일정한 규격 없이 제조한 폭발물이다. 사제폭발물은 일반생활용품이나 일상으로 사용하는 물품에 은닉이 용이함으로 탐지가 곤란하고, 폭발물을 제작할 수 있는 재료를 쉽게 획득할 수 있으며, 어느 정도의 지식만 갖추고 있는 사람은 쉽게 폭발물을 제작할 수 있다. 그리고 폭발물을 발견시 규격화되어 있지 않아서 처리가 상당히 힘들고, 고도의 기술이 요구되는 특징이 있다. 사제폭발물의 3대 구성요소로는 폭약류, 뇌관, 전원장치가 있으며 스위치의 종류는 기계식, 화학식, 전자식, 전기식 점화장치가 있다.

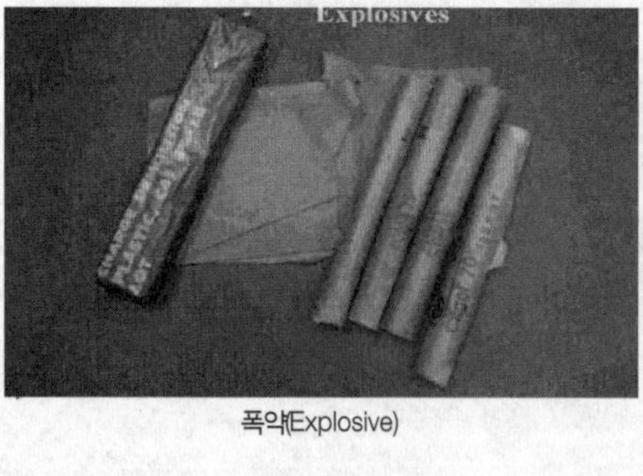

폭약(Explosive)

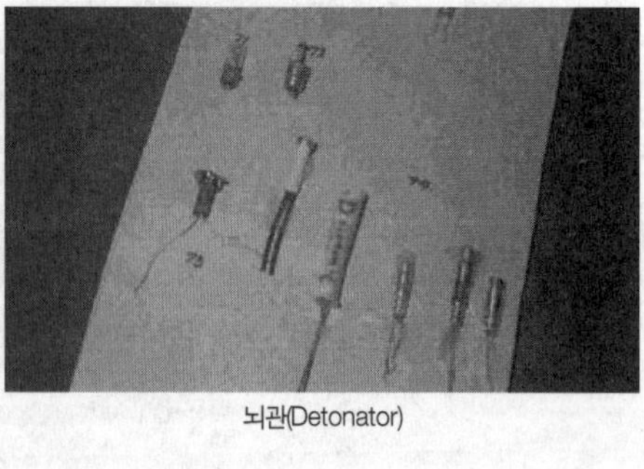

뇌관(Detonator)

전원(Power)

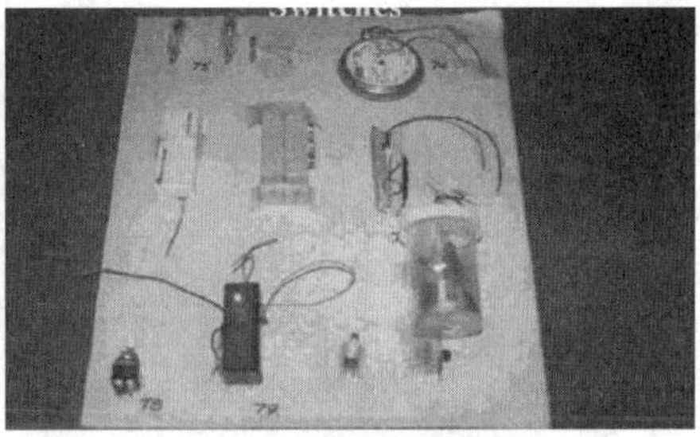
스위치(Switch)

비디오 케이스 폭탄

파이프 폭탄

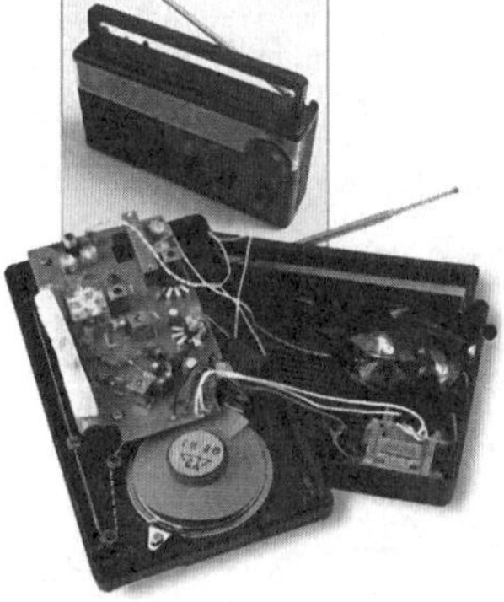
카세트 폭탄

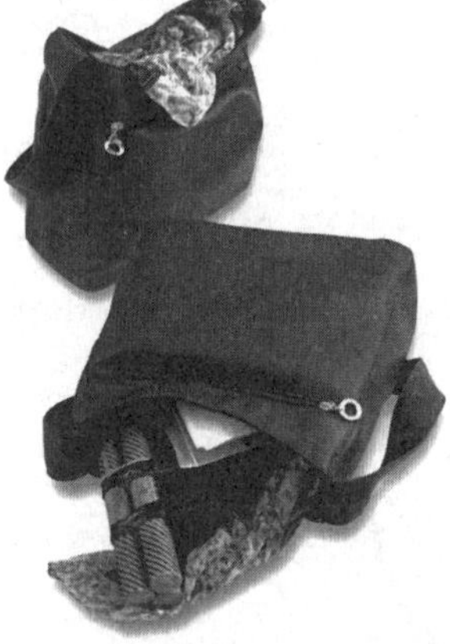
핸드백 폭탄

3) 도검

도검이라 함은 칼날의 길이가 15㎝ 이상 되는 칼 · 검 · 창 · 치도(雉刀) · 비수 등으로서 성질상 흉기로 쓰이는 것과 칼날의 길이가 15㎝ 미만이라 할지라도 흉기로 사용될 위험성이 뚜렷이 있는 것 중에서 월도, 장도, 단도, 검, 창, 치도, 비수, 칼날의 길이가 6㎝ 이상인 재크나이프, 칼날의 길이가 5.5센티미터 이상이고, 45도 이상 자동으로 펴지는 장치가 있는 비출 나이프, 그 밖의 6㎝ 이상의 칼날이 있는 것으로서 흉기로 사용될 위험성이 뚜렷이 있는 도검 등이다. 단 칼끝이 둥글고 날이 서있지 아니하여 흉기로 사용될 위험성이 없는 것은 도검으로 보지 아니 한다.

4) 분사기

분사기라 함은 사람의 활동을 일시적으로 곤란하게 하는 최루 또는 질식 등의 작용제를 분사할 수 있는 기기를 말한다. 총포 · 도검 · 화약류 등 단속법 제2조 제4항의 규정에 의한 분사기는 사람의 활동을 일시적으로 곤란하게 하는 최루 또는 질식 등의 작용제가 내장된 압축가스의 힘으로 분사하는 기기로 총포형 분사기, 막대형 분사기, 만년필형 분사기, 기타 휴대형 분사기가 있다. 다만, 살균 · 살충용 및 산업용 분사기는 제외한다.

5) 전자충격기

전자충격기라 함은 사람의 활동을 일시적으로 곤란하게 하거나 인명에 위해를 가하는 전류를 방류할 수 있는 기기를 말한다. 전자충격기의 종류에는 총포형 전자충격기, 막대형 전자충격기, 기타 휴대형 전자충격기가 있다. 다만, 산업용 및 의료용 전자충격기는 제외한다.

6) 기타 (가스, 가연성물질, 인화성물질 등)

7) 위장무기류

위장무기라 함은 각종 위해물체를 사람들의 일상 생활용품 등으로 위장하거나 변조하여 사람의 몸이나 휴대물품 또는 수하물 등에 은닉하여 테러행위를 하는 데 이용되고 있는 것들을 말한다. 위장무기의 종류에는 만년필형 권총, 열쇠고리형 권총, 라이터형 권총, 휴대폰 총 등 다양하다.

(1) 만년필형 권총

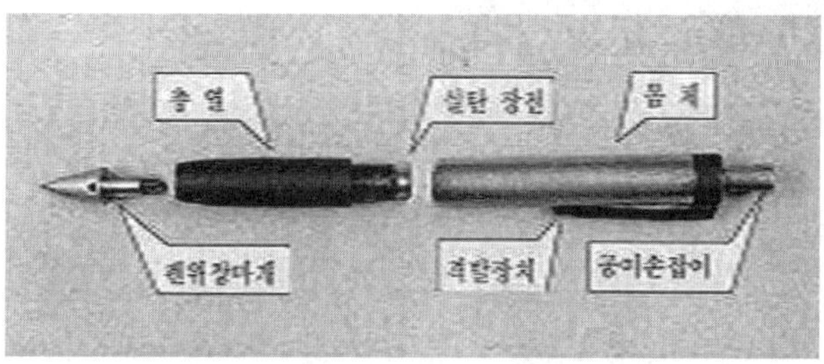

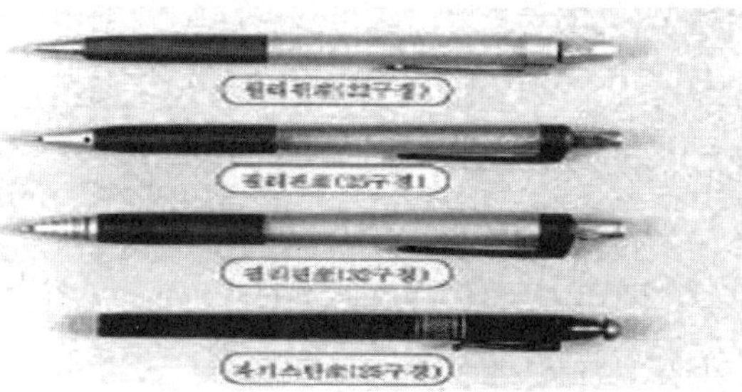

99년 1월에 국내에 밀반입된 만년필형 권총이 적발되어 필리핀과 파키스탄에서 제작된 만년필형 권총4정을 입수하여 성능분석 및 발사 시험한 결과, 인명살상용 권총(25구경)으로 길이 14㎝, 직경 1.2㎝, 무게 80g, 구경 6.35㎜로 사람의 몸에 휴대하기 편리하게 제작된 총기이다. 특징으로는 재질은 총기류와 같은 강도의 크롬강으로 계속 사용이 가능하도록 제작되어 있고, 5m까지 조준사격이 가능하며, 50m까지 인명살상력을 보유하고 있다. 그리고 일반만년필과 거의 흡사하여 휴대 또는 위장이 용이하고, 적발이 곤란하며 최근에 동남아시아, 동유럽 등에서 불법으로 유통되어 각종 범죄에 악용되고 있다. 적발 사례로는 99년 1월에 우리나라 사람이 필리핀에서 38구경 1정과 실탄 3발을 5만원에 구입하여 김포국제공항을 통하여 밀반입하다가 적발되었고, 98년 프랑스 경찰이 동구권에서 제작된 22구경 2정을 적발하였으며 96년 12월에는 일본의 효고현 경찰이 미국산 38구경 1정을 적발하였다. 그리고 96년 4월에는 룩셈부르크 경찰이 회교마을을 수색 중에 22구경 7정과 실탄 324발을 적발한 바 있다.

(2) 열쇠고리형 총

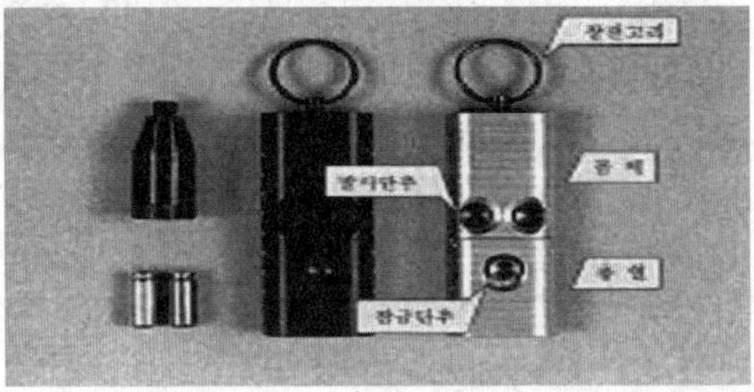

97~98년에 그리스 등 각국 공항에서 실탄 발사용으로 개조가 가능한 열쇠고리형 가스총이 보안검색과정에서 적발되었다. 총의 길이는 7.6㎝, 너비 2.5㎝, 무게 100g이고, 구경 7.65㎜(32구경)이며 재질은 알루미늄이다. 특징으로는 93년에 불가리아인 '빅토르스타예프' 가 호신용 가스총으로 발명, 특허를 획득하여 불가리아 등지에서 US$ 30달러에 판매되고 있으며, 밀링머신 등 총열을 확장하여 32구경 실탄 발사용으로 개조가 가능하다. 실탄 사격시에는 5m이내 조준사격이 가능하고, 최대 20m까지 인명을 살상할 수 있는 성능을 가지고 있으며, 열쇠고리와 흡사하여 휴대 및 은닉이 용이하여 적발이 곤란하다. 적발사례로는 97년 9월과 98년 4월에 그리스 공항에서 X-ray검색과정에서 적발된바 있고, 97년 9월에는 호주의 퍼스공항 보안검색과정에서 적발되었으며, 97년 12월에는 영국의 히드로공항에서 소지자가 손에 휴대하고, 검

색대를 통과하려다가 바닥에 떨어뜨리고 도주하여 적발되었다.

(3) 라이터형 권총

95년 6월에 우리나라 사람이 소지하고 인천항에서 중국으로 출국하려고 보안검색을 받던 과정에서 적발되었다. 라이터형 권총은 길이 8㎝, 폭3.8㎝, 두께 1.1㎝이며 탄약의 종류는 철탄, 고무탄, 물감탄, 가스탄이 있다.

특징으로는 중국의 남경에 있는 '맹사실업유한공사' 가 만들어 주로 미국, 일본, 러시아 등지에 수출하여 판매하고 있으며, 고무탄 사용시에는 4m 이내에 있는 사람은 제압이 가능하고, 철탄을 사용시에는 8m 이내의 사람에 대한 살상력을 보유하고 있다. 그리고 평소에는 가스라이터로 사용이 가능하고 휴대 및 위장이 용이하여 적발이 곤란하다.

(4) 휴대폰 총

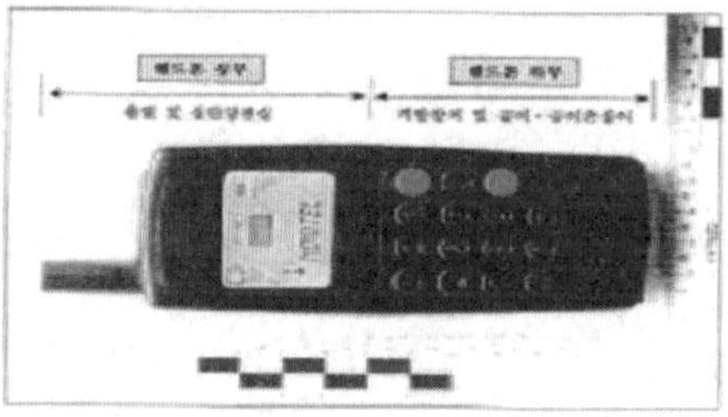

2000년 9월 16일 슬로베니아 국경 검문소에서 슬로베니아 경찰이 크로아티아에서 승용차를 이용하여 스위스로 향하던 크로아티아인 1명을 검문하던 중 권총 31정과 소음기 26개, 실탄 400발을 적발하였다. 휴대폰총은 폭 12㎝, 길이 58㎝로 구경 22㎜ 실탄을 사용한다.

특징 및 식별요령으로는 외관이 일반 휴대폰과 동일하여 식별이 어렵고, 22구경 실탄 4발을 장전한 후에 휴대폰의 번호판 숫자를 눌러 연속적으로 사격이 가능하도록 제작되어 있으며, 총기의 외장이나 부속품이 금속으로 되어 있어 무겁다. 그리고 X-ray 통과시 일반 휴대폰보다 색깔이 짙게 나타나고 22구경 실탄의 총열로 사용되고 있는 위장형 안테나 직경이 크며, 휴대폰으로서의 기능이 없어 전원을 켜보거나 액정화면을 유심히 살펴보면 적발이 가능하다.

(5) 비디오테이프 위장폭탄

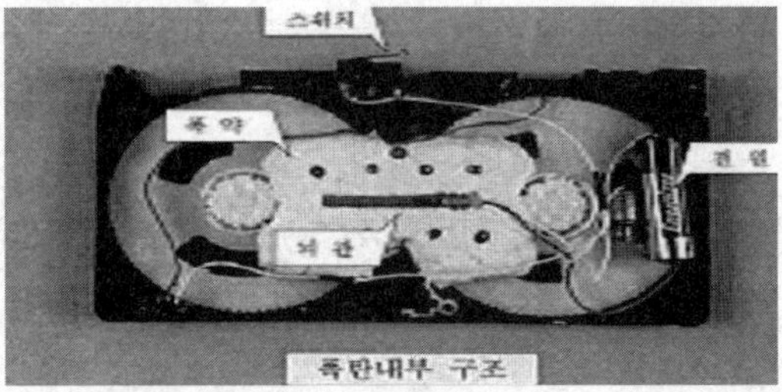

98년1월 14일에 이스라엘 보안당국이 레바논 국경지대 '메툴라' 검문소에서 물품검색 도중에 폭발하여 6명이 부상하였다.

특징은 비디오테이프 위장 폭탄은 내부부품을 완전히 제거한 후에 폭약, 뇌관, 전원, 스위치를 설치하여 보관용 케이스로부터 꺼낼 때에 압력이 해제되어 스위치가 작동하고, 뇌관에 전류가 흘러 폭파되도록 제작되어 있으며, 육안식별은 곤란하나 X-ray기를 통해 뇌관 및 전원 등 식별이 용이하여 적발이 가능하다.

(6) 기타 위장무기

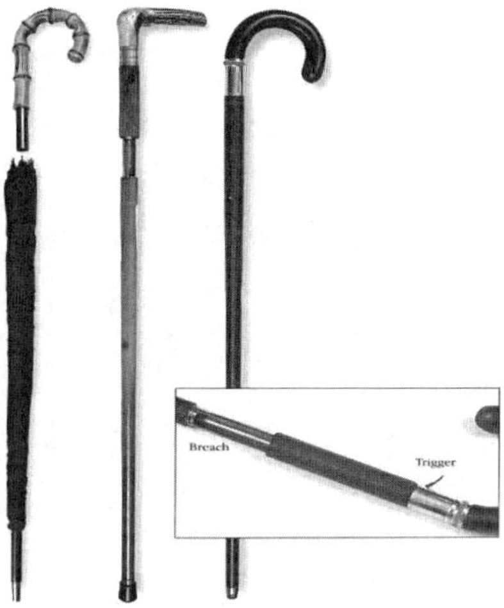

지팡이 총

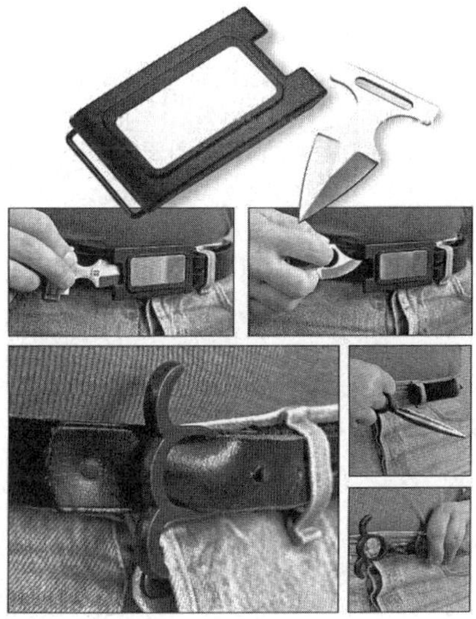

벨트버클위장칼

립스틱위장칼

머리빗위장칼

제3절 보안검색운영

1. 기본원칙 및 지침

1) 기본원칙

(1) 모든 승객 및 휴대물품은 항공기, 보안검색완료지역 또는 출입제한 구역으로 들어오기 전에 보안검색을 받아야 하고, 이런 절차는 모든 국제선 및 국내선에 적용되어야 한다. 이것은 특히 보안검색대를 지나는 지점에서 보안검색을 받는 승객과 항공기로 접근이 가능한 보안제한구역으로 출입하는 항공 및 객실 승무원을 포함한 모든 인원들에게 적용되어야 한다.
공사는 불법행위에 사용될 수 있는 위해물품 탐지를 위하여 출발승객, 휴대 물품 및 위탁수하물은 보안검색 완료구역으로 진입하기 전에 금속 탐지기, X-ray, 폭발물 탐지기 등을 이용하여 보안검색을 하여야 한다. 다만, 공항에 상주하는 경찰은 테러첩보접수 등 긴급 상황이 발생하였을 경우, 항공안전 및 보안에 관한 법률 제15조 제2항 단서 및 동법 시행령 제14조에 의거, 필요한 조치를 요구할 수 있으며, 경찰은 공사 등과 지원 방법을 협의하여 보안검색업무를 지원할 수 있다.
항공사는 체약국의 요구 또는 항공사가 필요하다고 판단되는 경우 탑승수속 전 또는 탑승구 앞에서 보안검색을 실시할 수 있다.

(2) 승객 및 휴대물품 보안검색은 금속 탐지기, X-ray 장비 또는 다른 폭발물 탐지장비를 사용하거나 사람에 의해 또는 장비와 사람을 혼용해서 수행될 수 있다. 보안 검색 간소화 및 수 검색 승객의 수를 줄이기 위해서 보안검색장비의 사용이 꼭 필요하다. 만약 시간이 충분하고 잘 훈련되고 숙련된 인원들이 보안검색을 하는 경우 수 검색도 유용할 수 있다. 그러나 수 검색으로 적절히 가려낼 수 없는 물품을 검색하기 위해서 X-ray장비 및 다른 폭발물 탐지장비가 항상 필요하다.

(3) 승객 및 수하물에 대한 최초 보안검색은 일반적으로 항공기 탑승에 앞서 승객이 탑승수속이나 항공권의 구매를 위해 항공사의 발권카운터에 도착될 때부터이다. 여기서부터 승객에 대한 감시가 시작되고 특별 검색할 사람이나 수하물을 확인하게 된다. 이것은 특별한 처리를 위해 수하물을 탑승 수속대에서 분리하거나 승객에게 그들의 위탁수하물에 대해 질문을 할 수 있도록 한다. 보안검색대에 배치된 보안검색요원에게 특별 보안검색이 필요한 특정승객을 알려줄 수 있도록 하는 체계가 강구되어야 한다. 이것은 그 승객을 보안검색 지점까지 호위(escort)하여 승객의 세부정보에 대해서 미리 통지를 하거나 여권 또는 탑승권에 사전 준비된 코드를 표시함으로써 가능하다.

2) 탑승거부 권한

공사 또는 항공사는 보안검색을 거부하거나 항공기 안전운항을 저해할 우려가 있는 자에 대하여는 항공기 탑승 및 보호구역 출입을 거부할 수 있다. 보안검색요원은 항공기 탑승 및 보호구역 출입이 거절된 자는 공항보안감독자에게 통보하고, 공항에 있는 모든 항공사들은 항공기 탑승이 거부된 승객이 다른 항공기로 여행을 하고자 여행계획을 변경할 상황에 대응하기 위하여 경계를 늦추지 않아야 한다.

3) 경찰력 지원

각 보안검색대에서 경찰력의 지원은 매우 중요하다. 무기를 소지한 범죄행위에 신속하고 효과적으로 대응할 수 있도록 보안검색을 지원하는 경찰관은 무장을 하여야 한다. 상황을 감독할 수 있도록 경찰이 보안검색대에 배치될 필요가 있다. 이것이 어려울 경우 필요시에 경찰을 각 보안검색대에 신속하게 투입하도록 준비하여야 한다. 보안검색대의 경찰지원에 필요 요건은 공항마다 다르며 항공보안당국에 의해 결정되어야 할 문제이다.

4) 보안검색 및 수색지침

(1) 승객과 휴대물품에 대한 보안검색 및 수색은 항공보안에서 중요한 부분 중의 하나이다. 이것은 전적으로 인원 보안검색을 위하여 수 검색 또는 문형금속탐지기와 휴대용금속탐지기를 사용하며 위탁 수하물 보안검색용으로는 X-ray를 주로 사용한다.

(2) 승객 및 수하물 보안검색을 위해 사용된 기술 장비는 제한이 있다. 예를 들어 문형금속탐지기와 휴대용금속탐지기는 비금속 폭발물 또는 폭발물을 탐지하지 못하며, 재래식 X-ray장비는 폭발물을 찾는 데 어려움이 따른다. 그러한 제한 사항을 보완하기 위하여 승객 및 수하물에 대한 무작위 개봉, 촉수검사, 폭발물탐지기 등은 최소한 10% 범위 내에서 실시하여야 하고, 위협이 증가함에 따라 무작위 검색 비율을 높이며, 세부 사항은 국가우발계획에 따른다.

(3) X-ray 운영자의 수하물 선별은 기내 휴대물품이 처리되는 전 과정에서 일관되고 합리적인 원칙에 의거해 실시되어야 한다. 합리적인 원칙이란, 금지된 물품을 숨기고 있을 것 같은 의심스러운 물품에 검색을 집중하며, X-ray 이미지에 의거해 선별하는 것을 말한다.

(4) 의무적인 조사대상자 이외에 과도한 긴장을 하거나, 거만하게 행동하거나, 보안검색을 회피하려 시도하거나 금지품목 같은 것을 소지 또는 은닉한 것처럼 보이는 자에 대하여는 반드시 수 검색을 실시하여야 한다.

(5) 여러 무기나 폭발물 등 금지된 물품이 발견될 수 있기 때문에 승객이나 휴대물품에서 하나의 무기 또는 폭발물이 발견되었다고 하여 승객 및 휴대물품 보안검색을 중지해서는 아니 된다. 무기나 폭발물이 발견된 지점에서 다시 보안검색을 실시하여야 한다.

(6) 정상적인 보안검색을 통해서 확인되지 않은 승객에 대하여는 수 검색을 실시하여야 한다. 수 검색을 비롯한 모든 보안검색절차를 통해서도 해당 승객에 대하여 만족스럽게 확인되지 않는 경우에는 항공기에 탑승시켜서는 아니 된다.

(7) 승객이 보안검색을 받는 동안에 승객 주머니나 승객의 몸에 물품을 일체 소지해서는 아니 된다. 검색을 받기 전에 키 뭉치, 라이터, 또는 휴대용전화 같은 금속제품을 비롯한 모든 물품은 꺼내 놓아야 한다.

(8) 승객 보안검색 시 보안검색장비의 설정된 감도 기준치를 초과한 금속이 있다는 표시가 난 경우 그 물품을 반드시 확인해야 한다. 이와 같은 보안검색절차나 유사한 조치를 받은 휴대물품에 한해서 검색 지점을 통과할 수 있다.

(9) 승객에 대한 수 검색을 실시하는 경우 자존심을 보장해주어야 한다. 만약 개별 보안검색실이 없다면 이동용 칸막이를 대신 이용할 수도 있다. 수 검색을 실시하는 경우에는 일반적으로 같은 성별에 의해 실시되도록 하여야 하며, 제3자가 입회하여야 한다.

2. 보안검색방식 및 환경

1) 보안검색방식의 유형[5)]

보안검색방식에는 중앙집중 검색방식(Sterile Concourse)과 목지점 검색방식(Sterile Boarding Area) 그리고 탑승구 검색방식(Departure Gate Screening) 등이 있다. 세계적으로 국가 및 공항여건에 따라 여러 가지 검색방법을 사용하고 있으며 각기 장단점을 가지고 있다. 현재 우리나라의 공항은 중앙집중식의 검색방식을 채택, 운용하고 있으며 이는 보안검색시 운용요원과 장비를 최소화하는 장점이 있다.

5) ICAO Security Manual (Doc 8973,2002)

(1) 중앙집중 검색방식(Sterile Concourse)

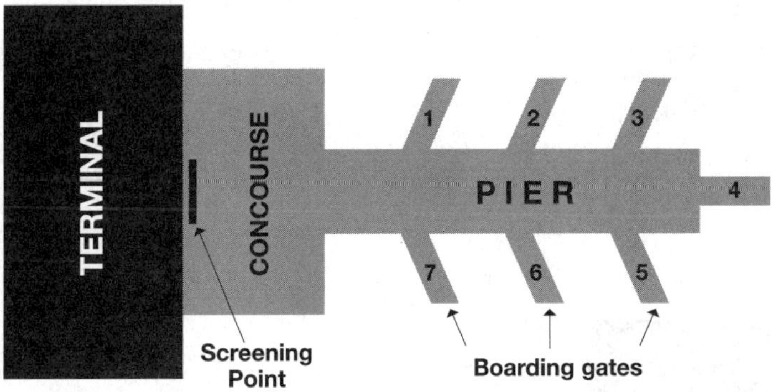

중앙집중 검색방식(Sterile Concourse)

현재까지 가장 적절한 대안으로 제시되는 방식으로 한 지역에서 집중적으로 검색을 수행하므로 비용 절감 측면의 장점이 있다. 또 다른 이점은 검색대와 탑승구 간의 충분한 거리를 확보할 수 있다는 것이다. 이는 직접적인 항공기로의 접근을 막을 수 있으며, 법집행관 및 항공사 요원이 비상시 또는 하이재킹시 대응할 수 있도록 충분한 시간을 확보할 수 있다는 장점이 있다. 단점은 승객검색을 위하여 탑승동 입구에 충분한 공간이 있어야 한다는 것과 보안검색완료지역의 보안성을 유지하기 위하여 보안 수색 및 수시 점검이 실시되어야만 하며 이 수색은 무기, 위험물품 등을 발견하기 위하여 실시된다. 보안검색완료지역을 벗어난 자가 다시 이 지역으로 진입할 경우 반드시 재검색을 받도록 하여야 한다.

(2) 목지점 검색방식(Sterile Boarding Area)

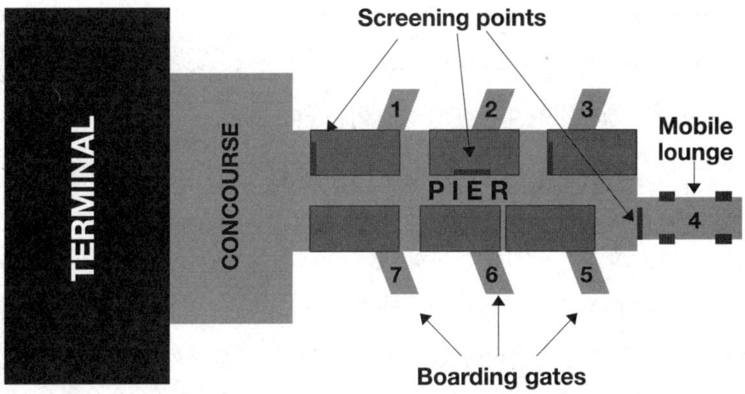

목지점 검색방식(Sterile Boarding Area)

중앙검색 방식 실시가 어려울 경우 이에 대한 차선의 대안이다. 탑승구 탑승지역 주위에 보안검색 완료지역을 지정하여 검색을 실시하는 것이다. 승객이 검색완료된 탑승지역에서 일반인과 접근이 통제되도록 중앙 또는 다른 터미널로부터 탑승라운지를 통제하는 검색방식으로 일반적으로 중앙검색의 경우 방문자들이 검색을 통과하면 보안검색완료지역으로 출입이 허용되나 지역 검색방식에선 공간의 협소함 등으로 인하여 해당 승객 외에는 이 지역으로 진입할 수 없도록 하고 있다.

(3) 탑승구 검색방식(Departure Gate Screening)

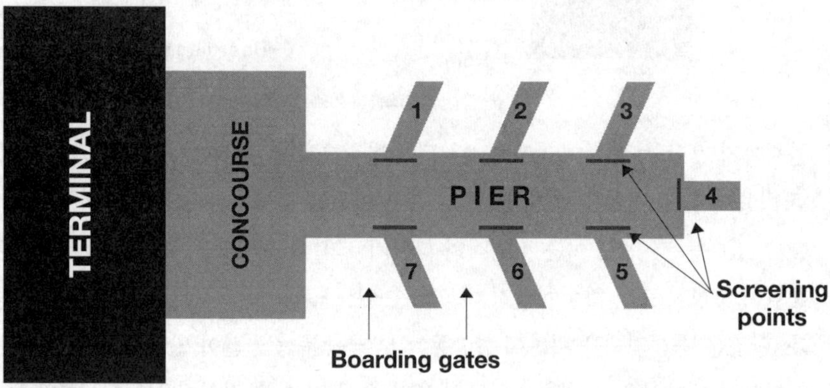

탑승구 검색방식(Departure Gate Screening)

가장 바람직하지 않는 방식으로 많은 검색요원이 각 탑승구 별로 배치되어야 한다. 추가로 승객 검색은 항공기가 승객 탑승을 위하여 도착하기 전까지는 승객 검색을 할 수 없다는 단점이 있으며, 이 경우 항공기가 제 시간에 해당 탑승교에 접안하지 않을 경우 대형 공항에서는 많은 지연을 초래하게 된다. 항공기가 준비되면 승객에 대하여만 검색을 하도록 하는 방법이며 대부분 소형공항의 경우 이러한 방식을 이용한다.

2) 보안검색대(Security Screening Stations) 운영

보안검색 요건은 항공기 납치를 예방하고, 여행객들의 안전을 도모하기 위해 마련되었으며, 미국에서는 1973년 이래 실행되어왔다. 공항의 전체시스템과 보안시스템을 조화시키는 과정에서 노출된 초기문제는 승객 동선의 차단이었고, 몇몇 경우, 터미널의 시설물 재배치 필요성도 제기되었다. 보안효과를 높이고 터미널의 혼잡을 예방하기 위해, 공항당국은 여객 탑승 게이트에 이르는 지역 관련 계획 수립시 보안검색대 설치 관련 사항을 고려하여야 한다. 그리고 ICAO 부속서17에 입각하여 무기, 폭발물 등의 위험물질이 항공기내로 반입되는 것을 방지하기 위하여 탑승 전에 모든 승객이 검색을 받도록 해야 한다. 이러한 보안검색은 터미널 내의 보안검색대에서 행해지고 보안검색대의 형태와 수는 터미널, 특히 시설 운영에 지대한 영향을 미친다. 따라서 터미널 건설 및 확장시 기획과 설계단계에서 세심한 주의를 기울여야 한다.

미국에서 가장 일반적으로 사용되는 두 가지 유형의 보안검색대는 보안검색완료지역 중앙에 검색대를 설치하는 방식과 승객 탑승대기 지역에 검색대를 위치하는 것이다. 여객의 안전 제고와 경제적 측면에서 ICAO는 보안검색완료지역 중앙에 위치한 검색대 배치(Sterile Concourse Station Plan)를 가장 이상적인 것으로 평가했다. 이러한 검색대는 탑승교 지선 지역이나 위성 터미널(satellite terminal)에 향하는 탑승동이나 복도지역 앞에 위치하며, 검색지역을 통과하려는 승객에 대하여 검색을 할 수 있도록 한다. 따라서 최소한의 검문검색 장비와 인원을 가지고 많은 항공기 탑승구를 통제할 수 있는 이점이 있다. 이 유형은 탑승지선 혹은 위성 터미널 개념을 가진 공항에 적합하다. 단일 검색대로 탑승 지역을 일반지역으로 부터의 차단을 용이하게 하기 때문이다. 일부 다른 유형의 터미널의 경우, 검색대는 보안검색완료지역(sterile area) 내의 탑승동 외의 다른 시설물도 보호할 수 있는 곳에 설치될 수 있다. 이러한 배치는 환승여객들이 보안검색완료지역(sterile area) 내에서 탑승동과 컨세션 지역 사이를 다닐 수 있도록 한다.

승객 대기 지역에 위치한 검색대 배치(Holding Area station)는 승객이 특정 항공기로 탑승 대기하기 위한 대기지역 입구에 보안검색대를 설치하는 것이다. 이 지역은 벽 또는 적절한 울타리로 가려지며, 그 입구는 통제되어야 한다. 이러한 검색대는 멀리 떨어져 있는 항공기로 여객을 수송하기 위한 차량을 필요로 한다. 이 지역에서 램프 지역으로 이르는 출입문들은 승객과 휴대물품에 대한 검문검색이 완료된 시점, 즉 탑승이 시작되기 전까지 계속 잠가둬야 하며, 감시되어야 한다. 이 유형은 사용되지 않을 때는 출입문을 잠금으로써 보안성이 유지되고 사용에 앞서 수색이 가능할 수 있도록 한다. 이 시스템의 장점은 소요인원과 장비가 많이 필요치 않으며 검색이 이뤄지는 동안만 담당관을 배치하면 된다는 점이다. 이 시스템은 탑승구 수가 적고 검색 과정이 덜 복잡한 소규모 공항에 적합하다. 탑승구 앞 검색대 설치(boarding gate station)는 소규모 지방공항에서 주로 사용되며 승객들과 소지품이 항공기로 이르는 게이트에 설치된 검색대에서 탑승 직전 검색을 받는다. 이 경우에 게이트는 항공기로의 탑승이 이루어지는 램프지역으로 통하는 출입문이 된다. 검사와 탑승과정이 연이어 이루어지므로 충분한 인원과 장비를 확보하여 비행 지연을 예방한다. 이러한 검색대는 검색이 진행되는 동안만 담당관을 배치해도 되지만, 그밖의 경우에는 외부인의 출입을 통제해야 한다. 이러한 방법은 대규모 공항보다는 검색절차가 복잡하지 않은 소규모 공항에 더 적합하다. 이러한 시스템의 또 다른 장점은 검색을 마친 승객에게 무기나 다른 위험물질이 은밀히 전달되는 가능성을 최소화할 수 있다는 점이다. 일부공항에서는 이동식 검색대가 설치되어 단기적으로 승객이 몰릴 때 탄력적으로 대응하고 있다.

3) 보안검색대 설치공간

보안검색 전담요원, 법집행관(필요시), 보안장비 검색테이블과 수검색에 필요한 제안구역 등에 적절한 공간이 할당되어야 한다. 수검색이 주로 사용되는 혼잡하지 않은 공항을 제외한 대부분의 공항에서는 최소한 문형금속탐지기 한 대와 X-ray장치 한 대가 반드시 필요하다.이러한 검색대는 최소 100에서 최대 200평방피트의 공간을 필요로 한다. 재검색이나 몸수색이 필요한 경우, 보안검색대를 통과하는 승객의 동선이 차단되므로, 보안검색대로 이어지는 공간을 할당할 때, 줄서는 공간까지도 고려해야 한다. 줄서는 공간은 터미널 내의 다른 활동에 방해가 되어선 안된다. 승객수가 많을 경우, 추가적으로 금속탐지기 한 대가 더 설치되는데, 이때 기존의 금속탐지기와 나란히 설치하여야 주 탐지기와 추가 탐지기가 승객처리를 분담할 수 있으며 승객 처리량을 늘릴 수 있다. 모든 유형의 검색대의 너비는 한번에 한 사람의 승객이 지나갈 수 있는 정도여야 하며, 보안검색을 통과하지 못한 승객이 다른 승객들에게 밀려서 항공기 내로 따라 들어가는 일이 없도록 해야 한다. 모든 유형의 검색대는 필요한 경우 신속한 확장이 가능토록 함으로써 대규모의 승객 처리가 원활히 이뤄지도록 해야 한다.

예를 들어, 승객수 증가에 따라 검색대의 증설을 계획할 때, 이러한 수요를 수용할 확장성이 있어야 한다. 이렇게 추가적으로 설치되는 시설들은 사용되지 않을 때 즉시 폐쇄할 수 있도록 설계 배치되어야 한다. 전자장이나 물리적 장애물에 의한 방해를 미연에 방지하고, 문형금속 탐지기로부터 X-ray 장치나 대형 금속류와의 거리를 충분히 떨어뜨리기 위해 보안검색대 설계시 충분한 공간이 할당되어야 하며, ICAO 규정에서는 최소한 1m 정도의 이격을 권장하고 있다. X-ray 장비를 사용할 경우, 충분한 공간을 할당함으로써 보안검색상 필요 이상으로 승객과 승객소지품이 떨어지지 않게 해야 한다. 이렇게 함으로써 비상사태 발생시 보안담당관들이 승객과 소지품을 쉽게 일치시킬 수 있다. 보안검색대가 무단침입을 당했을 경우, 보안검색 완료지역(Sterile area)이나 탑승 게이트를 신속히 봉쇄할 수 있는 방법(예를 들어 게이트 폐쇄장치, 경보장치)을 보안검색대 설계시 고려해야 한다.

4) 보안검색대 형태 및 위치

터미널 내에서 승객들의 동선을 단순화하고 최소한의 보안요원으로 보안검색이 가능토록 보안검색대의 형태, 위치, 수에 관하여 검토하여야 한다. 보안검색대의 설계나 위치는 보안검색을 통과한 승객과 그렇지 않은 승객의 분리가 용이하도록 해야한다. 일부 공항에서는 바닥에서부터 천장까지 방벽을 설치하기도 한다. 고정위치에 장착된 고가의 보안검색장비가 담당자가 없을 때 잘못 파손되지 않도록 보호조치를 강구해야한다. 많은 공항에서는 이러한 목적으로 검색대의 양쪽에 쇠창살을 설치했다. 금속탐지기 설치장소 확보는 이 보안장비의 운영 효율적 측면에서 매우 중요하다. 엘리베이터, 컨베이어 벨트, 레온 구조물 같은 여러 종류 물품에 의해 전기장이 발생할 수 있다는 사실을 고려하여야 한다. 그러한 방해 물질로 적정 이격 거리에 대한 구체적 권고는 불가능하다. 왜냐하면 각 지역에서 발생하는 다양한 방해 요소들 때문이다. 이런 정보는 장비 제조업체를 통하여 얻을 수 있으며 일반적으로 금속탐지기를 설치할 경우에는 전파장해를 발생시키는 무선 주파수 및 보안 장비 작동시 주파수, 보안 장비에 영향을 미칠수 있는 신호 세기 정도, 방해 정도 등을 고려하여야 한다. 또한, 지정된 지역의 천장,벽, 바닥 등에 전자 회로의 설치 위치를 고려하여야 한다. 교류가 하나의 콘딧에서 다른 콘딧으로 흘러갈 경우 지상 루프는 금속탐지기에 감지되는 전자장을 형성한다. 이러한 전자장의 신호는 금지물품의 자기장과 같은 크기의 신호를 보낸다. 선택된 설치지역이 전기 송신장치, 스위치 기어, 전기회로 분류기, 검색시스템, X-ray장비와 근접하여 있는지 고려를 하여야 한다. 근처에 전기가 발생 할 경우 금속탐지기에 영향을 미쳐 탐지를 방해할 수 있으므로 검색장비 전용 회로를 설치하는 것이 바람직하다. 추가적인 별도 전원 및 방해 방지 필터가 이러한 문제를 줄일 수 있다.

(1) 문형금속탐지기

금속탐지기는 검색대 전용 전원이 연결되는 경우를 제외하고는 어떠한 콘딧으로부터 10피트 이상 근접하여 위치하여서는 아니된다. 석고 벽 및 천장에 사용되는 금속 오리목, 천장, 바닥, 벽에 설치된 전기 코일 및 전화선, 지지천장에 설치된 금속 트랙, 또한 이것을 지탱하는 지붕, 바닥, 천장, 벽에 사용되는 장식용 서클, 긴 지붕을 가진 금속 난간, 금속 건축 기둥 등이 장애를 일으킬 수 있으며, 구조 금속에 적절히 묶이지 않은 금속 오리목, 트랙, 금속 건축 기둥 등이 여러 자기장을 발생하여 이를 통해 진동이 발생되어 더 심각한 장애를 일으킨다. 전선의 코일, 금속선의 루프, 금속형 난간, 장식용 금속 원등은 전파방해를 야기시키는 신호 소음을 일으키는 자기장을 형성한다. 만약 난간이 철로 만들어졌다면 구조물에 접지되어야 한다. 이것이 불가능하다면 알루미늄이나 구리 난간으로 교체하여야 한다.

금속탐지기는 적어도 철문 및 엘리베이터로부터 10피트 이상 떨어져 있어야 하며, 금속탐지기 인식부분은 스피커 내부의 코일이 전자자기 방해 현상을 일으키기 때문에 일반 공공 방송 스피커로부터 4피트 이상 떨어진 곳에 위치하여야 한다. 외부영향으로 인한 금속탐지기 표면 진동은 금속탐지기에 역 효과를 일으킬 수 있다. 수하물 카트, 지하철, 중형 트럭들은 금속탐지기에 악영향을 미치는 진동 발생 요소들이다.

(2) X-ray검색장비

X-ray검색장비는 금속탐지기만큼 외부 장애에 민감하지는 않지만 이 장비를 설치할 때에는 전기 소음이 전선을 통하여 전달되어 다른 전자 장비 운영을 방해하거나 손상을 줄 수가 있으므로 건물의 전기 시스템 상태를 평가하여야 한다. 느슨하게 연결될 경우 방전되어 빛이 발생할 수도 있다. 시스템 평가 항목은 변환기, 스위치 보드, 회로 분류패널, 지상네트워크, 이러한 모든 지점 사이로 연결되는 전선의 콘센트 등이다. 장비는 호환 가능한 다른 전원에 의하여도 작동하는지 확인하여야 한다. 장비가 설치되는 곳에서 어떠한 종류의 장비가 회로 분류패널로부터 전원을 공급 받을지를 결정하여야 한다. 만약 이러한 패널이 전원을 끄고 켜는 등의 많은 부하를 필요로 하는 경우 다른 회로 분류 패널을 선택하거나 또는 새로운 패널 또는 부패널을 설치하여야 한다. 계속 패널 디렉토리가 표시되어 있지 않거나 잘못 표시되어 있을 경우 이 장비는 호환되지 않는 전원과 연결되어 문제가 생길 수도 있다. 기존의 전기 회로나 콘센트가 사용될 수 있는지 또는 이 두 가지 중 한 가지가 반드시 추가로 장착되어야 하는지 기존의 전기 회로를 사용하기 전 어떠한 다른 것이 회로를 공유할지를 결정하여야 한다. 회로 분류장치와 콘센트 사이의 회로 거리에 따라 무선 주파수 방해 현상이 발생하여 운영상 문제가 생길 수도 있다. X-ray 장비는 주위 온도가 너무 높거나 낮으면 정상적으로 작동하지 않는다. 온도 및 습도 조절은 보안 검색대 위치 선정시 매우 중요한 고려 요소이다.

X-ray 장비가 이러한 요건에 노출될 경우가 있으므로 사전에 적절한 보호 조치를 취하여야 한다.

(3) 기타 지원시설

개별 검색, 수검색, 기타 특별 검색을 위하여 각 보안검색대 부근에 설정된 개별 지역 또는 개별검색실은 주 보안 검색대의 혼잡을 피할 수 있는 매우 유용한 장소이다. 그러한 장소는 일반대중으로부터 위반자를 격리할 수 있도록 해준다. 보안 검색대의 불편함을 줄이고 보안 검색대 운영자의 효율성을 높이며 업무의 육체적인 스트레스를 제거하기 위하여 장비 선택 및 설치시 반영하여 운영자가 효율적으로 업무를 할 수 있도록 운영자 작업 공간을 확보하여야 한다.

5) 보안검색대 설치

보안검색대 설치 장면

(1) 보안검색대는 승객보안검색으로 인한 정체를 최소화하고 보안검색에 필요한 공간을 확보하여 운영하고 항공기, 공항 무선 및 고압선 등으로 검색장비 운영에 영향을 미치지 않는 장소에 설치한다. 그리고 보안검색대 앞에는 항공기에 무기를 은닉하여 탑승하는 것은 범죄행위이고 관련법에 의거 보안검색대를 통과하는 사람이나 휴대물품은 보안검색을 받아야 하며, 보안검색을 거부하는 경우에는 검색대를 통과할 수 없으며 항공기 또한 탑승할 수 없다는 것과 승객이 요구 시에는 과학필름, 고감도필름 등은 X-ray 검색을 받지 않고 수 검색으로 보안검색이 가능하다는 안내 시설물을 설치하여야 한다.

(2) 검색대에는 반입금지물품 목록과 업무절차서 등을 비치하고 수하물을 개봉검색 할 수 있는 검색대를 설치하며, 비상사태 발생에 대비하여 경찰 등과 연락할 수 있는 비상벨, 전화기 또는 기타 통신수단이 있어야 한다.

(3) 보안검색대 또는 검색구역 별로 보안검색감독자가 배치되어 근무현황, 위해물품 적발상황, 정밀검색 실시내용 등을 기록 유지한다.

6) 보안검색요원의 업무 및 배치

(1) 보안검색요원의 업무

보안검색대에는 적정 인원의 보안검색요원을 배치하여 승객의 안내와 휴대물품을 X-ray 검색대 위에 올려놓도록 유도하고, 문형금속탐지기와 휴대용금속탐지기를 이용하여 신체 검색 및 정밀검색을 X-ray기로 수하물을 검색한다.

그리고 의심이 가는 승객에 대해서는 수 검색을 실시하고 휴대물품은 개장검색을 하며 의심스러운 물품은 폭발물탐지기를 이용한 정밀검색과 보안검색장비가 정상적으로 작동되는지를 수시로 확인한다. 그 외에 보안검색구역의 보안통제와 출구감시 등의 업무를 수행한다.

(2) 보안검색요원 배치

보안검색임무를 수행할 수 있다는 인증을 받기 전에 보안검색요원들은 필수적인 자격뿐 만아니라 지식과 기술을 가질 수 있도록 신중하게 선발, 훈련, 시험을 받도록 해야 한다. 승객들이 동성의 보안검색요원들에 의해 보안검색을 받을 수 있도록 남 · 여 검색요원을 동시에 배치해야 한다. 그리고 보안검색대에 배치되는 최소 인원은 일반적으로 보안검색 기능과 임무를 수행할 수 있는 아래의 인원으로 구성된다.

가. 여행서류 및 항공권 검사요원/승객위험분석가

항공권 또는 여권 등을 소지한 자만이 검색지역으로 들어가도록 하는 임무를 수행하면서 위험한 승객을 분석하여 정밀 보안검색이 필요한 승객을 선별한다. 승객의 수가 많을 경우 대기 승객을 관찰하여 강화된 보안검색이 필요한 승객을 분류하는 보조 위험분석자의 지원을 받을 수 있다.

나. X-ray에 휴대물품을 올려놓는 보안검색요원

X-ray 영상이 판독하기 좋도록 휴대물품을 컨베이어벨트의 중앙에 수평으로 잘 놓도록 하여야 하며, 승객에게 컴퓨터나 휴대폰 같은 전자 또는 전기제품을 휴대 수하물에서 꺼내 별도의 바구니에 담도록 알려주는 역할을 한다.

다. 승객 보안검색요원

승객의 이동흐름에 따라 배치 인원이 결정된다. 남 · 여 모두 필요하고 문형금속탐지기를 통과한 승객에 대해 추가적인 보안검색을 하는 업무를 수행하며 수 검색 또는 휴대용금속탐지기 같은 장비를 이용하거나 또는 2가지를 혼합하여 승객을 보안검색 한다.

문형금속탐지기 이용 신체검색(감시자)은 문형금속탐지기를 통과하는 승객의 감시와 여러 종류의 용기에 담겨져 있는 물품을 검사하고, 휴대용금속탐지기를 이용한 정밀검색은 휴대용 금속탐지기를 이용하여 검색하고 필요시 pat-down검색을 실시하며 비정상적인 상황이나 확실한 위험발생시 감독자에게 보고한다.

라. X-ray 운영요원

X-ray장비의 이미지를 판독, 합리적인 판단으로 금지물품이 포함되어 있어 직접 개장검사나 폭발물탐지(ETD)장비에 의한 추가적인 검색이 필요한 가방 등을 선별하는 업무를 수행한다.

보안검색시에 승객에게 안정감을 주기 위하여 전문적인 방식으로 보안검색을 실시하고 제조업자가 권고한 방법에 따라 X-ray 장비를 운영하며, 승객, 주위 근무자 또는 X-ray 장비의 작동과 관계없는 사람들로부터 방해를 받지 않도록 한다.

그리고 위탁수하물에 대한 X-ray 영상판독은 위해물품이 있지 않는 물품, 위해물품이 있을 가능성이 있는 물품, 비상절차에 따라 처리하여야 하는 확실한 위해물품으로 구분하고 X-ray 선량계(dosimeter)를 착용하고 근무하며 비정상 상황이나 확실한 위험시, X-ray 장비 고장시는 감독자에게 보고한다.

마. 휴대물품 수 검색요원/ 폭발물 탐지(ETD)장비운영 요원

추가적인 보안정밀검색을 위해 X-ray 운영요원이 선별한 물품에 대해 수 검색을 실시하는 업무를 수행한다.

바. 위탁수하물 보안검색요원

위탁수하물 X-ray 검색을 실시하는 요원으로 불법 무기, 폭발물, 발화성 물질 등 위험물품을 판독하고 위험물품이 확실시 감독자에게 보고한다. 그리고 X-ray 검색시 명확히 확인되지 않는 위탁수하물은 개봉검색을 실시한다.

사. 출구레인 감시요원

승객이 보안 검색 완료구역에서 공항 일반지역으로 나올 경우 이를 감시하고 보안검색을 받지 않은 승객이 출구레인을 이용하여 보안검색 완료 구역으로 진입하는 것을 방지한다. 그리고 보안검색이 완료된 승객과 받지 않은 승객이 접촉하는 것을 방지한다.

아. 보안검색 감독자

보안검색대의 규칙과 효율성에 대한 진반적인 책임을 지고 X-ray 장비운영과 같은 다른 업무를 수행하여서는 안 되며, 승객의 위험분석이나 문제되는 보안사항에 대하여 직원에게 지침을 제공한다.

(3) 보안검색요원은 근무기간 중 규칙적으로 교대근무를 해야 한다. 어떤 요원도 20분 이상 계속적으로 X-ray 이미지를 판독해선 안 되고 40분이 지나기 전에 다시 판독업무를 수행해서는 아니 된다. X-ray 운영요원이 승객보안검색 및 휴대물품 수 검색요원 등과 순환근무가 이루어질 수 있도록 근무를 편성한다. 이는 보안검색요원의 X-ray 이미지 판독능력을 향상시킨다.

(4) 앞에서 제공된 일반적인 지침 외에도 승객의 보안검색 요건은 예상 승객의 흐름, 비행일정, 항공기 종류와 승객 이외의 사람에 대한 보안검색요건 등을 고려하여 결정하여야 한다.

제4절 승객 및 휴대물품 보안검색

1. 기준

테러범들이 사용할 수 있는 위해물품탐지를 위하여 승객, 휴대물품이 보안검색완료구역으로 진입하기 전에 금속탐지기, X-ray, 폭발물 탐지기 등을 이용하여 보안검색을 하여야 한다.

1) 승객권리

모든 보안검색요원은 승객이 보안검색과 관련하여 특정권리를 가진다는 사실을 명심하여야 한다. 이러한 권리는 승객 및 휴대물품 보안검색을 거부하거나 특별한 위험이 발견되지 않을 경우 보안검색 허가를 거부할 권리를 가진다. 만약 승객이 이러한 권리를 행사할 경우 승객 또는 해당 휴대물품은 보안검색완료구역을 통과할 수 없다.

2) 승객흐름 및 보안검색

(1) 개요

공항에서 승객의 흐름은 공사, 항공사, 보안요원, 정부기관 및 입주 상업체 등과 같은 여러 기관의 행동에 의해 결정된다. 모든 관련기관이 승객에게 최선의 서비스를 제공하기 위하여 협력하여야 한다는 것은 원칙적으로는 명확하나 실제로는 시행하기 어렵다. 공항에서의 보안대책이 적절히 관리되지 않을 경우 출발승객의 흐름에 악영향을 미칠 수 있다. 휴대 및 위탁수하물 수검색을 포함하여 강화된 보안 환경에서 승객 처리를 할 경우 더 많은 보안검색시간이 필요하다.

(2) 승객동선 개선을 위한 조치

승객 및 휴대물품을 철저한 보안검색을 위하여 잘 훈련된 보안검색요원과 충분한 보안검색장비를 확보하고 보안검색을 위한 충분한 시간이 할당되어야 한다. 보안검색이 효율적인 방법으로 시행되지 않을 경우 항공기 운영의 정시성에 악영향을 미칠 수 있다.

또한 보안검색대에서의 혼잡은 보안검색절차를 회피하여 보안을 약화시키려는 자에 의해 악용될 수도 있다. 예를 들어 정중한 승객 대응, 왜 보안검색을 실시하며 어떻게 실시되는지에 대한 설명, 보안검색시간이 얼마나 걸리는지에 대한 설명, 그리고 편안한 환경에서 보안검색을 받을 권한 등과 같이 기본적인 권한에 대하여 충족되지 않을 경우 문제가 발생한다.

왜냐하면, 실제 모든 항공여행 승객은 정신적으로 긴장하고 있으며 사고우려, 흥분, 두려움뿐만 아니라 우울증 상태에 있어 공항에서는 비정상적인 행동(예 : 거친 언행, 줄 끼어들기 행위 등)이 증가되며 심지어는 정상적인 자도 이러한 행동을 저지른다. 긴 수속시간, 부적절한 대기열 관리, 익숙하지 않은 절차, 중무장한 경찰요원 등의 상황에 대한 불만족을 느껴 일반 승객이 부적절하게 표현할 수 있다.

따라서 보안검색장비운영 및 보안검색요원의 임무수행에 방해를 주지 않는 범위 내에서 승객이 어떠한 절차에 의한 보안검색을 받아야 하는지 설명을 함으로써 승객이 안정된 분위기를 느끼고 보안절차가 공정하게 그리고 전문적으로 실시되고 있다는 느낌을 가지도록 하는 것이다.

(3) 직원

보안검색대를 신속히 통과시키기 위한 기본적인 요소는 충분히 훈련받은 보안검색요원을 배치하는 것이다. 필요한 기술요건뿐 아니라 고객서비스 기법 및 충돌해결기법에 대하여도 교육을 시켜야 한다. 보안검색대지역에서 승객들의 질문에 대답할 수 있는 지식과 정보를 가진 직원을 배치하여 대기하고 있는 승객에게 탑승권 및 여행서류를 준비시키거나 X-ray 검색 전 가방에서 노트북을 제거토록 하는 것 등 승객이 휴대물품에 어떠한 물품을 넣을 수 있고 없는지와 같은 보안검색에 관한 가능한 한 많은 정보를 사전에 제공하도록 하여야 한다.

그리고 승객에 대한 물리적 보안검색이 필요할 경우 동일한 성별을 가진 보안검색요원에 의해 검색을 수행하도록 하여야 한다.

(4) 장비

예상 승객에 대한 흐름을 원활하게 처리하기 위하여 충분한 보안검색장비를 설치하고 장비고장 시 신속히 대처할 수 있는 예비 장비가 확보되어야 한다.

(5) 공간

보안검색 임무 수행을 위하여 충분한 공간이 확보되어야 한다. 많은 기존의 공항이 강화된 보안검색으로 인한 승객의 대기자를 고려한 충분한 공간을 확보하지 못한 경우에는 보안검색대를 중앙에 배치해 장비 및 인력을 더 효율적으로 사용할 수 있으며 승객이 많을 시에도 적절히 대응할 수 있다. 확인해야 할 사항은 보안검색이 꼭 현재 위치에서만 실시되어야 하는가, 추가 확보할 수 있는 공간이 없나, 보안 검색대 및 장비 배치를 일열 배치보다는 서로 엇갈리게 배치할 수 있는가 등이다.

(6) 대기열 관리

각 보안검색대 별로 줄을 서도록 하는 것보다는 보안검색대 전체에 하나의 줄로 승객을 대기시키며 줄 맨 앞에 직원이 배치되어 해당 승객을 이용 가능한 보안검색대로 안내하도록 한다. 승객은 보안검색을 지정받는데 대기시간이 얼마나 될지 판단을 할 수 없다. 따라서 대기시간을 알 경우 출발 항공편을 놓친다는 불안감이 해소될 수 있으므로 승객이 일정 지점으로부터 얼마나 기다려야 하는지 안내 표지판을 설치하여 정보를 제공하여야 한다. 예를 들어 "이 지점부터 10분 기다려야 함" 등의 안내 표지판이 제공되어야 한다. 그리고 줄 서기 전 사전에 동전, 펜, 열쇠, 휴대폰 등 휴대물품을 몸에서 제거하여 승객이 휴대하여 이동할 수 있도록 바구니 또는 투명 비닐봉지를 제공하는 것을 고려하여야 한다. 특히 투명한 비닐봉지 사용의 이점은 승객이 비닐봉지를 들고 직접 보안검색대를 통과할 수 있으며 승객이 휴대물품을 주머니에 넣는 동안 출발통로를 막아서 혼잡을 야기시키는 현상을 줄일 수 있다.

(7) 정밀보안검색 승객

보안검색을 하는 과정에서 기내반입 금지물품을 휴대하였거나 임산부 등 특별한 승객의 수검색 등 보다 정밀보안검색을 위하여 개별보안검색이 요구되는 승객은 대기 줄에서 분리되어 처리되어야 한다. 일단 줄을 서있는 다른 승객이 한 승객의 휴대금지물품을 신체 또는 휴대물품에 은닉하여 보안검색요원이 이를 찾는 데 시간을 소비하고 있다는 것을 알았을 경우 해당 승객은 다른 승객으로부터 비난을 받을 수 있으므로 신속히 열에서 이탈시킴으로써 보안검색 업무를 신속하게 수행하려고 노력하고 있다는 느낌을 줄 수 있다.

(8) 환경

선의의 늦은 승객 뿐 아니라 노인, 장애인, 어린아이들과 함께 여행하는 가족들에 대한 독립된 보안검색통로 이용이 고려되어야 한다. 이러한 통로가 제공될 경우 선의의 늦은 승객에 대한 항공편 세부처리 사항뿐 아니라 해당 통로를 이용할 수 있는 대상자에 대한 명확한 표지판이 설치되어져야 한다. 그러나 이러한 통로는 단지 일반 보안검색대를 회피하기 위하여 일반인이 이용하는 것을 방지하기 위하여 적절히 통제되어야 한다.

그리고 승객이 기다리는 동안에 적절한 서비스를 제공함으로써 승객의 스트레스를 줄일 수 있다. 좋은 조명, 환기, 음악, 식수, 공항잡지, 신문, 여행정보 등 좋은 환경을 제공함으로써 기다리는 시간을 짧게 느끼거나 지루함을 줄일 수 있다.

(9) 자존심

휴대 또는 위탁수하물 수 검색을 실시할 경우 다른 승객들이 내용물을 볼 수 없도록 주의를 하여 자존심이 상하지 않도록 보안검색을 하여야 한다. 이를 위한 가장 간단한 방법은 보안검색대에 칸막이(partition)를 높게 설치하여 다른 승객들이 볼 수 없도록 하며 물품이 바닥으로 떨어지지 않도록 보안검색대 주변에 보호대를 설치하여야 한다.

2. 승객 및 휴대물품 보안검색

1) 보안검색시 유의사항

(1) 신체에는 물품을 숨길 경우 적발하기 어려운 부위가 많다. 또한 상의 안감, 어깨 바대, 모자, 종교용으로 사용되는 두건, 넥타이, 주머니, 상의 옷깃, 저고리 옷깃, 허리춤, 벨트, 신발이나 부츠 끝 부분, 신발 뒤축과 같은 곳에 물품을 은익할 수 있다. 물품은 승객이 일상적으로 보안검색을 받으면서 가지고 다니는 물건 속에 은닉할 수 있다. (예 - 신문, 책)
그리고 일반적으로 승객에 대한 보안검색은 밀폐된 공간이 아니라 일반지역에서 실시된다. 그러나 보안검색요원은 보안검색대상 승객이 소지한 현금이나 귀중품 뿐 아니라 비밀문서 및 개인문서들은 일반인들에게 노출이 안 되도록 해야 한다.

(2) 특수보안검색 요건으로 개봉검색, 수 검색, 폭발물 탐지기를 이용한 보안검색을 실시할 경우는 수상한 승객이나 소지한 물품에서 위해물품, 수상한 물품이 발견될 경우로는 폭발물 이외의 위해물품이 X-ray 화면에 발견되거나 휴대물품의 안전성에 의심 또는 식별이 되지 않을 경우이다. 그리고 보안검색장비가 없거나 작동하지 않거나 배터리로 작동되는 의심이 가는 전자제품과 기타 감독자에 의해 수 검색이 필요하다고 판단되는 경우이다.

(3) 개봉 및 수 검색의 경우 물품 소지자 또는 해당 항공사 대리인 입회하에 실시하되 승객과 휴대물품 수 검색에 대한 절차 및 책임에 대한 구체적인 사항은 공사나 항공사 시행계획에 포함한다.

(4) 승객이 휴대금지품목 소지여부를 확인하기 위하여 보안검색요원이 세부적인 보안검색이 필요하다고 판단될 경우 개별 보안검색을 실시하여야 한다. 개별 보안검색은 밀폐된 보안검색실에서 실시하되 보안검색 받는 승객과 동성(#同性)으로 1명은 보안검색을 하고 1명은 보안검색을 입회하여야 한다. 개별 보안검색은 승객이 요청하거나 의료보조 장치를 착용한 장애인, 임산부 또는 중환자나 일반적인 보안검색절차로 검색을 할 수 없다고 보안검색요원이 판단할 경우 외에도 승객이 금속탐지기 통과 중에 경보가 울렸으나 그 원인을 정확히 파악할 수 없을 때이다. 보안검색요원이 개별보안검색을 실시하는 경우에는 밀폐된 독립된 공간에서 실시하되 의료보조 장치를 착용한 장애인, 임산부 또는 중환자는 예외로 할 수 있다.

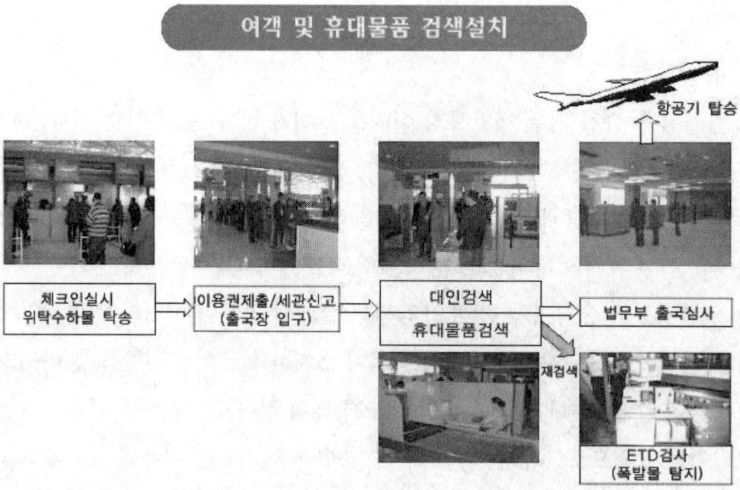

2) 보안검색 방법

(1) 문형금속탐지기 보안검색 절차

승객에게 무기, 폭발물장치 또는 기타 금지물품을 숨기기에 충분한 크기의 휴대물품은 X-ray 벨트 위에 올려놓도록 하거나, 수 검색을 요청한 후에 승객이 소지하고 있는 핀, 브로치, 팔찌 등 금속물질을 제거하여 검색대의 바구니(투명비닐봉지)에 넣어 승객이 볼 수 있는 곳에 두되 지폐는 지갑에서 제거하여 승객이 보관하도록 한다. 또한 승객에게 문형금속 탐지기를 정상적인 걸음으로 통과하도록 요청하되 승객이 문형금속 탐지기를 너무 빨리 통과하거나 너무 느리게 통과하거나 또는 비정상적인 방법으로 통과하지 않도록 하여야 한다. 예를 들면 팔을 옆으로 또는 앞뒤로 펴거나, 껑충껑충 뛰거나, 넓게 뛰거나 돌거나 큰 걸음으로 뛰거나 다리를 끌면서 뛰거나, 뒤로 걷는 것이다. 그리고 문형금속 탐지기 통과시 경보가 발생하지 않았을 경우에는 바구니(투명비닐봉지)에 보관된 물품을 승객에게 돌려주고 보안검색 완료구역으로 진입을 허가하며 경보가 발생하였을 경우에는 승객에게 소지한 금속물이 있는지 재확인하도록 요청한 후에 앞에서와 같은 절차에 의해 보안검색을 재 실시한다.

(2) 휴대용금속탐지기 사용 시기 및 보안검색절차

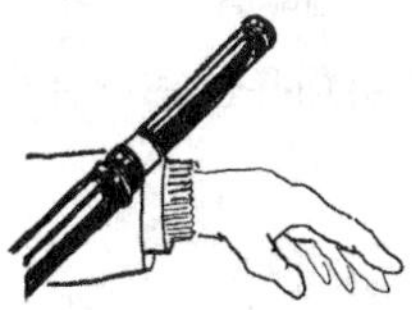

보안검색요원이 휴대용금속탐지기를 이용하여 정밀보안 검색을 실시할 시기는 문형금속탐지기가 경보음을 울릴 때나 보안검색요원이 필요하다고 판단될 때 또는 문형금속탐지기가 작동하지 않거나 사용할 수 없을 경우이다. 그리고 보안검색요원은 수상한 승객의 물품에 대하여는 폭발물 탐지기 등을 이용하여 보안검색을 하여야 한다.

가. 보안검색요원은 휴대용금속 탐지기를 이용한 보안검색을 실시하기 전에 승객에게 보안검색 승인을 구하고 보안검색을 방해하는 겉옷은 벗어 바구니에 넣어 X-ray로 검색을 하거나 수 검색을 하여야 하고 X-ray 검색을 마친 휴대물품에 대하여 통제한다. 그리고 보안검색 중에 제거된 물품 및 휴대물품이 충분히 검색되었는지 확인을 하고 검색대 문형금속탐지기를 통과하는 다른 승객의 흐름에 방해를 주지 않는 장소에서 보안검색이 실시되는지 휴대용금속탐지기가 금속물체를 통과시 경보가 발생하여 제대로 작동하는지 확인한다.

나. 보안검색요원은 휴대용금속 탐지기를 사용하여 승객을 검색할 시에는 승객에게 정면으로 서서 팔을 벌리도록 하고 장비 제작사가 지정한 대로 사용하되 휴대용 금속탐지기가 승객의 신체에 직접 닫지 않도록 1~3인치(3~8㎝)를 이격시켜서 보안검색을 한다. 먼저 머리에서부터 시작하여 승객의 신체둘레를 시계방향으로 검색하여 전체를 보안검색 한 후에 보안검색 탐지부분을 승객의 신체와 평행하게 하며 승객의 어깨에서부터 내리며 1~3인치(3~8㎝) 너비로 다시 발에서 어깨로 보안검색을 실시한다. 그리고 승객을 뒤로 돌아서게 하고 승객의 뒷부분에 대하여 전면과 동일한 절차에 의하여 보안검색을 실시한다. 특별히 주의할 사항은 보안검색이 완전히 되었는지 확인하기 위하여 양쪽 신발의 내·외부, 앞·뒤쪽 등 8개 부분에 대하여도 확인한다.

(3) 보안검색요원은 휴대용 금속탐지기가 경보를 울릴 때에는 울린 지점에 대하여 철저히 확인하되 승객에게 경보가 울린 부분의 모든 금속물질을 제거하도록 하고 제거된 물체가 반입금지 물품인지 확인한 후에 경보가 발생한 지점에서부터 다시 검색을 한다. 승객에 대하여 완전한 보안검색이 될 때까지 그리고 모든 경보 원인이 발견되고 처리될 때까지 앞의 절차를 계속 수행한다. 특별한 주의가 요망되는 곳은 발 및 발목 주위이다. 왜냐하면 무기를 숨길 수 있기 때

문인데 어떤 공항에서는 신발에 있는 금속성 물질이 경보를 울릴 수도 있어 이에 따라 발 및 발목에 대하여 수 검색을 실시하여 확인한다. 만약 승객이 대형 벨트를 착용하고 있을 경우 승객에게 벨트를 풀도록 하여 버클의 앞뒤 및 내부를 살펴보고 휴대용금속 탐지기 경보의 원인이 밝혀지지 않을 경우 개별검색을 해야 한다.

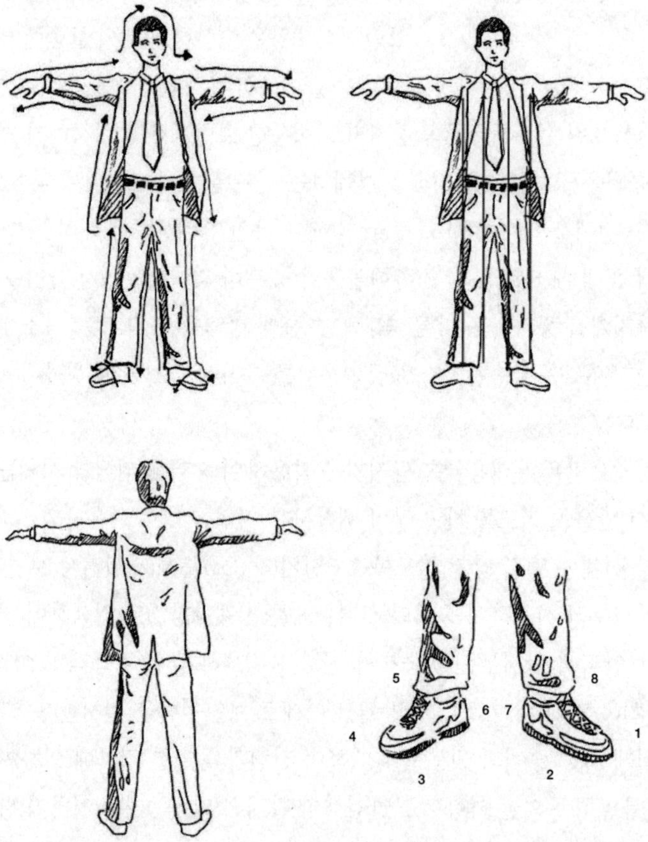

3) 수 검색 절차

(1) 착안사항

수 검색에는 전체 신체 수 검색과 경보발생지역에 대하여 실시하는 부분 수 검색으로 나눠진다. 이 2가지 경우 보안검색요원이 손등 또는 손바닥을 이용하여 보안검색을 한다.

신체 수 검색은 승객과 동일한 성별의 보안검색요원에 의해 실시하되 시계방향으로 승객의 신체 위에서 아래로 실시하며, 매 보안검색시마다 빠지는 부분이 없도록 똑같은 방법으로 실시하고 승객에 대한 수 검색방법으로 보안검색대상자를 보안검색요원과 마주 보고 서도록 하고 승객이 코트, 책, 신문 등 소지하고 있는 물품을 먼저 검색 한 다음 신체에 대한 수검색이 완료되면 해당 물품을 돌려주도록 한다.

보안검색절차는 신체검색과 체계적인 방법으로 의류의 앞, 뒤를 검색하는 의류 보안검색으로 먼저 모자에 대한 물리적인 보안검색과 머리카락에 대한 육안 보안검색 또는 물리적 보안검색을 하고 옷 뒷부분, 칼라, 옷깃, 어깨부분, 주머니, 팔 부분 순으로 실시한다. 코트, 상의 등 겉옷은 주머니를 포함한 넥타이, 조끼, 블라우스, 셔츠, 가디건 순으로 검색을 하며 허리부분, 주머니, 접힌 부분, 스커트 · 드레스의 공그른 단(hemline) 순서로 바지 및 치마에 대한 물리적인 보안검색을 한다.

그 외에 신발, 부츠, 특히 하이힐과 높은 굽의 신발에 대한 면밀한 육안검색을 하고 필요시 휴대용금속탐지기나 X-ray 장비를 이용한 보안검색을 하되 추가 보안검색이 필요한 비정상적이거나 의심스러울 정도로 튀어나온 부분을 찾아내기 위한 육안보안검색을 실시한다.

겨드랑이, 가슴, 등 중앙(등뼈), 가랑이, 허리춤, 허벅지, 발목, 신발부분에 대해서도 특별한 주의가 필요하다.

(2) 신체 수 검색

만약 승객이 문형금속 탐지기 또는 휴대용금속 탐지기에 의하여 확인되지 않거나 금속 탐지기에 의한 보안검색을 거부할 경우 몸 전체를 수 검색을 하되 기술적으로 매우 주의 깊게 실시되어야 한다.

예 - 휠체어 승객, 임신한 승객, 의료장비가 몸 안에 있는 승객 등

가. 신체 전체 수 검색

신체 전체에 대하여 수 검색을 하여야 하는 보안검색요원은 먼저 승객으로부터 수 검색 허가를 득하고 승객과 같은 성(性)을 가진 보안검색원에 의하여 검색하도록 하여야 하며 수 검색에 지장을 주는 오버 코트, 재킷, 모자, 목도리 등 두꺼운 의류는 벗도록 요청한다. 그리고 승객에게 주머니에 있는 모든 것을 꺼내 놓도록 요청한 후에 꺼내놓은 물품은 확인을 하여야 하고 만약 X-ray 검색이 필요할 경우 표준검색절차에 의한 검색이 이뤄지도록 하여야 한다.

신체 부위에 은닉할 수 있는 무기

남자

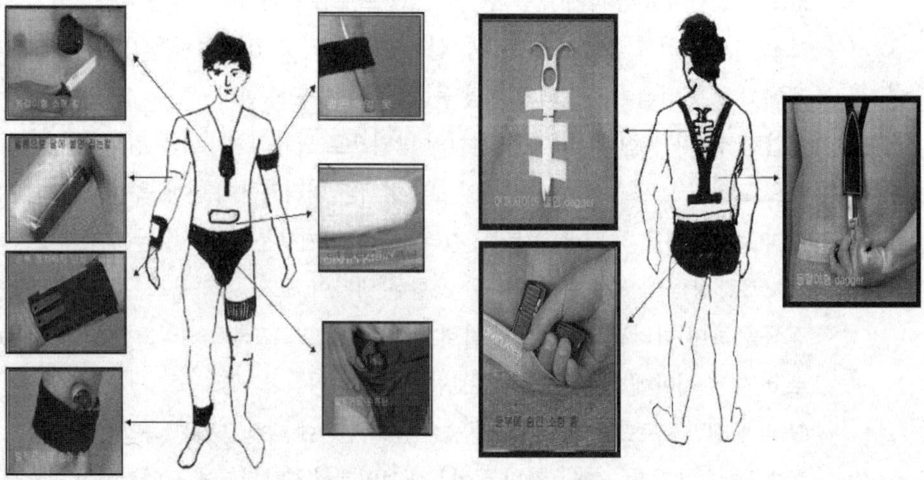

여자

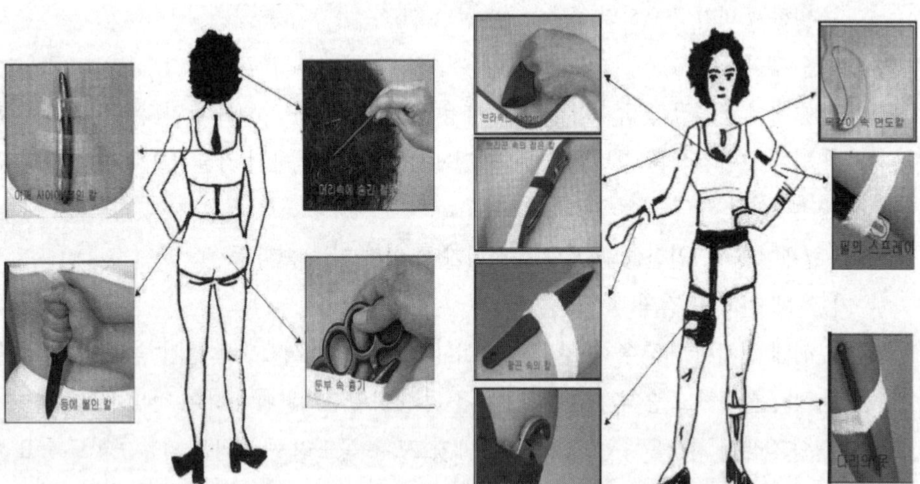

나. 신체 부위별 수 검색

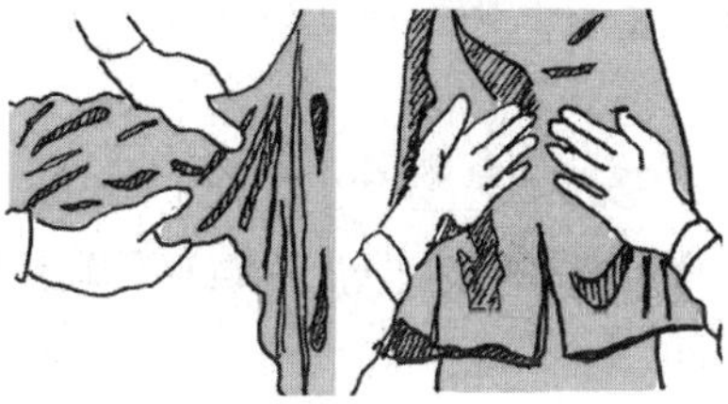

먼저 머리와 목은 승객의 머리가 짧을 경우는 육안으로 검색하고 승객의 머리가 길거나 또는 머리에 무기를 숨길 수 있을 경우에는 머리 및 목 부분에 대하여 수 검색을 실시한다.

그리고 승객이 머리에 두건 또는 기타 머리띠를 두르고 있을 경우 수 검색을 위하여 제거토록 요청한다.

둘째로 어깨와 팔은 승객에게 팔을 옆으로 들어올리도록 요청하되 만약 승객이 짧은 소매를 입고 있을 경우에는 소매 끝부분만 검색을 하고 승객이 긴 팔을 입고 있을 경우 승객의 몸 가까운데에서부터 먼 쪽으로 손가락 및 손바닥을 이용하여 검색을 실시한다. 다른 팔도 같은 방법으로 실시한다.

셋째로 가슴, 겨드랑이 및 등 부분은 승객에게 팔을 올린 상태에서 손등을 이용하여 어깨에서부터 시작하여 허리까지 전체적으로 검색한다. 여자승객을 검색할 경우 효율적이고 기술적으로 가슴부위를 검색하여야 한다. 그리고 무기를 숨길 수 있는 등, 허리부분 및 겨드랑이 부분에 대하여 특히 신경을 쓰고 만약 승객이 정장, 코트, 스포츠 재킷 등을 걸치고 있을 경우 승객으로부터 해당 옷을 제거하여 검색한다.

넷째로 허리, 허벅지 및 다리는 엄지손가락을 넣어 승객의 벨트, 허리와 허리주위를 검색하고 필요시 무릎을 꿇고 손등을 이용하여 승객의 신체 아래 부분이 완전히 검색되도록 허리부분부터 바지 끝단 또는 스커트 끝단까지 검색한다. 다른 다리도 이와 같이 검색을 실시한다.

다섯째, 가랑이 부분은 승객의 허가를 얻어 휴대용금속 탐지기를 이용하여 가랑이 사이를 검색하고 끝으로 발 및 신발은 보안검색요원이 손으로 신발 바닥 및 신발 위를 검색하여야 한다. 만약 물품을 숨긴 흔적이 발견되거나 의심나는 물품에 대하여 X-ray 검색을 실시하여야 한다.

다. 수 검색의 한계

개인 또는 휴대물품에 대한 수 검색은 일부 한계가 있다. 보안검색대상 승객이나 휴대물품에 대하여 사전 양해를 구하여 승인을 득해야 하고 전기, 전자 및 기계제품(예, 휴대폰, 노트북, 컴퓨터, 카메라)은 X-ray 장비나 폭발물 탐지기 같은 기술적인 장비로 보안검색을 해야 하며 승객과 휴대물품이 많을 경우에는 장비에 의한 보안검색보다 수 검색에 더 많은 시간이 소요된다.

그리고 수 검색자의 나쁜 습관이나 피로 등에 의한 인적인 실수에 약하고 보안검색요원들에게 불쾌감이나 비위생적일 수 있다는 제한사항이 있다. 따라서 보안검색장비를 이용한 보안검색과 수 검색을 혼용하는 것이 적절하다.

4) 특별관리가 필요한 승객에 대한 절차

(1) 특별관리가 필요한 승객에 대한 구체적인 지침을 준비하여 보안검색요원에게 교육시켜야 한다. 최소한 이 지침에는 유모차에 있는 아기와 어린이는 부모의 동의가 필요하고 임신한 여성과 휠체어에 탄 승객 그리고 의학적인 치료 상태 있는 자(깁스한 자)나 종교적인 이유로 수 검색이나 가방 보안검색을 받지 못하겠다는 승객, 성 전환자, 기타 해당지역 특별 기준에 해당하는 승객은 보안검색지침에 의해 검색이 이뤄져야 한다.

(2) 보안검색시 형질이 손상되는 물품 등에 대한 보안검색은 X-ray 보안검색 시 손상을 줄 우려가 있는 골수, 혈액 등 인명 구조용 의료품과 유골 및 이식용 장기 그 밖에 항공안전본부장의 허가를 받은 물품에 대하여는 개봉검색을 하거나 입증서류 확인 등의 방법으로 보안검색을 할 수 있다. 보안검색감독자는 상기의 물품을 운송하는 자에 대하여 물품의 내용을 증명하는 서류 및 운송자의 신원을 확인한다.

제5절 위탁수하물 보안검색

1. 원칙

1) 항공안전 및 보안에 관한 법률 등 관련된 법규에 따라 보안검색을 하지 않은 어떤 위탁수하물도 항공기에 탑재 되어서는 아니 된다. 정상적인 항공권을 소지한 승객의 위탁수하물만 접수하고 대리인 또는 승인된 항공사 대리인에 의해서만 탑승수속이 실시되어야 한다.
2) 보안검색장비를 사용한 위탁수하물에 대한 보안검색은 주요 보안검색방법 중의 하나로 모든 국제선 및 국내선에도 적용되어야 한다.
3) 일반 수속절차, 승객의 탑승과 처리, 위탁수하물의 수속 및 탑재에 지장을 최소화하도록 위탁수하물 보안검색이 실시되어야 한다. 보안검색은 탑승수속 전, 중 또는 후에 실시될 수 있다. 위탁수하물의 개장 보안검색에는 승객이 입회하도록 하여야 한다.
4) 보안검색절차의 필수적인 부분은 실제로 항공기에 탑승한 승객소유의 위탁수하물만이 탑재되고 필요한 보안통제를 받도록 하며 해당 항공기에 탑재 승인되는 승객과 수하물의 일치를 확인한다. 어떤 이유든지 탑승이 거부된 승객의 수하물은 반드시 하기되어야 한다.
5) 수하물처리 실수 또는 지연으로 인해 소유주와 분리된 위탁수하물은 추가적인 보안통제 없이는 운송될 수 없다.
6) 공항 외부의 수속시설에서 접수되어 항공기에 탑재되는 위탁수하물은 공항에서 실시되는 것과 동일하거나 더 높은 수준의 보안조치를 받아야 한다.
7) 회사우편 또는 항공서류 등의 물품을 포함하여 항공기 화물칸에 적재되는 모든 물품은 목적지에 상관없이 적재하기 전에 보안검색이 되어야 한다.

2. 위탁수하물 보안검색

1) 일반준칙

각 공항의 승객규모와 운영시스템이 다르기 때문에 위탁수하물 보안검색에 대한 한 가지 방법을 추천하는 것은 매우 어렵다. 그러나 아래의 원칙은 지켜져야 한다.

(1) 보안검색요원은 위탁수하물이 기내에 탑재되기 전 X-ray 장비 등을 이용하여 보안검색을 실시하며 환승 및 통과승객의 위탁수하물과 별송위탁수하물도 동일하게 보안검색을 실시하여야 한다.

(2) 환승 위탁수하물은 출발지역 공항의 위탁수하물 보안검색기준이 현재 환승공항의 위탁수하물 보안검색기준과 같거나 더 엄격하고 운송중인 위탁수하물에 적용한 보안통제가 수하물외부 침입을 충분히 방지할 수 있다고 국가 항공보안 관련당국이 판단할 경우에는 보안검색이 면제될 수도 있다. 이런 면제는 관련 공항의 국가항공보안당국에 의한 보안통제 및 보안검색 절차에 대한 상호점검결과에 근거를 두어야 한다.

(3) 보안검색을 받은 모든 수하물은 항공기 내에 탑재되기 전까지는 외부침입이 배제되도록 하여야 한다. 보안검색을 마친 수하물이 항공기에 탑재되기 전까지 보관을 위하여 보안요원이 배치된 보안성을 갖춘 수하물보관지역이 설치되어야 한다.

(4) 항공사직원 특히 탑승수속직원과 수하물처리요원은 특별한 교육을 받아야 하며 보안검색임무 수행시 계속적인 감독을 받아야 한다. 이 직원들은 위탁수하물 보안검색절차와 관련하여 보안검색요원들과 어떻게 협력해야 하는지 알고 있어야 한다. 이 직원들에게 외부에서 침입흔적이 있는 수하물과 보안검색을 받지 않는 수하물이 유입되지 않도록 항상 경계하도록 주지시켜야 한다.

(5) 보안검색은 수하물에 대한 수 검색, X-ray에 의한 검색, 폭발물 탐지시스템에 의해 실시할 수 있다. 어떤 방법으로 보안검색을 할 것인지에 대한 결정은 주로 보안검색장소의 상황에 따라 결정된다. 가용한 공간과 터미널시설 설계의 추가적인 제한요소는 보안검색방법 결정에 영향을 미친다. 각 위치는 최적의 장소 결정시 고려하여야 할 각각의 장점과 단점을 가지고 있다.

2) 보안검색지점 위치

보안검색지점 선정시 주요고려사항은 항공기 출발지연을 피하기 위하여 수하물에서 의심스러운 것이 발견될 경우 수 검색을 위해서 승객과 수하물을 신속하게 연결시킬 수 있도록 적절한 위치를 선택하는 것이 좋다. 만약 승객을 찾을 수 없을 경우에는 수상한 수하물로 간주하여 해당절차에 따라 처리한다.

(1) 여객터미널로 진입하는 지점

여객터미널로 진입하는 지점에서 위탁수하물 보안검색의 장점은 승객이 있는 상태에서 위탁수하물 보안검색을 할 수 있고 개장검색이 필요한 수하물의 경우 승객을 즉시 찾을 수 있다. 단점으로는 혼잡 및 대기줄을 피하려면 터미널 앞에 충분한 크기의 공간이 필요하고 터미널로의 출입을 기다리는 승객의 혼잡이 야기될 수 있으며 보안검색을 마치고 수하물이 탑재 수속

완료 전에 어떤 물품도 수하물에 삽입되지 않도록 하기 위한 추가적인 보안조치가 필요하다. 그리고 탑승수속직원이 수하물접수를 할 때 추가적인 보안조치에 대하여 보안성이 확보되었는지 확인해야한다.

(2) 탑승수속지역으로 진입하는 지점

탑승수속지역으로 진입하는 지점에서 보안검색시 승객이 있는 상태에서 위탁수하물 보안검색을 할 수 있고 개장검색이 필요한 수하물의 경우 승객을 즉시 찾을 수 있다는 장점이 있다. 단점으로는 불필요하게 줄이 밀리는 것과 혼잡을 피하려면 터미널 내에 충분한 크기의 탑승지역이 필요하고 탑승수속지역으로 들어가는 출입통로는 해당 항공기 편당 할당된 탑승수속시간동안에 해당 항공권을 소지한 승객 외에는 출입을 제한해야 하며 항공기 출발에 혼란을 최소화하기 위하여 항공사와 보안검색요원간의 긴밀한 협조가 필요하다는 것이다. 그 외에도 수하물이 탑재완료 전 외부침입을 방지하기 위하여 보안요원이 감시하기 위한 감시지역 또는 해당 수하물에 대한 봉인이 필요하다.

(3) 탑승수속 지점

탑승수속지점에서 수하물 검색은 승객이 있는 상태에서 위탁수하물을 보안검색 할 수 있고 개봉검색이 필요한 수하물의 경우 승객을 즉시 찾을 수 있으며, 보안검색을 마친 수하물 처리시스템으로 바로 반입될 경우에는 감시와 봉인이 불필요한 장점이 있다. 단점으로는 탑승수속 시간이 길어질 가능성이 있고 여러 탑승수속카운터가 있는 경우 각각의 카운터에 장비를 설치해야 하므로 설치비용이 많이 소요되며 보안검색장비설치를 위한 장소가 많이 필요하다는 것이다.

(4) 탑승수속 후 지점

탑승수속 후 위탁수하물 보안검색지점은 탑승수속카운터 바로 뒤 지역이나 수하물처리시스템 내 지점 또는 수하물 분류지역 내에서 실시하는 방법으로 우리나라의 공항에서도 탑승수속 후 지점에서 수하물을 검색하는 방식을 채택하고 있다. 장점으로는 일괄 수속처리로 인해 신속한 승객처리가 가능하고 보안검색에 더 많은 시간을 집중할 수 있으며, 보안검색장비를 한곳에 집중 설치함으로서 설치비용을 줄일 수 있고 보안검색임무에 필요한 더 많은 공간을 확보할 수 있다.

단, 장소가 제한적인 곳에서는 터미널과 수하물처리시스템의 재건설이 필요할 수 있으며 개장검색이 필요한 경우 수하물과 소유주를 연결시키기 어렵고 그 결과 항공기의 출발지연을 시키거나 해당 수하물이 소유주와 같은 항공기로 운송되지 않을 수도 있다.

3) 보안검색방법

(1) X-ray 검색방법

가. 수하물에 대한 X-ray 영상 판독시에는 보안검색요원은 3단계로 나누어 조치하는데 1단계는 위험물이 없는 것으로 X-ray 영상에 폭발물, 무기 등 위험물에 대한 영상이 없을 경우 위험이 없는 것으로 간주하여 통과시키고, 2단계는 위험의 가능성이 있는 것으로 X-ray 영상에 폭발물, 무기 또는 이와 유사한 물건의 영상이 나타날 경우 위험의 가능성이 있는 것으로 분류하여 해당 수하물에 대한 개봉검색을 실시하여 위험여부를 확인하며, 3단계는 위험이 확실한 것으로 X-ray 영상에 확실히 폭발물, 무기 또는 기타 위험물품이 나타날 경우 확실한 위험으로 간주한다. 이 경우 즉시 감독자에게 지원요청하며 공항경찰 및 관련자에게 통보한 후 해당 승객에 대하여 지속적인 감시를 실시한다. 위험물품은 경찰이 도착할 때 까지 X-ray 안에 놓아두도록 하고 위험물품이 X-ray 통과시에는 경찰이 도착할 때까지 현 위치에 두고 통제하여야 한다.

나. X-ray 검색요원은 빔이 잘 투과할 수 있도록 가능한 검색대상물품의 넓은 부분이 보이게 물품을 놓아야 하고 X-ray 모니터에 나타나는 영상이 깨끗하고 투명한지 최대한 확인하며 최상의 화질을 위해 필요시 모니터의 명암 및 해상도를 조절하여야 한다. 그리고 보안검색이 되는 물품에 대하여 충분한 시간을 가지고 해당 물품의 위험단계를 결정하고 가능하면 X-ray 영상의 문제되는 부분을 잘 볼 수 있는 장비를 사용하여야 한다.

(2) 개봉검색

가. 개봉검색 시기

개봉검색 시기는 위해물품이나 수상한 물품이 발견되었을 때로 폭발물 이외의 위해물품이 X-ray 화면에 발견되거나 가방에 있는 물품의 안전성이 의심되거나 가방 내부의 물품이 식별 되지 않을 때이다. 그리고 보안검색장비가 없거나 작동하지 않을 때와 배터리로 작동하는 의심되는 전자제품 외에 책임자가 필요하다고 인정될 때에 한다.

나. 개봉검색방법

개봉검색방법에는 전면적인 개봉검색과 제한적인 개봉검색으로 구분할 수 있는데 X-ray 장비를 사용할 수 없거나 승객이 X-ray 검색을 원하지 않을 경우에는 전면적인 개봉검색을 하고 X-ray 영상판독자가 위험의 가능성이 있어 개봉검색이 필요하다고 요청할 경우에는 제한적인 개봉검색을 한다. 그리고 특별히 주의할 점은 개봉검색은 물품의 크기와 농도 등으로 인하여 무기라고 판단되거나 X-ray 영상으로는 명확히 확인을 하지 못할 경우 실시된다. 예를 들면 기구 또는 장비키트, 우산 및 플래시 라이트 등의 경우이고 보안검색요원은 손으로 검색시에는 특히 주의하여야 한다. 손으로 만지기 전에 먼저 보고, 보면서 만진다는 것에 유의하여야 한다.

특히 개봉검색을 실시하는 검색요원은 승객으로부터 개봉검색 허가를 받아야 하고 승객은 검색을 거부할 권한을 가진다. 그러나 확인되지 않은 물품은 보안검색완료구역으로 반입할 수 없고 가방 개봉시에는 승객 쪽으로 향하지 않게 하며 검색요원 쪽으로 향하게 개봉하여야 한다. 그리고 수하물 내용물이 있는 곳으로 승객이 접근하지 못하도록 제한하여야 하며 일반인이 보지 않는 곳에 내용물을 보관하여야 한다. 보안검색이 완료되고 해당 수하물 전체가 확인될 때까지 승객이 수하물에 손을 대지 못하도록 하여야 하며 보안검색 완료시 승객에게 협조에 대한 감사 표시를 하여야 한다.

다. 전면 수하물 검색 (전체적인 검색)

시계방향으로 모든 수하물을 검색하는 절차를 준수하여야 빠진 사항이 없는지 확인하는 데 도움을 준다. 전체 수하물 검색시 승객으로부터 개봉검색 허가를 받아야 하고 수하물이 확인될 때까지 해당 수화물에 대한 통제를 유지하며 가방 바깥쪽의 이가 맞지 않는지, 다시 재봉을 하였는지, 본드로 붙였는지 등 조작한 흔적을 확인한다. 또한 가방의 외부를 검사하여 비정상적으로 튀어나온 부분이 있는지를 점검하고 모든 외부주머니 및 지퍼가 달린 주머니를 열고 확인하여 이상이 없을 경우 검색요원은 가방을 개봉하여 시계방향으로 내부를 검사한다. 가방의 내부구조가 변경되었는지 확인하기 위하여 위, 옆 및 바닥을 더듬어 비정상적으로 튀어나온 부분이 있는지, 두께가 두꺼운지, 다시 재봉 또는 붙인 흔적이 있는지 등을 확인하고 비정상적인 공간이나 접혀지거나 감겨진 의류에 숨겨진 것이 없는지 확인하기 위하여 눌러보거나 펴보는 방법으로 검사한다. 봉제 장난감, 담배 및 에어졸캔과 같은 물품의 무게 확인과 외부에서 조작하여 찌그러진 것인지 또 책속에 숨겨진 것이 없는지 확인하여야 한다. 다른 수하물과 마찬가지로 시계방향으로 가방의 내 · 외부, 내용물을 검사하고 여성용 가방 등은 반드시 피검자 입회하에 검사하고 가능한 한 내용물을 꺼내지 않고 피검자가 서 있는 방향으로 기울여서 검색하되 피검자가 보는 앞에서 여닫도록 한다. 지팡이, 우산은 그 무게를 측정해보고 그 손잡이에는 예리한 기구가 숨겨져 있을 수 있으므로 반드시 검사해야하고 약물은 냄새를 맡아보거나 액체의 경우 흔들어서 내부에 다른 물건이 숨겨져 있는지 확인하며 음식물은 이물질이 있는지 확인해본다. 기저귀가방, 젖병, 담요, 유모차 등 유아용품도 예외 없이 검사해야 하며, 이상이 없다고 속단해서는 안된다. 술병, 물통이 개폐되었을 시 뚜껑을 열어 냄새를 맡아 확인하고, 미개폐시는 밑바닥에 구멍이 난 흔적을 확인하며 앙금이 생기는지 살펴보아야 한다. 그러나 무기를 숨기기에는 너무 작은 물품은 검색을 하지 않아도 되지만 특별히 주의가 필요한 물품은 스프레이, 음료수를 포함한 병, 카메라, 무전기, 전기기계 등이다.

라. 제한된 수하물 수색

X-ray에 위험 가능성이 있는 영상이 판독될 경우 포장된 수하물 등을 포함한 휴대수하물은 개봉검색을 하여야 하고 X-ray 운영자 요청에 의한 제한된 수하물 검색시에는 수하물검색에 대한 승객의 승인을 받아 X-ray 검색에 의하여 확인되지 않는 부분에 대한 정보를 받아 해당부분을 확인 한다. X-ray 영상이 다른 위험물 및 무기를 숨기는 데 이용되었는지 확인하기 위하여 해당 물품부분을 점검한다.

마. 개봉검색을 요청하는 승객

승객 중에 X-ray검색이 컴퓨터, 전자장비, 오디오, 비디오, 컴퓨터 디스크, 카메라 및 필름에 영향을 미칠 것을 우려할 경우 승객에게 한국에서 사용되는 X-ray는 필름에 전혀 영향을 미치지 않는다는 사실을 알려주어 안심시켜야 한다. 모든 일반적으로 사용하는 카메라 필름은 X-ray 통과 시에도 전혀 이상이 없으나 과학필름, X-ray필름, 광초정밀 필름 및 고속필름은 가급적 개봉 검색하여야 한다.

바. 카메라, 필름 및 카메라가방

승객이 카메라가방에 대하여 개봉검색을 하도록 요청할 경우 승객에게 개봉검색을 받고자 하는 카메라, 필름 등 민감한 부분을 제거토록 한 이후에 이 가방을 X-ray 장비를 통과시켜 가방에 숨겨진 물건이 있는지 검색이 될 수 있도록 한다. 그리고 카메라 및 필름을 개봉검색 할 경우에 보안검색요원은 승객으로 하여금 카메라렌즈 뚜껑을 열게 하고 카메라에 있는 피사체 위치(viewfinder) 및 렌즈를 검사하되 카메라 안에 아무것도 없을 경우에는 영상을 볼 수 있다. 또한 카메라의 무게를 확인하여 무거울 경우 추가 검색을 위하여 승객에게 카메라를 개방하도록 요청하여야 한다.

사. 전자제품

노트북, 비디오카메라, CD 또는 카세트, 휴대폰, 라디오 및 기타 전자장비는 X-ray 검색을 실시하고 필요시 폭발물 탐지기를 이용하여 재검색을 실시한다. 만약 승객이 개봉검색을 요청할 경우 개봉검색을 실시하는 보안검색요원은 승객에게 가방에 있는 전자제품을 꺼내 놓도록 한 후에 케이스를 X-ray에 통과시켜 검색을 하고, 장비의 오작동에 대한 책임문제를 방지하기 위하여 승객에게 전자제품의 전원을 켜도록 요청하여 해당 전자제품이 작동하는지 확인하며 해당 물품의 무게를 확인한다.

그리고 장비에 외부에서 손댄 흔적이 있는지 확인하고 만약 장비가 전원이 켜지지 않을 경우에는 감독자의 책임하에 세부적으로 확인검색을 하여야 한다.

아. 밀수품

밀수품 검색은 보안검색요원의 주 업무가 아니더라도 통제약품, 마약, 대량현금 등 불법물품에 대하여 밀수품으로 간주하여 감시할 수 있다. 이러한 물품이 발견되었을 때 보안검색요원은 승객을 정지시키거나 해당물품을 압수하여서는 안되고 즉시 감독자에게 통보하여야 하며 감독자는 승객의 생김새, 복장 등과 여행목적지에 대하여 즉시 관련기관에 통보하여야 한다.

4) 위탁수하물 접수 및 보안대책

(1) 항공사는 위탁수하물 접수를 공항내에 위치한 항공사 탑승수속대 또는 건설교통부장관이 인정한 도심공항터미널에서 받되 탑승수속시에 탑승예정 승객에 대하여 항공권, 여권 또는 승객 사진이 있는 신분증명서와 승객을 대조하여 이상이 있는 위탁수하물 소지자에 대하여 위탁수하물 포장, 보관 등에 대한 보안 질문을 한다. 질문은 승객과 보안검색수하물과의 일치에 관한 사항과 승객이 모르는 사이에 본인의 위탁수하물에 은닉될 수 있는 장치를 발견하는 것을 돕기 위해 실시한다. 승객은 다른 승객의 수하물이나 승객 자신이 포장하지 않거나 관리하지 않은 수하물을 탑승수속을 하려고 할 수도 있다. 이런 승객은 질문을 통하여 보안 상태를 확인하고 해당 위탁수하물을 접수하되 만약 관리 상태나 포장에 수상한 점이 발견될 경우 개봉검색 등 추가적인 보안통제를 한 후에 승객이 직접운송을 위탁 의뢰한 수하물만 접수한다. 단, 중환자 등 항공사에서 인정하는 경우는 대리 접수할 수 있다. 승객은 도난이나 항공기내로 반입금지품목이 반입되는 것을 방지하기 위하여 수하물에 잠금장치를 해야 한다.

그리고 공항외부지역에서 탑승수속이 허용되는 곳에서는 공항에서의 위탁수하물처리와 같은 수준의 보안통제를 하기 위해서 추가적인 보안대책이 필요하다. 이러한 보안대책에는 항공보안 책임당국에 의한 승인을 받고 정기적으로 감사를 받아야 한다. 보안대책에는 수하물이 탑승수속지점으로부터 공항운송차량에 실릴 때까지 수하물처리시설에 대한 보안유지와 탑재될 항공기가 있는 해당 공항까지 가는 동안 운송차량 내에 있는 수하물에 대한 보안유지가 되어야 하고 항공기에 탑승하는 승객과 수하물이 일치하여야 한다. 그리고 도심공항터미널 사업자는 위탁수하물 보안검색절차에 따라 모든 수하물보안검색을 하고 승객과 위탁수하물일치절차 이행요건을 충족시에 위탁수하물을 접수할 수 있다.

이외에도 의심승객식별시스템(profileing system)을 운영하여 위탁수하물 접수시에 의심승객여부를 확인하고 해당 승객의 수하물에 대하여는 정밀보안검색(CTX검색 또는 개봉검색)을 실시한다. 그리고 공사는 도심공항터미널에서 운송된 위탁수하물에 대하여 보안검색을 다시 한다.

(2) 항공사는 승객으로부터 접수된 위탁수하물이 도착지에서 승객에게 반환되거나 다른 항공사에 이관되기 전까지는 위탁수하물이 비인가자로부터 보호되어야 하고 도심공항터미널에서 운송된 위탁수하물은 해당 위탁수하물이 재검색이 완료된 시점부터 항공기에 탑재되기 전까지 보호한다. 그리고 보안검색이 완료된 위탁수하물 운송처리지역에 대하여 비인가자의 출입을 통제하며 위탁수하물을 탑재하게하는 자는 컨베이어벨트, 차량 등 운송장비에 비인가 수하물이 섞여 들어오지 않도록 하고 수하물이 실린 운송장비가 비인가자가 출입할 수 있는 곳에 방치되어서는 안 된다.

또한 항공사는 잘못 처리된 위탁수하물이 소유자에게 운송되기 전까지 그 물건을 보관하기 위한 창고를 설치하거나 보안검색완료 후 별도의 장소에 보관하는 절차 등을 수립하여 항공사시행계획에 그 절차를 명시하여야 한다.

(3) 승객 및 수하물 일치

항공안전 및 보안에 관한 법률 제15조에 의하여 항공사는 보안검색을 완료한 위탁수하물일지라도 해당 수하물의 소유주가 탑승하지 않거나 승객이 출국하지 못할 경우에는 해당 승객의 위탁수하물을 운송할 수 없다. 다만, 승객의 귀책사유가 아니고 항공사에서 항공기의 공간 또는 중량제한 등에 의해 해당 항공편 탑승이 거부되거나 항공편 지연, 결항, 기타 공항운영요건 등 운영상의 이유로 승객이 분리된 경우와 지연 또는 잘못 운송된 위탁수하물에 대한 보안검색이 완료되었을 경우를 포함한 특정 사유로 탑승을 하지 못한 경우에는 X-ray 검색 또는 개봉검색 등 보안조치를 취한 후 승객으로부터 위탁수하물을 분리하여 운송할 수 있다. 항공사는 승객의 귀책사유가 아니거나 급송수하물 등 승객과 분리되어 운송되는 수하물에 대한 보안대책을 수립하고 승객과 위탁수하물이 일치되지 않았을 경우 적용되는 추가 보안대책을 항공사시행계획에 명시하여야 한다.

이외에도 항공사는 승객이 보안상 이유로 탑승이 거부되거나 보안검색을 거부할 경우 해당 승객의 위탁수하물을 즉시 하기하고 하기된 위탁수하물에 대하여는 필요시 폭발물 탐지기 또는 X-ray 장비, 수 검색 등의 방법으로 보안검색을 다시하고 이상이 없을 경우 위탁수하물 보관지역에 보관한다. 승객과 수하물 일치절차는 항공보안관련 당국은 항공사에게 항공기로 운송되는 위탁수하물은 소유주가 탑승한 동일한 항공기로 운송되도록 요구해야 하는데 이러한 개념은 종종 승객수하물일치 또는 승객수하물연결로 불린다. 이 요건은 위탁수하물에 폭발물이나 폭발장치의 은닉여부를 확인하는 보안검색조치와 관계없이 추가로 적용되어야 한다. 승객일치절차에는 적법한 여행서류를 가진 승객만 항공기에 탑승토록 하고 통과여객의 경우 통과공항에서 모든 승객이 항공기에서 내린 후에 다시 탑승하도록 하여야 한다.

이러한 업무를 효과적으로 수행하기 위하여

첫째, 출발승객, 대기승객 또는 마지막까지 기다렸다 탑승하는 승객, 공항 외부지역에서 탑승수속을 하거나 단체승객으로 탑승수속을 하였으나 항공기 탑승을 하지 않은 자에 대하여 특히 주의를 해야 한다. 단체 승객이 수하물을 공유하여 탑승수속 할 경우는 개별적으로 수하물을 탑승수속 해야 하며 각각의 수하물꼬리표를 붙여야 한다. 항공기의 최종출발 전, 자의 또는 타의로 하기하는 경우에도 승객과 수하물을 일치시켜야 한다.

둘째, 동일한 항공사간(On-line)에 환승하는 승객은 출발승객에 적용하는 절차가 적용되지만 승객과 분리된 위탁수하물은 승객 신원확인, 수하물 분리된 사유파악 등을 포함한 추가적인 보안통제를 거쳐야 한다.

셋째, 다른 항공사간(Inter-line)에 환승하는 승객의 위탁수하물은 항공기에 대한 해당승객의 예약이 확인되기 전까지는 적재하지 말고 이전 항공사에 의해 일치확인이 되어야 한다. 위협이 고조된 상황에서는 서로 다른 항공사간 환승하는 승객의 수하물을 운송 전 물리적으로 확인할 필요도 있다. 특히 허브공항에서는 서로 다른 항공사간 공항과 항공사에 최소한의 불편과 지연만 발생하도록 환승하는 승객에 대한 수하물일치절차가 명확히 확립되어야 한다.

넷째, 통과승객이 목적지 공항 이전에서 내린 경우에는 그들의 휴대수하물과 위탁수하물을 반드시 하기시켜야 한다.

이러한 수하물 일치는 수동, 완전자동 또는 혼합 등 어떤 방법을 사용하든 간에 올바른 수하물 일치를 위해 조사와 감독 및 검증시스템이 있어야 한다. 모든 필요한 절차는 항공기가 문을 닫고 이륙을 위해 후진하기 전에 완료되어야 한다. 승객이 탑승하고 항공기가 후진하기 전에 수하물 운송을 몰래하지 않도록 보안조치와 기타 통제조치가 이루어져야 하며 승객범주에 따른 승객수하물일치절차가 구체적으로 명시되어야 한다.

(4) 위탁수하물 보호

반입금지품목 또는 폭발물을 수하물에 몰래 넣는 것을 방지하기 위해 위탁수하물로의 접근을 통제하여야 한다. 이는 저장지역보호, 수속지역에서부터 수하물유치지역, 환승지역까지의 수하물처리시스템 보호 그리고 계류장지역에서 트롤리에 실리는 수하물 통제를 포함한다. 항공사는 탑승수속을 마친 후 항공기에 탑재되기 전까지 수하물에 금지품목을 넣거나, 가방을 추가시키는 등 불법방해 행위로부터 보호하여야 한다. 위탁수하물은 감시하거나 잠금장치가 된 트롤리나 카고 차량 등으로 운반되어야 한다. 증가된 위험상황에서는 수하물분류지역으로부터 항공기까지 보안요원에 의한 에스코트가 필요할 수 있다.

그리고 항공사가 사용하는 위탁수하물 라벨과 꼬리표가 도난당하여 불법 위탁수하물에 부착되어 보안검색지점을 거쳐 수하물처리시스템으로 들어가는 데 사용되지 않도록 엄격히 통제되어야 한다.

(5) 별송 수하물

수하물처리시스템의 고장으로 소유주와 수하물이 분리된 경우 해당 수하물은 항공기에 적재되기 전에 수 검색, X-ray검색, 폭발물 탐지시스템을 이용한 보안검색을 하되 수하물속의 의심스러운 물체에는 폭발물 탐지기(ETD)를 이용한 추가적인 통제를 하거나 시뮬레이션 챔버 등을 통한 추가적인 보안통제를 받아야 한다.

제6절 보안검색장비

1. 보안검색장비 발전과정[6)]

1) 보안검색장비 개요

효율적인 보안검색은 항공운송에 있어 승객을 범죄행위 및 항공기 납치로부터 보호하는 데 있어 매우 중요한 부분이며 잠재적으로 항공테러를 예방하는 최전선이다. 따라서 공항, 항만, 항공사, 검색업체, 항공안전본부 모두 지속적으로 항공보안검색시스템을 강화하는 데 협력하는 것이 필수적이다. 1990년 이전에 FAA는 늘어나는 항공기납치에 대응하여 1973년 최초로 국내선 승객검색을 하였으며, 그 후 공항에서 보안검색은 X-ray와 금속탐지기를 사용하여 권총과 칼과 같은 무기를 탐지하는 데 초점이 맞춰져 있었다. 1980년대 테러분자들이 기내폭탄으로 비행기를 폭파시켜 대량살상 사건을 일으키는 데 성공함으로써 심각한 문제가 제기되었다.

당시 항공기폭파에 사용된 폭탄의 일부는 X-ray를 이용하여 쉽게 탐지할 수 있는 조잡한 장치였으나, 테러범들이 사제폭발물(IED)과 플라스틱 폭탄을 라디오, 신발 및 노트북 등에 은닉하여 항공기를 폭파하는 수법을 이용하게 되자 화학적인 성분을 분석 탐지하는 폭발물탐지시스템(EDS)이 개발되었다. 1990년 이후 전통적인 X-ray와 금속탐지기는 1990년대 중반 이후 새로운 기능이 추가된 검색장비가 개발되었으며 이러한 기술 중 하나는 자동으로 위험물을 식별할 수 있는 기술이다. 이 기술들을 폭발물탐지시스템(EDS), 폭발물흔적탐지기(ETD), AT X-ray-based machines라 명명하였고, 현재 FAA가 인증한 EDS 기술은 의학용 컴퓨터 단층촬영 스캔기술을 이용한 CTX가 있으며, 향후 미래에는 다른 형태의 기술들이 EDS기준을 만족시킬 수 있는 장비가 개발될 것이다. FAA에서는 위탁수하물 및 화물을 검색하는 첨단장비인 AT(Advanced Technology ; 신기술), EDS(Explosive Detecter System : 폭발물 탐지장치) 및 ETD(Explosive Trace Detecter : 폭발물 흔적 탐지기) 장비를 사용할 것을 권고하고 있으나, AT시스템은 모든 범주의 폭발물 종류, 폭발물 양, 탐지율, 오경보율에 대해 FAA에서 요구하는 전체 15가지의 EDS기준을 만족시키지 못하고 있다. 기술개발 중 일부는 검색운영자 중심으로 개발하고 있으며, FAA 및 우리나라에서도 검색요원에 대한 교육을 컴퓨터를 기반으로 하는 CBT(Computer Based Training)와 TIP(Threat Image Projection)를 개발하여 전국공항 및 항만에 실제적인 교육기회를 제공하고 있다.

6) 공항보안검색의 발전과정과 운영실태에 관한 연구(김용욱. 한국경호경비학회.2004)

2) 국내검색장비의 발전과정

1980년 8월 1일 김포국제공항이 개항됨에 따라 도입된 수하물 검색장비는 Mark-Ⅲ, Bendix-500, 600으로 출국 및 도착에 대한 수하물을 검색하였으며, 이 시스템들은 방사선 발생장치에 형광막, 거울 및 흑백적외선 카메라를 이용한 기술이었으나 당시 코스타리카 국회의원 수하물에 든 권총을 적발하는 개가를 올렸다. 소지품 검색 및 정밀검색장비로는 문형금속탐지기인 Design-500과 휴대형금속탐지기인 Caratter제품을 사용하였다. 1990년대에서 2000년대에는 카메라 방식을 탈피하여 반도체 센스등을 이용한 선명한 흑백화면과 수직 및 수평화면을 동시에 검사할 수 있는 시스템 등이 도입되었으며, 휴대 및 위탁 수하물 검색장비로는 System V, Linescan105, CW900등을 사용하였고 국내에서는 88올림픽 개막시점으로 국산화된 문형금속탐지기와 휴대형 금속탐지기가 개발·보급되어 김포공항과 경찰청 등에 보급되었다. 2000년대 이후에 들어와서는 전자 및 소자 기술이 급격히 발전하면서, 흑백영상에서 컬러영상으로 바뀌어 물질의 밀도를 이용하여 폭발물 물질 식별이 가능하게 되었고, 특히 폭약 성분만 추적할 수 있는 장비가 등장하여 폭발물 등을 찾는데 도움을 주고 있는 장비들이 도입되어 인천공항, 김포공항 및 지방공항, 항만 등에 설치 운영되고 있다.

2. 보안검색장비 종류

1) X-ray검색 장비

(1) 성능요건

현재의 X-ray검색 장비는 수검사와 더불어 국가 민간항공보안프로그램을 지원하기 위해 화물, 휴대물품, 승객 및 승무원가방을 검색하는 데 사용되고 있다. 기타 다른 기술을 적용한 X-ray검색 기술을 이용한 장비는 가까운 미래에 검색장비의 기본으로 자리 잡을 것이다. X-ray검색을 이용한 폭발물 탐지의 어려움과 미래에 비금속 소화기(小火器)에 의한 어려움들 때문에 X-ray검색 장비의 개선을 요구하고 있다. 따라서 민간항공국과 관련기관들이 현재의 기술 중 최상의 장점들을 통합을 고려하고 있는 X-ray장비의 요건들은 향후 개발되어야 할 부분들이 있다. 현재 X-ray검색 장비의 성능은 CTP(Combined Test Piece)를 이용하여 측정하여야 한다. 이런 시험들은 이미지 품질을 측정할 수 있는 변수들을 이용하여 민간항공보안국 및 관련기관들이 요구하는 사항들을 충족시키는지의 여부를 결정할 수 있다.

(2) 탐지요건

X-ray검색장비는 금속 및 비금속물체의 탐지에 사용할 수 있도록 하여야 한다. 이런 물체들은 숨겨진 채로 항공기에 탑재되거나 기내로 반입될 수 있다. 확인이 필요한 목록에는 금속 및 비금속 소총, 소총 부품, 모든 구경의 탄약, 수류탄 및 기타 파편/폭발 무기들, 칼, 고무탄알, 군용 및 상업용 폭발물, 기폭제 및 타이머 장치, 전기 및 전자부품, 전원 등이 있다.

(3) 표시(Display)요건

현재 대부분의 기계들을 다음의 사항들을 통합하고 있다.

가. 탐지기의 위치 - 탐지기의 배열은 물체의 상단과 옆면이 보이도록 위치해야 한다. 이런 배열을 일반적으로 'folded array' (접힌 배열)라고 부른다.

나. 흑백 이미지 - 물체들은 서로 다른 회색의 그림자를 다르게 하면서 구별된다. 이런 그림자들은 목표물체를 관통하는 X-ray 양의 변화에 의해 생기게 된다. 이미지를 바꿀 수도 있다. 민간항공보안국 및 관련기관은 흑 · 백 이미지로만 표시되는 모든 장비들은 국가 민간항공보안 프로그램에서 요구하는 요건들을 충족시키지 못한다고 생각하고 있다.

다. 색상 이미지 - 다양한 에너지파장의 X-ray 이미지로 서로 다른 색상들을 금속물질과 유기물질로 할당할 수 있다. 또한 제3의 색깔을 이용하여 관통할 수 없는 물체에 할당할 수 있다. 다음과 같은 색상들이 사용되고 있다. [오렌지] 낮은 원자번호를 갖는 금속물질(예, 유기물질), [청색] 무기물질, [적색] X-ray검색이 관통할 수 없는 지역. 이런 이미지 형성 방법으로 폭발물과 같은 고농도의 유기물질을 찾아내는 것이 가능하다. (색상들은 하나의 예로서 제시한 것이며, 상업적으로 사용되고 있는 장비의 형태에 사용되고 있다.)

라. 유기물질 색상 - 유기물질만을 표시하는 단일 색상 이미지를 표시하는 것이 가능하다. 이런 간소화된 이미지는 폭발물을 보다 쉽게 탐지할 수 있다.

마. 이미지 확대 - 운영자는 이미지의 일부분을 선택하여 확대할 수 있다. 완성된 이미지 내에서 최소한 9군데의 확대가능 영역이 존재해야 한다.

바. 명암 식별 - 사람의 눈은 밝기 변화에 있어 12가지 이상을 구별할 수 없지만 컴퓨터는 이런 한계가 없다. X-ray검색 이미지는 최소 256그림자로 존재한다. 이런 256개의 그림자들은 그림자의 완전영역을 조사하여 인접영역의 그림자들 중에서 하나의 영역으로서 차례로 표시되어야 한다. 표시된 그룹내의 각 레벨은 시각적으로 구별 가능한 그림자로

할당되게 된다. 이런 방식으로 보다 상세하게 표시가 가능하다.

사. 모서리 향상 - 이런 특징은 물체의 이미지 중에서 모서리 부분을 교정하여 표시상에서 좀더 잘 보이도록 한다.

아. 운영자 확인 - 표시된 이미지가 운영자의 식별 번호, 날짜 및 시간을 표시하는 것이 가능하다.

자. 자동탐지 - 자동으로 폭발물장치의 부분품이나 폭발물질을 탐지할 수 있는 X-ray검색 장비가 있다. 그런 장비들은 완전 자동모드로 작동될 경우 이미지를 제공할 필요가 없다. 만약 이런 장비들이 운영자가 표시된 이미지를 보고 결정을 내려야하는 방법(지시 모드)으로 사용된다면, 이런 이미지들은 현재의 X-ray검색 장비처럼 동일한 기준을 적용받아야 한다. 이런 장비를 사용하고자 하는 운영자들은 민간항공보안당국 및 관련기관과 함께 적용범위에 대한 토론을 해야 한다.

(4) 하드웨어와 소프트웨어

가. 확장성 - 이미지처리분야 및 패턴인식분야의 신기술을 이용할 수 있게 된다. 장비들은 소프트웨어 향상이 쉽게 이루어질 수 있거나, 별도의 모듈이 쉽게 추가될 수 있도록 설계되어야 한다. 입력 포트를 경유하여 기계를 프로그램화 하는 것이 가능하다. 이것을 위한 프로토콜은 문서화되어 유지보수 인원이 쉽게 사용할 수 있어야 한다.

나. 소프트웨어 - 이미지 처리 및 제어 소프트웨어는 엡데이트를 쉽게 할 수 있도록 문서화 되어야 한다.

다. 운영속도 - 표시모드는 탐지 및 선택이 1초 이내에 가능하도록 해야 한다. 이런 시간적 한계는 패턴인식과 같은 미래의 이미지 처리 기술에 적용될 수 없을 것이다. 그러나 최대 허용가능한 지연시간은 6초이다.

라. 비디오 연결 - 운영자가 보는 이미지를 녹화하는 것이 가능해야 한다. 출력은 녹화기록 장치나 외부 블랙박스와 연결되어 있어야 한다. 이런 출력물들은 각 국가에서 사용하는 비디오 시스템에 사용할 수 있는 RGB 신호 및 합성 비디오를 제공해야 한다. 비디오 입력을 경유하여 테스트 이미지를 입력할 수 있어야 한다.

마. 건강과 안전 - 장비들은 체약국의 안전건강 법규 특히 기계, 전기, 방사능 위험과 관련된 요건들을 준수해야 한다.

바. 미래개발 - 이런 요건들은 향후 검토가 이루어져 앞으로 개정될 수 있을 것이다. 그러나

이전 버전에 대한 향후 개선내용을 구체화하는 곳은 민간항공보안당국 및 관련기관이다. 이런 사항들은 X-ray검색 장비의 체계적인 발전을 이룰 수 있어야 한다.

2) 문형금속탐지기

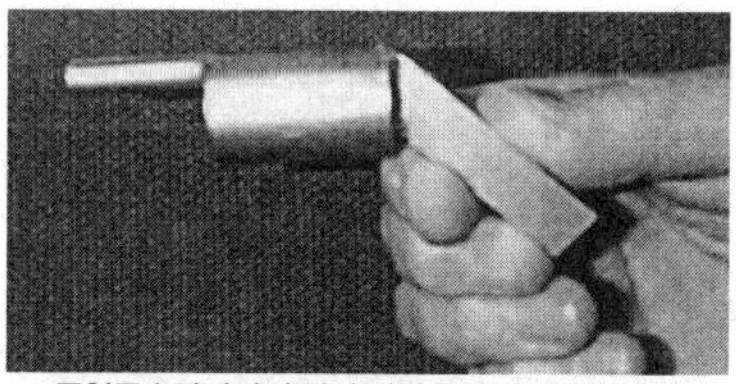

문형금속탐지기의 일상 점검용 운영 테스트장비

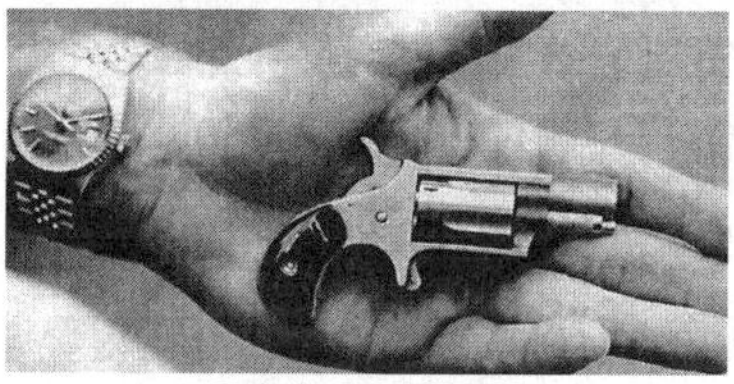

운영 테스트용 권총모형

문형금속탐지기는 민간항공보안프로그램을 지원하기 위해 사용된다. 문형금속탐지기는 보안요원들에게 검색받는 사람이 미리 설정된 한계치보다 큰 금속물질을 갖고 있다는 것을 알려준다. 금속물질은 합법적(예, 열쇠, 시계)이거나 금지된(예, 칼, 총)것일 수 있다. 문형금속탐지기에 알람을 발생시키는 사람은 수검색을 실시해야한다. 문형금속탐지기에 알람을 일으키는 모든 금속물질을 찾아내는 것은 검색하는 사람의 책임이다.

(1) 성능요건

국가 민간항공보안 프로그램의 지원을 위해 사용되는 금속문형탐지기는 다음과 같은 요건을 충족시켜야 한다.

가. 특이성(분류성) - 문형금속탐지기를 통과하는 금속물질들은 두 가지 부류이다. 합법적인 것과 금지된 것이다. 문형금속탐지기는 금속성분이 동일한 경우라 할지라도 두 가지 부류로 구분할 수 있어야 한다. 테스트의 목적상 합법적인 품목은 금속 침과 케이스로 된 아날로그 시계, 열쇠고리 및 세 개의 열쇠, 두 개의 금속 팬, 지정된 수량의 국가 화폐 등이다. 국가 민간항공보안프로그램에는 금지품목으로 지정된 물건들이 열거되어 있다. 이 리스트에는 위험물품과 가스통과 같이 안전상의 이유로 금지된 품목들로 구분되어 있다.

나. 민감도 - 문형금속탐지기의 감도는 탐지 가능한 가장 작은 물체를 결정한다. 다양한 금지품목들은 너무 커서 하나의 가장 작은 물체로 분류하기가 어렵다. 그러나 분류가 가능한 것들은 작은 칼, 소형 화기의 부러진 부속품 같은 것들이 있다. 사용자는 환경의 변화에 대응하기 위해 문형금속탐지기의 감도를 조정할 줄 알아야 한다. 민간항공보안국 및

관계 기관은 테스트에 대한 결과분석 이후 필요한 조정세팅값을 설정한다.

다. 통일성 - 문형금속탐지기의 탐지 성능은 모든 탐지문형에서 일정해야 한다. 특별관심 지점은 발목높이와 허리높이 지점에서의 성능이며 문형탐지기의 기둥 안에 설치된 전달 및 수신 코일이 감겨있는 문형금속탐지기 탐지문형 전반에 관한 성능이다.

라. 통과속도 - 문형금속탐지기의 성능은 장비를 통과하는 승객의 속도에 따라 달라진다. 특히, 사람의 발이 땅을 밟지 않고 문형금속탐지기를 통과하거나 문형금속탐지기의 기둥 사이의 땅을 밟을 때 아주 중요하다.

마. 문형크기 - 문형은 최소한 높이 2m, 폭 0.76m가 되어야 한다.

바. 오경보율 - 어떤 문형금속탐지기라도 합법적인 품목과 금지된 품목을 완벽하게 구별하는 것은 없다. 이것은 성분과 크기가 유사하기 때문이다. 문형금속탐지기의 알람은 사람이 합법적인 품목만을 갖고 통과할 때에도 울릴 수 있다. 이런 사람들은 수검색을 실시해야 한다. 이런 불완전성 때문에 분류성과 민감도간에 운영상의 trade off를 가져야 한다.

사. 인터페이스 대처 - 전력선관내 또는 외부 전원에 의해 발생되는 인터페이스는 문형금속탐지기에 오경보를 발생시켜서는 안된다. 휴대용 라디오, 휴대폰 및 X-ray검색 모니터는 금속문형탐지기에서 2m 정도 떨어져서 사용하면 오경보를 발생시키지 않고 사용이 가능하다.

아. 고정 금속 보상 - 고정 sheet나 건물 혹은 건물의 한 부분을 형성하는 금속물질 가까이에 문형금속탐지기를 설치할 경우가 있다. 문형금속탐지기는 이런 금속의 존재에 대한 세팅값 보상을 하여 장비 성능이 떨어지지 않도록 해야한다.

자. 장시간 안정성 - 문형금속탐지기의 설계는 장비의 성능이 장시간 일정하게 유지되도록 해야한다.

차. 알람 지시 - 시각적으로 볼수 있는 알람과 청각으로 인식할 수 있는 알람이 있다. 청각 알람의 소리를 조정할 수 있어야 한다. 최고의 음성 세팅에서 소리는 공항검색시설 주변에 존재하는 주변 소음을 극복할 수 있을 정도이어야 한다.

카. 조정 세팅값에 대한 보안 - 가변 조정판은 열쇠를 삽입하였을 때에만 활성화되어야 한다.

타. 시운전 및 일상점검 - 문형금속탐지기는 민간항공보안프로그램에 명시된 테스트 장비를 이용하여 점검하여야 한다. 필요시 OTP도 문형금속탐지기와 함께 구매할 수 있다. 그렇지 않으면, OTP는 여러개의 문형탐지기에 사용할 수 있다. 어떠한 다른 테스트 품

목도 OTP를 대신하여 사용할 수 없다. 모든 테스트 품목들은 민간항공보안당국 및 관계 기관이 사용할 수 있어야 한다.

파. 건강 및 안전 - 문형금속탐지기는 적절한 건강, 규정 및 기타 관련 기준을 준수해야 한다. 제작사는 문서로 문형금속탐지기가 심장에 영향을 미치지 않으며 이런 실험결과가 공신력 있는 기관에 의해 설립된 것임을 입증해야 한다.

3) 폭발물 검색장비

폭발물탐지기를 설치하기 위해서는 어떤 종류의 폭발물탐지기를 선택할 것인지를 고려하여야 하며, 탐지할 수 있는 폭발물의 종류와 탐지능력, 사용의 편리성 등이 면밀히 고려되어야 한다. 가능한 한 모든 종류의 폭발물을 탐지할 수 있는 장비여야 하지만, 기타 장비들에 비해 보다 널리 사용되는 장비들이 몇몇 있다. 예를 들어서, 우편폭발물 장치들은 획득하기 어렵고 감지가 쉽지 않은 플라스틱 폭발물보다는 검은색 화약을 사용한다. 그러므로 우편물검색에 주로 사용하는 장비라면, 비록 장비가 플라스틱을 잘 감지하지 못한다 하더라도 검은색 화약 및 유사한 고온증기압력 폭발물을 탐지하는 데 탁월한 장비가 적합할 것이다. 특히 흔적(trace) 폭발물발견 장비처럼 어떤 폭발물의 형태가 다른 장비들에서 더욱 쉽게 감지되는 경우가 항상 존재한다. 따라서 적합한 탐지 정도가 아주 중요하다. 같은 종류의 폭발물을 감지하는 장비가 2가지 이상 존재하는 경우가 다수 있지만, 하나의 장비 감지능력의 최소치가 다른 장비의 감지능력의 최소치보다 훨씬 낮은 경우가 있다. 장비가격이 어떤 종류의 폭발물 탐지 장비를 구매할 것인가를 결정하는 데 매우 중요한 요소가 된다. 적정 시스템의 정밀성 및 장비형태를 고려할 경우, 통상적인 장비가격은 20,000$에서부터 1,000,000$까지 다양하다. 그러므로 한 가지 종류의 아주 정밀한 장비를 구매할 것인지, 여러 개의 값이 싸면서 정밀성이 조금 떨어지는 장비를 구매할 것인지를 선택할 필요가 있다. 장비의 총 비용을 결정할 때 장비의 유지보수 계획과 유지보수 비용을 고려해야 한다. 폭발물탐지 장비 제작자에 의한 유지보수, 즉 발생건수에 따른 유지보수에서부터 계획에 의한 예방점검에 이르기까지 다양한 유지보수 계획을 이용할 수 있다. 유지보수 비용은 장비의 정밀성, 특정 장소에 위치한 장비의 수, 장비설치 목적에 따라 달라질 수 있다. 이런 비용은 장비구매비용 대비 연간 10%에 달할 수 있다.

(1) 건강과 안전

폭발물탐지를 위한 검색요원과 관련하여, 검색절차에 따른 잠재적 건강문제에 대해 고려해야 한다. 실제로 사람의 건강에 전혀 문제가 없다고 하더라도, 문제가 있을 수 있다는 대중적인 인식은 기술의 사용에 아주 중대한 장벽이 될 수 있다. 전형적인 예가 소량의 X-ray 기술을 이용하여 폭탄 및 기타 금지품목을 탐지하는 인원검색장비의 사용이다. 비록 X-ray 사용량이 미미하고 여러 체약국들의 건강 및 안전관련 기관에서 실시한 시험 결과 안전하다고 입증되었지만, 일반인들은 X-ray 장비의 사용은 극도로 제한되어야 한다고 인식하고 있다. 일부 체약국에서 수감자 혹은 수감자 면회객들이 검색을 받아야 하는 감옥에서는 X-ray 장비의 사용을 금지하여 왔다. 이런 경우 본질적으로 일반인들은 어쩔 수 없이 검색을 받아야 하는 사람들이 있다. 민간항공보안 분야의 폭넓은 적용을 위해 기술적용 이전에 일반인들에 대한 집중적인 교육이 필요하다.

(2) 인권침해문제

승객이나 승객의 소지품 검색에 대한 사생활 부분이 고려되어야 한다. 소량의 X-ray 스캐너 검색을 받는 승객들이 좋은 예이다. 왜냐하면 생성되는 X-ray 이미지는 승객의 신체의 적나라한 이미지를 좀 더 잘 보여 주기 때문이다. 다시 말해서, 장비구매를 하기 전에 검색을 받게 되는 승객들의 반응을 고려해야 한다. 이는 법적인 문제가 될 수도 있어서, 장비설치 이전에 적절한 정보를 얻어야 한다.

(3) 사용의 편리성

폭발물 탐지 장비는 장비의 정밀성 및 사용의 편리성에 있어서, 법정토론에 사용되는 분석을 하기 위해 전문가들이 주로 사용하는 고도의 기술집약적인 장비에서부터 단시간의 훈련에 의해 숙련된 보안요원이나 경찰관들이 사용할 수 있는 휴대용 장비에 이르기까지 아주 다양하다. 상업적으로 널리 사용되는 장비에 대해서는, 장비를 공급하는 회사들이 장비 구매시 교육을 실시하고 있다. 폭발물탐지견의 경우에 있어서, 탐지견조련사는 탐지견과 함께 단독으로 임무를 수행하고 있으며 탐지견과 조련사는 정규 교육을 받고 있다.

(4) 휴대용

폭발물탐지견이나 상업용 소형 흔적 탐지장비같은 일부 폭발물 탐지장비들은 휴대가 간편하다. 반면에 사람이 지나가는 금속탐지장비나 X-ray 수하물 검색장비같은 장비들은 크기가 크며, 주로 단일장소에서 반복적이고 세밀한 검색을 위해 사용된다. 확실하고 알맞은 장비를 적용하기 위해 중요한 고려사항이다.

(5) 장비속도 및 처리량

승객과 승객 휴대물품 검색과 같이 많은 양의 검색에 적용하기 위해서는 승객이나 휴대물품을 처리할 수 있는 장비의 속도가 아주 중요하다. 보통 처리량으로 표시되며 분당 승객처리량, 시간당 화물처리량 등으로 표현된다. 예를 들어, 터미널과 같은 공항을 이용하는 경우처럼 아주 많은 분량의 물량을 처리해야 하는 경우에는, 시설을 이용하는 승객들에 대한 선별적 검색 혹은 무작위 샘플링 검색을 실시하기 때문에 높은 처리량에 대한 필요성이 약화되거나 사라지게 될 수 있다. 그러나 무작위 검색은 승객 검색대에서 수행할 수 있는 선택사항이 아니며, 2006년 1월 이후에는 국제민간항공기에 탑재되는 휴대물품에는 허용되지 않는다. 서로 다른 장비의 선택에는 종종 홍정거리(trade off)가 존재한다. 일반적으로 장비감도가 증가하면 가격이 증가하게 된다. 휴대가 가능하다는 것은 보통 가격이 낮다는 것을 의미하지만 크고 섬세한 장비에 비해 감도가 줄어드는 것은 아니다. 장비구매를 위해 이런 저런 장비들에 대한 여러 가지 요소들을 고려하는 방법은 자유스럽다. 대부분의 경우에 가격 및 처리량과 같은 단일 요소가 선택의 폭을 상당히 좁게 만든다. 그럼에도 불구하고 장비를 구매하기 전에 앞에 언급된 모든 요소들을 신중히 고려해봐야 한다.

4) 폭발물탐지견

훈련된 탐지견들은 숨겨진 폭발물을 탐지하는 데 효과적인 도구이다. 이런 탐지견들은 대부분의 체약국, 군대 및 항공보안통제와 관련된 법집행조직에서 사용되고 있다. 아마도 폭발물 탐지견은 제1차 세계대전 이후 여러 분야에서 다양하게 활용한 군대일 것이다. 초기에 탐지견들은 경비와 순찰 임무를 맡았으나, 최근에는 화재 및 폭발물 탐지에서 중요한 역할을 하고 있다.

(1) 탐지물질

탐지견들은 폭발물과 같은 다양한 물체들을 탐지하기 위해 훈련을 받는다. 일반적으로 탐지견들은 폭발물과 마약류를 탐지하도록 훈련되지만 두 개의 복합물을 탐지하도록 훈련되지는 않는다. 원칙적으로는 탐지견들이 훈련을 받아 탐지하지 못하는 폭발물은 없다고 할 수 있다.

(2) 훈련

폭발물 탐지견 훈련은 개, 개 취급자, 조련사 및 시험을 관찰하고 증명서를 발급하는 사람들이 연관된 복잡한 과정이다. 탐지견들은 최초의 선택과 인증과정, 연간 사전인증과정, 반년 혹은 연간 증명시험 및 정규 월간 훈련을 받도록 권고하고 있다. 모든 테스트에서, 탐지견들은 5% 이상의 비생산적인 반응률을 보여서는 안된다. 개들은 폭발물을 탐지할 수 있도록 훈련받지만, 매우 많은 종류들의 특성과 크기 때문에 적합하지 않은 종류가 많다.

(3) 탐지견 훈련 프로그램

정상적으로 탐지견들이 약 100일간의 훈련을 받은 후에 초기인증이 이루어진다. 초기인증과정에는 27개의 목표물 또는 지상 2.5m 높이에 숨겨놓거나 지하 1m 정도 깊이에 묻어 놓는 훈련보조장비들이 포함되어 있다. 인증 및 증명 최대 탐지 시간은 최대 15분에서 20분 정도이다. 증명시험은 6개월마다 실시되며, 탐지견팀과는 무관한 전문가에 의해 진행된다. 보통 20가지의 훈련보조장비를 이용한다. 이 훈련 보조장비들은 bulk 폭발물 샘플뿐만 아니라, 혼란을 일으키는 물건(개들이 후각을 교란하는 물체)들이 포함되며, 교란물체가 있을 경우 탐지견의 폭발물질 탐지능력을 향상시키는 데 사용된다. 연간 사전 증명운영 테스트는 9가지 훈련 보조기구를 사용한다. 월간 훈련 또한 다양한 시나리오에 따라 9개의 훈련용 후각물질을 사용한다. 여기에는 매 임무 주기마다 개 한 마리당 4시간의 훈련시간이 필요하다. 탐지견이 실제로 폭발물을 탐지했을 때에만 시간을 측정하여 4시간이 되게 하고(즉, 탐지 시작하여 끝내는 시간까지만 카운트하고 그 이후는 카운트하지 않음) 주어진 탐지시간이 20분 정도 걸리기 때문에 보통 각각의 탐지견들이 매주 훈련을 해야한다는 것을 의미한다. 30일 동안의 재교육에 실패하면 탐지견에 대한 재증명을 해야 한다.

(4) 탐지견 이용의 장점과 한계

모든 폭발물 탐지 기법과 마찬가지로, 탐지견의 이용은 독특한 장점을 갖고 있으며 또한 몇 가지 한계점을 갖고 있다. 탐지견의 이용에는 다음과 같은 두 가지의 장점이 있다.

가. 이동성 - 탐지견과 탐지견 취급자는 방, 빌딩 또는 바깥 지역을 이온이동 분광계 혹은 기타 기술을 이용한 탐지장비를 갖고 다니는 사람들보다 훨씬 빨리 이동할 수 있다. 이런 탁월한 이동성 때문에, 탐지견들은 종종 항공기, 빌딩 및 차량검색을 포함하는 중대한 검색상황이 발생할 때 매우 유용한 추적탐지방법이 되고 있다. 또한 탐지견은 지뢰탐지 또는 보안지역의 경계부분에서 발견된 의심물체의 조사와 같이 비교적 원격의 거리에 존재하는 목표물에 대한 조사, 분석에 이용되고 있다. 기술기반 탐지 장비의 이동성은 기술이 소형화와 함께 개선될 것으로 기대하고 있지만, 현재 사용되고 있는 거의 모든 장비들은 너무 커서 한 사람의 힘으로 이동하기가 어렵고 이런 측면에서 탐지견의 이동성과 비교할 수 없다.

나. 출처 확인 - 냄새를 따라가 출처를 확인하여 폭발물의 위치를 알아내는 능력은 이동성보다 훨씬 중요하다. 기계적인 추적탐지 장비는 일정시점에서 폭발물 수증기나 분자들이

탐지되고 있는지를 결정할 수 있으나 현재로서는 신호가 증가하는 방향을 결정할 수 있는 능력이 없다. 게다가 추적 샘플들이 다양한 지점에서 수집되고 분석되어 냄새가 증가하는 어떤 방향을 제공할 수도 있으나 이 과정은 아주 많은 시간과 노력이 필요하다. 탐지견은 즉각적인 반응을 보이는 아날로그 탐지기라서 일단 냄새를 맡으면 냄새의 출처 쪽으로 빠르게 움직인다. 이것은 탐지와 관련하여 가장 중요한 장점이다.

탐지견의 장점을 이용할 수 있는 또 다른 상황으로는 유인물질, 탐지 속도에 비해 좋은 감각과 선택성, 그리고 다양한 업무환경에 대한 적응성을 들 수 있다. 그러나 앞서 언급한 이동성이나 출처확인 능력처럼 기계추적탐지 장비에 비해 명확한 장점이라고 할 수 없는 것들이 있다. 왜냐하면, 대부분의 기계장비들이 이런 환경에서는 좋은 성능을 보이기 때문이다. 특히 선택성과 감각을 수량화하는 데 어려움이 있고 탐지견과 기술기반 탐지 장비로 직접적으로 비교하기는 어렵다는 것이다. 또한 탐지견 탐지는 짧은 '임무주기'가 가장 큰 한계이다. 기계장비와는 다르게, 탐지견은 24시간 활동할 수 없다. 일반적으로, 탐지견은 휴식을 취하기 전에 40분에서 60분 정도 일을 할 수 있다. 즉, 이런 사실은 탐지견들이 어떤 건물 안으로 들어가는 사람들에게서 폭발물 탐지를 위해 많은 사람들을 검색해야 하는 장시간의 반복적이고 일상적인 일들을 하는 데는 적합하지 않다는 것이다. 또 다른 단점은 현대의 기계장비들과는 달리 탐지견들은 어떤 종류의 폭발물을 탐지했는지 말을 할 수 없다는 것이다. 탐지견의 성능은 탐지견으로부터 신호를 해석하고 탐지견이 임무에 관심을 갖도록 하는 탐지견 취급자의 능력에 영향을 받으며, 탐지견 취급자의 선택과 훈련은 효과적인 탐지를 위해 탐지견의 선택과 훈련만큼이나 중요하다. 일반적으로 탐지견들은 특히, 개들이 검색 받는 사람을 물 수도 있다는 사실과 사람들이 개를 두려워한다는 사실에 대한 신뢰성 문제 때문에 사람을 검색하는 데 사용하지는 않는다. 또한 탐지견은 아주 더운 날보다는 서늘하고 구름 낀 날에 탐지를 더 잘하는 능력을 갖고 있어 외부 환경에 대해 반대의 영향을 받고 있다. 이는 탐지견들이 서늘하고 구름 낀 날을 보다 좋아하기 때문이다. 어떤 때는 탐지견들이 일시적인 병세로 인해 탐지능력이 떨어지게 되는데 이런 증세를 경험 있는 취급자조차 잘 모를 수가 있다. 또 한 가지 중요한 점은 기계추적탐지 장비에 소요되는 주기적인 유지비용에 비해 탐지견과 관련된 치료비용, 훈련비용, 손질비용, 사료비용과 같은 유지비용에 관련된 것이다. 탐지견들이 매월마다 훈련을 받아야 하므로 시간이 또 하나의 문제로 대두될 수 있다. 마지막으로, 탐지견 탐지는 탐지 방법 중에서 가장 이해가 어렵고 가장 비과학적인 방법이다. 예를 들어, 실제로

C-4를 탐지하도록 훈련을 받은 탐지견이 RDX 혹은 같은 물질 내에 존재하는 기타 다른 화학물질을 탐지했는지 분명하지가 않다. 계속적인 탐지 노력으로 다른 환경에서 탐지견이 찾은 실제 물건에 대한 문제의식을 갖게 하도록 해야 한다.

가. 응용 - 폭발물 탐지견의 사용에 가장 적합한 몇가지 탐지 응용에는 차량, 수하물, 창고, 항공기, 건물, 사무실, 주차장 및 재산권 경계구역과 직접 인접한 외부지역에 대한 탐지가 포함된다. 검색이 이루어지는 지역에는 탐지견이 주기적인 휴식이 필요하다는 사실을 의미한다. 통상적으로 신뢰성 문제 및 일부 사람들이 개를 무서워하기 때문에 탐지견은 사람을 검색하는 데 사용하지 않는다. 여러 응용면에서, 탐지견과 기계장비를 이용한 혼합적인 접근법은 탐지견이 발견한 것을 확인하는 데 기계장비를 사용하고 그 물질을 확인할 수 있어 아주 유용하다.

나. 비용 및 유지 - 비용 및 유지는 국가가 탐지견을 구매하는 방법과 훈련시키는 방법에 따라 달라진다. 일부 국가는 폭발물탐지견을 얻기 위한 통합구매시스템을 갖고 있으며 모든 훈련을 수행하고 있다. 기타 국가들은 민간계약자들에게서 훈련된 탐지견을 구입할 수도 있다. 특히 초기 훈련은 최소 2명의 사람이 필요하고 3개월의 기간이 필요하다. 일단 탐지견을 구매하였다면, 월간 훈련내용이 필요하다. 종종 이런 내용들은 관련된 기관에 의해 실내에서 진행되게 되고 주요 비용은 훈련에 참여하는 인력의 시간급이다. 또한 훈련내용은 계약자에게서 얻거나 지역경찰이나 보안기관 훈련에 참가함으로써 얻을 수 있다. 탐지견의 사육비용 및 치료비용을 반드시 고려해야 한다.

5) 시뮬레이션 챔버(chamber)

시뮬레이션 챔버(chamber)는 비행환경조건을 조성하여 수하물, 우편물 및 화물 내에 폭발물이나 방화장치를 활성화시키기 위해 제작된 시설이다. 시뮬레이션 챔버의 종류에 따라 한 가지 혹은 여러 가지의 비행조건 변수들을 시뮬레이션 할 수 있다. 이런 시설의 운영은 폭발물의 종류나 양 혹은 우편물이나 화물의 부피 및 크기에 영향을 받지 않는다. 뿐만 아니라, 인적요소들도 시뮬레이션 챔버의 성능과 무관하다. 그러나 시뮬레이션 챔버의 두 가지 종류는 폭발물 장치를 작동시킴으로써 탐지가 가능하므로 시설이나 위탁물에 손상을 가할 수 있음을 인식해야 한다.

(1) 시뮬레이션 챔버의 종류

Decompression Chamber(감압장치) : 감압장치는 시설 내부의 기압을 지상기압에서 운항

고도에서의(비행 환경조건을 시뮬레이션 함) 기압으로 바꿔줌으로써 기압에 의해서 폭발물 또는 방화장치를 작동시키도록 설계되어 있다.

Full-flight simulation chamber(완전비행 시뮬레이션 chamber) : 시스템들은 보다 복잡한 폭발물 장치를 작동시키기 위한 목적으로 최소한 두 가지의 비행환경 조건을 조성할 수 있다. 이 시스템들은 감압실처럼 기압을 변화시킴으로써 수하물, 우편물, 화물 내의 방화장치나 폭발물장치들을 작동시키도록 설계되어 있다. 뿐만 아니라, 예를들어 비행주기, 음향, 전자파, 방사능정도 등과 같은 여러 가지 비행조건들을 시뮬레이션해 방화장치나 폭발물을 작동시킬 수 있다.

(2) 감압장치 사용지침

감압장치는 항공사에 의한 개인휴대물품 검색이 불가능하거나 현실적으로 어려울 때 사용될 수 있다. 감압장치의 사용으로 기압과 타이머 동작 장치를 혼합하여 사용하는 장치들을 탐지할 수 있다. 그러나 실제로 감압장치는 폭발물 장치들을 작동시켜 운영되기 때문에 단 한가지의 탐지 장치와 같이 일반적인 법칙에 의해 사용되는 것이 아니라 다른 검색기법과 함께 사용되어야 한다. 비행에 따른 감압장치의 적절한 사용을 위한 운영절차에도 불구하고 감압장치의 사양들을 다음과 같은 기준에 초점을 두어야 한다.

가. 일정범위에 속하는 기압을 변화시킬 수 있는 감압장치의 성능
나. 일정기간 동안 운항고도에서 항공기 객실 기압을 유지할 수 있는 감압장치의 성능
다. 일정량의 폭발물로 만들어진 장치의 폭발에 견딜 수 있는 감압장치의 성능

(3) 장점과 단점

시뮬레이션 챔버의 장점은 부피가 큰 수하물, 화물깔판 및 컨테이너 검색이 가능하며 효율성이 폭발물의 종류 및 수량, 화물의 양에 관계없고 오경보율에 대한 분석이 불필요하며 운영비용이 저렴하는 것이다. 단점으로는 기압장치만을 작동시킬 수 있으므로 기타 다른 작동장치들은 탐지가 안 될 수 있으며 시스템 설계가 환경에 대한 폭발효과를 제한할 수 있어야 하는데 투자비용이 많이 드는 문제가 있다.

3. 보안검색장비 점검 절차

1) X-ray 장비

(1) X-ray 장비 점검절차

X-ray 검색장비의 일상점검에 필요한 CTP(Combined Test Piece) 에 의한 장비 점검방법에는 CTP는 장비운영자가 수하물 X-ray검색 시스템이 민간항공보안 정책과 감독기관의 요구사항을 충족시키고 있는 지의 여부를 설정하도록 할 수 있다. CTP의 정기적인 사용은 이런 성능이 유지되도록 하는 데 도움을 준다. X-ray검색 장비 제작사는 장비의 개발기간 동안 컨설팅을 받았다. CTP는 유기물질과 비유기물질 샘플들을 통합하였고 A4용지보다 작은 선명한 플라스틱 종이 위에 올려져 분석 및 관통시험을 할 수 있다. CTP는 관찰된 내용을 기록하기 위한 CTP 로그 종이와 CTP 시험 항목들과 같이 사용된다. X-ray검색 장비 성능이 저하되면 이전의 결과와 비교하여 분명하게 나타나게 된다.

가. 사용방법

CTP는 만족할 만한 영상을 얻어서 장비가 정상적으로 동작하고 있음을 증명하기 위해 매일 신속한 일상점검을 수행하는 데 사용된다. 비록 테스트 항목에 대한 상세한 관찰내용을 기록할 필요가 없다 해도 시험결과는 기록 유지하여야 한다. 그러나 CTP 장비사용에 대한 상세한 보고서를 매주 작성하여야 한다. 여기에는 로그 sheet를 사용하여 X-ray 검색 이미지상에 운영자들이 본 것들을 기록하는 운영자들도 관련이 된다. CTP 상의 특별한 X-ray검색 사진이 나타나 있다. CTP를 사용하고 시험내용을 기록할 필요가 있는 직원들은 적당한 교육을 받을 필요가 있다. X-ray검색 장비성능 시험의 주제는 적절한 보안관리자 또는 운영자들에 대한 정기적인 기초 및 신규 교육이 이루어져야 한다. CTP는 벨트 위에 올려놓고 X-ray검색 장비를 작동시키고 난 후 또는 검색에 사용되기 전에 최소한 하루 한 번 기계 속으로 통과시켜서 장비가 정상적으로 작동하고 있음을 확인해야 한다. 이미지가 만족스러운 정도라면 장비는 사용가능한 상태인 것이다. 주간점검을 실시하는 동안 CTP는 X-ray검색 장비상에서 사용 가능한 이미지 향상장치를 이용하여 보여지게 될 것이며 운영자의 판단에 따라 여러 번 장비를 통과하게 될 것이다. 로그 sheet를 통해 운영자는 어떤 이미지 향상 장치가 사용되었으며 어떤 이미지가 찍혔는지를 기록하게 된다. 흑색과 백색 또는 컬러표시가 시험물질을 표시하는 데 사용된다. 최적의 CTP 위치는 X-ray검색 발생기 및 탐지기의 배열에 따라 달라진다. X-ray검색 장비 운영자들은 항상 CTP영상뿐만 아니라 검색 물체에 대한 최상의 X-ray검색 이미지를 얻기 위한 최적의 위치를 알고 있어야 한다. 목적은 가능한 한 최상의 이미지를 얻기 위한 것이다. CTP를 어떤 장소에 놓아야 할지 잘 모른다면 장비 유지보수 기술자나 제작사에게 문의해야 한다. 일부 장비에서 CTP의 뚜껑은 장비를 통과할 때 X-ray검색 빔의 작동을 끌어올리는 데 사용될 수도 있어 X-ray검색 이미지를 얻을 수 있다.

나. 시험결과

흑 · 백과 컬러 이미지에 대한 시험결과는 장비에 의해 기록되어야 한다. CTP의 최적의 위치 또한 기록되어야 한다. 감독자는 일일 점검이 이루어진 사항을 로그 북에 기록하여야 한다. 주간 점검결과는 점검 sheet에 표시를 함으로써 CTP 로그 sheet에 기록하여야 하며, 날짜, 시간, 기계형태, 시리얼 번호, 참석 감독자 등을 포함하여야 한다. 각 검사에 대한 의견 또한 기록되어야 한다. 바람직하게 생각되는 결과에 대한 세부사항은 자주 기록되어야 한다. 시험을 받는 X-ray검색 장비는 CTP의 모든 충족요건들을 만족시켜야 한다. 일부 혹은 모든 시험 실패는 비디오 모니터, 비디오 신호 혹은 X-ray검색 장치가 고장난 것일 수도 있다. 모니터 수리 완료 후에 결과가 만족스럽게 나오지 않는다면 기술자를 불러야 한다. 만약 관리자가 장비의 성능에 만족감을 느끼지 못한다면 장비의 사용은 중단되어야 한다. 이런 사항들은 로그 sheet에 기록되어야 한다. 이전의 점검과 비교하여 장비의 성능이 더 나빠졌다거나, 장비필요 요건들이 충족되고 있지 않다고 생각되면 기술자를 불러야 한다. 이런 사항들은 성능향상을 위해 취해야할 조치들과 함께 로그 sheet에 기록하여야 한다. 만약 관리자가 장비의 성능에 만족감을 갖는다면 장비 사용이 가능할 수도 있다. 최종 기록이후 최소한 2년간 장비운영자는 기록을 유지하여야 하며 이런 기록들은 민간항공보안당국 및 관련기관에서 요구할 수 있다.

다. CTP 요구조건을 충족시키는 장비

X-ray검색 장비 제작자들은 CTP를 제공해야 한다. 운영자들은 운영자들이 필요로 하는 시험종류들의 양을 결정해야 하고 제작사들에게 접근해야 한다. X-ray검색 기계 구매는 CTP에 관한 옵션을 포함해야 한다. 시험 종류는 공급자코드 및 시리얼 번호와 함께 표시되어야 한다. 다음과 같은 회사들이 민간항공보안당국 및 관계기관의 요구조건을 충족시키는 현재의 X-ray검색 장비를 공급하고 있다. 장비공급자들은 구매 전에 특정 장비가

각종 요구조건들을 충족하고 있는지의 여부를 문서로 증명해줘야 한다. 장비 인수는 설치시에 각종 요구조건들을 충족하는지의 여부에 달려 있다. 대형 렌즈를 가진 일부 모델들은 작은 렌즈구경을 가진 기계들보다 낮은 품질의 이미지를 생산할 가능성이 있다. 벨트 속도의 증가 또한 X-ray검색 그림의 질을 떨어뜨릴 것이다. 장비는 가능한 한 최상의 이미지를 얻기 위해 검색받는 수하물 및 화물의 형태에 맞는 가장 작은 렌즈구경을 가진 장비를 구매해야 한다. 검색률을 높이기 위해 벨트 속도의 증가문제 또한 고려해야 할 대상이다. 이런 일상적인 점검은 자동으로 폭발물 장치의 부품이나 폭발물질을 탐지할 수 있는 X-ray검색 장비에 사용하고자 하는 데 목적이 있는 것이 아니다. 이런 장비의 구매에 있어 고려해야 할 사항들은 장비가 관계기관의 요구사항등을 충족시키는지 그리고 어떻게 사용되어야 하는지 민간항공보안국 및 관련기관에 자문을 요청해야 한다.

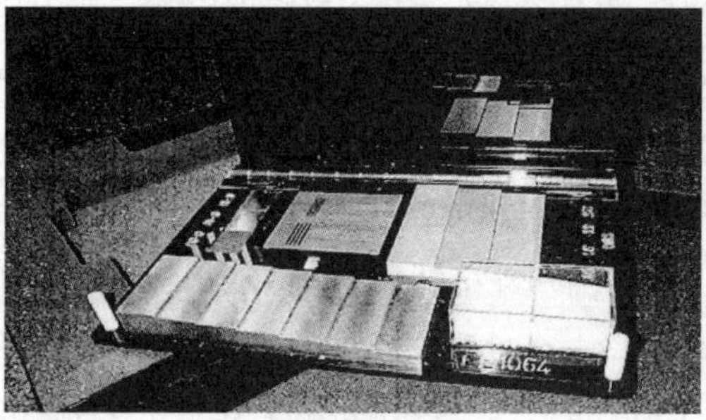

CTP 및 운반 가방

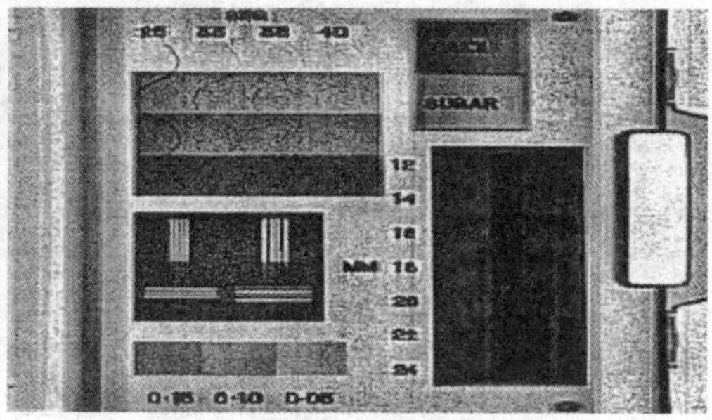

CTP의 X-ray검색 이미지

(2) X-ray 검색 장비 CTP 요건

이 테스트는 한 가닥의 가는 선, 즉 33SWG(표준 와이어 게이지, 0.254mm)를 표시하는데 사용되는 시스템의 성능을 정의하는 것이다. 철선의 성분은 절연이 되지 않은 가는 구리선이어야 한다. 25SWG(0.508mm)철선, 33SWG(0.254mm), 36SWG(0.193mm) 및 40SWG(0.122mm)는 CTP내에 포함되어 있어 X-ray검색 장비 단일 철선 분석능력이 일반 요구조건을 능가하는 지를 증명하거나 장비의 성능이 시간이 지남에 따라 저하되는지를 증명해 보이게 된다. 철선들은 S자의 커브형태이다.

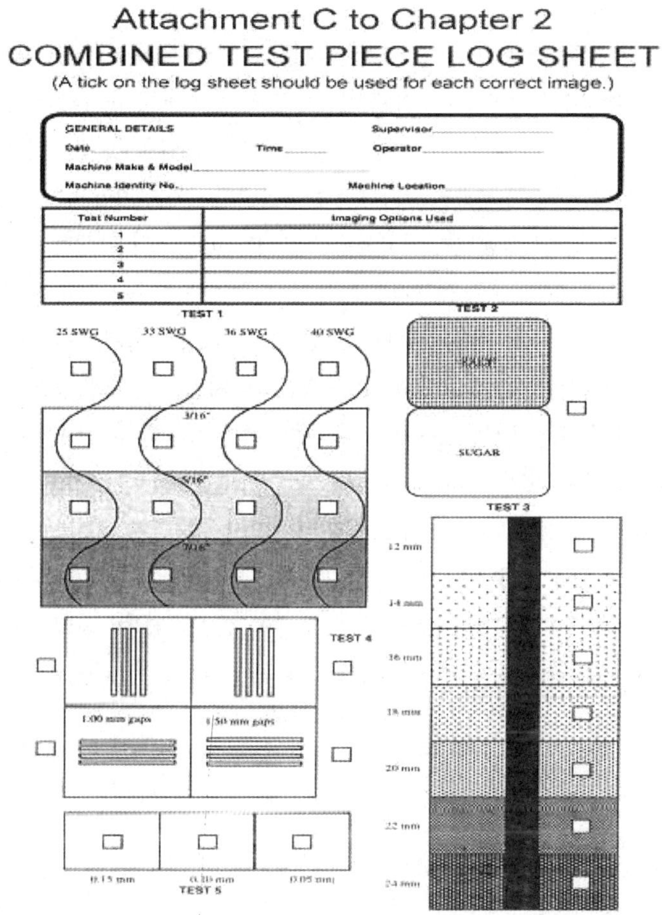

CTP 점검양식

2) 문형금속탐지기 점검절차

문형금속탐지기의 시험방법 및 성능요건은 국가 민간항공보안프로그램에 있어 아주 중요한 부분이다. 본 지침은 국가 민간항공보안 프로그램을 뒷받침하기 위해 모든 문형금속탐지기의 설치 및 테스트와 관련된 기준을 기술하고 있다. 민간항공보안국 및 관련기관은 특정장소에 특정 조건 때문에 각각의 문형금속탐지기에 사용되어야만 하는 특정 세팅에 어려움이 있을 수 있음을 인식해야 한다. 그러므로 민간항공보안국 및 관련기관은 권고된 세팅값이 오차범위를 벗어나는 승객거절 비율을 발생하는 장소에 사용하기 위한 최소한의 권고 세팅값을 설립하고 있다.

(1) 시운전

운영자는 문형금속탐지기가 최초 공항에 설치가 되었을 때 또는 문형금속탐지기가 재조정되었을 때 시운전을 실시해야 한다. 이때에는 운영자, 공급자 및 유지관리 엔지니어가 관여하여야 한다. 결과를 기록 · 유지하여야 하며 국가민간항공보안국 및 관계기관의 요구가 있을 때 제출하여야 한다. 시운전 결과는 공항에서 문형금속탐지기가 사용되는 기간만큼 유지해야 한다. 문형금속탐지기에 적용되는 권고세팅값은 가능한 경우가 발생할 때마다 사용되어야 한다. 최소값 이하가 아닌 경우 승객거절 비율이 너무 높은 경우 저감도 세팅값을 사용할 수 있다. 운영자가 필요하다고 판단하였다면, 고감도 세팅값을 사용할 수 있다. 문형금속탐지기는 사용되어야 할 위치에 설치되어야 한다. 문형금속탐지기의 감도에 영향을 줄 수 있는 인터페이스를 고려하기 위한 세심한 조사를 해야 한다. 이런 인터페이스는 예를 들어, X-ray검색 장비 근처의 TV 모니터에서 생기는 이동금속 및 전자파 인터페이스 때문일 수 있다. 일단 문형금속탐지기가 공급자가 만족하는 수준으로 설치되었다면 테스트를 반드시 실시해야 한다. 문형금속탐지기의 공급자가 제공하는 운영테스트품목(OTP)을 탐지할 수 있도록 권고 세팅값으로 세팅하여야 한다. 금속문형탐지기의 세팅은 인체의 4가지 위치에서 OTP를 탐지할 수 있어야 한다. OTP의 총열은 각 위치에서 아래 부분을 가리키고 있어야 한다. 인체의 4가지 부분은 다음과 같다.

가. 오른쪽 겨드랑이

나. 오른쪽 엉덩이

다. 등쪽의 허리부분

라. 오른쪽 발목 안쪽

신체의 각 부분에 테스트 품목을 가지고 문형금속탐지기를 10번 정도 통과해야 하는데 5번은 한쪽 방향으로, 5번은 반대방향으로 통과해야 한다. 테스트를 하는 사람은 기타 금속물질을 지니고 있어서는 안된다. 이런 시험은 장비의 세팅을 변경하고자 할 때 반복해야 한다. 세팅은 테스트를 하는 동안 변경해서는 안된다. OTP는 금속 문형탐지기가 각 위치에 따라서 (권고 세팅값에서) 10번 중에서 최소 8번 울리도록 해야 한다. OTP 탐지가 충분하지 못하다고 생각되면, 감도를 충분하다고 생각될 때까지 올려야 한다. 이것이 완료되어야 승객거절 비율이 결정될 수 있다. 만약 시운전기간 동안 승객거절 비율이 권고 세팅값에서 벗어난다면, 감도를 점차 줄여서 승객거절비율을 재 설정해야 한다. 금속문형탐지기의 탐지 성능은 감도를 줄일 때마다 OTP를 사용하여 점검해야 한다. 감도는 금속문형탐지기에 설정된 최소값 이하로 줄여서는 안된다. 만약 재설정된 승객거절 비율이 최소 세팅값에서 오차범위를 벗어난다고 생각되면, 문형금속탐지기의 공급자, 민간항공보안국 및 관계기관에게 통보해야 한다. 만약 감도를 OTP 탐지를 정확히 하기 위해 권고치보다 높여야 한다면, 감도는 승객거절 비율이 오차범위를 벗어나도 줄일 수 없게 된다. 금속문형탐지기의 공급자, 민간항공보안국 및 관계기관에 통보해야 한다. 특정 금속문형탐지기에 대해 시운전의 모든 측면을 기록하여야 한다. 시도된 세팅값과 얻어진 거절비율에 대한 기록은 민간항공보안국 및 관계기관이 참고할 수 있다. 여기에는 각 위치에서 OTP의 탐지 비율을 포함시켜야 한다. 이 자료는 운영자가 필요하다고 생각되어 감도를 권고치보다 낮게 할 필요가 있을 경우 민간항공보안국 및 관계기관이 요구하게 된다. 승객거절 비율 기록은 문형금속탐지기의 성능을 나타내는 유용한 자료이다. 운영자들은 일상적으로 이런 비율의 기록 여부를 고려하여야 한다. 특정위치에 특정 문형금속탐지기의 세팅값은 시리얼 번호와 함께 기록하여야 하며, 실제 문형금속탐지기 위에 일반인들이 볼 수 없는 곳에 조심스럽게 올려놓아야 한다.

(2) 일상점검

일상점검은 운영자들에게 문형금속탐지기가 켜진 후 또는 사용되지 않은 기간 이후 잘 동작하고 있음을 증명하기 위한 것이다. 이 점검은 모든 문형금속탐지기에 동일하게 실시하는 시험이다. 만약 문형금속탐지기가 (한번도 끄지 않고) 계속해서 사용되고 있다고 해도, 최소 하루에 한번 점검을 받아야 한다. 스위치를 켠 이후 와 승객검색에 사용되기 전에도 점검을 받아야 한다. 운영자는 라디오, 열쇠 및 동전처럼 문형금속탐지기에 영향을 줄 수 있는 모든 물품을 제거해야 한다. 강철 toecap도 점검시에는 착용하여서는 안된다. 운영자는 문형금속탐지기를 통과하여 몸에 과다한 금속물질을 갖고 있지 않음을 증명해야 한다. 그리고 나서 허리 뒷 부분에 몸통이 아래로 향하고 손잡이를 오른쪽으로 향하는 OTP를 놓고 승객들이 검색받는 방향으로 최소 5번 정도 금속문형탐지기를 통과해야 한다. 때때로 OTP가 금속문형탐지기에서 울리지 않을 가능성이 있다. 이것은 문형금속탐지기가 이전 시험에서보다 성능이 나빠졌음을 나타내거나, OTP를 전혀 탐지하지 못하고 있는 것이다. 만약 관리자가 결과에 만족스러우면 문형금속탐지기를 승객검색에 사용할 수 있다. 관리자는 일상점검 결과를 매일 기록하여야 한다. 일상점검 결과는 최소 6개월간 보관하여야 한다. 문형금속탐지기가 이전 테스트에서 보여준 성능보다 OTP에 감도가 떨어진다면 관리자가 성능에 만족감을 느낄 때까지 감도를 증가시켜야 한다. 모든 시험결과는 관리자가 기록하여야 한다. 만약 문제가 해결되지 않으면, 유지보수담당자가 도착할 때까지 문형금속탐지기를 꺼야한다. 공급자 및 유지보수 인원에게 문제점을 알려야하고 문형금속탐지기에 고장이 발생하면 문형금속탐지기를 켜야 한다.

보다 상세한 테스트를 오른쪽 팔 아래, 오른쪽 엉덩이, 허리 뒷부분 및 오른쪽 발목안의 신체의 4부분에 시운전처럼 OTP를 갖고 일주일에 1번 실시해야 한다. 이런 테스트들은 각 위치에서 5번씩 실시해야 하고 결과를 기록하여야 한다. 문형금속탐지기가 일관되게 작동하면 결과에 대한 비교를 할 수 있게 된다. 운영자가 필요하다고 생각되면 이런 테스트를 자주 실시하고 결과를 기록하여야 한다. 발목부분에서 OTP 탐지는 변할 수 있다. 이것은 발이 문형금속탐지기 내부에 놓거나 문형금속탐지기를 통과하느냐에 따라 달라진다. 운영자는 사람의 발 위치를 변하게 해야 하고 이전 테스트 결과와 비교하여야 한다.

이런 테스트 및 결과 기록방법은 민간항공보안프로그램을 지원하기 위해 사용되는 모든 문형금속탐지기에 적용되고 있다. 기록 sheet의 양식은 모델명, 시리얼 번호, 위치, 세팅, 측정결과, 날짜 및 관리자의 서명을 포함하여야 한다. 공급자가 문형금속탐지기와 함께 공급하는 계량기 및 테스트 판들은 운영자나 유지보수 인력이 유용하다고 생각한 경우에 OTP에 추가하여 사용할 수 있다.

4. 보안검색시스템

금속탐지기의 원리는 간단하다. 자기장의 변화는 도체에 흐르는 전류를 감소시킨다. 전류가 감소되면, 이 전류가 스스로 자기장을 형성한다.

1) 휴대용 금속탐지기 (Hand-held Metal Dectector)

휴대용금속탐지기(HHMD)의 코일은 급격하게 변하는 자기장을 형성한다. 이 자기장은 금속물체 표면에 와류전류라고 불리는 회전전류를 유도한다. 동일 코일 혹은 같은 장치에 감겨있는 2차 코일은 이 회전전류에 의해 형성된 제2차 자기장을 감지한다. 물체를 탐지하는 휴대용금속탐지기의 성능은 물체의 크기와 코일 및 코일이 감긴 형태와 관련된 물체의 방향에 따라 달라진다. 얇은 선으로 구성된 큰 루프는 부피가 적어도 강력한 신호를 발생시킨다. 또한 장비의 성능은 금속에 따라 달라진다. 예를 들면, 철성분을 함유한 금속은 자기장을 집중시켜서 강력한 신호를 발생한다. 금속 문형탐지기에 비해 휴대용금속탐지기의 주요 장점은 가격이 저렴하고, 정밀하며 금속물체의 위치를 정확하게 탐지한다. 또한 보다 작은 물체를 탐지할 수 있는 능력이 있다. 주요 단점은 전체검 색에 소요되는 시간이 많이 걸리며, 검색의 효과가 운영자의 능력에 대한 의존도가 심하다는 것이다. 휴대용금속탐지기는 여러 종류가 있다. 많은 휴대용금속탐지기는 성능이 우수하며, 사용이 용이하고 가격이 합리적이며 자동감도 조정기능이 있다. 오래된 탐지기들 중에서 몇몇 휴대용금속탐지기들은 탐지를 하기 위해서는 계속해서 움직여야 하는 것이다. 가능하면 이런 장비들은 사용하지 말아야 한다. 휴대용 금속탐지기는 조그마한 무기류도 탐지할 수 있으며 위해물품을 감지하면 경보 및 경보표시가 가능하고 자기장의 원리를 이용하므로 신체에 영향을 주지 않는다. 휴대용금속탐지기의 종류는 제작사에 따라 여러 종류의 모델이 있으며 정상작동 여부는 전원스위치를 ON에 놓고 탐지하고자 하는 금속물체를 접근시킬 때 경보가 잘 울리면 정상이며 장비 사용 후에는 반드시 전원스위치를 OFF에 놓는다. 휴대용금속탐지기는 건전지를 사용하므로 금속물체를 가까이 해도 소리가 작으면 건전지의 충전상태를 확인한다. 건전지 교환방법은 휴대용금속탐지기를 OFF상태로 놓고 새로운 건전지(9V) 또는 충전된 건전지 준비하여 손잡이 아래 건전지 뚜껑을 열고 새로운 건전지 또는 충전된 건전지를 삽입하고 손잡이 아래 건전지 뚜껑을 닫는다. 전원스위치를 ON에 놓고 탐지하고자 하는 금속물체를 접근시켜 경보가 잘 울리는지 확인하면 된다. 다만 휴대용금속탐지기는 외부의 충격에 약하므로 주의하여 사용하여야 하며 휴대용금속탐지기 사용 시 전원표시 상태, 경보음 및 경보표시 기능 등이 정상적으로 작동되고 있는지 항상 관리를 하여야 하며, 장비에 이상이 발견되면 즉시 검색감독관에게 보고하여야 한다. 휴대용금속탐지기의 감도는 최적의 상태로 설정(Setting)되어 있으므로 보안검색감독관의 허가 없이 조정해서는 아니 된다. 휴대용금속탐지기에 대한 점검은 각 근무조의 업무시작전에 하여야 한다. 점검 시 금속대상물에 금속탐지기를 5~10㎝ 근접위치에 두면 경보음이 울려야 하며, 경보음이 작거나 울리지 않으면 배터리 등을 점검하여야 한다.

다양한 형태의 휴대용 금속탐지기

2) 문형금속탐지기(Walk-through Metal Detector)

문형금속탐지기(WTMD)에 있어서, 검색받는 사람이 지나가는 아치통로는 급격하게 변하는 자기장을 발생시킨다. 이 자기장은 근처 인접해 있는 금속물체에 와류전류라고 불리는 회전전류를 유도한다. 제2차 코일이 이 와류전류에 의해 발생된 2차 자기장을 감지한다. 물체를 탐지하는 문형금속탐지기의 성능은 물체의 부피뿐만 아니라 물체의 형태 및 문형금속탐지기의 코일의 방향에 따라 달라진다. 예를 들어, 가느다란 철선으로 이루어진 큰 루프는 부피가 적어도 강력한 신호를 발생시킨다. 이것 또한 물체의 금속성에 달려있다. 강자성을 띠는 물체는 자기장을 집중시켜 강력한 신호를 내게 된다. 휴대용 금속탐지기에 비해 문형금속탐지기의 주요 장점은 속도와 일관성이다. 문형금속탐지기는 운영자의 능력과 상관이 없다. 코일에서부터 나오는 신호를 처리하는 데 사용하는 전자공학기술은 문형금속탐지기의 탐지 특성을 변화시키도록 조정할 수 있다. 다시 말해서 비자성체인 청동열쇠가 탐지 감도를 향상시키거나 탐지를 방해하기도 한다.

문형금속탐지기는 양방향 탐지능력이 있어 탐지기를 양방향에서 통과할 때 무기류 등 위해물품을 탐지할 수 있으며 위해물품이 감지되면 경보 및 경보부위에 대해 알려주며조그마한 무기류도 탐지 가능(0~100단계 감도레벨 조정)하고 자기장의 원리를 이용하므로 신체에는 영향을 주지 않는다. 문형금속탐지기는 제작사에 따라 여러 종류의 모델이 있으며 장비의 정상적인 작동 여부 확인을 위해서는 문형금속탐지기의 전원이 ON으로 되어 있는지 확인하여야 한다. 전원이 ON으로 되어 있는 경우 문형금속탐지기의 좌측 상부 전면 표시등이 적색으로 점멸되고 있으면 정상 작동되고 있는 상태 여부,

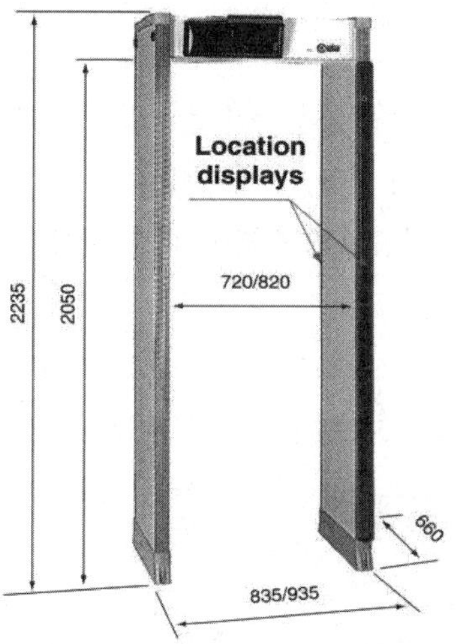

금속물체를 소지하고 문형금속탐지기를 통과할 때 경보음이 울리면서, 탐지기의 표시판에 적색표시(****)가 되고 탐지기 전면 좌 · 우측면에 적색 표시구간이 1개소 이상 표시되면 정상상태 등을 확인하여야 하며 문형금속탐지기는 전원(AC 220V) 공급에 의해 작동되므로 계속 사용하지 않을 때는 검색 감독관의 지시에 따라 전원스위치를 OFF에 놓는다.

문형금속탐지기는 외부의 충격 또는 금속물체에 의해 경보 오류가 발생할 수 있으므로 검색장비 사용 시 주의하고 문형금속탐지기 사용 시 전원표시 상태, 경보음 및 경보표시 기능 등이 정상적으로 작동되고 있는지 항상 관리를 하며, 장비에 이상상태가 발견되면 즉시검색감독관에게 보고하여야 한다. 문형금속탐지기의 감도는 최적의 상태로 설정(Setting)되어 있으므로 보안검색감독관의 허가 없이 조정해서는 아니 된다.

대부분의 제작사들은 사용자들의 요구에 맞는 감도를 조정할 수 있도록 문형금속탐지기의 감도의 범위를 넓게 세팅하고 있다. 불행하게도, 이것이 문형금속탐지기의 사용을 어렵게 만들고 있으며, 세팅을 부정확하게 할 가능성을 증가시켰다. 그러므로 모든 체약국들이 국가민간항공보안 프로그램을 지원하기 위해 가장 적당하다고 판단되는 문형금속탐지기의 모든 모델에 대한 일상점검과 시운전에 관련된 규격화된 절차를 정의하고 전파하는 것이 무엇보다도 중요하다. 휴대용금속탐지기 및 문형금속탐지기는 원리상 간단하지만 이런 장비의 선택, 설치, 운영과 관련해 주의해야할 점들이 있다.

(1) 탐지성능 - 탐지성능은 위협에 대항할 수 있어야 한다. 문형금속탐지기가 어떤 종류의 물체를 탐지할 수 있는지, 예를 들어 큰 장총, 작은 권총 및 칼 등을 탐지할 수 있는지 결정되어야 한다.

(2) 품질관리 - 위협에 적당한 대응을 할 수 있는 성능 테스트에는 간단한 정규테스트가 있다. 점검품목은 검색요원들이 실제적으로 찾아야 하는 가장 작은 물체(혹은 탐지가 가장 어려운 물체)를 대표할 수 있도록 선택해야 한다.

(3) 안전 - 휴대용금속탐지기 및 문형금속탐지기에서 나오는 전자기장이 아주 미약하여 인체에 해를 주지 않는다고 해도, 심장박동 조절장치 같은 의학용 임플란트에 영향을 줄 수 있다. 제

작자들은 관계당국으로부터 자사 제품이 이런 임플란트와 같은 의학장비에 방해가 되지 않는다는 것을 증명하도록 할 필요가 있다.

(4) 위치 - 문형금속탐지기의 위치는 장비의 성능에 영향을 줄 수 있다. 장비는 문과 같이 큰 이동성 금속물질로부터 멀리 떨어진 곳에 위치해야 한다. 한 개 이상의 문형금속탐지기를 인접하여 설치해야 할 경우, 예를 들어 콘코스 검색지역에서, 설치된 장비들이 서로 전기적으로 영향을 주지 않는다는 것을 증명해야 한다.

(5) 운영절차 - 정기 점검과 더불어 법적으로 금지된 품목을 제거하기 위한 정책을 마련해야 한다. 열쇠와 동전을 제거하면 문형금속탐지기의 탐지감도를 상향조정하여 운영이 가능하다. 알람이 울린 후의 검색절차는 알람이 울릴 뿐만 아니라 사람이 지니고 있는 모든 금속물체를 찾는 데 목적을 두어야 한다.

다양한 형태의 문형 금속탐지기

5. X-ray검색 장비

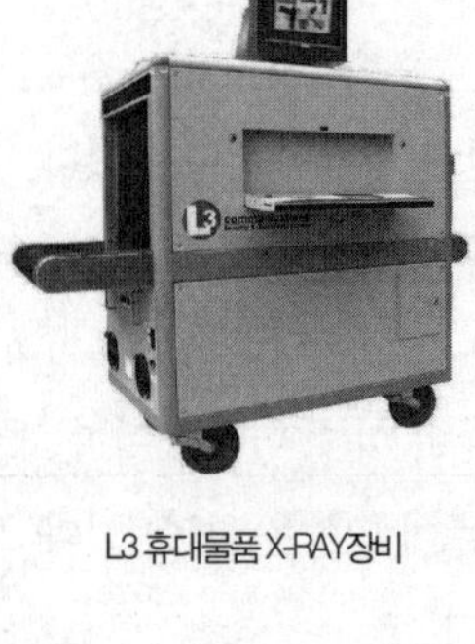

L3 휴대물품 X-RAY장비

기존의 수하물 X-ray검색장비는 단지 복잡한 금속탐지기였다고 생각되어 왔다. 확실히 이것은 흑,백의 이미지만을 운영자들에게 보여주었던 초기의 장비에 대해서는 사실이었지만, 최근의 장비들은 향상된 이미지 표시 성능 및 탐지능력을 보이면서 아주 광범위하게 사용되고 있다. 수하물 X-ray검색 장비는 수하물에 들어있는 품목을 훼손시키거나 열어볼 필요없이 내부에 들어있는 물체를 검색하는 가장 빠르고 편리한 방법을 제공한다. 장비의 구매는 승객의 휴대하고 있는 수하물을 검색할 수 있는 폭 600㎜×높이 400㎜의 장비에서부터 항공화물검색에 사용하는 폭 1650㎜×높이 1500㎜에 이르기까지 다양하다. 이런 다양성은 통과되는 수하물들을 이동시키면서 편리하게 X-ray검색 이미지를 만들어 낼 수 있도록 할 것이다. 최근의 모든 장비들에 있어서, 크기와 상관없이, 이미지는 linescan 원리에 의해 만들어진다. 검색받는 물품이 X-ray검색 장비 내의 터널속을 지나갈 때, 센서가 X-ray 발생장치를 활성화 시키면 X-ray 모양의 삼각형빔이 형싱되어 감지상치를 비주게 된다. X-ray 장비의 컨베이어는 일정한 속도인 0.2m/s로 움직이고 X-ray 빔을 통과하는 물체의 각 부분에 대한 이미지를 찍고 저장하게 된다. 이런 방식으로 이미지가 형성되고 모니터에 표시되게 된다.

1) 물체의 분류

최근에 제작된 거의 모든 X-ray검색 장비는 다양한 색깔로 물질들을 형태를 나타내는 능력을 가지고 있다. 특히, 유기물질(폭발물, 마약, 가죽, 음식물, 화장품류)을 오렌지색으로 표시되며, 금속으로 만들어진 물질(철, 구리, 니켈 등)은 파란색으로 표시되며, 유기물질과 금속물질의 혼합으로 구성된 물질, 알루미늄이나 유리로된 제품은 녹색으로 표시된다. 예를 들어 두꺼운 금속으로 된 일부 물품들은 대부분의 X-ray을 흡수하여 이미지상에는 흑색으로 표시된다. 운영자들이 위협적인 물품들이 어떤 것들인지 또는 잠재적인 밀수품들이 어떤 것인지를 식별하는 데 도움이 된다.

2) 폭발물탐지 기능

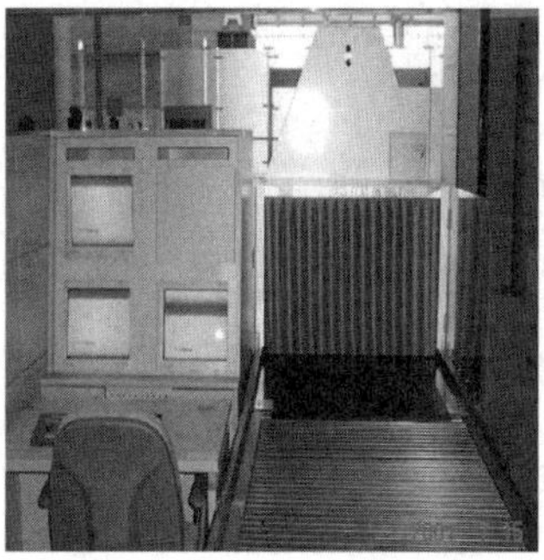

몇몇 X-ray 장비들은 EDS라고 불리는 폭발물탐지 장비로 알려져 있다. 이런 종류의 장비들은 어느 정도는 폭발물과 기타물품을 구별하고, 여러 가지 방법으로 운영자들에게 시각적으로 알려준다. 특히 이런 장비들은 공항에서 수하물을 검색하는 데 사용되어 왔으며, 자동으로 운전되고, 가방내의 폭발물 같은 물체의 탐지에 의해 diverter를 작동시켜 운영자들이 물체의 이미지를 검색할 수 있도록 한다.

3) 이미지 향상

거의 모든 X-ray검색 장비와 폭발물 탐지 장비들은 운영자들이 이미지를 좀더 잘 볼 수 있도록 하는 이미지향상특성을 갖고 있다. 이런 특징 덕분으로 이미지를 조절하여 밝거나 어둡게 보이는 부분을 조정하여 이미지의 명암을 조절할 수 있다. 철사 같은 물체를 정확히 알아보기 위해 모서리 향상기법을 사용한다. 또한 유기물질 내용물 또는 유기물질이 아닌 내용물만을 볼 수 있도록 하는 것도 가능하다. 각 제작사들은 이런 다양한 특징을 갖춘 제품을 갖고 있으며 사용목적에 따라 장비의 통제콘솔을 설치하여 장비를 특정한 목적에 사용할 수 있도록 특성화할 수 있다.

4) X-ray 기술

폭발물탐지에 적용되는 현재의 X-ray 기술에 대해 설명하고 있다. 단순한 단일 에너지 전송 X-ray검색 스캐너들은 자동으로 폭발물을 탐지하기 위한 충분한 정보를 제공하지 못해 보다 많은 정보를 얻을 수 있는 방법이 필요하다. 이중 에너지, 이중 축, 후방산란기술을 이용한 장비는 물체의 물질흡수 계수 및 Z번호 결정을 가능하게 할 수 있다. 컴퓨터 단말장치를 이용한 기술은 물체의 부피흡수계수 및 밀도를 계산하는 데 충분한 정보를 얻을 수 있다. X-ray 에너지의 광자가 어떤 물체를 만나게 되면, 세 가지 결과를 일으킬 수 있다. 광자가 단순히 물질을 통과할 수 있고, 흡수될 수 있으며, 원래 방향에서 빗겨나가서 흩어질 수 있다. 이런 세 가지 결과는 X-ray 에너지 및 물질의 부피특성(밀도, 흡수계수, Z번호)에 의해 결정되는 비율에 의해 결정된다. 폭발물은 일반물품에 비해 독특한 X-ray 상호작용 특성을 갖고 있다. 이런 상호작용 특성 측정이 상대적인 폭발물의 가능성이 높은 물질을 찾아내는 데 사용될 수 있다.

(1) 형광투시경

몇몇 조사들은 간단한 X-ray 장비 또는 휴대용 장비를 제작하여 우편, 작은 소포, 위험물품의 검색 및 폭발물탐지를 위해 들어오는 수하물을 검색하는 데 사용한다. 형광투시경 이미지를 이용한 장비들은 손으로 들 수 있으며, 6파운드 정도의 무게이며, 사진을 찍을 수 있는 야외용 장비 및 실시간으로 내부를 들여다 볼 수 있어 의심품목을 직접 볼 수 있는 데스크탑 장비를 갖춘 모델들이 포함되어 있다. 보여지는 품목이나 짐들은 이미지 스코프 바로 앞에 놓이게 되거나 검사실에 놓이게 되어 수분 안에 검사가 완료된다. 형광투시경은 배경화면에 나타나는 목표물 이외의 물체에 의한 간섭에코(clutter) 현상이 문제가 되지 않는 우편물 검색에 종종 사용된다. X-ray검색 발생기는 원뿔모양의 X-ray 빔을 발생시켜 장비의 내부에서 검색받는 물체에 직접 쪼이게 된다. 목표물을 통과하는 X-ray는 빛을 발산하는 형광스크린에 도달한다. 금속과 같은 물체들은 다른 물체들보다 X-ray을 많이 흡수하게 되기 때문에 형광스크린상에 그림자를 형성하고 빛을 덜 발산하게 된다. 그러므로 스크린은 물체의 형상을 시각적으로 보여주게 된다. 이런 이미지를 직접 보는 것은 불편하기도 하지만 위험하기 때문에 보통 거울을 이용하여 운영자들이 빔을 직접 보지 않도록 하거나, CCTV 카메라나 텔레비전 모니터를 이용한다. CCTV를 기반으로 한 장비는 여러 가지 장점을 갖고 있다.

가. 보기가 쉽다.

나. 이미지가 디지털로 되어 저장할 수 있다.

다. 디지털 기술의 사용으로 시간에따라 이미지가 축적되어 두꺼운 물체도 이미지화할 수 있다.

라. 디지털 이미지 향상 기법을 이용하여 저장된 이미지를 좀더 잘 보이게 할 수 있고 일부분을 좀더 명확하게 볼 수 있도록 한다.

마. 만약 X-ray검색 탐지기에 의해 장비가 작동될 우려가 있다면(이론적인 가능성), 모니터를 X-ray검색 캐비닛에서 멀리 떨어져 설치할 수 있다.

그러나 CCTV기반 장비는 거울을 이용한 장비만큼 선명한 화면을 제공하지는 못한다. X-ray검색 장비로 탐지성능이 폭발물의 부속품을 알아내는 것은 운영자의 능력에 따라 달라지기 때문에, 운영자들은 적합한 교육을 받아야 한다. X-ray검색 빔이 원뿔모양이기 때문에, 큰 물체들은 전체가 이미지화되지 않을 수도 있다. 상단 모서리와 코너부분은 빔 밖으로 나가게 되어 이미지가 나오지 않을 것이다. 만약 이런 경우가 발생한다면, 물체는 보통 한번 뒤집어서 놓친 부분을 다시 검색한다. 비록 형광투시경이 의심스럽다고 판명된 물체를 검색하는 데 아주 적합하지만, 형광투시경이 충분한 투과능력을 갖고 있다면 묶음으로 일반 우편물을 올려놓음으로써 큰 부피의 우편물을 검색하는 데 사용될 수 있다.

(2) 이중 에너지 X-ray검색

이중 에너지 X-ray검색은 X-ray검색 빔이 이미지를 얻기 위해 검사중인 물품을 반드시 통과해야 하는 규격화된 X-ray 전달을 간단히 변형시킨 것이다. 전달 X-ray검색은 모든 물품과 물체들을 빔이 통과하는 곳에 올려놓고 물체와 물품에 대한 하나의 통합된 이미지를 만들어 낸다. 이것은 하나의 단일 물체 혹은 여러 개 품목들을 하나의 단일 물체로 보이게 만든다. 빔이 통과하는 곳에 물체가 많이 있을수록, 여러 개의 물체에서 하나의 물체를 구별해내는 것은 더욱 어렵다. 서로 다른 물체들의 이미지를 분리하기 위해 전달/이중에너지 X-ray가 작동하지 않아 문제가 되었을 때, 검색중인 물체가 X-ray를 잘 전달하지 않거나 흡수해 버린다. 특히, 이런 낮은 원자번호 물질이거나 유기물질들이며 플라스틱 폭발물, 마약 및 플라스틱무기들이 포함된다. 유기물질들은 X-ray를 잘 흡수하지 못하기 때문에 전달 X-ray검색 내에서 미약한 X-ray 신호를 남기게 된다. 전달/이중 에너지 장비는 배경이 클러터되지 않으면, 유기물질을 탐지할 수 있지만, 탐지 강도는 금속을 탐지하거나 관통능력이 중요한 원자번호 Z쪽의 비유기물질이냐에 달려있다. 단일 에너지 장비에 비해 이중 에너지 X-ray 장비의 장점은 고에너지 X-ray검색과 저에너지 X-ray검색의 감소비율을 비교함으로써 물질 구별을 한다는 것이다. 낮은 원자번호 Z 물질에 대한 이중-에너지 호출부호를 얻는 데 2가지 기본적인 시스템이 있다. 첫째는 규격화된 X-ray 튜브에서 나오는 것은 넓은 스펙트럼이다. 필터가 빔 내의 낮은 에너지 파장들을 잘라버리고, 결과적으로 필터링이 되지 않은 빔보다 평균적으로 높은 에너지를 갖는 빔을 갖게 된다. 짐을 넓은 스펙트럼에너지에 노출시키고, 짐을 선형배열의 형태로 보이게 하고 또한 두 번째 필터링된 선형배열로 보이게 함으로써 이중 에너지 정보들을 얻을 수 있다. 이런 방법의 주요장점은 에너지 분리가 상대적으로 적다는 것이다. 두 번째 방법은 두 가지 에너지를 제공하기 위해 두 가지 X-ray 튜브 작동전압을 사용한다. 이런 방법으로 원하는 만큼 큰 에너지 분리를 얻을 수 있다.

특이한 이미지 시스템에 있어서, 75kv와 150kv정도의 이중 에너지는 저밀도의 폭발물과 플라스틱 무기들을 이미지화하는데 사용된다. X-ray 전달 자료는 처리되는 컴퓨터와 에너지에서 정형화된 방법으로 얻을 수 있다. 컴퓨터처리결과는 이미지형태를 특징짓고 확인하게 되며, 인위적인 색깔이 다양한 Z값에 할당되게 된다. Z값이 낮은 물질의 특징은 Z값과 목표물질의 두께에 따라 달라진다. Z값을 결정하는데 이중에너지가 단일에너지보다 우수하지만 이 방법은 물체의 두께를 결정할 수 없어서 완전하고 명확하게 물질의 Z값을 결정할 수 없다. 또 하나의 방법은 이중축/이중에너지방법을 사용하는 것이다. 이것은 90도 각도에서 물체에 대한 두 가지 이미지를 제공한다. 이런 이중표시 시스템은 컴퓨터 단층촬영기법이라고 생각할 수 도있다. 두 개의 이미지가 물체를 구역별로 재생성하는 데 충분한 정보를 제공하지 못하지만, 폭발물 같은 물질의 존재여부를 결정하는데 추가정보를 제공한다. 이중에너지 및 이중축/이중에너지 원리를 기반으로 하는 자동탐지장비는 현재 여러 제작사들이 제작하고 있다.

5) 소형 X-Ray 검색장비

승객 또는 상주직원의 휴대물품을 검색하기 위해서는 소형 X-ray검색장비를 사용하여야 하며 X-ray검색장비에는 X-Ray 투시 장비와 판독용 모니터 및 조작반 등이 포함된다.

X-Ray 장비의 특성은 휴대물품을 양방향(수직, 수평)에서 X-Ray로 투사 가능하며 위해물품을 식별 할 수 있도록 이미지 생성 및 모니터 표시하며 휴대물품을검색장비 전 · 후로 이동시킬 수 있고 영상이미지 저장 및 재생이 가능하다. 판독용 모니터는 모니터 X-Ray 이미지(수직, 수평)를 컬러, 흑백으로 표시하고 물체를 유기물, 무기물, 혼합물, 불투과물체 등으로 표시하며 표준 또는 2배, 4배 또는 기타 배율로 이미지 확대 및 축소가 가능하다. 판독용 조작반(OCP)은 X-Ray 검색장비 기동, 정지(ON/OFF) 버튼, 휴대물품을 검색장비 전 · 후 이동 버튼, 영상이미지 확대 버튼(2배 또는 4배), 영상이미지 유기물 제거, 무기물 제거, 흑백 전환, 명암조절 등 기능버튼 등이 있다.

- 판독용 조작반 버튼 기능

- Key 스위치 : ON / OFF
- 컨베이어벨트 : FWD(전진), STOP(정지), REV(후진)
- Zoom 기능 : 2배, 4배 8배 등 확대
- B/W Rev : 흑백모니터 상에서 이미지를 흑/백 반전 기능
- EDGE Trace : EDGE 부분을 선명하게 처리
- Lighter : 이미지를 밝게(고밀도 물체가 잘 보임)
  Darker : 이미지를 어둡게 (저밀도 물체가 잘 보임)
- INORG STRP : 무기물체 제거 기능
- ORG STRP : 유기물체 제거 기능

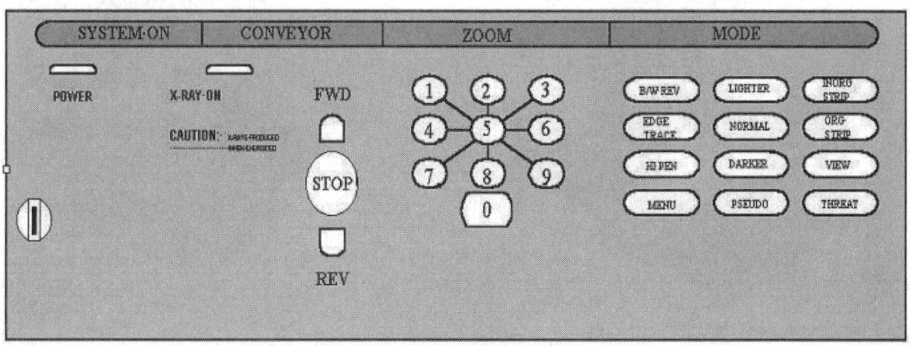

일반적인 X-ray검색장비 조작반

- HIPEN HIGH : HIPEN옵션을 고밀도 물체에 대한 대비(대조) 조정
- PSEUDO : 흑백 이미지가 물질의 밀도에 따라 서로 다른 색상으로 변환

X-Ray 검색장비를 기동하기 위해서는 판독자 조작반의 전원 키(Key)를 OFF에서 ON으로 돌린다. 모든 검색용 모니터에 정상(System Ready)으로 표시되면 휴대품 검색이 가능한 정상 작동 상태가 된다. 장비 사용 중 에러 조치방법은 X-Ray 장비를 사용하여 물품의 이미지검색 중에 장비가 정지 또는 이미지에러 등이 발생하면 검색감독관에게 알린다. X-Ray 장비는 전원(AC 380V, 220V) 공급에 의해 작동되는 것으로 계속 사용하지 않을 때는 검색감독관의 지시에 따라 전원 키(Key)를 OFF에 놓는다. X-Ray 장비 기동(전원스위치 ON)작동되기 전에는 컨베이어 위에 아무것도 올려놓지 말아야 하며 작동중인 X-Ray 내부(출입구 커튼)에 신체의 일부가 들어가지 아니 하도록 하여야 한다. 모니터를 이용한 물품을 검색하고 있을 때 X-Ray 장비가 작동되지 아니 하거나 이미지 판독에 에러가 발생하면 보안검색감독관에게 신속히 알려야 한다.

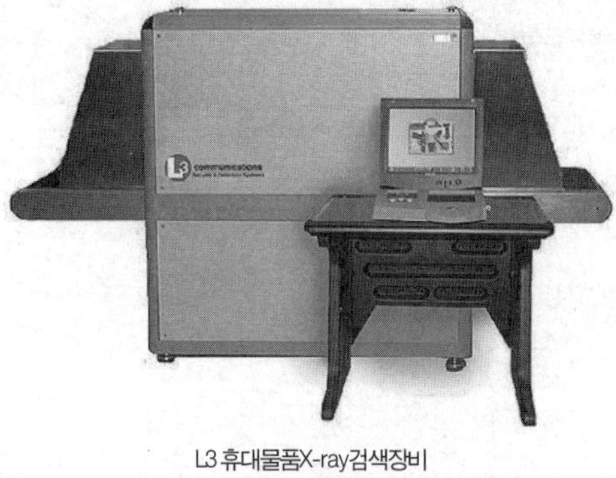

L3 휴대물품X-ray검색장비

Heimann X-ray검색장비

GILARDONI S.P.A X-RAY장비

RAPISCAN 휴대물품 X-RAY장비

6) 위탁수하물 X-Ray검색장비

승객의 수하물에 위해물품이 포함되어 있는지 식별할 수 있는 것으로 X-Ray 장비와 수하물처리 시스템이 서로 연계되어 운용되며 이미지를 식별할 수 있는 모니터와 조작반이 포함된다. X-Ray 장비의 특성은 수하물을 양방향(수직, 수평)에서 X-Ray 투사하며 위해물품을 식별할 수 있도록 수하물 이미지를 생성하고 영상이미지 저장, 재생, 수하물 처리시스템(BHS)과 연계 운용할 수 있다. 판독용 모니터는 모니터 X-Ray 이미지(수직, 수평)를 컬러, 흑백으로 표시, 영상이미지 판독시간 표시, 물체를 유기물, 무기물, 혼합물, 불투과물체 등으로 표시, 표준 또는 2배, 4배 기타 배율로 이미지 확대 및 축소하여 표시할 수 있다. 판독용 조작반은 판독컴퓨터 장비 기동, 정지(ON/OFF) 버튼, 판독결정에 따른 조작버튼, 영상이미지 확대 버튼(2배 또는 4배), 영상이미지 유기물 제거, 무기물 제거, 흑백 전환, 명암 조절 등 기능버튼 등이 있다. 판동자 조작반 키보드 조작 및 기능은 다음과 같다.

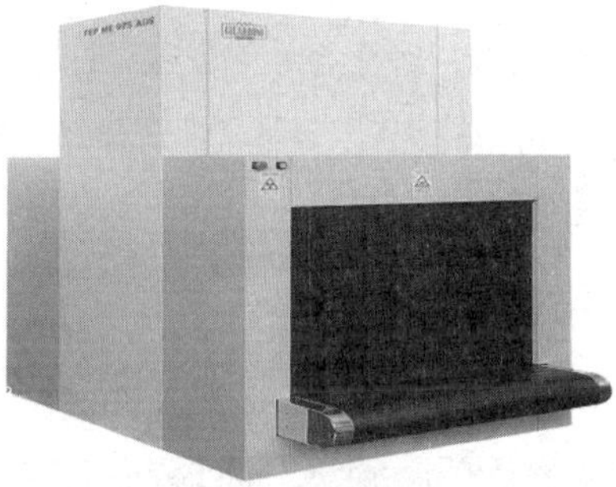
위탁수하물X-ray 검색장비

3D X-ray imaging 검색장비

Heimann X-ray 검색장비

Heimann EDS 검색장비

L3 VIVID VIS-108 위탁수하물 검색장비

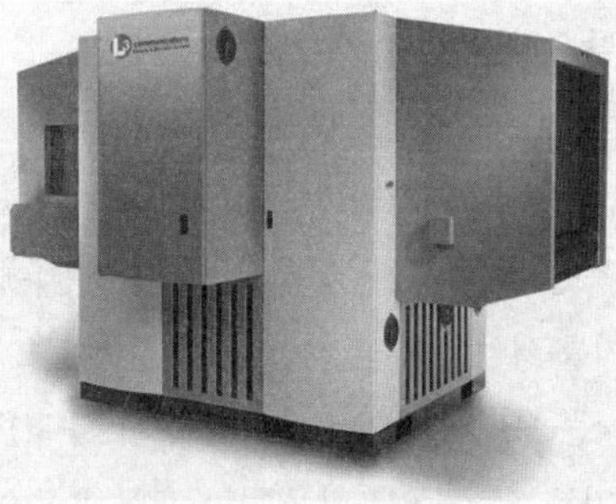

VIVID MVT 위탁수하물 검색장비

X-Ray 검색장비 기동, 정지는 수하물검색 운용자는 허가 없이 X-Ray 검색장비를 기동, 정지시킬 수 없으나 컴퓨터 판독장치에 대하여는 ON/OFF 조작이 가능하다. 영상이미지 판독 중 에러 조치는 수하물 이미지검색 중에 이미지에러 등이 발생되면 즉시 검색감독관에게 알린다. 판독자는 X-Ray 영상이미지 판독시간 제한을 준수하여야 하며 컴퓨터 및 모니터가 정상 작동되고 판독자조작반의 ON-LINE 램프등이 ON으로 되어 있을 때 판독업무를 하여야 한다. 근무교대 또는 휴식을 취할 때는 판독자 조작반의 ON-LINE 램프등을 OFF로 놓는다.

7) CT(컴퓨터단층촬영) 방식의 검색장비

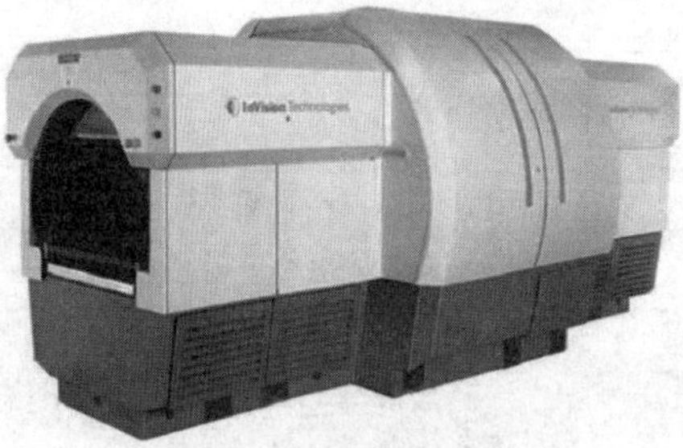

CTX-9000Dsi (FAA승인)

CTX-9000Dsi 장비 판독 모니터

L3 3DX-6000(FAA승인)

L3 eXaminer 3DX-6000장비

컴퓨터 단층촬영(CT)은 물체의 횡단면의 이미지를 2차원으로 보여주는 X-ray검색 기술이다. 다수의 인접된 횡단면을 연결하여 3차원 이미지를 얻는 것이 가능하다. 직선 횡단면 영상은 샘플 투영되어 나오는 수많은 서로 다른 투영에서 얻어진 X-ray 전달 데이터를 컴퓨터가 처리하여 얻을 수 있다.

이런 측정결과를 얻기 위해, X-ray 빔은 탐지기에서 충분히 높은 신호를 얻기 위해서 물체를 반드시 관통하여야 한다. CT기술의 중요한 장점은 특정목적의 물체가 주변물질에 가려진다 해도, X-ray 전달 측정계수와 물체의 흡수계수를 대상이 되는 물체로부터 직접 얻을 수 있다는 것이다. CT기술은 물질을 탐지하고 확인하는 데 있어 감도 및 정확성이 우수하다. 전원 및 탐지기의 배열은 물체가 중심을 이루는 방사 서클을 변형시키고 원 주위를 회전한다. X-ray 빔은 물체에 투과되어 반대편에서 탐지된다. 투과영상 자료들은 특별히 조정된 각도에서 얻어지게 된다. 그때 전원 및 탐지기는 작은 각도로 회전하게 되고, 새로운 투과영상을 얻게 된다. 특히, 물체주위를 1도 각도로 180도 투과영상을 얻을 수 있다. 각 X-ray 전달 측정치가 전기적인 신호로 바뀌어 컴퓨터가 처리하게 된다. 재설정된 CT 영상은 횡단면의 영상이고, 횡단면의 각 지점에 컴퓨터 감쇄계수는 물체위에 존재하는 물체와 무관하게 된다. 현재 CT 시스템의 단점은 장비의 복잡성, 높은 가격, 기존 X-ray 장비와 비교하여 과다한 X-ray 사용 및 작동이 다소 느리다는 것이다. 그러나 이런 단점들은 특정사항에 적용하였을 경우에 향상된 성능을 보인다는 사실을 고려해야 한다.

CT방식(컴퓨터 단층촬영)의 X-ray검색장비는 수하물 등에 포함된 폭발물을 자동인지하고 폭발물 검색결과 분석 및 경보로 표시 가능하며 수하물 처리시스템(BHS)과 연계 검색운영하며 미국 연방항공청(FAA)으로부터 인증을 받은 장비이다.

8) 화물검색용 대형 X-ray검색장비

항공화물검색장비에 사용되는 장비는 항공화물의 특성상 부피가 크고 무게가 많이 나가기 때문에 대형 X-ray검색장비가 사용되며 화물 포장 단위로 X-ray검색장비에 투입하여 검색하는 방식과 컨테이너 단위로 X-ray에 투입하는 방식, 화물차량을 통째로 X-ray검색장비를 통과시키는 방식과 차폐가 가능하도록 대형건물 속에 X-ray장비를 설치하여 화물컨테이너 차량이 통과하며 검색하는 방식 등이 있다.

화물검색용 X-ray검색장비

화물용 X-ray검색장비

화물용 검색장비

컨테이너 화물용 검색장비

컨테이너 화물용 검색장비

컨테이너 화물용 검색장비

이동형 컨테이너 화물검색장비

컨테이너 화물용 검색장비

컨테이너 화물검색 이미지

컨테이너 화물검색 이미지

9) 이동형 X-ray 검색차량

이동형 X-ray 검색차량은 컨테이너 차량 또는 벤형 차량에 X-ray검색장비를 장착하여 이동하면서 항공화물, 격리화물, 비상시에 사용할 수 있도록 제작된 X-ray 검색 차량으로 필요시 어디든지 이동하여 검색할 수 있다.

이동식 소형벤형 X-ray검색차량

이동식 소형벤형 X-ray검색차량

이동식 컨테이너형 X-ray검색차량

이동식 소형 X-ray검색차량

차량검색용 폭발물탐지기

차량검색용 폭발물탐지기

10) 열 중성자 방식의 검색장비

열 중성자 탐지장비는 상업적으로 사용되고 있으며 여러 공항에서 휴대물품의 검색에 사용하고 있다. 현재 이런 기술이 갖고 있는 주요 문제점은 장비의 가격, 크기 및 무게이다. 수하물내에 포함된 폭발물질의 탐지를 위해서 열 또는 저에너지, 중성자를 이용하고자하는 것은 당연한 결정이다. 중성자들은 뛰어난 투과능력을 갖고 있으며 폭발물과 같이 질소를 다량 함유한 물질과 널리 알려진 방법 및 예상가능한 방법으로 상호 반응을 하게 된다. 열 중성자들은 전자에 의해 흡수된다. 열 중성자가 흡수될 때 감마선 광자가 이탈하게 된다. 방사된 파장은 중성자를 흡수한 원자에 특유하다. 광자의 파장이 특이하기 때문에 열 중성자를 흡수할 때 질소에 의해 방출된 광자의 파장 탐지가 질소의 존재를 의미하게 된다. 탐지되는 광자의 세기는 존재하는 질소의 양을 말해준다. TNT, C-4, Semtex 및 Detasheet와 같은 폭발물들은 다량의 질소 함유물을 갖고 있다. 그러므로 질소와 열중성자반응이 높은 지역은 폭발물의 존재가능성이 높은 것이다. 물론 울, 나일론, 실크나 가죽처럼 질소를 함유하고 있는 물질 내의 질소도 중성자와 상호 작용하여 컴퓨터 화면상에 질소가 밀집한 지역을 나타내게 된다. 그러나 폭발물이 갖고 있는 질소의 밀도만큼 함유된 것들은 많지 않다.

11) 폭발물탐지장비 (ETD: Explosive Trace Detector)

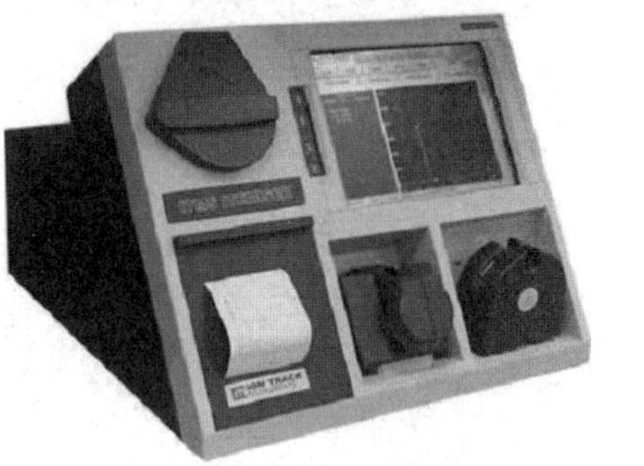

폭발물 및 마약들은 분사되는 수증기나 취급시 퍼지는 미립자 trace에 의한 방법으로 탐지될 수도 있다. 일반적으로, 수증기들은 공기중에서 발견되지만 미립자들은 대부분 표면에서 발견된다. 일부 폭발물들과 약물들이 다른 물질들보다 휘발성이 강하기 때문에 수증기 탐지는 일부 물질에만 적합하고 trace 탐지는 기타 물질에 좀더 적합한 방법이다. 예를 들어, 니트로글리세린으로 제작된 폭발물은 수증기 탐지를 통해 탐지가 아주 잘되지만, 반면에 플라스틱 폭발물들은 샘플랭 미립자 trace로 탐지가 가장 잘된다. 아주 중요한 사실은 수증기 탐지 장비는 폭발물 수증기의 존재 여부에 의존도가 심하고 수증기가 포함되이 있디고 헤도 수증기화되지 않는 폭발물을 탐지히는 능력이 없다는 사실이다. 특별한 수증기 및 trace 탐지기는 샘플링장비, 분석장비, 정보처리장치 등 세 가지 부분으로 구성되어 있다. 폭발물탐지장비는 휴대품 또는 수하물 등의 물품검색에서 폭발물을 확인하기 위한 장비로서 안전하고 정확한 검색결과를 얻을 수 있어야 한다.

폭발물 탐지기의 특성은 미세량의 채취 표본을 통해 폭발물을 자동으로 분석 및 경보로 표시하며 폭발물 검출 결과가 신속히(약 7초) 나타나는 것이다. 폭발물탐지장비의 진공흡입기 사용방법은 진공흡입기 사용 전 전원스위치의 위치는 OFF하고 진공흡입기에 채취용지를 삽입하여 진공흡입기의 스위치를 ON으로 놓는다. 폭발물 검색 대상에 진공흡입기를 사용하여 진공흡입기의 채취용지를 폭발물탐지장비 홀더에 삽입하며 폭발물탐지기에 의해 자동으로 검사가 실시되어 표출된다. 진공흡입기에는 오염되지 않은 채취용지를 사용해야 한다. 진공흡입기는 연속하여 30분 이상 사용하지 말아야 한다.

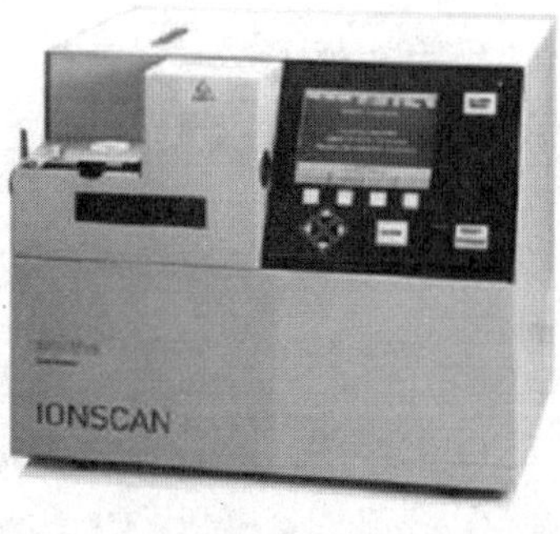

IONSCAN ETD장비

ETD장비 운영장면

ION TRACK ETD장비

EGIS ETD장비

12) 이동형 폭발물탐지기

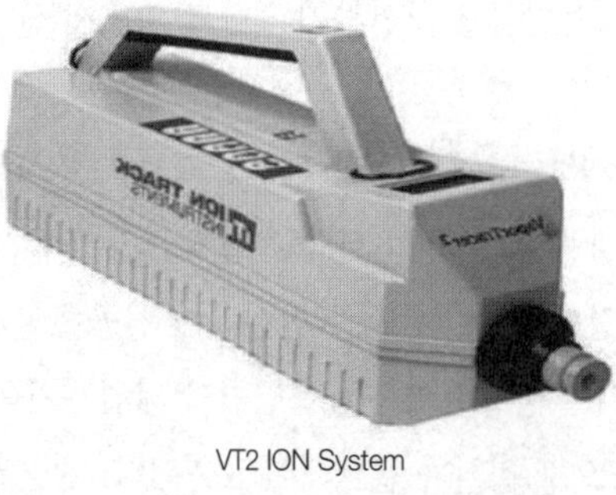

VT2 ION System

이동형 폭발물탐지기의 특성은 폭발물 또는 마약류의 미세한 입자를 추적하고 모든 폭발물질과 헤로인을 포함한 마약류 탐지하며 폭발물의 종류 등의 구분하고 분석하여 그 결과를 운영자에게 제공한다. 통과형 이온트랙 장점은 승객이 문형 이온트랙을 통과하면 승객의 몸에 소지하고 있는 폭발물의 바로 감지할 수 있으며 이동형 이온트랙 장점은 휴대가 간편하여 이동하여 방치물품에 대한 폭발물을 탐지 등에 적합하다.

SABRE 2000

SABRE 2000 운영장면

VAPOR TRACER

VAPOR TRACER 운영장면

13) 화학제품 탐지기

화학물질을 이용한 탐지기는 폭발물 잔존물을 확인하기 위한 에어로졸이나 액체를 이용한 화학제품을 사용하는 현장 시험 키트들로 구성되어 있다. 처음에는, 폭발물잔존물(소포, 옷, 사람 등등)로 오염되었다고 의심되는 곳의 표면을 시험용 종이로 닦는다. 그리고나서 그 종이에 일종의 탐지용 화학 시약으로 뿌린다. 폭발물 잔존물에 대한 화학반응의 컬러 특성으로 폭발물의 속성과 존재여부를 알수 있게 된다. 상대적으로 간단하고 가격이 저렴한 이 장비는 한계점을 가지고 있다. 모든 폭발물을 탐지할 수 없으며, 다른 장비들이 갖고 있는 것과 같이 마이너스 결과가 나왔다고 해서 폭발물질이 존재하고 있다고 확신시켜주지는 못한다는 것이다. 그러나 폭발물 탐지 키트들은 가격이 저렴하고, 사용이 간편하며, 폭발물 잔존물 탐지를 위해 현장에서 시험을 빨리 진행할 수 있다.

14) 시뮬레이션 챔버(chamber)

시뮬레이션 챔버(chamber)는 비행환경을 조성함으로써 수하물, 우편물 화물 내의 방화장치나 방아쇠로 조작되는 폭발물을 활성화하도록 설계된 시설이다. 시뮬레이션 챔버의 종류에 따라 한 개 혹은 여러 개의 비행환경 변수들을 시뮬레이션 할 수 있다. 이런 시설의 운영에는 폭발물의 양이나 종류, 수하물, 화물, 우편물의 크기나 수량에 상관이 없다. 게다가 인적요소 또한 시뮬레이션 챔버의 성능에 영향을 주지 않는다. 그러나 시뮬레이션 챔버가 폭발물 장치를 작동시켜서 시설물과 위탁물에 피해를 줄 수도 있음을 기억해야 한다.

15) 향후 전망

앞서 기술한 폭발물 탐지기술은 적어도 향후 수년간 주요 기술로 남게 될 것이다. 새로운 기술이 시장이 나오게 되겠지만, 새로운 기술이 상업화되고 광범위하게 사용되려면 3년에서 5년 정도의 시간이 걸린다. 더욱이 새로운 기술은 수년간의 R&D를 거치면서 많은 장점을 갖고 있으며 사용자 위주로 개발되어온 현재의 기술을 대체하기보다는 보강하는 기술일 가능성이 크다. 탐지견이나 직접 검색방법과 같은 기법들 또한 광범위한 적용가능성, 다른 기술과 구별되는 효과 및 비용의 효과성 측면에서 계속적으로 활용될 것이다. 보다 전문화되는 방향으로 추세가 형성될 것이지만, 현재 널리 사용되고 있는 기술들이 사라지지는 않을 것이다. 물리적인 탐색기법은 비용이 저렴하다는 이유만으로도 검색시간을 그다지 중요하게 여기지 않은 곳에서 아주 광범위하게 사용될 것이다. 현재의 trace 탐지 기법에 관한한, 일반적으로 민감도를 높이기보다 쉽게 휴대가 가능한 소형 장비 형태를 개발하는 추세이다. 현재의 최첨단 장비는 샘플들을 수집하여 검색할 수 있는 곳에서 대부분 적용할 수 있도록 충분한 민감도를 갖고 있다. 소형화는 대량생산과 연계되어 장비의 가격을 현저히 낮출 것으로 기대하고 있다. 문형탐지 기술은 비침투성 폭발물 잔여물 수집에 보다 효과적인 방법으로 계속적으로 개선될 것으로 기대되고 있으며 끊임없이 개발되고 있다. bulk 탐지 기법도 유사한 추세가 형성될 것으로 기대된다. 컴퓨터 단층기법은 수하물 검색을 위해 지속적으로 개발되어야 하고 가능하면 기타 다른 부분에 적용하기 위해 현재 사용하는 장비보다 가격이 다소 저렴한 장비가 생산 · 개발되어야 한다. 또한 향후에는 두 개 이상의 탐지 기법을 하나의 시스템으로 연결하는 포털과 기타 장비가 개발될 수도 있다. 이런 시스템들은 한 가지 장비가 가진 약점을 보완할 수 있어 보안성을 상당히 향상시킬 수 있다. 이런 여러 장비들은 이미 일부 제작사에서 제안을 하고 있거나 개발단계에 있다.

16) 기타 최신 검색장비

(1) 폭발물탐지장비

가) 통과형 이온트랙(Entry Scan System)

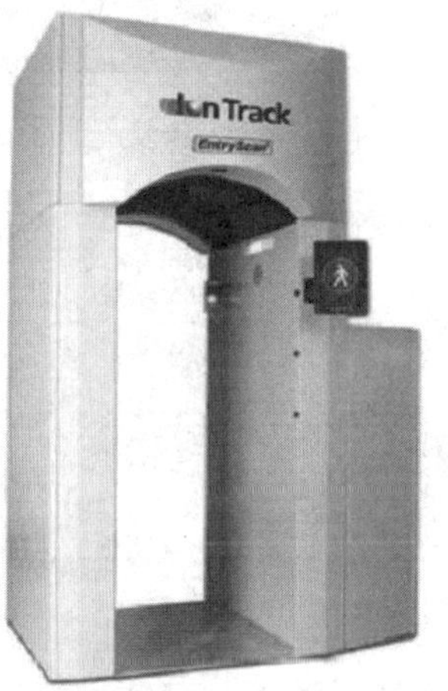

(2) 신체 X-Ray검색장비(투과형)

Body Scanner 장비

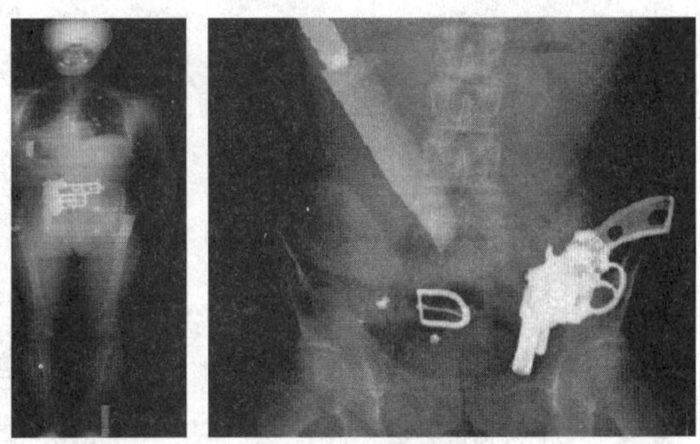

Body Scanner 검색이미지

(3) 신체 X-Ray검색장비(반사형)

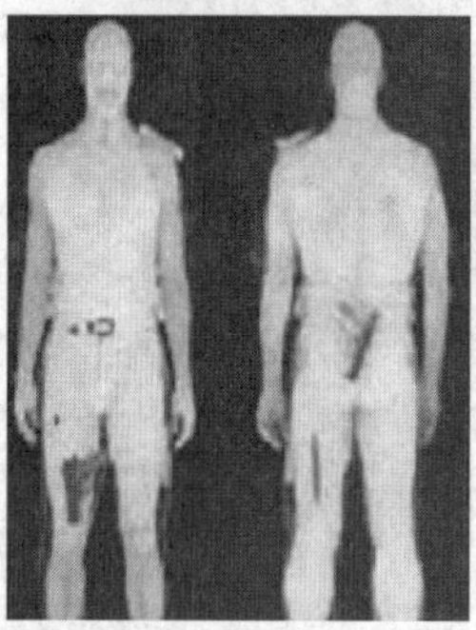

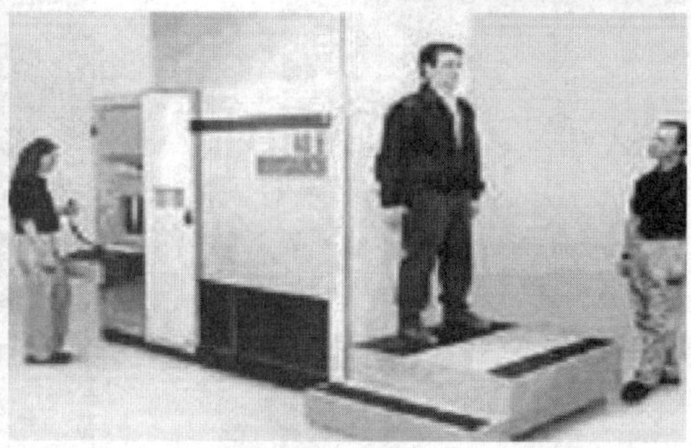

중성자 방식의 폭발물탐지 장비

Aviation Security

제6장

항공사 보안운영

제1절 기내보안요원

1. 기내보안요원이란?

항공보안을 전문적으로 하는 사람을 기내보안요원이라 한다. 기내보안요원은 원래 기내의 질서유지와 테러방지 등을 위해 배치된 요원으로 영어로 항공보안요원을 'SKY Marshall' 이라고 하며 전문적으로 테러진압 등의 교육을 받은 요원을 의미한다.

2. 일반사항

1) 항공기등록국가, 국적항공사 또는 체약국의 영토 내에서 항공기를 운항하고 있는 타 국적 항공사의 항공기에 정규 혹은 비정규 보안조치로서 보안요원의 기내탑승을 고려하고 있는 모든 체약국들은 보안요원의 탑승에 따른 책임과 의무를 가지게 된다. 체약국은 모든 책임에 대한 수행능력 및 교육과 운영 통제 관련 수행능력이 있을 경우와 발생하는 문제에 대한 책임을 질 의지가 있을 경우에만 기내보안요원 프로그램을 시행하여야 한다. 민간항공기의 기내보안요원의 탑승은 민간항공보안에 대한 항공보안대책의 체계적인 접근 중 일부에 속하는 것으로 인식되어야 한다. 모든 가능한 보안조치들이 보완적인 사항으로 신중하게 통합되어 기내 보안요원 프로그램을 시행하여야 한다.

기내보안요원의 임무는 다음과 같이 부여된다.

(1) 승객, 휴대물품, 화물 또는 우편물 탑재 전에 항공기에 대한 보안검색 및 조사
(2) 처음 출발하는 공항 또는 중간도착지 공항에서 항공기에 탑승하거나 재 탑승하는 승객과 수화물에 대한 물리적 검색 및 수색 실시
(3) 위협을 받고 있는 항공기에 대한 기내검색
(4) 환승지역과 비행 중에 기내객실에 대한 보안감독
(5) 불법행위를 저지를 위험인물을 저지함으로써 파괴행위 또는 불법점거 행위 억제
(6) 기내에서 폭발의심물체가 발견된 경우 최소위험폭발물위치 사용절차 적용 등

2) 어떠한 경우에도 기내탑승보안요원은 기내사무장, 승무원 또는 기타 고유의 안전전담 임무를 수행하는 승무원의 역할을 수행하여서는 안 된다. 기내탑승보안요원이 보안, 안전, 항공기 운항관련 업무를 수행한다는 것은 실제적으로 불가능하다.

3) 기내탑승보안요원은 체약국 내의 공항의 지상에서 활용할 수도 있다. 체약국 이외의 공항에서는

기내보안요원은 관련국과의 협정을 통해 역할, 권한, 책임 및 운영절차를 정의하여 협정을 체결한 후에 사용될 수 있다. 이런 협정은 문서로 이루어져야 하고 전문 형태 혹은 발췌 형태로 공항운영자, 항공사 및 관련 체약국의 모든 정부기관을 포함한 관련 당사자들에게 전달되어야 한다.

4) 기내탑승보안요원의 수는 필요한 보안대응범위와 정도 그리고 항공기의 비행일정과 비행경로에 따라 달라진다. 기내탑승보안요원은 하나의 팀 형태로 운영되어야 한다. 한 팀의 인원수는 최소 2명으로 구성되어야 하고 규모가 크고 위협의 정도가 심한 항공기나 항공로에 대해서는 최소 6명 이상이 한 팀으로 이루어지는 것이 바람직하다.

3. 권한 및 법적지위

기내보안요원의 법적지위와 권한은 국내법에 포함되어야 한다. 법에는 기내보안요원의 명령과 통제권한, 대응수칙의 승인과 변경에 대한 권한, 항공사와 출입국간소화 및 조정에 대한 권한 등을 명확히 명시해야 한다.

4. 대응수칙

기내탑승요원의 상세한 대응수칙이 수립되어 승인을 받아야 하며 모든 기내보안요원에게 전달되어야 한다. 대응수칙은 어떤 상황에서 기내보안요원이 최대한 또는 최소한의 무력을 사용하여 체포나 구금을 할 수 있는 권한을 가지는지, 어떤 상황에서 승무원과 협력해야 하는지 그리고 어떤 상황이 불법 항공기납치나 파괴행위는 아니지만 항공기안전에 위협요인으로 작용할 수 있는지, 어떤 기내 위해상황에 개입해야 하는지를 명확히 명시하여야 한다. 대응수칙은 아래에 제공되어야 한다.

1) 체약국 내의 모든 공항 및 기내보안요원이 배치되는 모든 해외공항
2) 기내탑승보안요원이 배치될 수 있는 체약국의 모든 항공사
3) 기내탑승보안요원이 활동하는 체약국의 정부기관

5. 명령 및 통제

기내탑승보안요원은 대응수칙에 의거 독립적인 행동을 취할 권한을 부여 받았을 경우를 제외하고는 항공기 조종사의 명령에 따라야 한다. 기내보안요원 중 한 명은 팀장으로서 모든 기내보안요원들에 대한 책임과 권한을 가진다.

6. 선발 및 교육훈련

1) 기내보안요원 선발, 훈련 및 인증을 위한 명문화되고 공식화된 절차가 있어야 한다. 가장 중요한 부분은 기내보안요원무장 및 대응수칙허가를 위해 체약국에 의해 수립된 자격과 인증기준이다. 기내보안요원에 대한 기준은 일반경찰, 군 또는 보안조직의 기준보다 훨씬 높다. 기내보안요원지원자들은 어려운 심리적, 물리적 테스트를 겪으며 기내보안요원으로서 모든 경력에 대한 철저한 경력조사를 받게 된다. 기내보안요원으로서 상황발생시 중대결정을 해야 하는 어려움과 기내보안요원임무의 중압감이 높으므로 기내보안요원은 정신적으로 안정되고 성숙된 자가 선발되어야 한다. 기내보안요원의 선발, 훈련과정에는 사복을 입고 은폐되어 근무를 할 경우 가능한 범위 내에서 남성, 여성, 다양한 인종과 다양한 연령대의 인원을 선발하는 것을 고려하여야 한다.
2) 기내보안요원에 대한 교육훈련의 본질과 깊이는 최초선발기준에 따라 달라진다. 만약에 기내보안요원이 무기훈련을 받고 경찰교육을 받았거나, 보안훈련경험을 받은 단체에서 선발되었다면 교육훈련체계는 상당히 축소될 것이다. 그러나 모든 기내보안요원은 이전경험이나 임무와 상관없이 똑같은 인증서와 자격절차를 거쳐야 한다.

   기내보안요원의 프로그램은 다음사항을 포함하여야 한다.

   (1) 체포 및 구금기법
   (2) 비무장공격 및 방어 육박전기술
   (3) 관찰 및 감시
   (4) 조사 및 체포
   (5) 치명적인 무기나 무력이 아닌 다른 무기나 무력사용방법
   (6) 집중적인 무기훈련
   (7) 운항 중 비행기와 같이 제한적이고 한정된 지역 내에서 운영기술

3) 기내보안요원에 대한 교육훈련에는 다른 체약국의 공역과 해역에 대한 권한행사와 관련된 특별한 지침을 포함시켜야 하고 본 프로그램과 관련된 모든 당사국들에 의해 정확히 이해되어야 하는 중요한 항목으로 항공관련사항도 기내보안요원에 대한 교육훈련과정의 일부분으로 포함되어야 한다.

(1) 공항 및 항공사에 대한 항공운영
(2) 항공기 기종과 항공기 성능 및 객실 장비
(3) 비행승무원과 객실승무원의 임무와 책임
(4) 티켓팅과 체크인 절차
(5) 공항 조직구조
(6) 승객, 수하물, 화물 및 우편물의 탑재, 탑재경로
(7) 비행계획과 대체공항에 대한 기본개념
(8) 여권 및 비자관련규정
(9) 세관관련규정
(10) 비상절차 및 해상 불시착시 절차
(11) 심리적으로 혼란 상태이거나 정신병 환자 취급
(12) 사제폭발물 인지
(13) 위해물품과 금지물품의 인지
(14) 최소폭발물위험위치 인지

4) 모든 기내보안요원은 그들이 배치되는 외국국가의 공항에 대한 문화, 환경, 정치상황 및 위협상황, 경찰, 군, 항공보안당국 임무에 대한 교육을 받아야 한다. 또한 기내보안요원은 항공사 및 공항당국에 의해 제공되는 지원 관련한 정보와 교육이 필요하고 무기의 위치, 보관절차, 앞에서 언급된 각 기관의 핵심요원의 연락처에 대한 교육이 필요하다.

7. 업무일정

기내보안요원이 임무수행상태를 유지해야 하는 시간이 과학적으로 연구하거나 확인되지는 않았지만 정기적으로 비행업무로부터 쉬는 것이 필요하다는 것은 널리 알려진 사실이다. 기내탑승요원에게 요구되는 정신적인 민첩성과 경계능력은 순환배치로 강화될 수 있다. 기내보안요원에게 부여되는 지상근무는 총근무시간의 50% 이상이 될 수 있다. 과도하거나 연속적인 업무수행으로 기내보안요원

의 대응능력과 기술이 무너지지 않도록 그리고 운영능력을 지속적으로 유지할 수 있도록 적절한 근무조화를 이루도록 하여야 한다. 따라서 기내보안요원의 장거리비행에 따른 일정수립은 최초로 항공승무원들을 위해 항공사에서 개발한 기술과 경험들이 일정수립에 유용한 자료가 될 것이다.

8. 공개배치 및 비밀배치

기내보안요원을 공개적으로 또는 비밀리에 운영할 수 있다. 공개적으로 운영될 때 기내보안요원은 승객을 사전에 감시하는 보안대책업무를 수행할 수 있으며, 또한 항공기에 탑승하여 불법행위에 대한 시각적인 방어막이 될 수 있다. 비밀리에 운영할 경우는 기내보안요원을 정상적인 승객처럼 가장하며 운항승무원이나 객실승무원 또는 공개된 기내보안요원들로 보이지 않도록 해야 한다. 공개배치의 주요단점은 기내보안요원이 불법방해 행위를 계획하는 사람의 목표가 될 수 있다. 비밀리에 운영하는 경우에는 이러한 목표가 되지 아니 하지만, 비밀리에 운영되는 기내보안요원은 승객과 관련된 보안활동에 참여 할 수 없다. 공개배치와 비밀배치의 혼합에는 장점이 몇 가지 있지만 양쪽 모두 민간항공에 대한 불법방해 행위에 대한 방어막 역할을 한다. 기내보안요원의 신분을 감추기 위해 고안된 기내보안요원 프로그램에 대한 홍보활동은 미래의 불법방해 행위를 예방하는 데 큰 도움이 될 수 있다.

9. 소화기, 무기 및 장비

기내탑승보안요원에게 제공되는 화기는 특별히 선택되고, 점검되고, 기내에서 사용하도록 승인되어야 한다. 일반적으로 사용되는 경찰 및 군무기와 탄약은 기내보안요원이 사용하기에 적합하지 않다. 기내보안요원 프로그램 채택을 고려하고 있는 체약국은 적절한 무기와 탄약에 대한 기술적인 세부사항을 공유하는데 동의한, 기내보안요원을 운영하고 있는 타 체약국과의 연락을 위해 ICAO 항공보안지역사무소와 접촉하여야 한다.

대응수칙에 따라 기내탑승보안요원의 비 살상용 무기사용이 고려되어야 하고, 기내보안요원에 대한 무기 및 탄약규정뿐 아니라 해외공항, 동일체약 국내의 기타공항 및 자국 근무지에서 무기의 저장과 유지관리에 대한 충분한 규정이 있어야 한다. 모든 기내보안요원은 효과적인 신체억제장비를 휴대하고 있어야 하며 억제장비의 사용과 관리에 능숙해야 한다.

그리고 통신방법과 장비가 아주 중요하지만 불행하게도 현 항공기의 물리학에는 정상적인 무선통신 장비를 배제하고 있는 추세이다. 이에 따라 전자통신장비 의존도를 줄이거나 감소시키기 위해 기내 탑승보안요원은 훈련이 잘 되어 있어야 하며, 불법방해 행위 대응을 위한 모든 우발계획에 대하여 숙지하고 있어야 한다.

제2절 항공화물 보안조치

1. 개요

승객 및 수하물 보안대책이 강화됨에 따라 불법방해 행위자는 항공화물에 더 많은 관심을 기울이고 있다. 항공보안에서 '항공화물' 은 여객기에 탑재되는 일반화물, 혼합화물, 운송품, 별송 쿠리어물품, 우편물, 외교우편, 회사저장품 및 화물로 운송되는 별송수하물 등으로 항공화물 운송량이 대형화되고 화물시스템에 대하여 취약점이 노출되어 있기 때문에 테러분자들이 특정 항공편에 대하여 공격목표로 삼을 수 있다. 왜냐하면 대형화물이나 모든 항공화물을 검색하는 것은 현실적으로 어려움이 있고 테러발각 위험도 상대적으로 낮다. 항공보안에서 명시한 '항공화물' 은 여객기에 탑재되는 일반 혼합물, 운송품, 별송 쿠리어 물품, 우편물, 외교우편물, 회사 저장품 및 별송수하물을 말한다.

2. 원칙

1) 항공화물에 대한 위협에 대응하기 위하여 경제적이고 실질적인 보안절차가 세부적으로 수립되어야 하며, 세부항목으로는 항공화물을 운송하는 항공기는 보안환경 내에서 운영하여야 한다. 또한, 항공화물은 여객기에 탑재되기 전에 항공보안 통제를 받아야 한다. 그리고 보안통제가 되지 않은 모든 항공화물에 대하여 검색을 하도록 최대의 노력을 기울여야 하고 보안상 확인된 항공화물은 외부침입으로부터 보호되어야 한다.
2) 항공화물의 보안확인은 항공화물에 이미 은닉되어 있을 수 있는 수상한 물품을 탐지하는 적극적인 방법과 최초 화물이 포장되기 전이나 포장 후 운송하는 과정에서 수상한 물품이 은닉되지 않도록 하는 예방대책 등으로 나누어진다. 적극적인 방법은 X-ray 사용, 폭발물 탐지시스템, 폭발물 탐지기, 수 검색, 시뮬레이션 챔버, 폭발물 탐지견을 이용한 방법이 있다.
3) 예방 대책은 화물이 최초부터 보안유지를 하여 포장되어 그 이후부터 보안성을 유지할 경우, 검색, 수색 요건이 줄어든다는 원칙 하에 대책을 수립한다.
4) 예상운송인이 대부분의 화물을 운송하므로 체계적인 절차에 의해 시행되고 통제된다면 효율적인 보안체계를 갖출 수 있다. 실제로 요구되는 많은 절차들이 화물을 도난 또는 오 처리를 방지하기 위한 보안절차들이다.
5) 예상 화주가 대부분의 항공화물을 보내기 때문에 시스템에 근거한 접근 방법은 적절히 시행되고 통제되고 효율적인 보안을 유지할 경우 매우 경제적이다. 실제로는 화물을 도난 또는 미처리 등으

로부터 보호하기 위하여 실행되어야 할 보안절차들이다.

6) 항공화물은 모든 절차에 있어서 불법방해 행위로부터 적절히 보호되고 확인되어야 하며, 이러한 시스템으로는 상품의 최초 포장자(수출화물 최초분류자)는 보안환경 하에서 포장을 하여야 하고, 포장 후 상품은 보안상 안전한 물품으로 보증되며 화물 운송업자 또는 항공사에 보안 차량을 이용하여 전달된다. 해당화물을 화물운송자 또는 항공사에서 접수시, 불법방해가 없는지 화물 및 서류를 검사, 보안성을 유지하여 물건을 운송하였다는 사실을 기록하며, 보안지역에 보관한다. 적법한 절차에 따라 화물은 다음 화물운송업자, 혼재업자 또는 항공사에 보안성을 유지하여 운송되며 이에 따라 상용화물로 보증된다.

7) 이러한 절차가 준수되었을 때 모든 화물을 검색 또는 수색할 필요가 없는 효율적인 검색형태가 될 것이다. 이로 인하여 항공사 및 화물운송업체 보안검색요원은 별송수하물, 보안성이 확인되지 않는 수상한 물품에 대하여 더 많은 주위를 기울여 검색을 할 수 있게 한다.

8) 적절한 보안 대책이 적용되었는지 확인하는 궁극적인 보안책임은 항공사에 있으나 항공화물보안 프로그램은 항공사가 이러한 책임 중 일부를 등록 대리점에 위임이 가능하도록 한다.

3. 항공화물 보안 관련 개념

1) 화주

항공보안에서 고객 또는 화주란 화물 운송 준비자와 화물을 항공화물로 확인하는 자를 말한다.

2) 상용화주

등록대리점 또는 항공사는 화주 및 화주를 대표하여 물품을 운송하는 대리인의 신원과 주소를 구축 등록함으로써 화주가 아래의 사항 준수에 대한 서약을 하도록 하여 고객 또는 화주를 상용화주로 인지할 수 있다.

(1) 보안성 있는 영업장에서 화물을 처리한다.

(2) 신뢰할 수 있는 화물 처리요원을 고용한다.

(3) 화물의 준비, 저장 및 운송 중 비인가 방해 행위로부터 화물을 보호한다.

(4) 모든 화물 포장 및 내용물도 보안상의 이유로 검사할 수 있다는 것에 동의한다.

(5) 서면으로 화물에 폭발물 또는 기타 위험장치 및 물품이 포함되어있지 않음을 보증한다.

3) 등록 대리점

(1) 등록대리점이란 "공항운영자와 업무를 하고 관련 당국으로 인가받아 화물, 쿠리어, 특급소포 및 우편물 등에 대하여 보안통제를 실시하는 대리인, 화물업자 및기타관련 조직"으로 정의된다.

(2) 항공사, 운송업자, 우편당국 및 쿠리어 업체는 모든 항공화물, 우편물 및 기타 물품에 대하여 아래 보안조치를 취하여 보안성을 유지하여야 한다.

가. 등록대리점 책임 및 역할이 명시된 운영절차가 포함된 프로그램이 국가항공보안프로그램에 상세히 명기되어야 하며 상용화주는 항공보안 책임당국에 의해 승인되고 점검을 받아야 한다.

나. 항공화물 처리 또는 운송과 관련된 모든 건물, 사업장, 운송시설 및 차량은 항상 보안성을 유지하여야 한다.

다. 항공화물 처리와 관련된 요원들에 대하여 정기적 보수교육을 포함한 보안교육훈련 프로그램을 수립하여 항공보안당국에 의해 검토되고 승인되어야 한다.

4) 상용 및 비상용화물

상용화물은 적절한 보안통제를 받은 상용화주 또는 등록 대리점으로부터 접수한 항공화물, 비상용화물로 적절한 보안통제 받은 화물, 인가된 자(상용화주) 또는 적극적인 검색 또는 수색을 받은 화물에 한하여 상용화물로 분류할 수 있다. 비 등록대리점으로부터 접수한 화물은 비상용화물로 처리하며 항공운송 전 검색 또는 수색 등의 적절한 보안대책을 실시하여야 한다.

5) 항공사 역할

항공사는 모든 화물에 대하여 적용할 보안 통제 등급을 결정하여야 하며 필요 정도에 따른 적절한 보안통제를 실시한다. 항공사 시설에 보관되는 동안 특히 상용화물로 분류된 후부터 불법행위로부터 화물이 보호되도록 하여야 한다. 항공기에 탑재되기 전에 모든 화물이 적절한 보안 등급에 따라 보안성을 갖추었는지 확인한다. 항공기에 탑재되는 모든 화물이 항공기 적하목록에 기록되었는지 확인하는 조치를 하여야 한다. 항공사 또는 항공사 위탁받은 화물처리업체는 항공기에 탑재되는 모든 화물이 상용화주의 기존 고용직원이 운송하여야 하며 내용물을 상세히 기술한 서류가 유효한 서류이며 체크되었는지 확인하고 유효한 화물 보안각서가 있는지 확인한다. 화물에 비인가자가 손

댄 사실이 없는지 확인하여야 한다. 등록대리점은 화물접수 후부터 보안성을 유지한다. 비상용화물로 접수된 화물은 접수 후, 적절한 보안검색 등급 설정, 이에 따른 보안조치를 한 후, 상용화물로 처리하는 조치가 취해졌는지 확인하여야 한다.

6) 등록대리점 역할

(1) 항공화물 등록대리점은 아래의 조치를 취하여야 한다.

가. 모든 화물에 대하여 화물보안통제 등급 결정

나. 등급에 따른 보안통제 실시

다. 검색에 대한 확인

라. 항공사 시설에 보관되는 동안 특히 상용화물로 구분된 후부터 불법행위로부터 화물을 보호하여야 한다.

(2) 화물이 상용화물로 항공사나 등록대리점에 위탁될 경우, 등록대리점은 모든 물품이 아래와 같이 조치가 되도록 하여야 한다.

가. 상용화주의 기존 고용직원이 운송하여야 한다.

나. 상세히 기술한 서류가 유효한 서류이며 체크되었는지 확인한다.

다. 유효한 화물 보안 각서가 있는지 확인한다.

라. 화물에 비인가자가 손 댄 사실이 없는지 확인하여야 한다.

마. 화물 접수 후부터 보안성을 유지한다.

바. 비상용화물로 접수된 화물은 접수 후, 적절한 보안검색등급을 설정하며, 검색 실시 후 상용화물로 처리하여야 한다.

사. 만약 화물이 상기에 명시한 기준을 충족하지 못할 경우 항공사 또는 등록대리점은 해당 화물을 비상용화물로 취급하여야 한다.

7) 무작위 점검

항공사 및 등록대리점은 상용화물일지라도 내용물이 서류와 일치하는 지를 확인하기 위하여 무작위 점검을 하여야 한다. 이러한 무작위 점검대상인 상용화물의 비율은 위협등급에 따라 다르다. 만약 내용물과 서류간의 차이가 있을 경우 해당 비상용화물로 취급되어 검색 또는 수색의 적절한 보안조치를 받아야 한다.

8) 환적화물 운송

항공사는 여객기에 의해 운송되는 환적 화물 및 우편물의 경우 단위화물 탑제용기로 이동되거나 동일항공사 항공기로 환적되는 경우를 제외하고는 출발화물 접수시와 동일한 검색 또는 수색을 한다.

9) 서류기록

(1) 상용화물로 지정된 시점부터 등록대리점 또는 항공사에 전달될 때까지 상용화물을 추적하여 상용화물에 대한 상세한 기록 또는 감사흔적기록을 유지하여야 한다.
이러한 기록은 아래 사항을 포함하여야 한다.
가. 상용화주 또는 상용화물로 만드는 기타 조직에 의해 발행한 화물보안 서약서
나. 상용화물 운송자에 대한 신분확인(상용화물 취급관계자는 화주 대리인, 등록대리점 또는 항공사와 대리점 관계가 맺어져 있어야 한다.)

(2) 상용화물을 접수받은 등록 대리점은 원 화물 보안확인서를 보유하고 있어야 하며, 항공사 또는 기타 등록 대리점에 자체 발간하는 보안확인서를 제출하여야 한다.
주 : 만약 상용화물어 항공사 또는 등록대리점 또는 상용화주, 상용화주 계약자 처리지역 이외로 전달될 경우에는 비상용화물로 간주되어 이에 따른 처리를 하여야 한다.

4. 보관 및 운송

1) 보안 장치장

(1) 상용화물 및 보안통제 대책 적용 중에 있는 비상용화물은 보안성이 확보된 영업장에서 처리되어야 한다. 해당 화물은 케이지, 컴파트먼트, 방, 건물 또는 비인가자 접근 방지되는 보안성이 갖추어진 야외장치장, 사람이 없을 경우 효과적으로 작동하는 침입자 탐지시스템, 열쇠, 씰 등으로 외부침입방지를 할 수 있는 곳에 보관되어야 한다.

(2) 환기를 위하여 화물접수 및 배송용 문이 항상 열려져 있어야 하는 경우, 차량과 인원의 불법 접근을 방지하기 위하여 보안성이 있는 확장 금속 스크린 문(expanded metal screen door)이 설치되어야 한다.

2) 독립 분리 보안

(1) 화물의 특성에 따라 독립되어 분리된 보안을 할 수 있을 경우, 케이지, 컴파트먼트, 방, 건물 또는 비인가자 접근 방지시설이 설치된 보안성을 갖춘 야외 장치장, 사람이 없을 경우 효과적으로 작동하는 침입자 탐지 시스템 장치, 열쇠 또는 씰 등으로 외부침입방지를 할 수 있는 곳이 아닌 다른 지역에 화물이 보관될 수 있다.

(2) 화물 또는 영업장에 지속적으로 비인가자를 탐지할 수 있을 경우 (1)의 침입자 탐지시스템 또는 침입감지 대책이 필요하지 않을 수도 있다.

3) 접근 통제

최소한 아래의 접근통제 대책이 항공화물 처리 또는 취급 관련된 보안성 있는 작업장에 적용되어야 한다.

(1) 일정한 접근통제 지점을 설정하여 접근 통제를 하여야 하며, 이 통제지점을 제외하고는 어떠한 지역에서도 통과하지 못하도록 하여야 한다. 일반 보행자들은 차량 출입문을 통하여 화물청사로 출입하지 않도록 하여야 한다.

(2) 각 통제지점은 직원이 배치되거나 사용하지 않을 경우 보안성을 유지하여야 한다.

(3) 직원 및 방문자 통제는 국가(공항운영자)의 최소 보안제한구역 출입증 요건을 충족시키는 수동 또는 자동 출입증 시스템을 통하여 통제되어야 한다.

4) 운송

(1) 화물이 항공기 또는 다음 저장지점으로 운송되기 전에 교육받은 임명된 책임자가 보안성을 해치는 어떠한 방해도 있지 않았다는 것을 확인하도록 하여야 한다.

(2) 항공화물은 아래와 같은 차량으로만 운송하여야 한다.

가. 화주, 등록대리점 또는 항공사 자체 운송차량

나. 등록대리점 또는 항공사에 운송절차 및 보안대책을 승인받은 운송업체 차량

(3) 화물 탑재 전 차량운전자는 사진 및 유효기간 등이 표시되어진 유효한 보안 출입증 또는 회사 신분증을 화물 발송자에게 제시하여야 한다.

(4) 탑재직전 차량의 화물 적재부분은 수색을 실시하여야 하며 탑재가 완료될 때까지 보안성을 유지하여야 한다. 항공화물이 개별적으로 보안성을 갖추거나 외부 침입방지장치를 하지 않는 한,

화물적재부분은 보안성을 갖추거나 봉인 또는 열쇠를 사용한 침입방지 조치를 취하여야 한다.

(5) 항공사는 보안검색이 완료된 화물 · 우편물 · 기내물품 등을 외부로부터 공항보호구역 또는 항공기 내로 이동시키는 경우 불법행위물품이 반입되지 않도록 경비원에 의한 호송을 받거나, 시건장치가 되어 있는 컨테이너에 보관 운송하는 등의 보안상태를 확인하여야 한다.

(6) 항공화물 컨테이너 및 화물운송을 위해 사용되는 홀드컨테이너는 에어사이드, 공항 보안제한구역 내에 화물구역에서 보안성을 유지한 상태로 보관되어야 한다.

5) 보안 관리

모든 보안요건 하에 처리되고 있는 항공화물은 각 지역별로 자격을 갖추고 교육을 받은 책임자를 임명하여야 한다. 1개 지역 이상에서 조직을 운영할 경우 각 지역별로 책임자를 임명하여야 한다. 보안책임자는 항공화물 운영이 국가 보안요건을 준수하여 운영되도록 필요한 교육훈련을 받아야 한다.

6) 직원 사전 신원조회

항공화물 준비 및 운송에 종사하는 모든 직원은 범죄기록을 포함하여 이전 경력과 신원을 확인할 수 있는 사전 신원조회를 받아야 한다. 신원조회는 보안 제한구역 정기인원출입증 발급 여부를 평가하는 수준과 동등하게 하여야 한다.

7) 보안 교육훈련

여객기에 탑재되는 항공화물 준비 및 운송관련 업무를 수행하는 직원은 그들의 보안책임을 이해하고 수행할 수 있도록 충분한 보안교육을 받아야 한다. 이러한 교육은 해당 직원이 공항, 항공기 또는 기타지역으로 상용화물로 운송되는 화물로 접근이 허가되기 전에 실시되어야 한다.

5. 규정 및 점검

1) 항공보안당국은 여객기에 탑재되는 모든 항공화물에 대하여 필요한 운영 및 보안절차가 정확히 적용되는지 확인할 수 있는 규정과 감사체제를 수립하여야 한다.

2) 항공사는 보안검색이 완료된 화물 · 우편물 · 기내물품 등을 외부로부터 공항보호 구역 또는 항공

기내로 이동시키는 경우 불법행위물품이 반입되지 않도록 경비원에 의한 호송을 받거나, 시건장치가 되어있는 컨테이너에 보관 운송하는 등의 보안상태를 확인하는 절차와 컨테이너, 화물처리장비, 단위화물탑재용기(ULD)보안과 관련한 대책을 항공사 시행계획에 명시한다.

3) 국가는 등록대리점에 대한 감사 권한을 경찰, 공항당국, 항공사에 위임을 할 수 있으며 운송인 확인(신원확인)에 대하여 별도의 절차를 적용할 수 있다. 이것은 각 국가에서 결정하여야 할 사항이나 등록대리점에서 제출하는 보안각서를 항공사가 믿을 수 있도록 국가민간항공 보안프로그램에 적절히 명시되어 있어야 한다.

4) 등록대리점은 관련 항공보안당국에 의해 감사를 받아야 하며, 자체 보안 및 교육훈련 프로그램을 수립하고 상용고객에 대한 보안 신뢰성을 확인하여야 한다.

6. 우편물

국가는 승객운송용 항공기에 탑재되는 모든 우편물에 대하여 검색 또는 검사를 하여야 한다. 우편운영 및 개별운송관련 법적 요건과 기술적인 제한요건 때문에 관련 당국은 국가지침에 부합된 보안대책이 적용될 수 있도록 지정된 책임 우편당국과 긴밀한 협조를 취하며 항공화물 보안대책에 기술된 지침을 준수하여야 한다.

7. 상용화주에 의한 항공화물 운송

1) 상용화주의 정의

항공안전본부 제2005-37('05. 8. 5) 고시에 의거하여 "항공화물보안기준" 에서 정한 상용화주라 함은 항공안전 및 보안에 관한 법률 시행령 제12조제3항의 규정에 의해 항공안전본부장이 인정하는 자로서 공항이외의 지역에서 항공화물을 최초로 포장하여 보관 및 운송 등을 하는 자 또는 화주로부터 운송 의뢰받은 항공화물에 대하여 보안통제를 실시하는 자를 말한다. 항공화물의 "보안통제" 는 항공화물을 화물기에 탑재하기 이전에 보안성을 유지하기 위하여 실시하는 보안검색 또는 검사 등 모든 행위를 말하며 "통제화물" 은 상용화주에 의해 보안통제가 완료된 화물을 말한다.

2) 상용화주의 인정

공항이외의 지역에서 화물기에 탑재하기 위해 운송되는 항공화물에 대한 보안통제의 책임은 항공화물을 항공운송사업자에게 접수하기 전까지는 상용화주에게 있으며 접수 이후에는 항공운송사업자에게 있다. 또한 항공안전본부장은 항공안전 및 보안에 관한 법률 시행령 제12조제3항의 규정에 의해 공항이외의 지역에서 항공화물의 보안통제를 할 수 있는 화주 또는 복합운송주선업자를 인정할 수 있으며 상용화주로 인정받을 수 있는 대상자는 화물유통촉진법에 의해 등록된 복합운송주선업자 또는 화물을 직접 생산하거나 최초 포장을 하는 화주가 포함된다. 상용화주로 인정받고자 하는 자는 지정 신청일 이전 6월 이내의 기간 중 총 24회 이상 항공운송사업자에게 항공화물을 운송 의뢰한 실적이 있어야 한다. 상용화주의 인정절차를 살펴보면 상용화주로 인정받고자 하는 자는 다음 사항을 첨부하여 항공안전본부장에게 인정신청서를 제출하여야 한다.

(1) 항공화물보안프로그램

(2) 복합운송주선업 등록증(대리점에 한한다)

(3) 사업자 등록증

(4) 등기부 등본

(5) 화물운송 거래실적(신청일 기준 6월 이내)

(6) 제19조제1항의 규정에서 정한 항공화물의 보안통제를 담당하는 자의 명단 및 신원조회 의뢰서

(7) 보안통제 취급직원의 교육이수 증명서

인정신청서를 접수한 항공안전본부장은 상용화주의 인정을 위해 항공보안감독관 등 관계공무원으로 하여금 심사를 할 수 있도록 하고, 필요시 전문가를 위촉하여 실시할 수 있다. 항공안전본부장이 심사를 완료하고 상용화주로 인정하고자 하는 때에는 상용화주 업체명, 인정번호, 인정일자 등을 포함하여 상용화주인정서를 교부하여야 하며, 이 때 항공화물보안프로그램을 승인하여 함께 통보하여야 한다. 항공안전본부장은 상용화주로 인정받은 자를 항공운송사업자에게 통보하여야 한다.

3) 보안교육

항공화물보안기준 제19조 제1항의 규정에서 정한 상용화주 업체의 보안업무 감독자, 상용화주 업체로부터 위임을 받아 항공화물을 통제하는 직원, 항공화물 보안검사 또는 탐지장비를 사용하여 화물의 검색을 실시하는 자, 항공화물관리지역으로 접근 또는 출입하는 자를 통제하는 자, 항공화물을 직접 포장하고 운반하는 자 등의 항공화물의 보안통제를 담당하는 자는 국가민간항공보안교육훈

련지침 제24조(화물보안 업무요원)에서 정한 별표10(화물보안요원 초기교육과정) 및 별표 10의 2(화물보안요원 정기교육과정)에 의해 초기교육 및 정기교육을 이수하여야 한다.

항공화물보안요원 초기교육은 최소 8시간이며 화물보안 목적 및 원칙, 화물보안 관련 국가 규정, 화물보안관련 체계(상용화주 등), 화물보안 접근 통제 및 화물보호, 화물에 위해물품 은닉방법 및 발견시 조치, 화물서류 내용물 확인요령, 항공기 기내수색, 항공보안 인적요소 등의 교육내용을 교육받아야 하며, 항공화물보안요원 의한 정기교육은 초기교육을 이수한 날로부터 1년이 경과한 이후부터 1년 이내에 매년 1회 최소 2시간 이상 교육을 받아야 하며, 국가 지침 및 규정 변경사항, 최근 화물관련 보안사고 사례분석 및 위협현황, 화물에 은닉되는 위해물품, 긴급상황시 대응절차, 항공보안 인적요소등의 내용을 항공안전본부장이 지정한 교육기관에서 보안교육을 이수하여야 한다.

4) 통제화물 운전자 자격기준

항공화물보안기준 제13조 규정에 의하여 통제화물을 운송하는 운전자는 화물자동차운수사업법 제9조 및 제9조의3의 규정에 의해 화물운송종사자 자격증을 취득한 자로서 보안교육을 이수하여야 한다. 통제화물을 운송할 수 있는 차량은 항공운송사업자 또는 상용화주 소유차량으로 하되, 관세법 제222조의 규정에 의하여 등록된 보세운송업자가 소유한 보세운송 차량, 화물자동차운수사업법에 의해 건설교통부장관의 허가를 받은 화물자동차운송사업자 소속 차량으로서 항공운송사업자 또는 상용화주와 운송계약을 체결한 경우에 한한다. 또한 항공화물을 운송하는 차량은 운송 중에 보안성을 유지할 수 있는 밀폐된 탑재시설을 갖추어야 하며 상용화주는 통제화물을 운송하기 전에 항공화물보안신고서를 작성하여야 한다. 통제화물을 차량에 탑재할 때까지 보안성을 유지하여야 하며, 탑재를 완료한 때에는 잠금장치 또는 봉인 등 보안통제 조치를 취하고 보안업무 감독자가 화물보안신고서에 서명하여야 한다. 통제화물을 운송하는 자는 신분을 증명할 수 있는 사진이 부착된 소속회사 신분증 또는 공항운영자가 발급한 유효한 보안출입증을 휴대하고 운송하여야 한다.

또한 화물자동차 운전자는 항공안전본부장이 지정한 교육기관에서 4시간의 초기교육과 매년 정기교육을 이수하여야 한다.

단, 통제화물 운송차량 운전자의 보안교육에 관한 특례사항으로 보안통제된 항공화물을 운송하는 운전자가 충족하여야 하는 보안교육이수 자격은 2006년 7월 1일부터 적용한다.

5) 보안통제 업무수행직원의 자격기준

항공화물의 보안통제를 담당하는 자는 상용화주 업체의 보안업무 감독자, 상용화주업체로부터 위임을 받아 항공화물을 통제하는 직원, 항공화물 보안검사 또는 탐지장비를 사용하여 화물의 검색을 실시하는 자, 항공화물관리지역으로 접근 또는 출입하는 자를 통제하는 자, 항공화물을 직접 포장하고 운반하는 자를 말한다. 보안통제를 담당하는 자는 경찰청의 신원조회를 받아야 하며 신원조회 결과 범죄, 마약 또는 알코올 중독 경력이 없어야 한다. 다만, 경범죄 및 경미한 교통사고 등은 제외한다.

신원조회는 상용화주로 인정받고자 하는 자가 인정신청서 제출시에 신원조회 의뢰서를 항공안전본부장에게 제출하여야 하며, 항공안전본부장은 경찰청에 신원조회를 의뢰하여야 하고 신원조회 결과를 상용화주에게 통보하여야 한다. 상용화주는 경찰청의 신원조회 결과를 화물통제 업무를 하는 동안 계속 보관하여야 하며, 점검 또는 항공운송사업자가 요청하는 경우 이를 제시하여야 한다. 항공화물을 보안통제하는 자는 시력은 두눈이 맨눈 시력 각각 0.2이상 또는 교정시력 각각 0.8이상이어야 하며(색맹 또는 색각자 제외) 및 청력이 완전한 신체조건을 갖추어야 한다.

제3절 기내식 물품 및 비품 보안대책

1. 개요

여객기에 탑재되는 기내식 물품, 항공사 저장품 및 비품은 무기, 폭발물 또는 불법방해 행위를 야기시키는 범법자가 사용할 수 있는 물질이 은닉되는 수단으로 사용될 수 있다. 불법방해 행위로부터 보호는 모든 조직, 보안기관 및 관련항공사의 주의 깊은 계획 수립이 필요하다. 기내식 물품 및 저장품을 준비, 보관하는데 사용되는 건물은 국가항공보안 책임당국에서 인가된 보안계획에 기술된 보안대책이 수립되어야 한다.

2. 보안원칙

기내식 또는 저장품에 대한 보안대책의 목적은 기내식 물품 또는 저장품에 은닉되어 항공기에 탑재되어 불법방해 행위에 사용되는 물품 반입을 방지하기 위해서이다. 이를 위하여 취해야 할 일반원칙은 아래와 같다.

1) 폭발물, 무기 등의 위험물을 물품에 은닉되지 않도록 기내식 물품 및 저장품이 준비, 저장, 배송 되는 건물에 보안대책이 강구되어야 한다.
2) 모든 운송품이 보안유지를 하도록 하기 위하여 기내식 물품이 운송되어 항공기에 탑재하는 동안에도 보안대책이 유지되어야 한다.
3) 기내식 물품 또는 저장품이 지정된 항공편에 탑재되고 있는지 그리고 외부 침입흔적이 없는지 확인하기 위하여 기내식 물품을 섭수하는 항공사는 보안대책을 강구하여야 한다.

3. 책임 및 교육훈련

1) 보안프로그램

기내식운영은 항공사 또는 여러 항공사에 기내식 서비스를 제공하는 독립 회사에 의하여 운영된다. 양쪽 모두 국가항공보안 책임당국에 의해 승인받은 보안 프로그램을 가지고 있어야 한다. 이 문서는 국가 항공보안 프로그램에 포함된 요건에 기초하여 작성되어야 한다. 간단한 나열식 형태로 기내식 물품 및 저장품 준비, 운송관련한 모든 기내식이 국가 요건과 항공사 요건을 충족시킬 것인지에 관하여 기술하여야 한다.

2) 보안 장비

교육받은 인가된 책임자가 공식적으로 임명되어 각 지역 또는 기내식 센터에서 교육을 받아야 하며, 모든 보안요건이 적절히 시행되는지 확인하는 종합 책임이 주어져야 한다. 그리고 책임자는 기내식 운영이 국가 보안요건을 충족시킬 수 있도록 하기 위하여 국가 항공보안절차 관련 보안교육을 받아야 한다.

3) 임용 전 신원조회

기내식 물품 및 저장품을 준비, 운송하는 모든 직원의 신원과 범죄경력을 포함한 이전 경력을 확인하기 위하여 임용 전 신원조회를 하여야 한다. 신원조회는 보호구역 출입증 발급을 위한 수준과 동일하게 해야 한다.

4) 보안 교육 훈련

항공기에 탑재되는 기내식 물품 및 저장품을 준비, 운송하는 직원에게 보안 임무를 이해하고 수행할 수 있도록 충분한 교육을 받아야 한다. 교육은 임무수행 전에 실시되어야 한다.

4. 보안대책

1) 정의

(1) 기내식물품 : 모든 음식, 음료수, 기타 건조된 물품 및 항공기에 사용되는 관련 장비를 말한다.

(2) 기내식 저장품 : 승객서비스 관련하여 기내식 물품을 제외한 모든 물품을 말한다.
 예) 신문, 잡지, 헤드폰, 오디오 및 비디오테이프, 베개, 담요, 편의품 등이다.

2) 상용품 및 비상용품

(1) 해당 물품이 항공기에 탑재될 때까지 보안유지하기 위한 모든 필요한 보안대책이 취해져 항공사에서 인수하여 항공기에 할당된 기내식 물품 및 저장품을 상용품으로 간주한다.

(2) 다른 곳으로부터 온 모든 물품 및 저장품을 비상용품으로 간주하며 해당 물품이 불법방해 행위에 사용될 수 있는 무기 또는 다른 위험물품이 없다는 것을 확인하기 전까지는 항공기에 탑재하여서는 아니 된다.

5. 준비 및 저장 시설

1) 물리적 보안

(1) 기내물품 및 저장품을 준비, 저장하는 데 사용되는 건물은 항상 보안유지하기 위한 물리적 보안대책은 모든 문, 창문 및 기타 건물 내로 들어갈 수 있는 접근지점은 보안성을 갖추고 인가자가 건물, 주차장 및 운송차량 주차지역 등 주위시설로 진입하지 못하도록 계속적으로 엄격한 출입통제가 되어야 한다.

(2) 부엌, 음식 저장 및 조리지역, 보세물품 저장지역 같은 특정지역은 제한된 '보안완료지역' 으로 간주하여 어떠한 침입, 방해 및 물품오염 등으로부터 보호되어야 한다.

(3) 필요시 기내식 물품 및 저장품을 준비 저장하는 것과 관련된 모든 건물 주위에 적절한 보안울타리가 쳐져야 하며, 직원, 방문자 및 차량 등의 출입은 보안요원에 의해 통제되어야 한다.

(4) 조리된 음식 및 기타 상용물품을 운반하는 카트가 항공기에 탑재되기 전에 보관되는 냉동보관 시설은 열쇠, 씰, CCTV 또는 물리적 경비요원 배치 등에 의해 보호되어야 한다. 이러한 지역은 즉각적인 접근이 없을 경우 보안성을 갖추어야 하며 항상 접근이 통제되어야 한다.

2) 접근 통제 대책

물리적 보안통제대책은 기내식 물품 및 저장품 준비, 저장 지역에 강구하고 직원, 방문자와 차량은 엄격히 통제되어야 한다. 그리고 보안통제는 무기 또는 기타 위험물품이 기내식으로 반입되지 않도록 하여야 하며, 어떠한 음식에도 오염을 시키지 않도록 하여야 한다.

(1) 적용규정

가. 인원이 보호구역 내에서는 상의(上衣), 잘 보이는 곳에 개인 신분증 또는 출입증을 패용하여야 한다.

나. 직원 및 방문자 차량은 기내식 준비, 보관용 건물 울타리 바깥에 주차하여야 한다.

다. 개인 소지품을 업무지역에 가지고 가는 것을 방지하기 위하여 업무지역 바깥에 소지품 보관 및 탈의실과 휴게실을 설치하여야 한다.

(2) 기내식 운영 관리자는 업무와 관련된 방문자만 출입을 허용하되, 출입대장에 기록유지되어야 한다. 그리고 방문자는 출입증을 잘 보이는 상의에 패용하고 건물 내에서는 항상 책임자의 인솔 하에 있어야 한다.

3) 세관보세구역

면세물품(예: 술 및 기내판매 고가품)은 세관에서 통제를 하며 일반적으로 보세창고는 보안성을 유지하여 보관하되 관세법에 의하여 인가되고 세관원에 의하여 검사를 받는다. 일반적으로 세관에서 보세창고에 대한 물리적 보안 요건을 정의한다. 만약 이러한 물품이 보세 창고 탑재시점부터 항공기 탑재 전까지 불법행위로부터 보호된다면 추가적인 보안 조치는 필요하지 않다.

4) 침입방지 씰

상용 저장품의 외부 침입 방지를 위한 방법으로 사용되는 씰, 바인딩 및 기타 수단은 사용되기 전까지 보안성을 유지한 곳에서 보관되어야 하며, 중앙 통제지점에서 인가된 자가 서류에 기록한 후 발급되어야 한다.

5) 서류

(1) 기내식 물품 및 저장품의 내용, 의뢰자, 목적지, 수취인을 상세히 기술한 관련 서류는 각 상용 저장품별로 작성되어야 하며, 물품이 항공사로 운송될 때 항공사에 제출하여야 한다.

(2) 보안인증서 및 사용저장품 관련한 기타 서류는 보안상태 하에서 보관되어야 하며, 중앙통제지점에서 지정된 자가 상세한 내용을 기록한 후 발급되어야 한다.

6. 기내식 물품 및 저장품 준비

1) 원재료 및 장비

(1) 사용저장품제조에 사용되는 모든 원재료 및 장비에 반입금지물품이 들어있는지 확인하기 위하여 작게 나누어야 하며, 사용 전까지 보안성을 갖춘 장소에 보관하여야 한다. 잘게 자르거나 수색을 할 수 없는 이미 제조된 냉동 육류의 경우 사전 씰 되거나 외부 침입흔적이 없는 경우에만 반입하여야 한다.

(2) 제품을 잘게 부술 수 없을 때에는 제품에 금지 물품이 들어있지 않다는 확인서가 있을 경우 반입할 수 있도록 절차가 수립되어야 하고 기존 선적 서류에 포함할 수도 있다. 이러한 확인서가 없이 운송되는 물품은 금지 물품이 들어있는지 확인하기 위하여 모두 개봉하여 검색하거나 수 검색을 실시하여야 한다.

이러한 물품의 예는 다음과 같다.

가. 핸드폰(잘 모르는 운송자에 의해 납품된 경우)

나. 편의품(제조업자에 의해 봉인된 경우)

다. 항공사 응급 처리키트(봉인된 경우)

라. 대단위로 포장된 담요(세탁업자에 의해 봉인된 경우)

마. 생수(제조업자에 의해 봉인된 경우)

바. 건조된 저장품(예: 플라스틱 비이커 : 제조업자에 의해 봉인된 경우)

2) 기내식카트 및 컨테이너

'사용저장품' 운송에 사용되는 기내식카트나 컨테이너에 시건 되거나 씰을 붙일 경우 내부로 침입하지 않도록 튼튼해야 하며 기내식 카트 또는 컨테이너에 대한 보안 점검이 실시되어야 한다. 그리고 보안점검을 하는 자는 물품 서류(배송 노트 또는 항공사 기내식주문)를 점검하여 기록하고 본인 서명을 하여야 한다.

3) 차량 수색 및 봉인

(1) '사용저장품' 운송에 사용되는 차량은 적재함으로 들어가는 모든 출입지점에 보안 대책을 갖추도록 하여야 한다. 이러한 지침을 충족하지 못하는 차량은 "사용저장품" 운송에 사용되어서는 아니 된다. 차량은 사용하지 않을 경우 항상 잠겨 있어야 한다.

(2) 물품 탑재 바로 직전에 차량에 비인가 물품이 탑재되지 않았는지 확인하기 위하여 차량 적재함은 차량운전 및 보조직원이 아닌 지정된 책임자에 의해 검사하여야 하며 화물탑재가 끝날 때까지 보안성이 유지되어야 한다.

(3) 물품이 탑재된 후 적재함은 보안유지를 위하여 각 문에 씰을 붙어야 하며 기타 접근 가능지역에도 씰을 붙어야 한다. 차량이 전자 씰 형태로 외부조작 방지 장치가 설치된 경우 차량의 모든 적재함 진입지점에 설치되어야 한다. 일단 씰이 되면 씰 번호가 각 차량탑재 배송인가증에 표시되어야 한다.

(4) 차량 보안유지를 위하여 사용되는 씰은 보안유지 된 곳에 보관하고 중앙통제소에서 발급하여야 하며 검사를 수행하는 책임자가 차량에 부착하여야 한다. 이러한 업무에 대한 기록 및 신원자료는 기내식 센터에 유지 보관되어야 한다. 그리고 차량은 운전자 없이 방치하여서는

아니 된다. 불가피하게 방치시 운전자가 돌아 와서 탑재물 및 씰의 보안 상태를 점검하고 외부침입 흔적이 있을 경우 기내식 센터의 지정된 보안 관리자에게 통보해야 한다.

4) 운송 및 배달

'사용저장품' 에 대한 보안은 준비 및 저장 지역에서부터 관련 항공기에 탑재되어 항공사가 접수하는 시점까지 보안이 유지되어야 한다. '사용저장품' 은 항공사 또는 지정된 기내식 대리점 또는 항공사로부터 인가 받아 운영하는 제3자에 한하여 운송되도록 하여야 한다.

가능하면 기내식 시설과 항공기 사이를 운행하는 차량은 공항의 서비스 도로로 운행하도록 하고 위협상황의 경우 기내식이 보안제한구역 외부에 위치하여 있을 때 기내식 차량에 보안 에스코트가 제공되어야 하며 차량운송관련자는 보호구역 출입증 또는 회사 신분증을 제시하여 자신의 신분을 항공사에 밝혀야 한다.

5) 물품 탑재

운송 차량이 여러 기내식 물품 및 기타 관련 저장품을 여러 항공기로 운송하여야 할 경우 해당 차량의 보안 씰은 첫 번째 항공기에 탑재할 때 차량운전자에 의해 개봉되어야 한다. 보안지역 내에서 연속 배달시 차량을 다시 씰을 할 필요는 없으나 차량운전자는 해당 차량의 적재함을 보안 유지하도록 하여야 한다.

6) 에어사이드 내 기내식시설 운영

보안구역 내에 위치한 기내식 준비, 저장 시설에서 기내식 작업시 해당 지역으로 반입되는 기내식 물품과 기타 저장품은 랜드사이드 준비 및 저장시설에서 작업되어 상용물품으로 구분되어 항공기에 탑재되는 물품에 적용되는 보안 요건과 동일한 보안 요건을 적용되도록 하여야 한다.

그리고 보안성이 갖추어진 에어사이드에서 기내식 준비, 저장 건물로부터 물품을 접수하여 운송하는 차량은 씰을 붙일 필요가 없으나 해당차량의 탑재물은 보안 유지되어야 한다.

7) 보안제한구역 반입 물품 접수 및 확인

보안제한구역 진입 지정 초소에서 운송 차량의 씰과 지명자의 서명을 관련서류와 반드시 대조하여야 한다. 설명되지 않는 서류의 차이점이 발견될 경우 또는 차량 씰에 조작한 흔적 등이 있을 경우 해당 물품을 비상용 물품으로 간주하여 보안제한구역 또는 해당 항공기로 반입하여서는 아니 된다.

8) 항공사 보안 대책

항공사, 객실승무원 또는 지정 대리점은 기내식 및 저장품관련 서류를 항공기 탑재시 관련 항공사가 입회하여야 한다. 항공사, 객실승무원 또는 지정 대리점의 입회가 어려울 경우(예: 이른 아침 항공편), 대안으로 모든 기내식 및 저장품이 탑재되어 있는 컨테이너와 기내식 카트에 1회용 씰을 부착하고 서류에 개수를 표시할 경우 보안조치로 간주될 수 있다. 씰이 정상적으로 손상 없이 붙어있는지 그리고 운송서류와 일치하는지 확인하는 것은 항공사, 객실승무원 또는 지정 대리점의 책임이다. 이러한 대안은 특정한 상황에 한하여 사용되어야 하며 편의를 위하여 자주 사용되어서는 아니된다. 이외에 불법방해 행위 징후가 보이는 컨테이너 또는 기내식 카트는 비상용 물품으로 분리하여 금지 물품이 들어 있지 않은지 확인하기 위하여 수 검색을 하고 새로운 컨테이너 또는 기내식 카트로 대체하여야 한다.

제4절 항공기 보호

1. 일반 원칙

1) 항공기는 승객들에 의한 금지물품 반입에 취약할 뿐만 아니라 주기중이거나 비행을 준비하기 위해 지상에 있는 동안 외부 사람들에 의한 금지물품 반입에도 취약하다.
2) 항공기로의 비인가된 접근을 방지하는 최초 방어선은 랜드사이드와 에어사이드의 경계선이다. 하지만 이 경계선 내에서 항공기에 대한 비인가자의 접근을 방지하는 것은 항공기 인접지역과 계류장 및 주기장에 취해지는 보안대책에 달려 있다.
3) 항공기보안에 대한 근본적인 책임은 운영자에게 있으며 항공사 보안프로그램을 보안대책에 대한 조정을 위하여 공항보안프로그램을 고려해야 한다.

2. 항공기 출입통제

1) 비인가된 접근을 방지하기 위해서 운항 예정인 항공기 접근을 통제하는 사람 없이 방치하여서는 아니 된다. 항공기 승무원 및 유지보수요원은 항공기로 접근하거나 탑승하는 사람을 확인하고 의심이 나거나 수상하면 보안요원을 호출해야 한다.
2) 고도의 보안이 필요할 경우 항공기나 항공기 주변으로의 접근을 인가하고 비인가자 접근시 확인하기 위하여 보안요원이 배치되어야 하며, 이 보안요원이 항공기 보안에 대한 전반적인 책임을 져야 한다.
3) 운항하지 않거나 수리중인 항공기의 모든 출입문은 보안통제를 하여야 하며, 출입 계단이나 여객 탑승교는 제거되어야 한다. 항공기 주변에 방치된 계단은 비인가자가 출입수단으로 사용하지 못하도록 조치를 취하여야 한다.
4) 패널이나 문 등의 개봉구에 접착식 봉인스티커를 붙여 놓으면 항공기 출발 전 비 인가된 개방 흔적을 파악하는데 효과적이다.
5) 항상 개방해야 하는 항공기의 개봉구들 (착륙장치, 검사패널, 엔진접근패널, 엔진 공기흡입구 등)은 덮개나 방수천 등을 이용하여 보호해야 한다. 이는 금지물품이나 폭발물 같은 물건이 항공기에 쉽게 반입되는 것을 줄이고, 그런 시도가 있었다는 것을 더 쉽게 확인할 수 있도록 한다.
6) 모든 항공기는 통제가 잘되고 밝은 조명이 있는 지역에 주기를 해야 한다. 항공기가 밤새 주기하는 지역에는 항상 적절한 조명이 유지되어야 한다. 이것을 보안요원의 불규칙 순찰과 연계되어 적

용하면 공항운영 횟수가 낮고 소수의 인가자만 해당 지역에 근무하는 경우에 특히 효과적이다.

7) 격리주기장에 대한 조명은 주 동력원과의 연결 외에도 공항에 전원을 공급하는 2차 동력원에도 연결되어야 한다. 또한 이에 대한 대안으로 주전원이 고장나는 경우를 대비하여 휴대용 조명기구가 준비되도록 하여야 한다.
8) CCTV를 사용함으로써 주기장에 대한 효과적인 감시를 할 수 있다. 항공기 주기 통제를 목적으로 설치한 CCTV가 있는 경우 주기된 항공기에 대해 보안감시도 할 수 있어 이중으로 사용할 수 있다. 효율적으로 사용하기 위하여 CCTV는 침입자나 위기상황 발생 시 기동타격대의 지원을 받는 것이 필요하다.
9) 침입감지시스템은 주기된 항공기를 보호하기 위해서 사용되지만 경보를 조사하기 위해서는 기동타격대(rapid response team)와 같은 지원인력이 필요하다.
10) 비인가자가 항공기에 접근했을 가능성이 있을 경우 비행 전에 추가적인 보안조치를 취해야 한다.

3. 보안순찰

1) 보안요원은 활주로 및 유도로에 있는 항공기에 대한 공격을 방지하고 일상의 보안 임무를 위해 규칙적 및 불규칙적으로 공항전체와 그 주위를 순찰해야 한다. 필요시 지원을 요청하고 다른 보안요원에게 상황을 알릴 수 있도록 공항 종합상황실과 교신할 수 있는 적절한 장비를 갖추어야 한다.
2) 순찰시 관제탑과 유도로와 계류장 내 지정된 초소에 근무하는 보안요원, 종합 상황실과 협력할 수 있도록 하는 절차가 수립되어져야 한다. 그리고 순찰차에는 필요한 협조를 원활하게 하고 이동중인 항공기와 인접한 유도로 및 활주로에서 업무를 할 수 있도록 종합상황실주파수와 관제탑주파수 양쪽을 교신할 수 있는 장비가 설치되어야 한다.
3) 도보순찰과 차량순찰시 취약지점과 어둠을 틈타 잠재적인 불법방해자가 은닉하는 것을 철저하게 수색하기 위해 휴대용 조명장비를 갖추어야 한다.

4. 운항 전 보안조치(Pre-flight precautions)

일반적으로 운항 전 보안조치는 아래 사항을 포함하여야 한다.

1) 비행바퀴 보관지역과 기계 부품 설치 지역에 특별한 주의를 기울이는 것을 포함한 항공기 외부 검사
2) 비행객실, 좌석, 오버헤드 수하물 보관함, 화장실, 주방, 화물칸, 조종실 같은 기계 설치지역을 포함한 항공기내부에 대한 포괄적인 점검
3) 항공기 유지보수 업무 감시
4) 항공기에 대한 비인가 접근 방지
5) 화물에 대한 검색
6) 모든 위탁수하물, 화물, 우편 및 기내식물품 탑재시 감독
7) 운항승무원과 객실승무원 그리고 그들의 수하물에 대한 보안절차
8) 승인된 무장승객과 죄수 및 호송관의 탑승과 보안절차에 대한 확인
9) 비행에 영향을 줄 수 있는 위협정보와 기타정보를 분석하기 위한 보안 통신시스템 재확인
10) 기내 보안요원의 지휘 및 통제 관련 절차 확인
11) 항공기 보안 점검 부분
    (1) 항공기 내부
        가. 주머니를 포함한 좌석, 쿠션, 좌석 밑 부분
        나. 운항일지와 비행교본 보관함 - 승무원 산소마스크 보관함
        다. 천장, 옆면과 후방 벽
        라. 구명재킷 보관함 및 응급 구조함 내부
    (2) 앞문
        가. 승무원 좌석, 구명정 보관대와 좌석 뒤쪽
        나. 전면 와이드스크린과 컴파트먼트를 포함한 수납지역
        다. 산소마스크 보관소, 천장과 벽, 소화기 보관대(3) 조종실 승강계단(companionway)
        라. 벽, 천장, 바닥 - 외투 보관실
        마. 오버헤드 수하물 보관지역 - 수하물 제거 후 전체구역
        바. 수하물 랙(baggage rack)과 의류보관실 위 컴파트먼트
        사. 음료수대, 컵 비치 및 처리 대, 배수관 통로
        아. 보관대(stowage compartment)와 벽면과 위쪽지역, 화장실의 앞부분

(3) 조종실 승강계단(companionway)

가. 벽, 천장, 바닥 - 외투 보관실

나. 수하물 랙(baggage rack)과 의류보관실 위 컴파트먼트

다. 음료수대, 컵 비치 및 처리 대, 배수관 통로

(4) 앞쪽 객실

가. 외투보관실과 마스크 및 조끼보관소(Closet)

나. 승무원과 승객 좌석(좌석 밑부분 포함)

다. 승객 침대 - 천장, 바닥, 벽

라. 승무원과 승객의 구명조끼 보관대

(5) 앞 갤리(Galley)

가. 모든 용기와 음식 상자, 오븐 제거

나. 모든 칸과, 바, 냉장고를 열고 조사

다. 탈출용 낙하산 보관대

라. 서비스 도어 위의 컴파트먼트

(6) 앞 화장실(Lavatory)

가. 오물과 쓰레기 제거

나. 개수통 밑에 용기를 제거 후, 내용물과 주위 조사

다. 종이 타월 보관함 조사. - 화장지 사용대 - 변기

라. 거울과 선반 - 벽, 지붕, 바닥 - 문

(7) 주 객실

가. 의자(주머니, 산소마스크 보관대, 쿠션과 의자의 밑부분)

나. 베개선반, 담요와 손 받침대(핸드레일)

다. 바닥은 수상한 물체 의심시만 카페트 제거

라. 창문과 커텐을 포함한 측면 벽

마. 벽 - 조명부착대 - 손 받침대 끝 뒤쪽 칸

바. 뒤쪽 객실 승객 좌석 뒤 컴파트먼트

사. 승객브리핑 시연 장비보관장소

아. 비상 탈출로프 보관함- 탈출용 낙하산 보관대

자. 메인도어와 닫힌 문의 들어간 부분 - 잡지 선반

차. 구명정 보관함- 구명조끼 보관주머니

카. 승객 침대 - 조명 부착대 - 산소 캐비닛

타. 날개 위의 비상탈출 방출커버

파. 뒤쪽 출입구의 승무원 좌석

하. 음료대, 컵 비치 및 처리대, 바닥 배수 밸브통로

거. 휴대용 전등은 조명을 끄고 조사

(8) 메인갤리와 바 센터

가. 모든 용기, 음식용기, 오븐 제거

나. 모든 요리실 선반과 바, 냉장고 개봉 조사

다. 벽, 천장, 바닥 - 바의 위쪽 칸막이 벽 내의 유리 보관대

라. 응급 구조함 개봉시만 점검

마. 서비스도어와 들어간 곳

바. 탈출용 낙하산 보관대

사. 휴대용 전등은 조명을 끄고 조사

(9) 뒤 갤리와 바

가. 승무원 좌석

나.요리실 모든 용기 제거

다. 모든 컴파트먼트 개봉 조사

라. 벽, 천장, 바닥

마. 항공기로부터 제거된 용기 조사

바. 각문 탈출 슬라이드 보관대

사. 뒤쪽 출입구 경첩부위 들어간 곳

아. 천장 산소통 보관대

(10) 뒤쪽 화장실

가. 오물과 쓰레기 제거

나. 개수대 밑의 용기 제거 조사

다. 수건 보관함

라. 휴지사용대

마. 변기의자와 뚜껑

바. 거울과 선반 칸

사. 비행승무원의 의자

아. 산소마스크 보관대

자. 음료대 통로

차. 오수 저장로

(11) 뒤쪽 옷장과 외투보관실

가. 코트와 휴대물품 제거

나. 전 지역 조사

다. 산소마스크 저장소

(12) 항공기 외부

가. 동체 문 뒤쪽과 개방구역은 반드시 점검

나. 지상 공기연결 패널

다. 안전 락카와 내용물

라. 손전등 배터리 점검

마. 적합한 상태를 위한 응급구조함의 봉인

바. 적합한 상태를 위한 구명보트패널의 봉인

사. 보조칸막이 문

아. 보조탱크 기름통 밸브

자. 선실 압력 안전 및 단속밸브

차. 후미 하수 및 쓰레기 서비스 패널

카. 안정장치 및 꼬리원추 접근 문

타. 후미 이동용 식수서비스 패널 및 화물도어

파. 앞쪽의 이동용 식수서비스 패널 - 지상 에어콘 연결 도어

하. 외부 전원 퓨즈 문 - 외부 전원 소켓

(13) 객실 압축 컴파트먼트는 전체 지역, 공간과 비어있는 구멍 지역

(14) 부속품 컴파트먼트는 모든 설치물과 전체 선반 컴파트먼트

(15) 화물컴파트먼트

가. 폐수탱크 컴파트먼트 - 비행키트 상자

나. 뒤쪽 화물컴파트먼트 바로 뒤쪽 지역

(16) 착륙기어 바퀴 보관대와 기어

가. 노즈 바퀴 공간은 진입통로와 지퍼 잠금 패널 뒤쪽

나. 기어, 바퀴는 타이어, 바퀴가장자리, 브레이크와 받침대, 견인받침대 들보, 무기, 가로 받침대, 구동기, 기체프레임, 트럭 등의 부분

(17) 날개

가. 보조익 가장자리 플랩 부분

나. 소화기통의 잠금 덮개

다. 점검용 스냅커버

라. 연료배출통로

(18) 엔진과 파일론

가. 엔진공기 흡입구, 배기구, 환기구

나. 엔진오일과 열교환용

다. 엔진오일 보충덮개

라. 정속구동장치 보충 덮개

5. 위협 통보

국가는 특정 항공기가 불법행위 대상이 될 수 있다는 정보를 입수하였을 경우, 위협에 대응할 수 있는 추가적인 보안조치를 취할 수 있도록 관련 항공사 및 항공기가 착륙할 수 있는 다른 공항에 사전에 통보하여야 한다. 위협통지는 사전 수립된 교신절차를 따라야 하고 추가적인 보안조치를 준비하고 대응하여야 하는 항공사 및 기타 기관들이 적시에 수신할 수 있도록 해야 한다. 이러한 통보가 항공보안 관련 기관으로부터 접수받지 않았을 경우 해당 항공보안 책임기관에도 반드시 통보하여야 한다.

1) 고위협상태의 항공기

고조된 위협 하에 있다고 판단되는 항공기에 대한 보안대책이 수립되어야 한다. 이 대책에는 격

리주기장과 같은 지정된 보안 주기지역에 항공기를 주기하는 것과 해당 항공기가 지상주기 하는 동안 경비요원 배치 등이 포함되어야 한다. 계류장 및 항공기 주기지역의 이동보안 순찰 규모 · 횟수를 증가시켜야 하며 모든 계류장 근무자는 경계를 늦추지 말고 수상한 행동을 하는 자는 발견 즉시 신고하도록 교육하여야 한다. 고 위협 대상 항공기가 도착하기 전에 할당된 주기지역과 주변지역에 비인가자가 있는지 그리고 주차된 차량이나 지상 장비 내에 폭발장치 등이 은닉되어 있는지 조사를 해야 한다. 특정 항공기에 대한 공격 위험이 상존하는 경우 항공기가 활주로에서 보안주기장으로 이동할 때 순찰차량의 보호를 받아야 하고 항공기 이동전에 항공기가 이동하는 활주로와 유도로 인접지역에 잠재적 공격의 위험이 없는지 확인하기 위하여 사전 수색을 실시하여야 한다. 위험의 정도에 따라서 공항경계 외곽의 접근항로 및 이륙항로에 대한 조사가 필요할 수도 있다. 고조된 위협 하에 있는 항공기가 일반인이 접근 가능한 도로를 가로지르는 활주로나 유도로를 이용할 경우 해당지역에 보안요원을 배치시켜야 한다.

2) 항공기 수색

전 세계에 걸쳐 운항되는 수많은 항공기에 적합한 수색절차 관련지침을 항공보안지침서에 제공하는 것은 불가능하다. 따라서 항공기 운용요원은 항공기에 대한 수색절차 관련 점검표를 개발해야 하고 그것을 비행승무원의 보안키트의 일부에 포함시켜 모든 운항 및 객실승무원을 위한 교육훈련 프로그램이 수립되고 유지되어야 한다. 국가는 정상적인 운영과 위협 고조시 항공기 점검 및 수색을 위한 절차를 수립하여야 한다. 정상출발 항공편에 대한 보안점검은 승객탑승 전 그리고 수하물 및 화물적재 전에 실시되어야 한다. 환승지점에서의 기내수색은 항공기에 대한 위협이 고조된 경우 필수적으로 실시하여야 하며 타 항공기에 대한 위협발생시 필요하다고 판단될 때 실시할 수 있다. 중복수색을 피하기 위하여 기내 수색은 항공기 내부를 잘 알고 있는 직원에 의해 점검표를 이용하여 각 담당자별 지역을 배분하여 체계적으로 수색되어야 한다. 승객 객실, 주방 및 화장실 등 일반 승객이 출입할 수 있는 지역에 특히 중점을 두어야 하며 조종실 또한 주의를 기울여야 한다. 항공기 점검은 밝은 조명 아래에서 실시되어야 하며, 이를 위하여 보조전원장치 또는 지상 전원 선을 항공기에 부착해야 할 필요가 있을 수 있다. 최소한 인원이 탑승하였을 경우 점검이 실시되어야 하며, 점검을 시작하기 전에 항공기에 대한 접근통제를 실시, 보안성을 유지하는 것이 필요하다. 폭발물, 무기가 항공기 장비 또는 부품에 은닉되어 있을 가능성이 있을 경우, 고위협 대상 항공기에 대한 수색이 필요하다면, 항공기 승무원 또는 기술지원 인력의 도움을 받아 훈련된 보안요원에 의해 수색되어야 한다. 만약 항공기내 또는 항공기 인접지역에서 수상한 폭발물이 발견되었다면, 안전한 곳으로 사람들을 이동시키고 폭발물처리반이 올 때까지 대기하도록 하는 초동조치가 취해져야 한다. 인명보호를 최우선으로 고려하여 항공기를 폭발물 장치로부터 멀리 이동시킬 것인지, 폭발물 장치를 항공기로부터 멀리 이동시킬 것인지 추가결정을 하여야 한다. 항공기를 이동시키는 것은 지상기술자, 항공기유도원, 항공기 이동차 운전자 등 같은 사람들의 생명을 위태롭게 할 수 있다. 그러나 항공기를 그냥 두고 모든 사람들을 안전한 장소로 대피시킬 경우 폭발물 장치가 폭발하더라도 항공기와 터미널 그리고 시설에만 손실을 입힌다.

3) 경항공기

일부 공항에는 범법자가 보안통제를 피하기 위한 수단으로 경항공기를 이용하는 것을 방지하기 위하여 상업용 항공기가 사용하는 주기장과 떨어진 곳에 경항공기 사용 주기장을 지정하도록 권고할 수 있다. 따라서 경항공에 대한 구체적인 보안통제 체계가 수립되어야 한다. 경항공기 주기지역으로 향하는 유도로는 명확히 확인할 수 있어야 하고 가능하면 상업용 항공기가 사용하는 계류장과 유도로로 이동하지 않도록 지정되어져야 한다. 절차에는 경항공기가 상업용 항공기 및 관련주기지역으로부터 분리되도록 도착 경항공기에 대한 유도로 진입허가 및 관련 지침을 제공하는 관제탑직원에 대한 지침이 포함되어야 한다. 분리된 주기장을 사용할 수 없는 공항에서 강화된 보안요건이 적용되어야 할 경우, 상업용 항공기가 사용하는 주기장으로 진입하기 전에 경항공기를 보안요원들이 검색하고 조사할 수 있도록 유도로나 계류장에 보안통제지점을 설치하는 것이 필요하다. 관제탑은 고위협상황하에서 또는 평시에 경항공기가 고의 또는 실수로 착륙시 관제탑의 착륙허가를 받지 않고 상업항공기 주기지역으로 접근할 때에는 즉시 공항보안 조직에 통보하여야 한다.

4) 미사일로부터 항공기 보호

(1) 지대공 미사일에 의한 민간항공운송 항공기공격은 드물지만 때때로 발생한다.이러한 지대공 미사일공격에 대한 효과적인 방어는 어렵지만 불가능한 것은 아니며, 군, 항공사, 승무원, 항공교통관제소의 유기적인 협조체제가 구축되어 있을 경우 가능하다. 첫 번째 예로 이러한 공격에 대한 효과적인 방어는 무기 종류 및 성능 그리고 무기사용 시 제한사항 등을 정확히 파악함으로서 가능하다. 대부분 사용되어지는 무기는 적외선 미사일이다. 이러한 종류의 무기를 효과적으로 발사하기 위하여 여러 조작단계가 있다. 이러한 단계는 다음과 같다.

가. 목표물 확인

나. 조준 및 전원 충전(동시)

다. 미사일 유도시스템 목표물 정조준 위한 충분한 시간 확보

라. 미사일 발사

(2) 미사일 사용 제한사항은 미사일은 작동자가 목표물을 조준하고 전원을 켜고 발사스위치를 누르는 간단한 작동법만 알면 사용이 가능하다. 그러나 작동자가 이 무기성능을 최대로 사용하고자 할 경우 교육훈련이 필요하며 교육을 받지 않은 자가 목표 거리를 잘못 조정하여 실패하는 경우가 종종 있다. 추가적으로 이러한 무기를 사용하기 위하여 아래의 몇 가지 제한사항이 따른다.

가. 준비, 조준, 충전, 발사 등에 필요한 시간이 소요된다.

나. 배터리 수명이 비교적 짧다.

다. 중력의 기울어짐이 없으므로 20도 이상으로 겨냥하여야 한다.

라. 대상목표가 충분한 에너지원이 없을 경우 조준시스템을 작동하기 위하여 강한 태양 반응이 필요하다.

마. 성공적인 발사를 위하여 기상상태가 좋아야 하다.

바. 최저발사거리(limited slant range)는 4,500m(15000피트)이다.

사. 자동폭파 시스템은 일반적으로 발사 후 12~16초 이내에 폭발한다.

아. 미사일 목표물조준 및 발사요건

자. 목표물 시야

5) 보호대책 및 절차

(1) 항공기 정비

위험지역을 정기적으로 운항하는 항공사는 관련 항공보안담당기관에 항공기를 위장 할 수 있는 배기연기 장치, 항공기 외부에 반사되지 않는 페인트 및 전자 대응장비의 사용에 관련하여 협의하여야 한다.

(2) 항공기 비행 중 지대공 미사일공격 위험이 있는 지역 비행항공기는 가능한 7500m 이상의 고도유지와 지정된 안전지역 이 · 착륙시 나선형으로 상승비행 또는 하강 비행과 최소한의 동력만 사용하며, 야간에 미사일 공격자가 조준 목표물을 인식하지 못하도록 하기 위하여 비행등을 끄고 비행하고 전자대응장비를 작동시키는 등의 조치를 취해야 한다.

(3) 항공교통 관제소에 상승 및 하강 안전지역이 사전에 계획과 운항승무원에 안전접근지역, 안

전이륙지역 및 사용될 운영절차 등에 대한 지침을 제공할 목적을 위하여 최신의 운항보안정보가 제공되어야 한다. 미사일은 쉽게 이동될 수 있고 건물옥상 등의 어떠한 야외지역에서도 작동이 가능하다. 그러므로 일반적으로 항공기 이 · 착륙지역 부근 넓은 야외지역은 미사일 발사지역이다. 따라서 우발계획에는 공격 예상지역에 대한 비정규정밀조사 및 항공기 이 · 착륙 직전 이와 유사한 점검 실시, 비정규 순찰로 발사 예상지역에 대한 감시체제 유지, 수상한 행동 발견 즉시 보고할 수 있는 지역주민 확보, 이 · 착륙시 특별한 보안대책이 필요한 고위협 항공기에 대한 사전확인, 은폐된 무기발사지역을 제거하기 위하여 미사일 발사 가능한 지역에 대한 통제 등의 사항을 포함하여야 한다.

Aviation Security

제7장
불법방해행위 대응

제1절 불법방해행위 대응 계획

1. 우발계획 수립 및 보고

1) 고려사항

(1) 정부는 항공사, 공항 당국의 노력에도 불구하고 때때로 불법방해 행위가 발생할 수 있다는 사실을 인지하고 국가 및 공항별 실정에 맞는 우발계획을 수립하여야 한다. 또한 자원, 시설, 인력들이 우발계획을 지원하기 위하여 준비되어야 한다.

(2) 정부는 불법방해 요소와 관련된 비밀정보를 전달하는 절차를 수립하여야 하고, 항공사 직원을 포함하여 여러 사람들이 국제민간항공을 위협에 빠뜨리는 정보를 언론 또는 제3자에게 누설을 금지토록 하는 대책을 수립하여야 한다.

(3) 정부는 불법방해 행위대상이 된 항공기가 사용할 수 있도록 공항을 개방하여야 한다. 주요 항법장치 또는 ATS와 통신서비스지원 거부, 유도로나 활주로 상의 항공등화 소등, 활주시 고의적인 방해물 설치는 항공기 사고발생 가능성을 증대시켜 위험 비행을 초래하여 승객과 승무원 전체의 생명에 큰 위협이 될 수 있다. 특히 다음과 같은 상황이 발생할 수 있다.

가. 비행 탑승 인원의 부상

나. 기내 폭발로 인한 피해

다. 연료부족

라. 기계고장

마. 기타 예견되지 않은 비상사태

그리고 납치범들이 억류하고 있는 인질 등에 대한 적대적인 감정을 표출할 수도 있다.

(4) 각국은 국제회의에서 조인된 대로 운항이 재개되기 전까지 불법방해 행위 대상이 된 항공기, 승객과 승무원의 안전을 위해서 적절한 조치를 취해야 할 의무가 있다. 환승 항공기에 대한 파괴행위에서부터 공항에서의 피납 종결 시까지 이러한 의무사항이 적용된다. 이 기간에는 불법파괴행위에 대응하기 위해서 기장의 명령에 의해 사용된 비상탈출 장치를 항공기에서 재사용 할 수 있도록 재정비하는 시간 등이 포함된다.

2) 항공기관련 사고

(1) 일반 원칙

가. 공항에서 불법방해대상이 된 항공기에 대한 조치를 결정하는 권한과 주책임이 한 개의

단일기관에 부여되는 것이 필요하다. 이 기관은 민간항공당국, 공항당국, 해당항공사, 그리고 관련이 있는 공항 내 · 외의 기관 등과 긴밀한 협조를 해야 한다.

나. 비행중의 불법행위에 대처하도록 책임이 부여된 정부기관이 지상에서 발생한 불법행위에 대한 대처방안을 강구해야 할 경우가 발생하므로 불법행위 발생시 한 기관에서 다른 기관으로 책임이 옮겨질 경우 책임이동에 따른 혼동이 발생하지 않도록 사전에 명확한 합의 및 조치가 수립되어야 한다.

다. 불법 억류된 항공기가 공항에 체류 중인 경우 관련 해당당국은 기장, 항공기가 속해 있는 정부의 책임자의 의사표명이나 주변 관련 상황과 해당 항공사와의 사전협의 없이 진압조치를 취하여서는 아니 된다. 어떠한 사항을 결정하더라도 승객의 안전을 최우선적으로 고려하여 결정하여야 한다.

라. 불법방해 행위의 대상이 된 항공기의 가장 안전한 장소는 지상이라는 사실을 알고 사건이 성공적으로 종결될 때까지는 어떠한 수단을 활용하더라도 항공기를 지상에 주기시켜 놓아야 한다. 이러한 시도를 하는 이유는 항공기 급유거부 및 지연, 항공교통관제업무의 문제 등을 이용하여 협상전략을 전개시켜나가기 위해서다. 항공기의 지상 체류를 연장하기 위해서 내구성이나 기동성을 고의적으로 약화시키는 시도는 항공기와 탑승승객에 위험이 될 수 있으므로 바람직하지 않다.

(2) 우발계획

항공기관련 불법방해 행위 대응을 위한 우발계획은 다음요소를 고려하여야 한다.

가. 불법 억류된 항공기의 가장 안전한 지역은 지상이다.

나. 범법자 체포, 처벌, 재산보호보다 더 중요한 목표는 승객과 승무원의 안전한 구출이다.

다. 불법방해 행위로 인해 발생 가능한 피해와 부상을 미연에 방지하기 위해 불법방해 행위에 대해 조직적이고 효율적인 대응을 하여야 한다.

라. 협상은 항상 무력을 사용하기 전에 선행되어야 하며 모든 협상 가능성 및 노력이 한계에 도달하여 무력사용이 불가피하다는 판단이 되었을 때 무력사용방안에 대한 논의를 해야 한다.

마. 숙련된 협상요원이 범법자들과 원활한 협상을 통해 인명 및 재산 피해를 최소화시키며 사건을 종료시킬 수 있다.

바. 일반적으로 정부고위관계자와 논의 없이 범법자의 요구에 대해 직접결정을 내릴 수 있는 사람은 범법자들과 직접교섭을 피해야 하며 공항 비상운영센터나 기타 명령센터에

즉시 나타나지 않는 것이 바람직하다.

사. 항공기와 협상자간의 보안성을 갖춘 통신을 할 수 있도록 적절한 절차 및 장비가 확보되어야 한다.

아. 공항운영에 영향을 최소화하기 위하여 억류된 항공기는 가능한 한 독립계류장에 주기되어야 한다.

(3) 항공교통관제

가. 불법 억류되었거나 폭탄위협에 대상이 된 모든 항공기는 비상사태에 처해 있다고 간주하여야 하며, 이에 따라 적절한 조치를 취해야 한다. 항공기가 불법억류되었을 경우 예비레이더를 갖춘 모든 레이더 기지에 경보를 전송할 수 있도록 알려야 한다.

나. 비행정보제공에 관한 지침은 민간항공협정부속서#11 항행 교통업무 및 PAN-TAM에 따라 제공되어야 한다. 비상경보서비스 수색과 구조 및 비상사태 시 무선 통신고장(PANS-RAC) 등과 관련된 절차는 발생한 각 상황에 따라 제공되어야 한다.

다. 각국은 자국의 법적통제를 받고 있는 항공기에 대해서 발생할 수 있는 불법행위에 대비를 해야 한다. 이러한 가능성에 대비하기 위해 레이더 자동응답암호화 전송, 음성통신, 시각신호 그리고 기타 방법 등을 이용하는 통보 시스템을 갖추어야 한다.

라. 항공교통관제사는 아래의 항목을 수행하여야 한다.

가) 불법억류, 폭발물 위협 또는 파괴행위 발생을 암시하는 평이한 언어로 위장된 메시지를 인식할 수 있어야 한다.

나) 항공기 불법억류사실을 나타내는 정보를 접수하였을 경우 즉시 감독자에게 보고해야 한다. 감독자는 아래 기관에 즉시 통보해야 한다.

(가) 항공보안당국 및 민간항공당국(항공보안당국과 동일한 기관이 아닐 경우)

(나) 공항 행정당국

(다) 수색구조기관(군, 경찰)

(라) 해당 항공기의 소유주 및 항공사

(마) 기타 정부조직

(바) 주변지역 항공교통관제담당기관

마. 비상상황발생시 안전을 위하여 항공기를 공항 교통관제지역으로 진입을 허가하고 승인없이 착륙을 시킬 수 있다. 관제사는 가능한 모든 지원을 하여야 한다.

바. 공항에서 항공기 파괴행위에 대한 통보를 받았을 경우 관제사는 해당 당국과 항공사에 통보를 하여야 하며 아래의 조치를 취하여야 한다.

가) 항공기가 지상에 위치해 있을 때 적절한 조치를 취하여 위협상황이 종료되어 비행이 승인될 때까지나 항공기와 적재물품에 대한 수색이 종결되고 해당기관에 의해서 위협상황의 종료를 통보받을 때까지 유도로와 활주로를 확보해야 하며, 동시에 공항보안계획에 의거 구조반, 소방서 그리고 보안경보를 발령해야 한다.

나) 항공기가 운항중인 경우, 기장요청 시 기존의 비상절차에 따라 항공기의 착륙허가를 한다. 이러한 경우 착륙여부에 대한 결정은 기장만이 내릴 수 있다. 만약 기장이 비행을 지속하도록 결정시에는 수상한 항공기로 간주하여 타 항공기가 위험에 처하지 않도록 하기 위하여 분리 운항되도록 관제하여야 한다.

(4) 비상운영센터

가. 국가와 공항차원의 우발계획은 중앙지점에서 통제하는 최적의 지역은 비상운영센터(EOC)이다. 공항비상운영센터의 설치 및 운영에 관한 참고자료는 민간항공협정부속서 #14에 제시되어 있으며 공항업무지침 (문서9037), 7부- '공항 비상계획' 에서도 참고할 수 있다.

나. 다음은 공항업무지침서 7부에 언급된 업무에 추가로 항공기 관련 불법방해 행위에 효율적으로 대응하기 위한 필요한 자원 및 전문 지원요건은 아래 분야를 포함한다.

가) 기내 폭발물 수색절차

나) 기내 폭발물 처리 및 보안작업

다) 상황발생에 대응하기 위한 경찰당국

라) 인질 협상

마) 정신심리과 전문의

바) 통신

사) 항공교통 관제소

아) 공항운영과 배치

자) 불법방해 행위 대상이 된 항공기를 위한 특별 주기지역

차) 인근지역으로부터 가용한 전문가와 관련문서

카) 항공기 운항업무

타) 기타 지원업무 (언어분야 또는 종교전문가)

다. 공항 비상운영센터에 ATS, 공항관련 대응보안기관뿐 아니라 관련 항공기와 직접 통신할 수 있는 유연하며 효율적인 통신장비가 제공되어야 한다.

(5) 수상한 폭발물 장치

가. 항공기내 장비, 건물 또는 설비에서 수상한 물체가 발견된 경우 가능하면 신속하게 처리하여야 한다. 수상한 물체를 공공지역으로 반입시키는 것은 바람직하지 않으므로 항공사는 전문가들이 작업을 할 수 있는 폭발물처리 구역을 설정해야 한다.

나. 공항 보안담당관은 공항을 조사하여 폭발물이 발견될 만한 예상지역과 안전하게 이동할 수 있는 통로를 확보해야 한다. 이러한 조사 시 다른 항공기 주기지역, 건물, 공공지역, 연료 및 전기설비, 천연가스배선, 통신항법장치 등이 통로에 포함되어 있는지 여부를 고려해야 한다.

다. 폭발물처리반이 폭발물 이동시 작동을 유발시키는 공항의 전기장치작동을 미연에 방지하는 조치가 취해져야 한다.

라. 폭발의 효과를 최소화하기 위하여 폭파억제지역 설치가 고려되어져야 한다. 이 시설 설치를 위하여 폭발물 전문가와의 협의를 거쳐야 하며 전문가가 요구하는 시설이 제공되어야 한다. 폭발물처리요원이 폭발물처리를 원활히 하도록 보호장소를 제공함과 아울러 폭파억제지역으로 폭발물처리 차량이 폭발물을 내려놓을 수 있도록 건축되어야 한다.

마. 일부폭발물은 장치내부에 비행고도에 따른 압력도달 시 폭파되는 장치를 설치함으로써 민감한 기압차에 의해 폭발이 되도록 하기도 한다. 이러한 점에서 의심이 되는 수하물, 화물 또는 우편물을 검사하기 위하여 항공기와 동일한 압력을 가상으로 유지토록 하는 장치는 매우 도움이 된다.

3) 정보수집 및 전파

상황발생시 불법방해 행위에 노출된 항공기에 대한 책임이 있는 항공교통관제소는 해당 항공기에 대한 정보를 수집해서 예상 또는 예정된 기착지의 공항을 포함한 관련국가의 모든 기관에 전송 및 이동 중에 적절한 보호조치가 취해질 수 있도록 한다.

또한 보안책임기관, 항공교통업무부서, 공항행정부서, 항공사에게 이런 정보가 전송되어야 한다.

(1) 운항중인 항공기

가. 해당 항공기 정보를 신속하고 체계적인 수집과 배포작업은 보안업무기관과 영공 통과

국가의 항공교통관제소간의 긴밀한 협조가 있어야 가능하다. 특히 지정된 보안책임자와 처음으로 불법행위가 발생한 항공교통관제소간의 긴밀한 협조가 필요하다. 이 협조의 목적은 항공기가 운항 예정 목적지역 관련 조직들이 시간에 맞게 적절한 조치를 취할 수 있도록 비행진행에 관련된 정보를 각 관련 국가의 보안업무부서와 항공 교통업무부서에 전송토록 하기 위해서이다.

나. 비행 방향 및 범위, 최근 인접국가 또는 인접비행정보구역 등의 상황에 따라 예상되는 항공지역의 ATS와 보안업무기관에게 최초보고가 이루어져야 한다.

다. 불법방해 행위에 처한 항공기가 착륙한 국가는 항공기등록국가와 항공사에게 신속한 방법으로 착륙관련정보를 알려주어야 한다.

라. 모든 경우 메시지 수신자는 송신자에게 수신여부를 밝혀야 한다.

마. 상황판단에 의해 특별보안예비조치가 요구될 때 항공보안당국은 해당국가, 공항 그리고 항공사에 전송되어야 할 주요정보는 다음과 같다.

가) 알려진 기존 비행계획 또는 예상항로

나) 알려진 기존기착지 또는 예상 기착지와 도착시간

다) 연료소모량(시간, 분 단위) 및 승무원을 포함한 탑승인원 등 추가 비행계획 자료

라) 운항승무원의 구성과 예정항로에 대한 운항 지식과 경험

마) 기내에서 항행차트와 기타관련문서 등의 사용가능여부

바) 기존의 비행시간을 고려한 비행승무원의 비행제한시간

바. 추가적으로 입수 가능한 범위 내에서 다음 정보를 입수하여 전파한다.

가) 승객과 납치범의 수와 성명

나) 탑승부상자의 수와 상황

다) 납치범이 소유하고 있는 무기, 화기류, 방화물질 등의 수량, 형태 및 기타 정보

라) 비행 승무원들의 육체적 상태

사. 정보배포의 가장 효율적인 방법은 다음과 같다.

가) 비행항로를 따라 위치한 ATS는 관련된 기타 ATS와 SAR의 목적에 부합하는 모든 정보를 수집, 전송한다.

나) 비행항로를 따라 위치한 국가의 보안업무당국은 암호를 해독하고 메시지를 송신하기 위한 YZY암호 해독기를 사용해서 기타 보안업무당국에 정보를 송신한다.

(2) 주기중인 항공기

가. 불법방해 행위를 당한 항공기가 착륙한 국가는 가장 신속한 방법으로 해당 항공기가 등록되어있는 국가와 항공사소속국가 및 아래 관련기관에 자료를 전송하여야 한다.

가) 항공기등록국가와 항공사소속국가

나) 사망 또는 부상을 당한 승객의 소속국가

다) 인질로 구속되어 있는 승객의 소속국가

라) 항공기에 탑승하고 있다고 여겨지는 승객의 소속국가

마) ICAO

나. 위험정보를 즉시 배포하기 위해서는 보안성과 현지요건을 고려해서 다음 통신수단 중 한 가지 방법이 사용될 수 있다.

가) 향후 12시간 이내에 상황이 발생할 수 있다는 사실을 통보하기 위한 전화, 전자, 우편, 전보 또는 AFS(Aeronautics Fixed Service)의 이용

나) 향후 12시간 이후로부터 다음 12시간 이후 사이에 사건이 발생할 수 있다는 사실을 통보하기 위한 전보, 전자우편 또는 AFS의 이용

다) 향후 12일 이후에 사건이 발생할 수 있다는 사실을 통보하기 위한 등록 항공우편 또는 전보 등을 이용, 항공보안조직에 대한 통신코드를 확인하기 위하여 ICAO에서 발간한 "항공사, 항행당국 및 항행부서를 위한 ICAO 지정자(문서 8585)" 에 명시된 지정코드를 사용하여야 한다.

다. 정보 제공자는 정보에 대한 우선순위를 지정하고 특별보안조치업무지연, 비용낭비 및 혼란을 피하기 위해 정보배포와 관련된 모든 메시지 식별을 위해 코드와 날짜를 부여해야 한다.

4) 검토와 분석

(1) 위험상황이 발생한 경우 가능한 한 빠른 시간 내에 관련기관은 해당사건에 대하여 검토와 분석을 하여야 한다. 발생한 상황의 특성 및 심각성에 따라 참여자들에 의한 서면보고서 작성도 바람직한 방법이다. 관련된 모든 인원은 각자의 역할, 문제점, 성공사례, 다른 관련 조직과의 관계, 통신 효율성, 해당 우발계획이나 보안 프로그램의 개정 및 변경 필요성 등에 대하여 보고하여야 한다. 이런 검토, 분석의 결과는 발견된 문제점 개선을 위한 민간항공 보안정책 및

규정 관련부서의 권고사항과 함께 모든 관련자들에게 제공되어야 한다.

(2) 검토, 분석에 이어서 보안책임기관은 모든 공항과 항공사의 보안담당관, 보안위원회의 회원, 관련자 등을 참석시킨 가운데 발생상황대응에 대한 종합평가를 하여야 한다. 이런 종합평가의 목적은 상황에 직접 참여하지 않은 인원이 상황대응 및 처리를 알도록 하여 향후 발생할 수 있는 상황에 대해 대응력을 갖추게 하기 위해서 이다.

5) 보고

(1) 불법방해 행위 관련보고는 매우 중요함으로 관련된 각 체약국은 상황이 종료된 후에 ICAO에 보안관련 모든 정보를 제공해야 한다. 국가는 ICAO에 제공한 보고서에 관심을 갖는 관련 국가에 보고서 사본을 배포할 수 있다.

(2) 각국에 의해 제공받은 정보는 불법방해 행위로부터 국제민간항공보호를 목적으로 이사회의 새로운 표준지침 및 권고사항 또는 절차에 대한 제안사항을 지원하기 위하여 ICAO에 의해 분석된다. 또한 이러한 정보들은 본 지침서와 관련 ICAO문서에 포함될 추가지침 개발을 위해 사용된다.

(3) 새로운 형태의 파괴행위, 폭발물 위협, 강탈행위 등이 증가하는 추세로 이와 상응해서 여러 불법적 방해 행위에 대한 기술 및 형태를 계속 개발될 것이라는 예측이 가능하다.

(4) 효율적인 국제 및 국가 민간항공보안프로그램 수립을 위하여 불법적 방해 행위에 사용되는 새로운 방법과 기술, 형태 등에 대처할 수 있도록 하기 위하여 주기적으로 보안프로그램의 개정작업을 하여야 한다.

(5) 각국은 상황발생과 관련하여 정치적인 상황을 제외한 모든 관련보고서를 ICAO에 신속히 제출해야 한다. 효율적인 보호조치를 취할 수 있도록 보고서는 국가에 의해서 충분히 검토되고 적절한 결론, 유용한 정보 및 권장사항 등을 배포시켜야 한다. 또한 상황발생에 대한 검토나 분석에 의해서 발견된 취약점과 평가와 대응에 실패한 절차에 대한 문제점 및 개선대책도 포함되어야 한다.

(6) 범법자들이 불법행위에 사용한 신 기법 또는 비정상적인 기법과 동일한 기법이 사용될 수 있는 공항의 보안 관련당국에 배포되어야 한다. 공공연하게 이런 정보를 공개하는 것은 바람직하지 않지만 유사한 상황이 발생할 수 있는 모든 공항에(특히 인접국) 가능한 한 빠른 시간 내에 상황발생에 관한 정보를 통보하는 것은 효율적인 대응대책개발과 시행에 도움을 줄 것이다.

(7) 각 체약국은 성공적인 또는 실패한 항공기불법억류와 관련된 보고서를 ICAO에 제출해야 한다. 이는 예방조치가 필수적인 항공보안프로그램에 있어서 중요한 역할을 하기 때문이다. ICAO가 변경하는 억류형태에 대응하기 위해서 다음과 같은 보고서가 요구된다.

가. 불법방해 행위에 관한 최초보고서는 가능하면 신속하게 항공기등록국가에 의해서 작성되고 제출되어야 한다.

나. 국가는 불법방해 행위에 관한 수사를 종결하자마자 최종보고서를 작성 완료하여 ICAO에 제출해야 한다.

(8) 다음과 같은 불법방해 행위 관련사항에 보고서를 만들어 보고하여야 한다.

가. 항공기의 불법억류행위

나. 항공기를 납치하려는 의도적인 행위

다. 파괴 행위, 악의적인 손상행위, 공항과 항공기에 대한 폭발물 위협, 항공우편, 위탁수하물 등에서 폭발물, 무기 등 민간항공의 안전을 저해하는 불법행위

라. 민간항공의 안전방해시도 불법행위

마. 기타 불법방해 행위 (공항, 비 공항근무요원, 설비, 차량에 직접적인 공격 및 위협행위)

제2절 불법방해행위 대응

1. 폭발물 위협전화 접수시 행동절차

1) 폭발물 위협 대상

(1) 지상주기 또는 운항중인 항공기

(2) 공항 건물, 시설 및 장비

(3) 공항 내 및 주위에 있는 항행시설

(4) 화물청사, 시설, 설비 및 운항중인 항공운송화물

2) 폭발물 위협 접수

(1) 전화 폭발물위협은 공항운영자, 항공사, 기타 항공관련업체가 직접 받거나 언론 등 기타 관련자로부터 간접적으로 접수할 수 있다. 폭발물 협박전화를 접수하는 경우 접수자는 위협분석 및 협박자의 신분파악을 원활히 하기 위하여 가능한 많은 정보를 확보하려고 노력하여야 한다.

(2) 정보 수집을 위해 공항운영자 및 항공사는 전화를 녹음할 수 있는 장치를 설치 운영하여야 한다.

3) 직원 교육훈련

(1) 전화안내자, 항공예약 및 발권 담당자 등 폭발물위협을 받기 쉬운 직원에 대하여 내용내책 등을 포함하여 조치사항에 대하여 근무배치 전에 교육을 하여야 한다.

(2) 관계직원에게 대응조치 확인사항을 제공하고 대응조치 및 폭발물위협정보관련 분석자에 전달요령 등에 대한 교육을 받아야 한다.

4) 폭발물 위협 접수자 조치

(1) 폭발물 위협전화 접수자 조치사항

폭발물 위협전화를 받았을 경우에는 먼저 주의깊게 청취하며 실제로 협박자의 사용한 정확한 언어를 기록하여야 하며 발신자 추적시스템이 설치된 경우에는 발신자 추적을 시도하거나 주위동료에 알려 발신자를 추적하도록 하여야 한다. 전화녹음이 자동으로 되지 않을 경우 가능한 녹음을 하기 위한 조치를 하고 가능한 많은 정보를 획득하기 위하여 통화를 길게 하도록 한다. 또한 협박범에게 폭탄이 어디에 있는지, 언제 폭탄이 터지려 하는지, 어떻게 생겼는지, 당신이 누구인지? 왜 이런 행동을 하는지, 질문하여야 하며, 질문을 하는 도중 전화를 끊을 수 있

기 때문에 질문순서에 따라 질문하는 것이 중요하다. 협박자의 신뢰성을 확인하기 위하여 가상의 항공편, 항공시간 또는 도착지 등을 꾸며 질문하며 공항별로 지정된 폭발물위협 분석자에게 정보를 통보하고 감독자는 경찰 또는 보안기관에 통보하여야 한다.

간접적으로 폭발물위협을 접수받을 때에는 폭발물위협이 최초로 발생한 정확한 시간과 협박자가 사용한 정확한 단어를 최초 접수자에게서 파악하여 기록하여야 하며, 협박자 전화발신지역 및 협박자신분 등에 대한 정보를 접수하였는지 확인하고 서면위협 접수자는 해당메시지를 보관하며, 접수과정 등 알고 있는 사항과 함께 해당메시지를 감독자에게 전달하여야 하고 운항 중에는 즉시 기장에게 통보하여야 한다.

2. 군중통제절차

1) 군중 통제 방법

공항에서 군중 또는 대중들이 자발적으로 집회를 열어 혼란을 야기시켜 공항운영을 방해하는 상황에 대하여 공항당국은 항상 주의를 하여야 하며, 사전 입수된 정보에 따라 대처가 필요한 상황이나 군중통제에 사용되는 접근방법을 결정해야 할 것이다. 집회로 인하여 발생되는 비상사태 및 군중통제관련 공항보안조직의 비상계획은 협조가 필요한 기관과 협력을 하여야 하며, 공항 이외의 소방서 및 경찰서, 기타 보안관련기관의 지원도 고려하여야 한다. 군중통제에 대한 책임은 관할지역 경찰에 있고 우발계획은 공항당국에서 보안관련기관과의 협의를 통하여 수립하여야 하며, 각 기관 등의 대응관련 책임과 권한을 명확히 규정하여야 한다. 우호적 집회의 경우 대중들을 자극하지 않도록 경찰 또는 공항보안요원을 설득하는것이 더 효과적이며, 통제 및 해산조치는 우호적인 개념에서 행하여져야 한다. 때에 따라 적대적인 집회의 경우 무력진압을 사용할 경우에는 경찰 또는 군에서 군중해산에 필요한 최소한의 무력을 공정하고 객관적으로 사용하여야 하며, 어떠한 경우에도 비인가자가 공항의 에어사이드로 진입하는 것을 허락하여서는 아니 된다. 대중통제시에는 군중이 대규모일 경우 각 개인이 군중심리 성향을 가지고 평소에 하지 않는 극단적인 행동을 할 소지가 있으며, 많은 군중들이 이 집단적인 반응에 휩싸일 경우 군중 자체가 의식 없이 급진적인 지도자에 의해 끌려갈 수도 있다. 만약 대중들의 태도가 적대적으로 변할 경우 폭동이 야기될 수 있으므로 군중의 통제 불능상태가 되기 전에 주동자를 색출하여 격리 조치하여야 한다.

2) 군중통제계획 수립시 고려사항

폭력을 일으키는 주요 요소 중의 하나는 술이다. 그러므로 군중통제계획을 수립할 때에는 공항내의 주류판매 및 유사상업시설은 군중이 완전 해산되었다고 확인될 때까지 영업을 하여서는 아니되며 무기로 사용될 수 있는 병, 재떨이, 의자, 건축자제, 펜스 등 관련 물품들도 군중들이 획득할 수 없도록 통제하여야 한다. 만약 군중들이 에어사이드지역에 불법침입할 가능성이 명확한 경우에 공항운영자는 안전운항을 위하여 해당지역을 일시 폐쇄하고 항공기를 다른 공항으로 선회하도록 하는 등의 운항 안전조치와 군중들이 항공기로 접근하는 것을 방지하기 위하여 항공기 지상유도에 대한 특별한 조치를 하여야 하며, 항공교통관제소간의 지속적인 연락체계가 구축되도록 하여야 한다. 대규모 집회에 대한 정보를 입수하였을 때에는 공항당국은 관할 경찰과의 협의를 통하여 비상대기 등의 협조를 요청하여야 한다. 에어사이드로 통하는 보안울타리 모든 출입초소는 폐쇄하고 보안요원을 배치하여야 하며, 공항운영요원, 공항직원, 보안 · 구조요원, 또는 출발, 도착승객 등 인가된 자들에 한해 출입을 허용하여야 한다. 주차장으로 통하는 모든 접근도로 및 출입구에는 차량안내, 주차장안내, 여객터미널 안내 등을 위하여 보안요원들을 배치해야 하며, 만약 집회가 적대적일 경우에는 위협이 예상되는 사람들의 접근을 막기 위하여 공항접근도로를 차단할 수 있다. 항공사의 경우 항공기 대피계획을 수립하여야 하며, 선의의 목적으로 군중이 모일 경우나 군중의 규모나 모여 있는 지역에 따라 부상자가 발생한 경우에는 의료 및 응급체계에 따라 신속하게 처리할 수 있도록 하여야 하고 필요시 구급차도 대기하여야 한다.

3. 납치항공기 인질협상

인질사건을 어떻게 해결하느냐 하는 것은 공권력을 집행하는 경찰의 처리능력에 따라 좌우된다. 지금까지 밝혀진 처리방법에는 크게 두 가지로 요약할 수 있는데, 첫 번째는 물리적 힘에 의한 방법을 들 수 있고, 두 번째는 협상에 의한 해결방법이다. 인질협상의 기술이 발전되기 이전에는 물리적 힘에 의한 과격한 공격방법을 선택했었으나 이로 인하여 많은 사람들이 사망하거나 부상을 당함에 따라 이러한 피해를 최소화하기 위하여 공격적 수단보다는 생명의 피해를 최소화시키면서 인질범도 체포하고 인질들을 무사히 구출할 수 있는 새로운 기술과 정책을 개발하고 있다. 협상전술에 대해 영국의 스콧협상연구원은 협상전술 8단계를 제시하고 있는데, 협상자는 각 단계마다 적절한 전술 또는 기법을 사용하도록 권고하고 있으며, 그 내용은 지침이라기보다는 협상자가 사전에 충분한 준비를 갖추라는 뜻으로 해석할 수 있다. 협상의 8단계를 정리하면 다음과 같다.

1) 협상의 8단계

(1) 1단계(협상의 준비) : 얻기를 희망하는 것, 얻도록 시도할 것, 꼭 얻어야 할 것을 미리 메모해 둔다. 상대방에 대한 정보정리, 이쪽에서 최대한 양보할 수 있는 것, 협상 팀에 임무를 부여한다.

(2) 2단계(논쟁개시) : 협상이란, "너희들의 요구조건이 무엇이냐? 우리가 줄 수 있는 것은 ㅇㅇ뿐이다."라는 식이면 협상은 끝난 것이다. 상대로 하여금 떼를 쓰고 흥정을 걸어오도록 유도해야 한다. 첫 번째 요구는 절대로 들어주지 말아야 한다. 거절하란 뜻이 아니다.

(3) 3단계(신호) : 협상용의가 있다는 신호를 보낸다. 우선 "노약자와 어린이, 그리고 여자승객들을 모두 석방해다오. 당신들의 진의를 믿게 해다오."와 같은 요구사항을 전달한다.

(4) 4단계(제안) : 구체적 제안사항은 협상상대, 교신방법, 진행방법, 그리고 절차에 관한 제안을 말한다.

(5) 5단계(타결안) : 여러 가지 내용을 한 덩어리로 취급하는 것이 아니다. 개개 내용에 대한 일괄 타결안을 말한다. 조건, 시간, 장소, 전달방법, 식별방법 또 인도에 대한 상대방의 요구조건처리 등을 일괄하여 합의하는 것이다.

(6) 6단계(흥정) : 만약 상대가 요구하는 것이 바뀌거나 또다른 것을 추가로 요구할 때 이쪽에서는 흥정을 다시 해야 한다. 양보는 협상이 아니다. 협상은 교역이다. 공짜는 절대로 없어야 한다.

(7) 7단계(정리) : 매번 합의가 이루어질 때마다 내용을 정리하고 상대방에게 확인을 한다.

(8) 8단계(타결): 쌍방이 서로의 제의와 그 내용에 대한 합의를 재확인한 후 약속한 절차에 따라 실제행동에 들어간다.

위의 8개 협상단계는 각종 상황에 따라 불필요한 단계와 계속 반복적으로 행하여지는 단계로 적용될 수 있다. 실제 협상과정에서 협상팀은 대화자, 기록자, 그리고 심리전문가로 구성되며 정보판단 및 타부서와의 업무협의 또는 조정업무를 지원하는 항공기의 구조에 대한 전문가, 통역전문가, 소방, 전기, 폭발물 등의 상황에 따른 전문 인력이 필요하다.

2) 협상수칙

협상팀은 협상수칙을 살펴보면 먼저 긴장하지 말고 편안한 마음을 가지며 침착하여야 하며 상대방을 모욕하지 말고 흥분시키지 말아야 할 뿐 아니라 바보취급 또는 인격적으로 무시해서도 안된다. 또한 성인군자처럼 양보하지 말고 수전노처럼 양보하여야 하며 협상현장은 언론, 보도매체, 일반인과는 철저하게 격리하여 운영하여야 한다. 협상자가 잘못하기 쉬운 항목을 살펴보면 상대방의 요구를 무조건 들어 주는 행동, 상대방의 요구를 흥정하고 대가를 바라지 않고 간단히 응하는 행동, 한꺼번에 여러 가지를 제시하는 방법, 이곳에는 결정권자가 없다는 행동 등이다. 납치범과의 대화를 하기 위해 사용하는 통신수단은 항공기의 조종실에 있는 무선기와 공항관제탑에 있는 무선기이며 이 무선통신은 초단파 라디오로 도청할 수 있으므로 주파수를 바꾸어가며 사용하는 것이 바람직하다. 또한 납치범이 인질과 함께 공항청사 내에 격리되어 있는 경우라면 일반전화보다는 구내에 설치된 구내전화를 사용하는 것이 효과적이다.

3) 협상전술

(1) 고압전술과 저압전술

인질범의 반응은 상당히 거친 경우와 의외로 약한 경우로 크게 두 가지로 나누어 볼 수 있다. 전자는 처음부터 강하게 나온다. 협상이 교착되거나 실패할 경우를 두려워하지 않는 이런 자들에게는 조금씩 양보하는 것이 바람직하다. 강경은 곧 바로 파국으로 치닫게 된다. 후자의 경우에는 처음에는 겸손하게 나온다. 이 자들은 협상이 결렬되거나 교착상태에 빠질까봐 겁을 내고 있을 것이다. 강경하면 이득이 있다. 양보하거든 받고 받아들이지 못할 것이면 거절하라. 그러나 "절대로 안 돼"라는 표현은 사용해서는 안 된다. 상대편의 무장이 위협적이라고 해서 기죽을 필요는 없다. 기죽을 상황에서는 상황 그 자체도 협상의 대상이 될 수 있다.

(2) 유연성과 일관성

인질범의 심리상태는 긴장에서 흥분, 이완, 좌절 그리고 긴장으로 급선회하는 불규칙한 곡선을 그리는 것으로 알려져 있다. 협상자는 상대방의 심리변화를 파악하고 그에 따라 유연하게 대응할 수 있어야 하고 그 유연성이 어떤 원칙을 무시하거나 파기하는 것이어서는 안 된다. 예를 들어 알코올을 주지 않는다는 원칙을 포기해서는 안 된다. 이들의 심리적 반응을 파악하는 것은 심리전문가의 도움이 필요하다.

(3) 양보와 홍정

양보만 하는 것은 협상이 아니다. 협상은 홍정이다. 예를 들어 "노인과 어린이를 풀어주면 당신들의 동료 부상자를 치료해주겠다"라고 홍정할 수 있다. 때로는 상대방이 무리한 요구를 해올 수 있다. 이것은 그들이 바보이기 때문이 아니라 오히려 이쪽이 순진한 탓이기 때문일 수 있다. 저쪽도 작전이 있다는 뜻이다. 무리하다고 판단되면 그 요구를 여러 개로 나눌 수 있는지 검토해 본다. 그리고 하나씩 홍정해 볼 수 있다. 선의의 양보는 의외로 상대방의 반응을 강경하게 만들 수 있다. 항상 상대편이 홍정을 걸도록 유도하는 것이 좋다. 홍정이 깨지면 다른 쪽을 찾는다. 협상에서 홍정이란 "내가 이것에 응해주면 나는 저것에 응해주겠다"는 것이다.

제3절 항공기에 대한 폭발물 위협시 조치

1. 주기중인 항공기

주기중인 항공기에 폭발물 위협 또는 경고 발생 시, 해당 경고가 평가되면 항공사는 공항당국과 협의해 다음과 같은 조치를 취하여야 한다.

1) 항공기로부터 모든 승객과 승무원을 수하물과 함께 항공기 밖으로 하기시킨다.
   ※ 탈출 미끄럼대는 극도의 비상상황에서만 사용한다.
2) 항공기를 격리주기장과 같은 원거리 지역으로 이동시킨다.
3) 모든 승객의 휴대물품과 수하물 확인을 요구한 후 항공기에 탑재하기 전에 다시 검색하고 조사한다.
4) 모든 화물을 하역한 후 항공기에 탑재 전에 다시 검색 조사한다.
5) 기내용품을 하역하여 폭발물 은닉 여부를 확인한다.
6) 항공기 내·외부를 수색한다.

2. 운항중인 항공기

1) 운항중인 항공기에 대한 폭발물 위협시, 위협이 사실로 평가되면 항공사는 위협관련 상황, 해당 폭발물 대응방법에 대한 정보를 직접 또는 항공교통 관제소를 통해 기장과 연락을 취해야 한다.
2) 기장은 정보를 접수한 직후 승무원에게 비밀리에 항공기에 대한 수색을 하도록 지시하여야 하며 승객이 혼란을 일으키지 않도록 하여야 한다.
3) 폭발물 위협분석 결과 폭발물이 항공기에 탑재되어있지 않다는 결론이 내려져도 항공사나 기장이 신중을 기할 경우, 항공기가 바다위로 장기 운항하기 전에 회항 하여 안전한 곳에 착륙하여야 한다. 일단 항공기가 착륙하면 주기중인 항공기에 대한 폭발물 대응대책을 취하여야 한다.
4) 기장이 기내에 폭발물이 탑재되어 있다는 확신이 있을 경우 항공기 폭파로 지상에 미칠 영향, 특히 인구가 밀집된 지역에 미칠 잠재적 영향을 고려하여 아래에 기술된 조치가 취해져야 한다.
   (1) 항공기 비상상황을 항공교통 관제소에 통보되어야 하고 항공기가 안전하게 착륙할 수 있는 가장 가까운 민간 항공 또는 군용 비행장으로 회항되어져야 한다. 결정된 비행장으로 가는 항로에는 인구밀집지역이 포함되어서는 아니된다.
   (2) 항공기가 착륙하기 위해 인구밀집지역으로 접근, 착륙이 필요할 경우, 해당 공항의 비상절차에 따라 착륙이 허가되어야 한다. 다른 비행장으로 회항하기 위해 공중에서 오래 시간을 끌어서는 아니 된다.

(3) 즉각적인 착륙을 할 수 없을 경우, 항공관제소 또는 지상통신선을 차례로 제공할 수 있는 다른 지상국을 통하여 폭발물 전문가가 무선교신을 할 수 있도록 하여야 한다. 항공기와 ATS간의 통화시나 항공기내의 전화 또는 디지털 휴대전화 사용시 감시, 도청사항이 고려되어야 한다.

(4) 기장은 탑승객 중에 일반폭발물 또는 군용폭발물 처리 전문가가 있는지 확인하기 위해 조심스럽게 조사하는 것을 고려해야 한다. 다른 승객들의 불안감을 조성하지 않도록 기술들의 첫 자(이니셜)만을 사용하여야 한다. 승객이 보유하고 있다는 기술에 대한 배경, 이전 경험 관련 사항을 ATS 또는 항공기와 교신하는 지상국을 통해 확인하여야 한다.

5) 항공기 내에서 수상한 폭발물이 추가로 발견되었다면 기장은 즉시 다음과 같이 조치하여야 한다.

(1) 의심스러운 물체는 이동하거나 건드리거나 개봉되어서는 아니 된다.

(2) 승객들은 폭발물에서 가능한 한 멀리 이동하여 안전벨트를 매고 좌석 등 상단 아래로 머리를 숙이도록 한다.

(3) 이동용 산소, 알코올병 그리고 응급 구조함 등은 주변에서 제거한다. 소화기(消火器)는 즉각 사용 가능하도록 한다.

6) 착륙을 할 수 있을 경우, 의심물품 있는 곳을 폴리에틸렌으로 덮어서 배개, 담요, 코트 또는 다른 폭파 흡수 물품들로 주위를 덮어 두어야 한다. 이때 의심물품 자체는 건조한 상태를 유지해야 하며 주변물품들은 화재의 위험을 줄이기 위해 물에 젖은 상태로 있어야 한다.

7) 착륙할 수 없을 경우, 기장은 폭발물 전문가로부터 조언을 구해야 하며, 특히 해당 물품의 위치가 항공기에 실제적인 위협을 야기시킬 경우 이동을 고려해야 한다. 항공기 비행교범을 참조하여 최소 폭발물피해 위치를 확인할 수 있다. 만약 최소 폭발물 피해 위치가 문이라면, 폭탄이 놓여질 곳에 휴대물품 같은 폭발 영향 감소 물품으로 단단한 고정대를 만들어 문 중앙에 설치한다.

8) 일반적으로 항공기에 설치된 폭발물은 이동이나 조작에 연동되어 폭발되는 장치가 설치되지 않는다. 그러나 수상한 폭발물을 이동시켜야 할 경우 아래와 같은 조치를 취해야 한다.

(1) 의심스러운 물체는 개봉되어서는 아니 된다.

(2) 이동을 하여도 이상이 없는 지를 확인하기 위하여 점검을 하여야 한다. 예를 들어 항공기 구조물과 의심스러운 물체와 연결한 선과 연동되어 이동시 폭발되는 장치가 설치되었는지 여부를 확인하여야 한다.

(3) 처음 발견된 것과 같은 위치로 조심스럽게 이동해야 한다.

(4) 준비된 최소 폭발물 피해위치에 이전의 모양과 같은 위치로 놓고 주변을 폭발영향 감소물품

으로 포장하고 비행이나 감속 또는 착륙중의 움직임으로부터 영향을 받지 않도록 묶는다. 특히 주의할 사항은 의심스러운 물체의 전자회로를 끊거나 자르는 행동 등을 시도하여서는 아니 된다. 그리고 일반적으로 수상한 꾸러미나 물품을 비행 중인 항공기, 특히 측면 문, 비상구, 승강구를 통하여 밖으로 던져서는 아니 된다. 이렇게 던져질 경우 해당 수상한 물체가 공기흐름에 의해 심하게 요동치며 비행기 동체나 엔진 가까운 곳에서 폭발을 야기시켜, 항공기 조정 통제력을 상실하게 되고 항공기가 파괴될 수 있다는 시험결과가 나왔다.

9) 의심스러운 물체가 발견되지 않고 즉각적인 착륙이 불가능할 경우 기장은 다음사항을 고려해야 한다.

(1) 폭발물 위협 접수, 분석결과 적색(red)으로 평가되었더라도 항공기는 긴급비상 착륙의 필요성과 불필요하게 서둘러서 발생할 수 있는 위험성을 잘 통제하며 가능한 한 정상으로 비행하여야 한다.

(2) 비상상황이 선포되고 항공기가 인근의 적절한 공항으로 회항해야 한다. 공항의 선택은 착륙시 필요한 요건, 접근보조 장치, 비상대응 시설 및 진입 항로부근에 인구 밀집 여부 등을 고려하여 결정하여야 한다.

(3) 착륙 예정 공항에서 필요한 지상조치를 취할 수 있도록 항공관제소는 해당 항공편에 대한 충분한 정보를 획보하여야 힌디.

(4) 객실 승무원에게 발생 가능한 비상착륙에 대응하고 승무원용산소마스크, 방독면의 사용에 대비하기 위해 통보하여야 한다.

(5) 조작 가능할 경우 항공기를 객실압력 고도까지 낮추어 객실압력 차이를 0으로 줄여야 한다. 객실고도를 올리지 말고 하강 최고점까지 객실고도를 유지하여야 한다. 최저 안전고도와 항속거리가 허용하는 범위에서 항공기를 10,000피트이하로 하강시킨다.

(6) 항공기 이동을 최소화하기 위해 빠르게 비행할 것인지 공기저항과 동체파열의 피해를 최소화하기 위해 저속으로 비행할 것인지 양자 중 한 가지 선택할 때 신중한 고려가 있어야 한다. 대부분의 경우 휘몰아치는 공기를 통과하는 속도는 적당하게 줄일 수 있다.

(7) 가능한 신속히 항공기 착륙 배치에 대한 고려를 하여야 한다.

(8) 원격주기장 세부요건과 승객용 계단(차)의 즉각적인 이용 가능여부를 착륙 비행장에 요청하여야 한다. 착륙 후 가능한 신속하게 바람이 불어오는 반대 방향으로 항공기 주위 최소 200m 밖으로 여객들을 이동시킬 필요가 있다는 사실을 해당 공항에 알려줘야 한다.

10) 폭발물위협 접수, 분석결과 적색(red)또는 호박색(amber)으로 평가된 착륙항공기의 승객과 승무원은 지체없이(상황이 허락한다면 그들의 휴대물품과 함께) 하기할 수 있도록 준비되어야 한다. 인명을 보호하고 부상을 예방하기 위한 필요한 비상대응 업무가 제공되어야 하고 항공기 폭발시 대비하여 사람이나 건물에 해를 끼치지 않는 장소에 주기되도록 하여야 한다. 주기 항공기에 대한 폭발물 위협시 대응 조치를 취해야 한다.

3. 폭발물 위협 분석

1) 실제 폭발물이나 폭파 위협이 있을 때, 분석을 하여 적극적인 조치를 취하기 위하여 그리고 위협이 거짓인 경우에는 운영에 최소한의 영향을 미치도록 하기 위하여 폭발물 위협평가를 위한 체계적인 절차가 필요하다.
2) 폭발물위협평가 절차는 PTI(적극적 목표확인)기법을 사용하는 방법은 폭발물 평가자에게 논리적인 결론을 도출하도록 위협을 명확한 위협, 불명확한 위협, 허위 위협 등으로 분류하였다.
3) PTI 절차는 위협의 진위여부를 결정하기 위하여 위협 속에 포함된 정보의 구체성을 사용하는 것이다. 위협자(대부분 익명의 전화위협이며, 우편위협은 거의 없다.)가 제공하는 구체적인 정보가 많을수록, 위협의 심각성은 증가한다. 각각의 위협을 평가하여 위협의 진위여부를 결정하고 위협이 나타내고 있는 위험성을 결정하여 적절한 조치를 취해야 한다.
4) 우발계획에 포함 사항은 폭발물위협 접수자에 대한 침착하고 절제된 대응, PTI 기법을 사용하는 폭발물 전담 및 지정요원에 의한 위협과 위협평가, 평가된 위협에 적합하게 취하여야 할 조치 조정, 폭발물위협 담당자의 보호, 후속 조치 등으로 지속적인 훈련을 실시하여 계획을 발전시켜 나가야 한다.

제4절 국가 우발계획

1. 항공보안 우발사태 경보등급

국가항공보안 우발계획 〈제1차 개정, ' 05.2.1〉 (National Civil Aviation Contingency Plan)

항공보안 우발사태 경보등급 - 항공보안 상황에 따라 5단계로 구분한다.

등급	내용
평시(Green)	불법행위 위협이 낮은 단계로 일상적인 기본 보안 예방 조치만으로 충분한 상황
관심(Blue)	불법행위 징후가 있으나, 활동수준 낮으며, 단기내 불법행위로 발전 가능성 낮은 상태
주의(Yellow)	불법행위 징후가 비교적 활발, 불법행위로 발전할 수 있는 일정 수준의 경향 상태
경계(Orange)	불법행위 활동이 매우 활발하고 발전속도높아, 불법행위로 발전 가능성 농후 상태
심각(Red)	불법행위 활동이 매우 활발하고 전개속도, 경향성 심각수준, 불법행위발생 확실 상태

2. 경보 단계별 발령 사례

1) 관심 (Blue) 경보 발령 사례

(1) 민간항공에 대한 불법행위 가능성이 평시보다 높다고 판단될 때

(2) 항공기, 공항시설 등의 민간항공에 대한 불확실한 위협 정보 접수시

(3) 전쟁, 지역간 분쟁 등으로 테러행위가 예상될 때

(4) 시민 소요 등이 공항 부근에서 진행되는 경우 등

2) 주의 (Yellow) 경보 발령 사례

(1) 공항, 항공사 또는 승객에 대한 위협 정보가 있는 경우 국내의 적대적인 요소를 자극함으로써, 시위를 유발하는 경우

(2) 국가의 상징물을 공격하는 정도의 정치적 긴장상태, 또는 민간항공에 영향을 줄 수 있는 시민 소요의 가능성이 있을 경우

(3) 민간항공을 공격할 것으로 알려진 테러집단의 구성원이 국내에 입국하였다는 정보가 입수된 경우

(4) 항공기 납치 및 폭파위협 정보가 있거나 특정지역의 정치, 사회 정세가 다소 불안함으로서 항공기의 안전 운항에 어느 정도 위험이 있다고 판단되어 이에 대한 대책이 필요한 경우

(5) 국빈 방문 등 VIP 행사, 올림픽과 같은 국가행사 등 기타 테러행위에 대비한 엄격한 규제가 필요할 때 등

3) 경계 (Orange) 경보 발령 사례

(1) 테러에 대한 비교적 신빙성 있는 정보가 접수되어 대책이 필요한 경우

(2) 국제 테러리스트 조직이 우리나라의 민간항공을 공격할 것이라는 계획이 믿을 만한 정보기관 등에 의해 확인된 경우

(3) 국제공항 운영에 관해 잘 알고 있는 사람이 관련된 노사분쟁 또는 학생소요가 진행중이며 이에 따른 위협이 가해진 경우

(4) 국제전쟁 등이 발생하여 민간항공에 심각한 경우

(5) 기타 민간항공의 안전에 영향을 미치는 중요 사태 발생시 등

4) 심각 (Red) 경보 발령 사례

(1) 민간항공에 대한 불법행위가 발생하였거나, 발생이 임박한 경우

(2) 국빈이나 VIP등 방문객의 우리나라 방문시 그들에 대한 테러가능성이 높을 때

(3) 항공기 테러에 대한 구체적이고 신빙성 있는 정보가 접수되어 대책이 필요한 경우

(4) 항공사, 항공기, 공항시설에 대한 위협이 확실한 경우 등

Aviation Security

제8장

부록 I

제1절

국제민간항공협약 부속서 17

(한 · 영 혼용)

제2절

1.2 항공안전및보안에관한법률

(한 · 영 혼용)

제3절

1.3 항공안전및보안에관한법률시행령

(한 · 영 혼용)

제4절

1.4 항공안전및보안에관한법률시행규칙

(한 · 영 혼용)

제1절 국제민간항공협약 부속서 17 항공보안

ANNEX 17(영문)

CHAPTER 1. DEFINITIONS

Airside. The movement area of an airport, adjacent terrain and buildings or portions thereof, access to which is controlled.

Aircraft Security Check. An inspection of the interior of an aircraft to which passengers may have had access and an inspection of the hold for the purposes of discovering suspicious objects, weapons, explosives or other dangerous devices.

Background Check. A check of a person's identity and previous experience, including any criminal history, where appropriate, as part of the assessment of an individual suitability for unescorted access to a security restricted area.

Cargo. Any property carried on an aircraft other than mail, stores and accompanied or mishandled baggage.

Human Factors Principles. Principles which apply to design, certification, training, operations and maintenance and which seek safe interface between the human and other system components by proper consideration to human performance.

Human Performance. Human capabilities and limitations which have an impact on the safety, security and efficiency of aeronautical operations.

Regulated Agent. An agent, freight forwarder or any other entity who conducts business with an operator and provides security controls that are accepted or required by the appropriate authority in respect of cargo, courier and express parcels or mail.

Screening. The application of technical or other

부속서 17(번역문)

제1장 정의

에어사이드 : 공항의 이동지역, 인접된 지형 및 건물 또는 그 일부로서 일반인의 출입이 통제되어 있는 지역

항공기 보안점검 : 수상한 물품, 무기, 폭발물 및 기타 위험한 물품을 발견하기 위하여 승객이 접근할 수 있는 항공기 내부 및 화물칸 점검하는 것

신원조회 : 보안제한구역으로 인솔없이 출입하는데 적절성 여부를 확인하기 위하여 범죄전과를 포함한 개인의 신원 및 이전 경력 체크하는 것

화물 : 우편물, 기내정장품, 동반수하물, 오처리 수하물이외에 항공기로 운송되는 모든 물품

인적요소원칙 : 인적수행능력을 고려하여 인간과 기타 시스템 요소간의 상호 연계를 위하여 장비설계, 인원 인증, 인원교육 및 운영에 적용되는 원칙

인적 수행능력 : 항행 운영의 안전성, 보안성 및 효율성에 영향을 미칠 수 있는 인적 능력 및 제한사항

상용화주 : 공항운영자와 업무를 하고 관련 당국으로 인가받아 화물, 우송물, 특급소포 및 우편물 등에 대하여 보안통제를 실시하는 대리인, 화물업자 및 기타 관련 조직

검색 : 불법행위에 사용될지 모르는 무기, 폭발물 또는 다

ANNEX 17(영문)	부속서 17(번역문)
means which are intended to identify and/or detect weapons, explosives or other dangerous devices which may be used to commit an act of unlawful interference.	른 위험한 장치를 찾아내기 위한 기술 및 다른 수단의 적용
● Note. Certain dangerous articles or substances are classified as dangerous goods by Annex 18 and the associated Technical Instructions for the Safe Transport of Dangerous Goods by Air (Doc 9284) and must be transported in accordance with those instructions.	● (주) 특정한 위험물체 또는 위험물질은 부속서 18 및 위험물품 운송지침(DOC9284)에 의거 위험물품으로 분류되며 해당 규정에 따라 운송되어야 한다.
Security. A combination of measures and human and material resources intended to safeguard civil aviation against acts of unlawful interference.	**보안** : 불법적인 방해행위로부터 민간항공을 보호하기 위한 대책 및 인적 물적 결합
Security Control. A means by which the introduction of weapons, explosives or other dangerous devices which may be utilized to commit an act of unlawful interference can be prevented.	**보안통제** : 불법적인 방해행위에 사용되어질 수 있는 무기, 폭발물, 기타 위험물품의 반입을 방지하는 수단
Security Restricted Area. Airside areas of an airport into which access is controlled to ensure security of civil aviation. Such areas will normally include, inter alia, all passenger departure areas between the screening checkpoint and the aircraft, the ramp, baggage make-up areas, cargo sheds, mail centres, airside catering and aircraft cleaning premises.	**보안제한지역** : 민간항공보안을 위하여 접근이 통제되는 공항내 에어사이드 지역. 이러한 지역은 일반적으로 검색대와 항공기 사이의 모든 승객출발지역, 계류장, 수하물 일치지역, 화물 창고, 우편물지역, 에어사이드 기내식 시설 및 항공기 세척 지역등이다.
Unidentified Baggage. Baggage at an airport, with or without a baggage tag, which is not picked up by or identified with a passenger.	**미확인 수하물** : 승객이 수취하지 않거나 승객이 확인되지 않는 수하물 꼬리표가 부착되거나 부착되지 아니하고 공항내 방치된 수하물
CHAPTER 2. **GENERAL PRINCIPLES**	제2장 **일반원칙**
2.1 Objectives	2.1 목표
2.1.1 Each Contracting State shall have as its	2.1.1 각 체약국은 불법방해행위로부터 승객, 승무원, 지

ANNEX 17(영문)

primary objective the safety of passengers, crew, ground personnel and the general public in all matters related to safeguarding against acts of unlawful interference with civil aviation.

2.1.2 Each Contracting State shall establish an organization and develop and implement regulations, practices and procedures to safeguard civil aviation against acts of unlawful interference taking into account the safety, regularity and efficiency of flights.

2.1.3 Each Contracting State shall ensure that principles governing measures designed to safeguard against acts of unlawful interference with international civil aviation are applied to domestic operations to the extent practicable.

2.1.4 Recommendation. Each Contracting State should ensure appropriate protection of aviation security information.

- Note 1. Guidance material on achieving civil aviation security objectives through application of the Standards and Recommended Practices in the following chapters is to be found in the Security Manual for Safeguarding Civil Aviation Against Acts of Unlawful Interference (Doc 8973 Restricted).
- Note 2. The comprehensive aviation security training material to assist States in achieving civil aviation security objectives is contained in the ICAO Training Programme for Aviation Security comprising a series of Aviation Security Training Packages (ASTPs).

2.2 Security and facilitation

2.2.1 Recommendation. Each Contracting State should whenever possible arrange for the security controls and procedures to cause a minimum of

부속서 17(번역문)

상운영요원 및 일반대중의 안전이 민간항공의 보호와 관련된 모든 문제에 있어서 주목적이 되도록 하여야 한다.

2.1.2 각 체약국은 항공기 운항 안전성, 정시성 및 효율성을 고려하여 불법행위로부터 민간항공을 보호하기 위한 규정, 관례, 절차를 계발하고 시행할 조직을 설립하여야 한다.

2.1.3 각 체약국은 국제민간항공에 대한 불법행위를 방지하기 위하여 수립된 원칙이 가능한 범위내에서 국내민간항공에도 적용되도록 하여야 한다.

2.1.4 권고안 - 각 체약국은 항공보안 정보에 대한 적절한 보호가 되도록 하여야 한다.

- (주1) 아래 장에 기술된 표준지침 및 권고안을 적용하여 민간항공보안 목표를 달성하기 위한 자료는 보안지침서(DOC8973)를 참고한다.
- (주2) 민간항공보안 목적을 달성하기 위하여 각 체약국을 지원할 종합 민간항공 교육훈련 자료는 ICOA 항공보안 교육훈련 프로그램(항공보안 교육훈련 패키지 ASTP)에 포함되어져 있다.

2.2 보안과 간소화

2.2.1 권고안 - 각 체약국은 가능한 시점에서 보안통제의 효율성을 저해하지 않는 범위내에서 국제민간항공의 활동의 장애와 방해를 최소화 할 수 있는 보안통제 방법과 절차

ANNEX 17(영문)	부속서 17(번역문)
interference with, or delay to the activities of civil aviation provided the effectiveness of these controls and procedures is not compromised.	를 마련해야 한다.
2.3 International cooperation	**2.3 국제협력**
2.3.1 Each Contracting State shall ensure that requests from other States for special security controls in respect of a specific flight or specified flights by operators of such other States are met, as far as may be practicable.	2.3.1 각 체약국은 타국가에서 운항하는 항공기들 또는 특정항공기에 관한 특별보안통제 요구시 그 요청에 실질적으로 충족할 수 있도록 하여야 한다.
2.3.2 Each Contracting State shall cooperate with other States in relation to their respective national civil aviation security programmes as necessary.	2.3.2 각 체약국은 각각의 국가민간항공 보안계획 관련하여 필요에 따라 타체약국과 협력하여야 한다.
2.3.3 Each Contracting State shall cooperate with other States in the development and exchange of information concerning training programmes, as necessary.	2.3.3 각 체약국은 교육훈련 프로그램에 관한 정보 및 개발에 관하여 필요시 상호 협력해야 한다.
2.3.4 Each Contracting State shall share with other Contracting States threat information that applies to the aviation security interests of those States, to the extent practicable.	2.3.4 각 체약국은 타 체약국과 관련된 위협정보가 있을시 가능한 범위내에서 해당 정보를 공유하여야 한다.
2.3.5 Each Contracting State shall provide suitable protection and handling procedures for sensitive security information shared by other Contracting States, or sensitive security information that affects the security interests of other Contracting States, in order to ensure that inappropriate use or disclosure of such information is avoided.	2.3.5 각 체약국은 부적절한 사용과 누설을 방지하기 위하여 타체약국과 공유하는 민감한 정보와 타체약국의 보안에 영향을 미치는 민감한 정보접수시 이에 대한 적절한 취급절차 및 보호절차를 수립하여야 한다.
2.3.6 Recommendation. Each Contracting State should cooperate with other States in the field of research and development of new security equipment which will better achieve civil aviation security objectives.	2.3.6 권고안 - 각 체약국은 민간항공 보안 목적에 더 적합한 신형 장비 연구 및 개발부분에 대해 상호 협력해야 한다.

ANNEX 17(영문)

2.3.7 Recommendation. Each Contracting State should include in its bilateral agreements on air transport a clause related to aviation security.

2.3.8 Recommendation. Each Contracting State should make available to other States on request a written version of the appropriate parts of its national civil aviation security programme.

2.4 Equipment, research and development

2.4.1 Recommendation. Each Contracting State should promote research and development of new security equipment which will better achieve civil aviation security objectives.

2.4.2 Recommendation. Each Contracting State should ensure that the development of new security equipment takes into consideration Human Factors principles.

- Note. Guidance material regarding Human Factors principles can be found in the Human Factors Digest Human Factors in Civil Aviation Security Operations* and in Part 1, Chapter 4 of the Human Factors Training Manual (Doc 9683).

*In preparation.

CHAPTER 3. ORGANIZATION

3.1 National organization and appropriate authority

3.1.1 Each Contracting State shall establish and implement a written national civil aviation security programme to safeguard civil aviation operations against acts of unlawful interference, through

부속서 17(번역문)

2.3.7 권고안 - 각 체약국은 항공운송에 관한 상호조약에 항공보안에 관련된 조항을 포함하여야 한다.

2.3.8 권고안 - 각 체약국은 국가민간항공 보안프로그램에 관하여 타국가에서 필요부분 요청시 제공해야 한다.

2.4 장비 연구개발

2.4.1 권고안 - 각 체약국은 국제민간항공보안목적 성취에 더 적합한 새로운 보안장비 연구 개발을 장려해야 한다.

2.4.2 권고안 - 각 체약국은 신 보안장비 개발시 인적요소 원칙을 고려하여야 한다.

- (주) 인적요소원칙에 관한 지침자료는 민간항공보안 운영 인적요소 지침서 및 인적요소 교육훈련 지침서(DOC9683)에 명시되어져 있다.

제3장 조직

3.1 국가조직

3.1.1 각 체약국은 항공기 안전성, 정시성 및 효율성을 고려한 규정, 관례, 절차를 통하여 불법행위로부터 민간항공을 보호하기 위한 문서로 된 국가항공보안프로그램을 수립, 시행하여야 한다.

ANNEX 17(영문)	부속서 17(번역문)
regulations, practices and procedures which take into account the safety, regularity and efficiency of flights.	
3.1.2 Each Contracting State shall designate and specify to ICAO an appropriate authority within its administration to be responsible for the development, implementation and maintenance of the national civil aviation security programme.	3.1.2 각 체약국은 자국 국가민간항공 보안계획의 수립, 시행, 유지할 책임이 있는 적정기관을 지정하여 ICAO에 통보하여야 한다.
3.1.3 Each Contracting State shall establish an organization and develop and implement regulations, practices and procedures, which together provide the security necessary for the operation of aircraft in normal operating conditions and capable of responding rapidly to meet any increased security threat.	3.1.3 각체약국은 항공기 일반운항상황 및 모든 증가된 보안위협에도 신속히 대처할 수 있도록 규정, 관례, 절차를 수립하고 시행할 조직을 설립하여야 한다.
3.1.4 Each Contracting State shall keep under constant review the level of threat to civil aviation operations within its territory and adjust relevant elements of its national civil aviation security programme accordingly.	3.1.4 각 체약국은 자국영토내의 위협수준을 지속적으로 검토하여 이에 따라 국가민간항공 보안프로그램의 관련 요소를 수정하여야 한다.
3.1.5 Each Contracting State shall require the appropriate authority to define and allocate tasks and coordinate activities between the departments, agencies and other organizations of the State, airport and aircraft operators and other entities concerned with or responsible for the implementation of various aspects of the national civil aviation security programme.	3.1.5 각 체약국은 국가민간항공보안 프로그램의 여러 다양한 요소를 수행하는 책임기관과 관련 기관, 조직간의 업무를 정의, 할당, 조정할 기관을 지정하여야 한다.
3.1.6 Each Contracting State shall establish a national aviation security committee or similar arrangements for the purpose of coordinating security activities between the departments, agencies and other organizations of the State, airport and aircraft operators and other entities concerned with or responsible for the implementation of various aspects of the national civil aviation security programme.	3.1.6 각 체약국은 국가항공보안 프로그램 수행의 책임이 있거나 관련된 여러 부서 및 공항운영자, 항공사 기타 조직간의 보안 업무를 조정하기 위한 국가항공보안 위원회 또는 이와 유사한 조직을 설립하여야 한다.

ANNEX 17(영문)	부속서 17(번역문)
3.1.7 Each Contracting State shall require the appropriate authority to ensure the development and implementation of training programmes to ensure the effectiveness of its national civil aviation security programme. These training programmes shall include training of civil aviation security personnel in human performance.	3.1.7 각 체약국은 해당 책임기관이 국내민간항공 보안계획을 효과적으로 수행하기 위한 교육훈련프로그램을 개발하고 시행하도록 하여야 한다. 이러한 교육훈련 프로그램에 민간항공보안 요원의 인적수행능력에 대한 사항을 포함하여야 한다.
• Note. Guidance material on training in human performance can be found in the Security Manual for Safeguarding Civil Aviation Against Acts of Unlawful Interference (Doc 8973 Restricted); the Human Factors Digest Human Factors in Civil Aviation Security Operations*; and in Part 2, Chapter 1 of the Human Factors Training Manual (Doc 9683).	• (주) 인적수행능력 관련 지침자료는 불법방해행위에 대한 민간항공보호관련 보안지침서(DOC8973-대외비), 민간항공보안운영시 인적요소에 대한 지침서, 인적요소 교육훈련 지침서(DOC 9683)에 수록되어져 있다.
3.1.8 Each Contracting State shall ensure that the appropriate authority arranges for the supporting resources and facilities required by the aviation security services to be available at each airport serving international civil aviation.	3.1.8 각 체약국은 국제민간항공서비스를 제공하는 공항에 해당책임 기관으로 하여금 공항 보안 업무수행 조직에 필요한 자원 및 시설을 설치, 확보하도록 하여야 한다.
3.1.9 Recommendation. Each Contracting State should make available to its airport and aircraft operators operating in its territory and other entities concerned, a written version of the appropriate parts of its national civil aviation security programme.	3.1.9 권고안 - 각 체약국은 서면으로 된 국가항공보안 프로그램의 관련부분을 자국영토내에서 운영하는 모든 공항 운영자 및 항공사들이 열람이 가능하도록 하여야 한다.
3.2 Airport operations	**3.2 공항운영**
3.2.1 Each Contracting State shall require each airport serving international civil aviation to establish and implement a written airport security programme appropriate to meet the requirements of the national aviation security programme.	3.2.1 각 체약국은 국제 항공업무를 수행하는 공항이 국가항공보안 프로그램의 요건을 충족시키는 서면으로 된 공항보안 프로그램을 수립, 시행하도록 하여야 한다.
3.2.2 Each Contracting State shall arrange for an authority at each airport serving international civil aviation to be responsible for coordinating the	3.2.2 각 체약국은 국제민간항공 서비스를 제공하는 각 공항에 보안통제 관련 업무를 조정 책임기관을 지정하도록 해야 한다.

ANNEX 17(영문)	부속서 17(번역문)
implementation of security controls.	
3.2.3 Each Contracting State shall arrange for the establishment of an airport security committee at each airport serving international civil aviation to assist the authority mentioned under 3.2.2 in its role of coordinating the implementation of security controls and procedures as specified in the airport security programme.	3.2.3 각 체약국은 국제민간항공 서비스를 제공하는 공항에 공항보안 프로그램에 명시된 보안 통제 및 절차 수행의 조정역할을 수행하는 3.2.2하에 명시한 해당 기관을 지원할 공항보안위원회를 설립하도록 해야 한다.
3.2.4 Each Contracting State shall ensure that contingency plans are developed and resources made available to safeguard civil aviation, against acts of unlawful interference. The contingency plans shall be practised and exercised on a regular basis.	3.2.4 각 체약국은 불법행위에 대하여 공항 및 지상시설을 보호할 수 있는 우발계획을 수립하고 이에 필요한 자원을 확보하도록 해야 한다. 이러한 우발계획은 정기적으로 훈련되고 연습되어야 한다.
3.2.5 Each Contracting State shall ensure that authorized and suitably trained personnel are readily available for deployment at its airports serving international civil aviation to assist in dealing with suspected, or actual, cases of unlawful interference with civil aviation.	3.2.5 각 체약국은 국제민간항공 서비스를 제공하는 공항이 국제 민간항공 서비스 제공에 방해되는 수상한 사람, 범죄자, 기타 불법적인 방해에 대하여 적절히 대처하도록 공인되고 충분히 훈련된 보안 요원을 확보하도록 해야 한다.
3.2.6 Each Contracting State shall ensure that the architectural and infrastructure-related requirements necessary for the optimum implementation of civil aviation security measures are integrated into the design and construction of new facilities and alterations to existing facilities at airports. *In preparation.	3.2.6 각 체약국은 최적의 민간항공 보안대책을 실행하기 위해 필요한 건축요건 및 기반시설 관련 요건이 공항 기존 시설 변경 및 새로운 시설 설계 및 건설시 반영토록 하여야 한다.
3.3 Aircraft operators	**3.3 항공사**
3.3.1 Each Contracting State shall require operators providing service from that State to establish and implement a written operator security programme appropriate to meet the requirements of the national civil aviation security programme of that State.	3.3.1 각 체약국은 자국으로부터 운항업무를 제공하는 항공사가 자국의 국가민간항공 보안계획의 요건을 충족하는 서면으로 된 항공사 보안계획을 수립, 시행하도록 하여야 한다.
3.3.2 Recommendation. Each Contracting State	3.3.2 권고안 - 각 체약국은 항공사 보안 프로그램의 기본

ANNEX 17(영문)	부속서 17(번역문)
should take into account the ICAO model as a basis for operators°°security programmes.	으로ICAO 지정모델을 고려하여야 한다.
3.3.3 Recommendation. Each Contracting State should require operators providing service from that State and participating in code-sharing or other collaborative arrangements with other international operators to notify the appropriate authority of the nature of these arrangements, including the identity of the other operators.	3.3.3 권고안 - 각 체약국은 자국에서 운항업무를 수행하는 항공사가 타 국제항공사와 좌석공유 또는 기타 협력업무를 수행을 할 경우 해당기관에 해당 항공사의 소속을 포함한 이러한 협정 사항을 통보하도록 하여야 한다.
3.4 Quality control	**3.4 품질관리**
3.4.1 Each Contracting State shall ensure that the persons implementing security controls are subject to background checks and selection procedures.	3.4.1 각 체약국은 보안통제 업무에 종사하는 요원에 대하여 신원조회를 실시하여야 하며 선정절차에 맞게 선정되도록 하여야 한다.
3.4.2 Each Contracting State shall ensure that the persons implementing security controls are appropriately trained and possess all competencies required to perform their duties and that appropriate records are maintained. Relevant standards of performance shall be established and initial and periodic assessments shall be introduced to maintain those standards.	3.4.2 각 체약국은 보안통제를 수행하는 자가 적절한 교육을 받도록 하여야 하며 업무수행에 필요한 적절한 능력을 갖도록 하여야 하며 적절한 기록이 유지되도록 하여야 한다. 관련 수행 표준지침이 수립되고 이러한 수준을 지속적으로 유지하기 위하여 초기 및 정기적인 평가가 실시되도록 하여야 한다.
3.4.3 Each Contracting State shall ensure that the persons carrying out screening operations are certified according to the requirements of the national civil aviation security programme.	3.4.3 각 체약국은 검색업무를 수행하는 자가 국가항공보안 프로그램 요건에 따라 인가증이 발급되도록 하여야 한다.
3.4.4 Each Contracting State shall require the appropriate authority to ensure the development, implementation and maintenance of a national civil aviation security quality control programme to ensure the effectiveness of its national civil aviation security programme.	3.4.4 각 체약국은 관련 책임기관이 국가항공보안프로그램의 효율성을 위하여 국가항공보안 품질관리프로그램을 수립, 실시, 유지하도록 하여야 한다.
3.4.5 Each Contracting State shall arrange for surveys to identify security needs, arrange for	3.4.5 각 체약국은 보안요건을 파악하기 위한 현장 조사를 수행하여야 하며 보안 통제 실시에 대한 점검을 실시하며

ANNEX 17(영문)

inspections of the implementation of security controls and arrange tests of security controls to assess their effectiveness.

3.4.6 Each Contracting State concerned with an act of unlawful interference shall require its appropriate authority to re-evaluate security controls and procedures and take action necessary to remedy weaknesses so as to prevent recurrence. These actions shall be notified to ICAO.

3.4.7 Recommendation. Each Contracting State should require that the effectiveness of individual aviation security measures be assessed by considering their role in the overall system performance of aviation security systems.

CHAPTER 4. PREVENTIVE SECURITY MEASURES

4.1 Objective

4.1.1 Each Contracting State shall establish measures to prevent weapons, explosives or any other dangerous devices which may be used to commit an act of unlawful interference, the carriage or bearing of which is not authorized, from being introduced, by any means whatsoever, on board an aircraft engaged in international civil aviation.

4.2 Measures relating to aircraft

4.2.1 Each Contracting State shall ensure that aircraft security checks of originating aircraft assigned to international flights are performed.
4.2.2 Each Contracting State shall require measures

부속서 17(번역문)

보안통제의 효율성을 평가하기 위한 테스트를 실시하여야 한다.

3.4.6 불법방해행위와 관련된 각 체약국은 관련 책임이 보안통제 및 절차에 대하여 재평가 하여 이러한 사건의 재발 방지를 위하여 필요한 조치를 취하도록 하여야 한다. 이러한 대응조치는 ICAO에 통보되어야 한다.

3.4.7 권고안 - 각 체약국은 전체 항공보안 체계 수행에 있어서 각 항공보안 역할을 고려하여 개별 항공보안 관련대책의 효율성이 점검되도록 하여야 한다.

제4장 사전 보안 대책

4.1 목표

4.1.1 각 체약국은 국제 운항 항공기에 어떠한 방법으로 불법방해행위를 하기 위한 목적으로 불법무기, 폭발물 또는 다른 위험한 장치들의 반입을 금지하는 보안대책을 수립해야 한다.

4.2 항공기 관련 대책

4.2.1 각 체약국은 국제항공업무를 수행하는 출발항공기에 대해 보안검사를 실시하도록 하여야 한다.

4.2.2 각 체약국은 위협증가상황시 공항의 환승지점에서

ANNEX 17(영문)

to be taken in respect of flights under an increased threat to ensure that disembarking passengers do not leave items on board the aircraft at transit stops on its airports.

4.2.3 Each Contracting State shall require its operators to take adequate measures to ensure that during flight unauthorized persons are prevented from entering the flight crew compartment.

4.3 Measures relating to passengers and their cabin baggage

4.3.1 Each Contracting State shall establish measures to ensure that originating passengers and their cabin baggage are screened prior to boarding an aircraft engaged in international civil aviation operations.

4.3.2 Each Contracting State shall ensure that transfer and transit passengers and their cabin baggage are subjected to adequate security controls to prevent unauthorized articles from being taken on board aircraft engaged in international civil aviation operations.

4.3.3 Each Contracting State shall ensure that there is no possibility of mixing or contact between passengers subjected to security control and other persons not subjected to such control after the security screening points at airports serving international civil aviation have been passed; if mixing or contact does take place, the passengers concerned and their cabin baggage shall be re-screened before boarding an aircraft.

부속서 17(번역문)

도착승객이 기내에 어떠한 물품도 놓아두지 않도록하는 대책을 수립하여야 한다.

4.2.3 각 체약국은 항공사가 운항중 항공기 조종실로 비인가자가 진입하지 않도록 적절한 보안 대책을 취하도록 하여야 한다.

4.3 승객 및 휴대수하물 관련 대책

4.3.1 각 체약국은 국제항공운송업무를 수행하는 항공기로 탑승, 탑재하는 출발 승객 및 승객 휴대수하물이 탑승전 보안검색을 받도록 하여야 한다.

4.3.2 각 체약국은 국제운항을 하는 항공기에 환승 및 통과승객 및 휴대수화물을 통하여 불법물품이 반입되는 것을 통제하는 적절한 조치를 취해야 한다.

4.3.3 각 체약국은 국제민간항공에서의 보안검색지점을 통과한 후 보안검색을 받은 승객과 받지 않은 승객간에 혼합이나 접촉의 가능성이 없도록 하고 혼합이나 접촉이 발생할 경우는 관련된 승객 및 그들이 휴대하고 있는 수하물을 탑승하기 전에 재검색 하도록 하여야 한다.

ANNEX 17(영문)

부속서 17(번역문)

4.4 Measures relating to hold baggage

4.4.1 Each Contracting State shall establish measures to ensure that hold baggage is subjected to appropriate security controls prior to being loaded into an aircraft engaged in international civil aviation operations.

4.4.2 Each Contracting State shall establish measures to ensure that hold baggage intended for carriage on passenger flights is protected from unauthorized interference from the point it is checked in, whether at an airport or elsewhere, until it is placed on board an aircraft.

4.4.3 Each Contracting State shall establish measures to ensure that operators when providing service from that State do not transport the baggage of passengers who are not on board the aircraft unless that baggage is subjected to appropriate security controls which may include screening.

4.4.4 Each Contracting State shall require the establishment of secure storage areas at airports serving international civil aviation, where mishandled baggage may be held until forwarded, claimed or disposed of in accordance with local laws.

4.4.5 Each Contracting State shall establish measures to ensure that consignments checked in as baggage by courier services for carriage on passenger aircraft engaged in international civil aviation operations are screened.

4.4.6 Each Contracting State shall ensure that transfer hold baggage is subjected to appropriate security controls to prevent unauthorized articles from being taken on board aircraft engaged in international civil aviation operations.

4.4.7 Each Contracting State shall establish

4.4 위탁수하물 관련 대책

4.4.1 각 체약국은 위탁수하물이 국제민간항공 운송을 담당하는 항공기에 탑재되기 전에 적절한 보안 통제가 되도록 하여야 한다.

4.4.2 각 체약국은 여객기에 탑재되는 위탁수하물이 접수 시점부터 항공기에 탑재되기 전까지 불법접근으로부터 보호되도록 하여야 한다.

4.4.3 각 체약국은 자국을 출발하는 항공사가 항공기에 탑승하지 않은 승객의 수하물이 검색을 포함한 적절한 보안 통제를 받지 않았을 경우 운송하지 않도록 하는 대책을 수립해야 한다.

4.4.4 각 체약국은 국제민간항공에 이용되는 공항에 잘못 취급된 수하물이 전송, 인도 또는 당해국가의 법률에 의거 처분될 때까지 보관할 수 있는 안전한 보관지역을 설치토록 하여야 한다.

4.4.5 각 체약국은 국제항공운송을 수행하는 여객기 탑재되기 위해 쿠리어운송자에 의해 위탁수하물로 처리되는 물품이 검색을 받도록 하는 대책을 수립하여야 한다.

4.4.6 각 체약국은 환승 위탁수하물이 국제민간항공운영을 담당하는 기내로 탑재되는 중에 비인가 물품이 반입되는 것을 방지하기 위하여 적절한 보안 통제를 받도록 하여야 한다.

4.4.7 각 체약국은 국가민간항공 보안프로그램에 규정된

ANNEX 17(영문)

measures to ensure that aircraft operators when providing a passenger service from that State transport only **hold baggage** which is authorized for carriage in accordance with the requirements specified in the national civil aviation security programme.

4.4.8 From 1 January 2006, each Contracting State shall establish measures to ensure that **originating hold baggage** intended to be carried in an aircraft engaged in international civil aviation operations is **screened** prior to being loaded into the aircraft.

4.4.9 Recommendation. Each Contracting State should establish measures to ensure that originating hold baggage intended to be carried in an aircraft engaged in international civil aviation operations is screened prior to being loaded into the aircraft.

4.4.10 Recommendation. Each Contracting State should take the necessary measures to ensure that unidentified baggage is placed in a protected and isolated area until such time as it is ascertained that it does not contain any explosives or other dangerous device.

4.5 Measures relating to cargo, mail and other goods

4.5.1 Each Contracting State shall ensure the implementation of measures at airports serving international civil aviation to protect cargo, baggage, mail, stores and operators supplies being moved within an airport and intended for carriage on an aircraft to safeguard such aircraft against an act of unlawful interference.

4.5.2 Each Contracting State shall establish measures to ensure that cargo, courier and express parcels and

부속서 17(번역문)

요건에 따라 항공사가 해당국가로 부터 수하물 운송을 할 경우 반드시 운송 허가된 수하물에 한하여 운송을 하도록 하는 적절한 대책을 수립하여야 한다.

4.4.8 2006년 1월1일부터 각 체약국은 국제민간항공운영에 사용되는 항공기에 탑재되기 위한 출발 위탁수하물은 항공기에 탑재되기 전 검색을 받도록 하는 대책을 수립하여야 한다.

4.4.9 권고안 - 각 체약국은 출발 위탁수하물이 국제 민간항공운송을 담당하는 항공기에 선적되기 전에 검색되도록 하는 대책을 마련해야 한다.

4.4.10 권고안 - 각 체약국은 확인되지 않은 수하물이 폭발물이나 다른 위험한 물건을 포함하고 있지 않다는 것이 확인될 때까지 보호 격리구역에 보관토록 하는 조치를 취해야 한다.

4.5 화물, 우편물, 기타 물품 관련 대책

4.5.1 각 체약국은 불법방해행위로부터 항공기를 보호하기 위하여 국제민간항공에 이용되는 공항내로 반입되어 항공기로 운송을 목적으로 하는 화물, 수하물, 우편물, 비품 및 항공사의 공급품을 보호하기 위해 공항내에서 적절한 조치를 실행하여야 한다.

4.5.2 각 체약국은 여객기에 운송을 목적으로 하는 화물, 쿠리어와 우편물이 선적될 경우 적절한 보안통제를 받도

ANNEX 17(영문)	부속서 17(번역문)
mail intended for carriage on passenger flights are subjected to appropriate **security controls**.	록 조치를 수립해야 한다.
4.5.3 Each Contracting State shall establish measures to ensure that operators do not accept consignments of cargo, courier and express parcels or mail for carriage on passenger flights unless the security of such consignments is accounted for by a **regulated agent** or such consignments are subjected to other security controls to meet the requirements of 4.5.2.	4.5.3 각 체약국은 항공사가 상용화주에 의한 위탁화물이거나 또는 위탁화물이 4.5.2항의 요건에 맞는 보안통제를 받는 경우를 제외하고는 화물, 급송 소화물 또는 우편에 대한 위탁화물을 운송하지 않도록 하는 대책을 수립하여야 한다.
4.5.4 Each Contracting State shall establish measures to ensure that catering supplies and operators stores and supplies intended for carriage on passenger flights are subjected to appropriate security controls.	4.5.4 권고안 - 각 체약국은 여객기에 선적될 기내식 물품, 항공사 비품 및 보급품이 보안통제를 받도록 적절한 대책을 수립해야 한다.
4.6 Measures relating to special categories of passengers	**4.6 특별승객 관련 대책**
4.6.1 Each Contracting State shall establish measures to ensure that the aircraft operator and the pilot-in-command are informed when passengers are obliged to travel because they have been the subject of judicial or administrative proceedings, in order that appropriate security controls can be applied.	4.6.1 각 체약국은 사법적 또는 행정적 통제하에 있는 승객이 여행해야할 경우 적절한 보안통제가 적용되도록 이를 항공사 및 기장이 알 수 있도록 하는 대책을 수립하여야 한다.
4.6.2 Each Contracting State shall ensure that the pilot-in-command is notified as to the number of armed persons and their seat location.	4.6.2 권고안 - 각 체약국은 기장에게 무장인원의 수와 좌석위치가 통보되도록 해야 한다.
4.6.3 Each Contracting State shall require operators providing service from that State, to include in their security programmes, measures and procedures to ensure safety on board their aircraft when passengers are to be carried who are obliged to travel because they have been the subject of judicial or administrative proceedings.	4.6.3 각 체약국은 자국을 운항하는 항공사에게 사법적 또는 행정적 통제에 있는 승객이 여행을 하여야 할 경우 탑승할 때 항공기상에서의 안전을 확보하기 위하여 필요한 조치 및 절차를 항공보안 계획에 포함하도록 하여야 한다.

ANNEX 17(영문)

4.6.4 Each Contracting State shall ensure that the carriage of weapons on board aircraft, by law enforcement officers and other authorized persons, acting in the performance of their duties, requires special authorization in accordance with the laws of the States involved.

4.6.5 Each Contracting State shall consider requests by any other State to allow the travel of armed personnel on board aircraft of operators of the requesting State. Only after agreement by all States involved shall such travel be allowed.

4.6.6 Each Contracting State shall ensure that the carriage of weapons in other cases is allowed only when an authorized and duly qualified person has determined that they are not loaded, if applicable, and then only if stowed in a place inaccessible to any person during flight time.

4.7 Measures relating to access control

4.7.1 Each Contracting State shall ensure that security restricted areas are established at each airport serving international civil aviation and that procedures and identification systems are implemented in respect of persons and vehicles.

4.7.2 Each Contracting State shall ensure that appropriate security controls, including background checks on persons other than passengers granted unescorted access to security restricted areas of the airport, are implemented.

4.7.3 Each Contracting State shall require that measures are implemented to ensure adequate supervision over the movement of persons and vehicles to and from the aircraft in order to prevent unauthorized access to aircraft.

부속서 17(번역문)

4.6.4 각 체약국은 업무 수행하기 위해 보안담당관 및 법집행관이 무기를 휴대하고 기내에 탑승하는 경우는 관련국가 해당법에 따라 특별한 허가를 받도록 하여야 한다.

4.6.5 각 체약국은 타체약국이 자국 소속 항공기에 무장 요원 탑승하여 체약국으로 운항을 요청할 경우 이러한 요청을 고려하여야 한다. 이러한 요청에 대하여 관련 체약국간의 합의 후에 무장요원의 탑승이 허락되도록 하여야 한다.

4.6.6 각 체약국은 인가되고 자격을 갖춘 자가 해당 무기가 장전되지 않았다는 확인을 한 후 그리고 비행 중 다른 사람이 접근할 수 없는 지역에 보관될 수 있을 경우에 한하여 기내 무기탑재를 허용하도록 하여야 한다.

4.7 접근통제 관련 대책

4.7.1 각 체약국은 국제민간항공 업무를 수행하는 각 공항에 보안제한구역이 설정되고 이러한 지역에 대한 인원 및 차량 출입 절차 및 신원확인 절차가 수립되도록 하여야 한다.

4.7.2 각 체약국은 승객이외의 자가 보안제한구역으로 진입할 경우 신원조회를 포함한 적절한 보안통제가 실행되도록 하여야 한다.

4.7.3 각 체약국은 항공기로 비인가자가 접근하는 것을 방지하기 위하여 항공기로 출입하는 인원 및 차량에 대하여 적절한 감시가 되도록 하여야 한다.

ANNEX 17(영문)	부속서 17(번역문)
4.7.4 Recommendation. Each Contracting State should ensure that identity documents issued to aircraft crew members conform to the relevant specifications set forth in Doc 9303, Machine Readable Travel Documents.	4.7.4 권고안 - 각 체약국은 항공기 승무원에게 발급되는 신분증명서가 DOC9303(여행문서 판독기 관련 지침)에 명시한 요건에 따라 발급되도록 하여야 한다.
4.7.5 Recommendation. Each Contracting State should ensure that persons other than passengers being granted access to security restricted areas, together with items carried, are screened at random in accordance with risk assessment carried out by the relevant national authorities.	4.7.5 권고안 - 각 체약국은 승객을 제외한 자가 보호구역으로 진입할 경우 해당자가 소지하는 물품이 관련 정부 책임기관이 실시하는 위협분석 정도에 따라 무작위로 검색되도록 하여야 한다.
4.7.6 Recommendation. Each Contracting State should ensure that checks specified in 4.7.2 be reapplied on a regular basis to all persons granted unescorted access to security restricted areas.	4.7.6 권고안 - 각 체약국은 4.7.2에 명시된 신원조회사항을 보호구역 출입증을 소지자에 대하여 정기적으로 재 적용하여야 한다.
CHAPTER 5. MANAGEMENT OF RESPONSE TO ACTS OF UNLAWFUL INTERFERENCE	**제5장 불법방해행위의 대응에 대한 관리**
5.1 Prevention	**5.1 예방**
5.1.1 Each Contracting State shall establish measures to safeguard aircraft when a well-founded suspicion exists that the aircraft may be subject to an act of unlawful interference while on the ground and to provide as much prior notification as possible of the arrival of such aircraft to airport authorities.	5.1.1 각 체약국은 항공기가 지상에서 불법방해행위 대상이 될 수 있다는 충분한 근거가 있을 경우 해당 항공기를 보호하는 대책을 수립하여야 하며 그러한 항공기가 착륙하기 전에 공항당국에 가능한 한 빨리 사전통고를 하기 위한 절차를 수립하여야 한다.
5.1.2 Each Contracting State shall establish procedures, which include notification to the operator, for inspecting aircraft, when a well-founded suspicion exists that the aircraft may be the object of an act of unlawful interference, for concealed weapons, explosives or other dangerous devices.	5.1.2 각 체약국은 숨겨진 무기, 폭발물, 다른 위협장치로 불법방해행위의 대상이 된 항공기로 확신시 될 경우 항공기 보안검사를 하도록 항공사 통보 절차 등을 포함한 관련 보안절차를 수립해야 한다.

ANNEX 17(영문)	부속서 17(번역문)
5.1.3 Each Contracting State shall ensure that arrangements are made for the investigation and disposal, if necessary, of suspected sabotage devices or other potential hazards at airports serving international civil aviation.	5.1.3 권고안 - 각 체약국은 국제민간항공 서비스를 제공하는 공항에 위험한 폭발물체나 잠재적인 위험물에 대한 조사대책과 처리 대책을 마련해야 한다.
5.2 Response	**5.2 대응**
5.2.1 Each Contracting State shall take adequate measures for the safety of passengers and crew of an aircraft which is subjected to an act of unlawful interference until their journey can be continued.	5.2.1 각 체약국은 불법방해행위의 목표가 되는 승객과 승무원의 안전을 위한 절차를 수립해야 한다.
5.2.2 Each Contracting State responsible for providing air traffic services for an aircraft which is the subject of an act of unlawful interference shall collect all pertinent information on the flight of that aircraft and transmit that information to all other States responsible for the Air Traffic Services units concerned, including those at the airport of known or presumed destination, so that timely and appropriate safeguarding action may be taken en route and at the aircraft's known, likely or possible destination.	5.2.2 불법방해행위의 대상인 항공기로 항공교통업무를 제공하는 체약국은 항공기의 예상 도착 목적지 공항에서 적절한 조치를 취할 수 있도록 항공기의 중간경로 및 예상 목적지 공항의 정보를 포함한 항공기의 비행에 관한 정보를 수집, 정리하여 관련된 체약국 항공교통업무기관 및 관련 모든 타국가들에게 전파하여야 한다.
5.2.3 Each Contracting State shall provide such assistance to an aircraft subjected to an act of unlawful seizure, including the provision of navigation aids, air traffic services and permission to land as may be necessitated by the circumstances.	5.2.3 각 체약국은 불법 억류되어 있는 항공기에 항행보조시설, 항공교통업무와 상황에 따라 필요한 착륙허가를 포함한 지원을 제공하여야 한다.
5.2.4 Each Contracting State shall take measures, as it may find practicable, to ensure that an aircraft subjected to an act of unlawful seizure which has landed in its territory is detained on the ground unless its departure is necessitated by the overriding duty to protect human life. However, these measures need to recognize the grave hazard attending further flight. States shall also recognize the importance of consultations, wherever practicable, between the	5.2.4 각 체약국은 착륙지 당해국과 항공기 소속된 운항국가간의 협의하여 자국 영토내에 불법 억류되어 착륙해 있는 항공기가 승객의 생명보호를 위하여 부득이 이륙을 해야하는 경우를 제외하고는 이륙을 방지하도록 실현 가능한 모든 조치를 강구하여야 한다. 그러나 이러한 조치가 이륙한 항공기가 더 큰 위험이 있다는 것을 인지하여야 한다. 각 체약국은 또한 항공기 착륙국과 항공기 운영국간의 가능한 범위내에서 협력을 하여야 하며 항공기 착륙국은 항공기 도착 예정국에 이러한 사항을 통보하여야 한다.

ANNEX 17(영문)

State where that aircraft has landed and the State of the Operator of the aircraft, and notification by the State where the aircraft has landed to the States of assumed or stated destination.

5.2.5 Each Contracting State in which an aircraft subjected to an act of unlawful interference has landed shall notify by the most expeditious means the State of Registry of the aircraft and the State of the Operator of the landing and shall similarly transmit by the most expeditious means all other relevant information to:

a) the two above-mentioned States;
b) each State whose citizens suffered fatalities or injuries;
c) each State whose citizens were detained as hostages;
d) each Contracting State whose citizens are known to be on board the aircraft; and
e) the International Civil Aviation Organization.

5.2.6 Recommendation. Each Contracting State should ensure that information received as a consequence of action taken in accordance with 5.2.2 is distributed locally to the Air Traffic Services units concerned, the appropriate airport administrations, the operator and others concerned as soon as practicable.

5.2.7 Recommendation. Each Contracting State should cooperate with other States for the purpose of providing a joint response in connection with an act of unlawful interference. When taking measures in their territory to free passengers and crew members of an aircraft subjected to an act of unlawful interference, each Contracting State should use, as necessary, the experience and capability of the State of the Operator, the State of manufacture and the State of Registry of that aircraft.

부속서 17(번역문)

5.2.5 각 체약국은 불법방해행위하에 있는 항공기가 자국에 착륙한 경우 가장 신속한 방법으로 항공기 등록국 및 운영국에 통보하고 기타 모든 관련 정보를 아래의 국가에 알려야 한다.

a) 위에서 언급한 2개국
b) 사망하거나 부상을 당한 시민의 국가
c) 인질로 억류되어 있는 시민의 국가
d) 항공기에 탑승한 것으로 알려진 시민의 각 체약국
e) 국제민간항공기구

5.2.6 권고안 - 5.2.2의 행위로 인하여 발생하는 정보를 각 항공교통관제부서, 공항당국, 항공사 기타 관련된 기관에 가능한 빨리 배포될 수 있도록 하여야 한다.

5.2.7 권고안 - 각 체약국은 불법방해행위 관련한 합동대응 목적으로 타체약국과 협력하여야 한다. 불법방해행위 대상이 된 항공기의 승객 및 승무원을 석방시키기 위하여 해당 영토에서 적절한 조치를 취할 시 각 체약국은 필요시 항공기 운영자, 항공기 제조국 및 항공기 등록국의 경험 및 능력을 활용하여야 한다.

ANNEX 17(영문)

5.3 Exchange of information and reporting

5.3.1 Each Contracting State concerned with an act of unlawful interference shall provide ICAO with all pertinent information concerning the security aspects of the act of unlawful interference as soon as practicable after the act is resolved.

5.3.2 Recommendation. Each Contracting State should exchange information with other States as considered appropriate, at the same time supplying such information to ICAO, related to plans, designs, equipment, methods and procedures for safeguarding civil aviation against acts of unlawful interference.

부속서 17(번역문)

5.3 정보교환 및 보고

5.3.1. 불법방해행위와 관련된 각 체약국은 사건이 해결된 후 가능한 빨리 불법방해행위 측면에서 보안과 관련된 모든 정보를 ICAO에 신속히 제공하여야 한다.

5.3.2 권고안 - 각 체약국은 불법방해행위로 부터 민간항공을 보호하기 위한 계획, 설계, 장비, 방법 및 절차와 관련된 정보를 적절한 범위내에서 타해당 체약국가와 교환하여야 하며 동시에 그러한 정보를 국제민간항공기구에 제공하여야 한다.

제2절 1.2 항공안전및보안에관한법률 법률 제07691호['05.11.08]

AVIATION SAFETY AND SECURITY ACT

항공안전및보안에관한법률

CHAPTER Ⅰ GENERAL PROVISIONS

제1장 총칙

Article 1(Purpose)

The purpose of this Act is to prevent any unlawful act in airport facilities, air navigation safety facilities and aircraft in compliance with international conventions, including the Convention on International Civil Aviation and to provide for standards, procedures, and mandatory matters needed to ensure the safety and security of civil aviation.

제1조(목적)

이 법은 국제민간항공조약 등 국제협약에 따라 공항시설, 항행안전시설 및 항공기내에서의 불법행위를 방지하고 민간항공의 안전 및 보안을 확보하기 위한 기준 · 절차 및 의무사항 등을 규정함을 목적으로 한다.

Article 2(Definitions)

The definitions of the terms used in this Act shall be as follows:

1. The term "in flight" means the time frame ranging from the time when all doors of an aircraft close after passengers board the aircraft to the time when all the doors of the relevant aircraft open for such passengers to get off;
2. The term "airport operators" means the Incheon International Airport Corporation established pursuant to the Incheon International Airport Corporation Act and the Korea Airports Corporation established pursuant to the Korean Airport Corporation Act;
3. The term "air carriers" means any regular air carrier whose business is licensed under Article 112 of the Aviation Act, any irregular air carrier whose business is registered under Article 132 of the same Act and any foreign international air carrier whose business is permitted under Article 147 of the same Act;

제2조(정의)

이 법에서 사용하는 용어의 정의는 다음과 같다.

1. "운항중"이라 함은 승객이 탑승한 후 항공기의 모든 문이 닫힌 때 부터 내리기 위하여 문을 열 때까지를 말한다.
2. "공항운영자"라 함은 인천국제공항공사법에 의한 인천국제공항공사와 한국공항공사법에 의한 한국공항공사를 말한다.
3. "항공운송사업자"라 함은 항공법 제112조의 규정에 의하여 면허를 받은 정기항공운송사업자, 동법 제132조의 규정에 의하여 등록한 부정기항공운송사업자 및 동법 제147조의 규정에 의하여 허가를 받은 외국인국제항공운송업자를 말한다.

AVIATION SAFETY AND SECURITY ACT

항공안전및보안에관한법률

4. The term "aircraft-handling company" means any company that has its aircraft-handling services registered under Article 137 of the Aviation Act;

4. "항공기취급업체"라 함은 항공법 제137조의 규정에 의하여 항공기 취급업을 등록한 업체를 말한다.

5. The term "airport-resident establishment" means any individual or any corporation that enters into a facility- utilization contract with an airport operator for the purpose of running his or its business at the airport;

5. "공항상주업체"라 함은 공항에서 영업을 행할 목적으로 공항운영자와 시설이용계약을 맺은 개인 또는 법인을 말한다.

6. The term "aviation security personnel" means judicial police officers or persons designated by an air carrier, who are charged with the task of preventing any act of disrupting the order and safety in aircraft;

6. "항공보안요원"이라 함은 항공기안의 질서 및 안전을 해하는 행위를 방지하는 직무를 담당하는 사법경찰관리 또는 항공운송사업자가 지명하는 자를 말한다.

7. The term "unlawful obstruction" means the act falling under any of the following items, which is likely to obstruct the safe flight of aircraft or makes the flight of aircraft impossible:
(a) Act of destroying or damaging aircraft;
(b) Act of damaging or destroying any airport and air navigation safety facilities, or impeding the operation of any airport and air navigation safety facilities;
(c) Act of furnishing false information pertaining to air carrier service, etc.; and
(d) Other act that is punishable under this Act; and

7. "불법방해행위"라 함은 항공기 안전운항을 저해할 우려가 있거나 운항을 불가능하게 하는 행위로서 다음 각목의 행위를 말한다.
가. 항공기를 파괴하거나 손상하는 행위
나. 공항 및 항행안전시설의 손상, 파괴 또는 운영을 방해하는 행위
다. 항공기 운항 등과 관련된 허위정보 제공 행위
라. 그 밖에 이 법에 의하여 처벌받는 행위

8. The term "security screening" means the act performed to detect or search for dangerous objects, such as weapons or explosives, which may be used for the unlawful obstruction.

8. "보안검색"이라 함은 불법방해행위를 하는데 사용될 수 있는 무기 또는 폭발물 등 위험성이 있는 물건들을 탐지 및 수색하기 위한 행위를 말한다.

Article 3(Observance of International Conventions)

제3조(국제협약의 준수)

① The safety and security of civil aviation shall be governed by the international conventions falling

① 민간항공의 안전 및 보안을 위하여 이 법에서 규정하는 사항 외에는 다음 각호의 국제협약에 따른다.

AVIATION SAFETY AND SECURITY ACT

항공안전및보안에관한법률

under each of the following subparagraphs except as otherwise provided for in this Act:

1. The Convention on Offense and Certain Other Acts Committed on Board Aircraft;

1. 항공기내에서범한범죄및기타행위에관한협약

2. The Convention for the Suppression of Unlawful Seizure of Aircraft;

2. 항공기의불법납치억제를위한협약

3. The Convention for the Suppression of Unlawful Acts against the Safety of Civil Aviation;

3. 민간항공의안전에대한불법적행위의억제를위한협약

4. The Protocol for the Suppression of Unlawful Acts of Violence at Airports Serving International Civil Aviation Supplementary to the Convention for the Suppression of Unlawful Acts against the Safety of Civil Aviation; and

4. 민간항공의안전에대한불법적행위의억제를위한협약을 보완하는국제공항에서의불법적폭력행위의억제를위한 의정서

5. The Convention on the Marking of Plastic Explosives for the Purpose of Detection.

5. 가소성폭약의탐지를위한식별조치에관한협약

② In the event that any other international convention governing the safety and security of civil aviation exists in addition to the international conventions specified in paragraph (1), the safety and security of civil aviation shall also be governed by the former.

② 제1항의 규정에 의한 국제협약외에 항공안전 및 보안에 관련된 다른 국제협약이 있는 경우에는 그 협약에 따른다.

Article 4(Responsibilities of State)

제4조(국가의 책무)

The Minister of Construction and Transportation shall develop plans to ensure the safety and security of civil aviation, maintain a cooperation system with other administrative agencies concerned in dealing with aviation affairs, grant approval for safety and security plans drawn up for airport operators, air carriers, aircraft-handling companies, airport-resident establishments, air passenger and cargo terminal operators, and check on the progress in the

건설교통부장관은 민간항공의 안전 및 보안에 관한 계획수립, 관계행정기관간 업무협조체제 유지, 공항운영자·항공운송사업자·항공기취급업체·공항상주업체 및 항공여객·화물터미널운영자 등의 안전 및 보안계획에 대한 승인 및 실행점검, 항공안전 및 보안 교육훈련계획의 개발 등의 업무를 수행한다.

implementation of such plans, and also develop education and training programs for the safety and security of civil aviation.

Article 5 (Mandatory Cooperation by Airport Operators, etc.)

Airport operators, air carriers, aircraft-handling companies, airport-resident establishments, air passenger and cargo terminal operators, airport users and any other person prescribed by the Ordinance of the Ministry of Construction and Transportation shall cooperate with the State in implementing its policy steps to ensure the safety and security of aviation.

제5조(공항운영자 등의 협조의무)

공항운영자, 항공운송사업자, 항공기취급업체, 공항상주업체, 항공여객 · 화물터미널 운영자, 공항이용자 그 밖에 건설교통부령이 정하는 자는 항공안전 및 보안을 위한 국가의 시책에 협조를 하여야 한다.

Article 6(Establishment and Operation of Aviation Safety Organization)

Notwithstanding Articles 2 through 4 of the Government Organization Act, the Minister of Construction and Transportation may set up and operate an organization tasked exclusively to perform the work of aviation safety and technology, etc. provided for in this Act or the Aviation Act in such manners as prescribed by the Presidential Decree, separately from organizations established by central administrative agencies.

제6조(항공안전조직의 설치 · 운영 등)

건설교통부장관은 이 법 또는 항공법에서 정한 항공안전 · 기술 등에 관한 업무를 전담하는 조직을 정부조직법 제2조 내지 제4조의 규정에 불구하고 대통령령이 정하는 바에 의하여, 중앙행정기관의 조직과 달리 설치 · 운영할 수 있다.

CHAPTER II AVIATION SAFETY COUNCIL, ETC.

Article 7(Aviation Safety Council)

①The Aviation Safety Council chaired by the

제2장 항공안전협의회 등

제7조(항공안전협의회)

①항공안전 및 보안에 관련되는 다음 각호의 사항을 협의

AVIATION SAFETY AND SECURITY ACT

Minister of Construction and Transportation shall be established under the Ministry of Construction and Transportation to consult about matters falling under each of the following subparagraphs, which are all related to the safety and security of aviation:

1. Consultations about plans for the safety and security of aviation;

2. Cooperation with administrative agencies concerned in dealing with aviation affairs;

3. Consultations about approval for implementation plan for the safety and security of aviation provided for in Article 10; and

4. Other matters that are deemed by the chairman of the Council necessary to ensure the safety and security of aviation.

② Necessary matters concerning the composition and operation, etc. of the Aviation Safety Council shall be prescribed by the Presidential Decree.

Article 8(Airport Safety and Operation Council)

① The head of a regional airports authority shall establish an airport safety and operation council in his jurisdictional airport to consult about matters concerning the safety and security of aviation.

② Necessary matters concerning the composition, duties, and operation, etc. of the airport safety and operation council shall be prescribed by the Presidential Decree.

항공안전및보안에관한법률

하기 위하여 건설교통부에 건설교통부장관을 장으로 하는 항공안전협의회를 둔다.

1. 항공안전 및 보안에 관한 계획의 협의

2. 관계행정기관간 업무협조

3. 제10조에 의한 항공안전 및 보안계획의 승인을 위한 협의

4. 기타 항공안전 및 보안을 위하여 협의회의 장이 필요하다고 인정하는 사항

② 항공안전협의회의 구성 및 운영 기타 필요한 사항은 대통령령으로 정한다.

제8조(공항안전운영협의회)

① 지방항공청장은 관할 공항별로 항공안전 및 보안에 관한 사항을 협의하기 위하여 공항안전운영협의회를 둔다.

② 공항안전운영협의회의 구성 · 임무 및 운영 등에 관하여 필요한 사항은 대통령령으로 정한다.

AVIATION SAFETY AND SECURITY ACT

Article 9(Basic Plan for Safety and Security of Aviation)

① The Minister of Construction and Transportation shall develop the basic plan for safety and security of aviation (hereinafter referred to as the "basic plan").

② The basic plan under paragraph ① shall contain a comprehensive and long-term direction by which the safety and security of aviation is enhanced.

③ In the event that the basic plan under paragraph ① is developed, consultations thereon shall be made with administrative agencies concerned.

Article 10(Implementation Plan for Safety and Security of Aviation)

① Airport operators, air carriers, aircraft-handling companies, airport- resident establishments, air passenger and cargo terminal operators, and any other person prescribed by the Ordinance of the Ministry of Construction and Transportation (hereinafter referred to as "airport operators, etc.") shall develop an implementation plan for the basic plan (hereinafter referred to as the "implementation plan") and then obtain approval therefor from the Minister of Construction and Transportation.

② Necessary matters concerning detailed contents of the implementation plan referred to in paragraph ① and procedures for developing it shall be prescribed by the Presidential Decree.

항공안전및보안에관한법률

제9조(항공안전 및 보안의 기본계획)

① 건설교통부장관은 항공안전 및 보안에 관한 기본계획(이하 "기본계획"이라 한다)을 수립하여야 한다.

② 제1항의 규정에 의한 기본계획에는 항공안전 및 보안에 관한 종합적 · 장기적인 추진방향이 포함되어야 한다.

③ 제1항의 규정에 의한 기본계획을 수립하는 경우 관련행정기관과 협의를 하여야 한다.

제10조(항공안전 및 보안의 시행계획)

① 공항운영자, 항공운송사업자, 항공기취급업체, 공항상주업체, 항공여객 · 화물터미널 운영자 그 밖에 건설교통부령이 정하는 자(이하 "공항운영자등"이라 한다)는 기본계획을 시행하기 위하여 항공안전 및 보안의 시행계획(이하 "시행계획"이라 한다)을 수립하여 건설교통부장관의 승인을 얻어야 한다.

② 제1항의 규정에 의한 시행계획의 세부내용과 수립절차 등에 관하여 필요한 사항은 대통령령으로 정한다.

AVIATION SAFETY AND SECURITY ACT

CHAPTER III SECURITY OF AIRPORTS AND AIRCRAFT, ETC.

Article 11(Safety and Security of Airport Facilities, etc.)

① Airport operators shall take steps necessary for the safety and security of airport facilities and air navigation safety facilities provided for in subparagraphs 6 and 16 of Article 2 of the Aviation Act.

② Airport operators shall work out and implement measures to prevent any contacts between passengers who have completed security screening and passengers have uncompleted security screening.

Article 12 (Designation of Areas for Protection of Airport Facilities)

① Airport operators shall designate areas needed to protect airport facilities such as areas in which security screening is completed, runways, aprons as secured areas after obtaining approval therefor from the Minister of Construction and Transportation.

② Airport operators may, if deemed necessary, designate any temporary secured area after obtaining approval therefor from the Minister of Construction and Transportation.

③ Necessary matters concerning standards for designating secured areas under paragraphs ① and ②, and revocation of any designation shall be prescribed by the Ordinance of the Ministry of Construction and Transportation.

항공안전및보안에관한법률

제3장 공항 · 항공기 등의 보안

제11조(공항시설 등의 안전 및 보안)

① 공항운영자는 항공법제2조제6호 및 제16호의 규정에 의한 공항시설 및 항행안전시설에 대한 안전 및 보안을 위하여 필요한 조치를 하여야 한다.

② 공항운영자는 보안검색이 완료된 승객과 완료되지 못한 승객간의 접촉을 방지하기 위한 대책을 수립 · 시행하여야 한다.

제12조(공항시설 보호구역의 지정)

① 공항운영자는 보안검색이 완료된 구역, 활주로 및 계류장 등 공항시설의 보호를 위하여 필요한 구역을 건설교통부장관의 승인을 얻어 보호구역으로 지정하여야 한다.

② 공항운영자는 필요시 건설교통부장관의 승인을 얻어 임시 보호구역을 지정할 수 있다.

③ 제1항 및 제2항의 규정에 의한 보호구역의 지정기준 및 취소에 관하여 필요한 사항은 건설교통부령으로 정한다.

AVIATION SAFETY AND SECURITY ACT	항공안전및보안에관한법률
Article 13(Permission for Access to Protective Areas)	**제13조(보호구역의 출입통제 등)**
① Any person or vehicle that intends to enter any secured area designated under Article 12 shall obtain permission therefor from the competent airport operator.	① 보호구역을 출입하고자 하는 자 또는 차량은 공항운영자의 허가를 받아야 한다.
② Necessary matters concerning procedures, etc. for granting the permission under paragraph ① shall be prescribed by the Ordinance of the Ministry of Construction and Transportation.	② 제1항의 규정에 의한 출입허가등에 관하여 필요한 사항은 건설교통부령으로 정한다.
Article 14 (Safety of Passengers and Security of Aircraft)	**제14조(승객의 안전 및 항공기의 보안)**
① Air carriers shall take steps necessary to ensure the safety of passengers and the security of aircraft.	① 항공운송사업자는 승객의 안전 및 항공기의 보안을 위하여 필요한 조치를 취하여야 한다.
② Air carriers shall get aviation security personnel board aircraft, in case they operate aircraft with passengers aboard.	② 항공운송사업자는 승객이 탑승한 항공기를 운항하는 경우 항공보안요원을 탑승시켜야 한다.
③ Air carriers shall take steps to strengthen the safety of aircraft, such as increasing security for cockpit doors, as prescribed by the Ordinance of the Ministry of Construction and Transportation.	③ 항공운송사업자는 **건설교통부령**에서 정하는 바에 따라 조종실 출입문 안전강화 등 항공기 안전조치를 취하여야 한다.
④ Air carriers or owners of aircraft may, if deemed necessary to ensure the safety of aircraft, get police officers assigned for special guard under the Police Assigned for Special Guard Act or special security guards under the Security Industry Act posted to guard aircraft.	④ 항공운송사업자 또는 항공기소유자는 항공기의 안전을 위하여 필요한 경우에는 청원경찰법에 의한 청원경찰 또는 경비업법에 의한 특수경비원으로 하여금 항공기의 경비를 담당하게 할 수 있다.

AVIATION SAFETY AND SECURITY ACT

Article 15 (Security Screening of Passengers, etc.)

① Passengers who are to board aircraft shall get through security screening their body, carry-on baggage and checked baggage.

② Airport operators shall have passengers who are to board aircraft, their carry-on baggage and checked baggage get through security screening, and air carriers shall have cargo get through security screening : Provided, That the chief of any competent police station may, when he deems it necessary to investigate any crime and prevent any danger to the public, ask the airport operator and the air carrier to take steps necessary for security screening, and such airport operator and air carrier shall not refuse to comply with the request of the chief of the competent police station without any justifiable reasons.

③ Airport operators and air carriers shall perform direct security screening referred to in paragraph ②, or may entrust security screening to any corporation designated by the Minister of Construction and Transportation in accordance with paragraph ⑥, on the recommendation of any airport operator and any air carrier, from among corporations that intend to run a security service provided for in Article 4 ① of the Security Industry Act.

④ Airport operators may appropriate part of the rental fee under Article 86 of the Aviation Act to cover costs needed for security screening.

⑤ Necessary matters concerning methods of, procedures for, and exemption from, the security screening referred to in paragraph ② shall be prescribed by the Presidential Decree.

항공안전및보안에관한법률

제15조(승객 등의 검색)

① 항공기에 탑승하는 자는 신체검색과 휴대물품 및 위탁수하물에 대한 보안검색을 받아야 한다.

② 공항운영자는 항공기에 탑승하는 자, 휴대물품 및 위탁수하물에 대한 보안검색을 실시하고 항공운송사업자는 화물에 대한 보안검색을 실시하여야 한다. 다만, 관할경찰관서의 장은 범죄의 수사 및 공공의 위험예방을 위해 필요한 경우 보안검색에 대해 필요한 조치를 요구할 수 있고, 공항운영자나 항공운송사업자는 정당한 이유없이 거절할 수 없다.

③ 공항운영자 및 항공운송사업자는 제2항의 규정에 의한 보안검색을 직접 실시하거나 제6항의 규정에 의하여 경비업법 제4조제1항의 경비업을 영위하고자 하는 법인 중 공항운영자 및 항공운송사업자의 추천을 받아 건설교통부장관의 지정을 받은 업체에게 위탁할 수 있다.

④ 공항운영자는 보안검색에 소요되는 비용에 충당하기 위하여 항공법 제86조의 규정에 의한 사용료의 일부를 사용할 수 있다.

⑤ 제2항의 규정에 의한 보안검색의 법 · 절차 · 면제 등에 관하여 필요한 사항은 **대통령령**으로 정한다.

AVIATION SAFETY AND SECURITY ACT

⑥ Any corporation that intends to be entrusted security screening in accordance with paragraph ③ shall obtain a designation thereof from the Minister of Construction and Transportation. In this case, necessary matters concerning standards for, and revocation of, any designation shall be prescribed by the Ordinance of the Ministry of Construction and Transportation.

Article 16(Security Screening of Persons, etc. Other Than Passengers)

Airport operators shall have any persons or goods that enter or are carried into secured areas after obtaining permission therefor in accordance with Article 13 ① get through security screening. In this case, the provisions of Article 15 ⑤ shall apply mutatis mutandis to such security screening.

Article 17 (Transit and Transfer Passengers)

① An air carrier shall allow transit and transfer passengers to deplane with their carry-on baggage upon arrival of the aircraft at an airport.

② An airport operator shall conduct security screening of transit or transfer passengers and carry-on baggage based on Section 1 of Article 17.

③ The cost incurred by security screening, according to Section 2 of Article 17, shall be shared by the airport operator and air carriers; air carriers shall provide information related to air transport to the airport operator.

④ Details about sharing the cost of security screening and providing information related to air transport based on Section 3 of Article 17 shall

항공안전및보안에관한법률

⑥ 제3항의 규정에 의하여 검색업무를 위탁받고자 하는 법인은 건설교통부장관의 지정을 받아야 한다. 이 경우 지정기준 및 지정의 취소 등에 관하여 필요한 사항은 **건설교통부령**으로 정한다.

제16조(승객이 아닌 자 등에 대한 검색)

공항운영자는 제13조제1항의 규정에 의하여 허가를 받아 보호구역으로 들어가는 자 또는 물품에 대하여도 보안검색을 실시하여야 한다. 이 경우 보안검색에 대하여는 제15조 제5항의 규정을 준용한다.

제17조(통과 또는 환승승객에 대한 보안검색등)

① 항공운송사업자는 항공기가 공항에 도착한 때에는 통과 또는 환승 승객으로 하여금 휴대물품을 가지고 내리도록 하여야 한다.

② 공항운영자는 제1항의 규정에 의하여 항공기에서 내린 통과 또는 환승승객 및 휴대물품에 대한 보안검색을 실시하여야 한다.

③ 제2항의 규정에 따른 보안검색에 소요되는 비용은 공항운영자와 항공운송사업자가 분담하고, 항공운송사업자는 통과 또는 환승승객에 대한 운송정보를 공항운영자에게 제공하여야 한다.

④ 제3항의 규정에 따른 보안검색 비용분담 및 운송정보 제공 등에 관한 세부사항은 건설교통부장관이 정한다.

AVIATION SAFETY AND SECURITY ACT

항공안전및보안에관한법률

be determined by the Minister of Construction and Transportation.

⑤ Sections 2, 3, 5 and 6 of Article 15 shall provide guidance for security screening of transit and transfer passengers and carry-on baggage.

⑤ 제15조 제2항 단서 · 제3항 · 제5항 및 제6항의 규정은 통과 또는 환승 승객 및 휴대물품에 대한 보안검색에 관하여 이를 준용한다.

Article 18(Control of In-flight Meals, etc.)

제18조(기내식 등의 통제)

① Air carriers shall take measures necessary to prevent hazardous goods provided for in Article 21 from being carried onto aircraft under the guise of in-flight meals or cabin supplies.

① 항공운송사업자는 제21조의 규정에 의한 위해물품이 기내식 또는 기내 저장품을 이용하여 항공기 기내로 유입되는 것을 방지하기 위하여 필요한 조치를 취하여야 한다.

② Detailed matters concerning the control over carrying in-flight meals and cabin supplies onto or out of aircraft shall be prescribed by the Ordinance of the Ministry of Construction and Transportation.

② 기내식 및 기내저장품 유출입 통제에 대한 세부 사항은 건설교통부령으로 정한다.

Article 19 (Countermeasures Against Failure of Security Screening)

제19조(보안검색 실패등에 대한 대책)

① In the event that cases falling under any of the following subparagraphs occurs, airport operators or air carriers shall promptly make a report thereof to the Minister of Construction and Transportation:

① 공항운영자 또는 항공운송사업자는 다음 각호의 사항이 발생한 경우에는 즉시 건설교통부장관에게 보고하여야 한다.

1. Cases where security screening is performed at the time security screening equipment fails to operate normally or it is learned that security screening is performed inadequately;

1. 검색장비가 정상적으로 작동되지 않은 상태로 검색을 하였거나 검색이 미흡한 사실을 알게된 경우

2. Cases where any person or goods enter secured areas without any prior permission therefor; and

2. 허가받지 아니한 자 또는 물품이 보호구역으로 들어간 경우

3. Other cases are likely to endanger the safety of

3. 기타 항공안전 및 보안에 우려가 있는 것으로서 **건설교**

AVIATION SAFETY AND SECURITY ACT	항공안전및보안에관한법률
aviation and are prescribed by the Ordinance of the Ministry of Construction and Transportation.	**통부령**이 정하는 사항
② The Minister of Construction and Transportation shall, upon receiving the report referred to in paragraph ①, inform without delay the relevant agency of the state in which the relevant aircraft is scheduled to land of the fact.	② 건설교통부장관은 제1항의 규정에 의한 보고를 받은 경우 해당 항공기가 도착하는 국가의 관련기관에 그 사실을 즉시 통보하여야 한다.
③ The Minister of Construction and Transportation shall, if he is informed of the matter falling under any subparagraph of paragraph ① by other state, shall lead the aircraft in question to an isolated apron and then take safety measures, such as security screening for the aircraft.	③ 건설교통부장관은 다른 국가로부터 제1항 각호에 해당하는 사항을 통보받은 경우에는 해당 항공기를 격리계류장으로 유도하여 보안검색 등 안전조치를 취하여야 한다.
Article 20 (Procedures for Safe and Secure Management of Flight Documents)	**제20조(비행서류의 안전 및 보안관리절차 등)**
① Air carriers shall develop and implement measures to manage the safety and security of flight documents, including boarding cards and baggage tags, etc.	① 항공운송사업자는 탑승권 · 수하물 꼬리표 등 비행서류에 대한 안전 및 보안관리대책을 수립 · 시행하여야 한다.
② Detailed matters concerning the safe and secure management of flight documents shall be prescribed by the Ordinance of the Ministry of Construction and Transportation.	② 비행서류의 안전 및 보안관리를 위한 세부사항은 **건설교통부령**으로 정한다.
CHAPTER IV SAFETY AND SECURITY IN AIRCRAFT	**제4장 항공기내 안전 및 보안**
Article 21(Prohibition on Carrying Hazardous Objects onto aircraft)	**제21조(위해물품 휴대 금지)**
① Weapons (including biochemical weapons such	① 항공기에는 무기(탄저균 · 천연두균 등 생화학무기 등을

AVIATION SAFETY AND SECURITY ACT

항공안전및보안에관한법률

as a bacteria of anthrax and smallpox germ), swords, explosives, toxic chemicals or highly flammable substances, etc. shall be prohibited from being carried or loaded onto aircraft. Provided, That the same shall not apply to the cases where permission therefor is obtained from the Minister of Construction and Transportation in accordance with the proviso of Article 61 (1) of the Aviation Act and specific duties are performed in accordance with the proviso of paragraph ③ of the same Article.

포함한다), 도검류, 폭발물, 독극물 또는 연소성이 높은 물건 등을 휴대하거나 탑재할 수 없다. 다만, 「항공법」 제59조제1항의 규정에 의하여 건설교통부장관의 허가를 받은 경우 및 특정한 직무를 수행하기 위한 경우 등 건설교통부령이 정하는 경우에는 그러하지 아니하다.

② Any person who intends to carry weapons or objects, etc. onto aircraft in accordance with the proviso of paragraph ① shall leave them in the custody of the captain of the relevant aircraft before he boards the aircraft and get them returned after he arrives in his destination: Provided, That the same shall not apply to the case of Article 14 ②.

② 제1항 단서의 규정에 의하여 무기 또는 물건 등을 휴대하고자 하는 자는 탑승 전에 이를 당해 항공기의 기장에게 보관시키고 목적지에 도착한 후 이를 반환 받아야 한다. 다만, 제14조 제2항의 경우에는 그러하지 아니하다.

③ Necessary matters concerning the types of weapons permissible to be carried onto aircraft under paragraph ② shall be prescribed by the Presidential Decree.

③ 제2항의 규정에 의하여 휴대할 수 있는 무기의 종류 등에 관하여 필요한 사항은 **대통령령**으로 정한다.

Article 22(Authority of Captain, etc.)

제22조(기장의 권한)

① The capitan of an aircraft and crew to whom the captain delegates his authority (hereinafter referred to as the "capitan, etc.") may take measures necessary to stop the acts of any person who attempts to harm the safety of aircraft in flight, endanger lives, damage property, disrupt the order of the cabin, or breach the regulations of the cabin.

① 기장 및 기장으로부터 권한을 위임받은 승무원(이하 "기장등"이라 한다)은 운항중인 항공기의 안전을 해치고 인명 · 재산에 위해를 주며 기내의 질서를 문란시키거나 기내의 규율에 위반하는 행위를 하려고 하는 자에 대하여 그 행위를 저지시키기 위한 필요한 조치를 할 수 있다.

② The persons in the cabin shall, when requested by the capitan, etc., cooperate with them in

② 항공기 내에 있는 자는 제1항의 규정에 의한 필요 조치에 관하여 기장등의 요청이 있는 때에는 협조를 하여야

implementing the measures under paragraph ①.

③ In the event that any person who perpetrates the act specified in paragraph ① is arrested, the capitan, etc. shall not take off the aircraft with the person in the state of being arrested except that the arrested person agrees to continue being aboard the aircraft in the state of being arrested or there exist reasons make it impossible to let the arrested person get off.

④ In the event that crew to whom the capitan delegates his authority take the measures referred to in paragraph ①, they shall implement such measures under the captain' s supervision.

Article 23(Obligation of Passengers to Cooperate in Maintaining Safety)

① The passengers in aircraft in flight shall be prohibited from the acts falling under any of the following subparagraphs to ensure the safe flight and travel of both the aircraft and themselves:

1. Act of making noise such as using abusive language and singing with a loud voice;
2. Act of smoking (excluding the act of smoking in the smoking corner);
3. Act of drinking alcohol or abusing drug and doing harm to other persons;
4. Act of inducing sexual humiliation;
5. Act of using electronic devices in violation of Article 61-2 of the Aviation Act; and
6. Act of attempting to enter the cockpit without the captain' s approval.

한다.

③ 기장등은 제1항의 행위를 한 자를 체포한 경우 항공기가 착륙한 때에는 체포된 자가 체포된 상태로 계속 탑승하는 것에 동의하거나 체포된 자를 내리게 할 수 없는 사유가 있는 경우 외에는 체포된 상태로 이륙하여서는 아니된다.

④ 기장으로부터 권한을 위임받은 승무원이 제1항의 규정 의한 필요한 조치를 할 때에는 기장의 지휘를 받아 행하여야 한다.

제23조(승객의 안전유지협조 의무)

① 항행중인 항공기 안에 있는 승객은 항공기와 승객의 안전한 운항과 여행을 위하여 다음 각 호의 1에 해당하는 행위를 하여서는 아니된다.

1. 폭언 · 고성방가 등 소란행위
2. 흡연(흡연구역에서의 흡연은 제외한다)
3. 주류를 음용하거나 약물을 복용하고 타인에게 위해를 초래하는 행위
4. 성적 수치심을 유발하는 행위
5. 항공법 제61조의2의 규정에 위반하여 전자기기를 사용하는 행위
6. 기장의 승낙 없이 조종실 출입을 기도하는 행위

AVIATION SAFETY AND SECURITY ACT

② The passengers shall be prohibited from employing violence and making intimidation, perpetrating any deceptive act and operating any door, emergency exit and devices, which might threaten the safe flight of aircraft.

③ The passengers shall be prohibited from occupying an aircraft and staging a sit-in in such aircraft while refusing to get off the aircraft after the aircraft lands.

④ The passengers onto aircraft in flight shall follow justifiable instructions given by the capitan, etc. who prohibit the acts impeding the safe flight of aircraft because of their duties.

⑤ An air carrier shall develop a plan to reduce inconveniences caused to the passengers due to regulations, such as prohibition of smoking, to ensure the safe flight and travel of, its aircraft and passengers.

⑥ The capitan, etc, shall, if any passenger perpetrates or is feared to perpetrate the acts falling under paragraph ① 1 through 5 in an aircraft, labor to prevent in advance such acts by getting him to discontinue such acts or warning him not to continue such acts.

⑦ Air carriers may decline to board aircraft with respect to any persons who are prescribed by the Ordinance of the Ministry of Construction and Transportation and are likely to obstruct the safe flight of aircraft, including persons who refuse to get through security screening.

Article 24(Escort of Prison Inmates, etc.)

① In the event that judicial police officers or public

항공안전및보안에관한법률

② 승객은 운항중인 항공기의 안전운항을 해하는 폭행 · 협박, 위계행위 또는 출입문 · 탈출구 · 기기를 조작하여서는 아니된다.

③ 승객은 항공기가 착륙한 후 항공기에서 내리지 아니하고 항공기를 점거하거나 항공기 안에서 농성하여서는 아니된다.

④ 운항중인 항공기안의 승객은 항공기 안전운항을 저해하는 행위를 금지하는 기장등의 정당한 직무상 지시에 따라야 한다.

⑤ 항공운송사업자는 금연 등 항공기와 승객의 안전한 운항과 여행을 위한 규제로 인하여 승객이 받는 불편이 감소되도록 필요한 방안을 강구하여야 한다.

⑥ 기장등은 승객이 항공기 안에서 제1항 제1호 내지 제5호에 해당하는 행위를 하거나 할 우려가 있는 경우 이를 중지할 것을 계고하여 사전에 방지하도록 노력하여야 한다.

⑦ 항공운송사업자는 보안검색을 거부하는 자 등 **건설교통부령**이 정하는 항공기 안전운항을 해할 우려가 있는 자에 대하여 탑승을 거절할 수 있다.

제24조(수감중인 자 등의 호송)

① 사법경찰관리 또는 법집행 권한이 있는 공무원은 항공

AVIATION SAFETY AND SECURITY ACT	항공안전및보안에관한법률
officials with the law-enforcement authority intend to escort, by aircraft, any suspect, any defendant, any prison inmate or any other person who is feared to cause danger to the safety of cabin in the aircraft (hereafter in this Article referred to as the "person subject to escort"), they shall inform in advance the relevant air carrier thereof.	기로 피의자 · 피고인 · 수형인 그 밖에 기내 안전에 위해를 야기할 우려가 있는 자(이하 이 조에서 "호송대상자"라 한다)를 호송할 경우에는 사전에 해당 항공운송사업자에게 통보하여야 한다.
② The matters required to be informed under paragraph (1) shall include the personal information of the person subject to escort, and the reasons for, methods of, and safety measures against, the escort.	② 제1항의 규정에 의한 통보할 사항에는 호송대상자의 인적사항, 호송이유, 호송방법 및 호송안전조치 등에 관한 사항이 포함되어야 한다.
③ The air carrier informed pursuant to paragraph ① may, if the person subject to escort is deemed to pose a threat to the safety of aircraft, crew and passengers, ask judicial police officers and other public officials assigned to escort the person to take appropriate safety measures against him.	③ 제1항의 규정에 의하여 통보를 받은 항공운송사업자는 호송대상자가 항공기, 승무원 및 승객의 안전에 위협이 된다고 판단되는 경우에는 사법경찰관리등 호송공무원에게 적절한 안전조치를 요구할 수 있다.
④ Necessary measures and procedures, etc. concerning escort methods and conditions, etc. for any person subject to escort shall be prescribed by the Ordinance of the Ministry of Construction and Transportation.	④ 호송대상자의 호송방법 · 호송조건 등에 관한 필요한 조치 및 절차 등에 관한 사항은 건설교통부령으로 정한다.
Article 25(Hand-Over and Takeover of Criminal)	**제25조(범인의 인도인수)**
① The capitan, etc. shall, when they intend to hand over any criminal who has committed any crime in an aircraft in flight, hand over the criminal directly or through the public officials of the relevant agency, to the police station having jurisdiction over the relevant airport.	① 기장 등이 항공기의 운항중에 죄를 범한 범인을 인도할 때에는 직접 또는 해당 관계기관 공무원을 통하여 당해 공항을 관할하는 경찰관서에 인도하여야 한다.
② In the event that the capitan, etc. who take over any criminal under paragraph ① are unable to	② 제1항의 규정에 의한 범인을 인수한 기장 등이 그 항공기안에서 구금을 계속할 수 없는 때에는 직접 또는 해당

AVIATION SAFETY AND SECURITY ACT

항공안전및보안에관한법률

keep him in custody in the aircraft, they shall promptly hand over the criminal, directly or through the public officials of the relevant agency, to the police station having jurisdiction over the relevant airport.

관계기관 공무원을 통하여 당해 공항을 관할하는 경찰관서에 지체없이 인도하여야 한다.

③ The chief of the police station that takes over the criminal under paragraphs ① and ② shall inform without delay the relevant air carrier of the results of his investigation.

③ 제1항 및 제2항의 규정에 의하여 범인을 인도받은 경찰관서의 장은 범인에 대한 처리결과를 지체없이 해당 항공운송사업자에게 통보하여야 한다.

Article 26 (Preliminary Investigation)

제26조(예비조사)

① The chief of the police station may, when he takes over any criminal under Article 25 ① and ②, launch a preliminary investigation to interrogate the criminal about his offense and to secure evidence and statements from witnesses, etc.

① 경찰관서의 장이 제25조 제1항 및 제2항의 규정에 의하여 범인을 인도받은 때에는 범행에 대한 범인의 조사, 증거물의 제출요구 또는 증인에 대한 진술확보 등의 조치를 할 수 있다.

② The chief of the police station shall not delay the flight of the relevant aircraft without any justifiable reasons on the grounds of the preliminary investigation pursuant to paragraph ①.

② 경찰관서의 장은 제1항의 규정에 의한 예비조사를 위하여 당해 항공기 운항을 부당하게 지연시켜서는 아니된다.

CHAPTER V AVIATION SAFETY AND SECURITY EQUIPMENT, ETC.

제5장 항공안전보안장비 등

Article 27(Aviation Safety and Security Equipment)

제27조(항공안전보안장비)

① An airport operator and air carrier shall use aviation safety and security equipment that is published by the Minister of Construction and Transportation.

① 공항운영자 및 항공운송사업자는 건설교통부장관이 고시하는 항공안전보안장비를 사용하여야 한다.

② The Minister of Construction and Transportation

② 건설교통부장관은 항공안전보안장비의 종류, 성능 및

AVIATION SAFETY AND SECURITY ACT

항공안전및보안에관한법률

shall set standards for types, performance and operating methods, etc. of the aviation safety and security equipment, and publish thereof.

운영방법 등에 관한 기준을 정하여 고시하여야 한다.

Article 28(Education and Training)

① Persons who are in charge of overseeing and carrying out the security screening shall take education and training programs for screening methods and procedures, operating screening equipment, and other matters required for security screening at educational institutions designated by the Minister of Construction and Transportation.

② The Minister of Construction and Transportation shall determine any designation of educational institutions and detailed matters for education and training.

제28조(교육훈련 등)

① 검색업무를 감독하거나 수행하는 자는 건설교통부장관이 정한 교육기관에서 검색방법, 검색절차, 검색장비의 운용 및 그 밖에 보안검색에 필요한 교육훈련을 이수하여야 한다.

② 교육기관의 지정과 교육훈련의 세부사항은 건설교통부장관이 정한다.

Article 29(Keeping of Screening Records)

An airport operator, air carrier or company entrusted with security screening function shall make and keep records of security screening at airports such as records related to the duties of screeners and field education and training, as prescribed by the Ordinance of the Ministry of Construction and Transportation.

제29조(검색기록유지)

공항운영자 및 항공운송사업자 또는 보안검색을 위탁받은 검색업체는 검색요원의 업무, 현장교육훈련기록 등의 공항검색에 관한 기록을 건설교통부령이 정한 바에 따라 작성·유지하여야 한다.

CHAPTER VI RESPONSE TO THREAT TO AVIATION SAFETY

제6장 항공안전 위협에 대한 대응

Article 30(Furnishing of Information Pertaining to Threat to Aviation Safety)

The Minister of Construction and Transportation

제30조(항공안전을 위협하는 정보의 제공)

건설교통부장관은 항공안전을 해하는 정보를 알게 되었을

AVIATION SAFETY AND SECURITY ACT

shall, when he learns of information on any threat to aviation safety, furnish such information to the administrative agencies concerned and the agencies concerned of the relevant state.

Article 31(Establishment of Contingency Plan)

① The airport operators, etc. shall develop and implement a contingency plan including action guidelines, communications network construction and education and training, etc. to cope with any unlawful act posing a threat to the safety and security for civil aviation.

② In the event that an contingency plan is developed in accordance with paragraph ①, approval therefor shall be obtained from the Minister of Construction and Transportation.

③ Necessary matters concerning specific contents of the contingency plan referred to in paragraphs ① and ②, standards for developing such plan and procedures for approving such plan, etc. shall be prescribed by the Ordinance of the Ministry of Construction and Transportation.

Article 32(Safety Measures)

In the event that it becomes necessary to quickly cope with any threat to civil aviation, the Minister of Construction and Transportation may order the relevant airport operator, etc. to take necessary measures against such threat.

Article 33(Check and Field Survey, etc.)

① The Minister of Construction and Transportation may designate public officials belonging to his

항공안전및보안에관한법률

때에는 관련 행정기관 및 해당 국가의 관련기관에 그 정보를 제공하여야 한다.

제31조(비상계획의 수립)

① 공항운영자등은 민간항공안전 및 보안에 위협을 주는 불법행위에 대응하기 위하여 행동요령, 통신체제 구축 및 교육훈련 등을 포함한 비상계획을 수립 · 시행하여야 한다.

② 제1항의 규정에 의하여 비상계획을 수립하는 경우 건설교통부장관의 승인을 얻어야 한다.

③ 제1항 및 제2항의 규정에 의한 비상계획의 구체적인 내용, 수립기준 및 승인절차 등에 관하여 필요한 사항은 건설교통부령으로 정한다.

제32조(안전조치)

건설교통부장관은 민간항공 위협에 대하여 신속한 대응이 필요한 경우 공항운영자등에 대하여 필요한 조치를 취할 수 있다.

제33조(점검 및 현장실태조사)

① 건설교통부장관은 소속공무원을 항공보안감독관으로 지정하여 항공안전 및 보안을 위한 점검을 실시하게 할 수 있다.

Mistry as aviation security supervisors to check the safety and security for aviation.

② The Minister of Construction and Transportation may, if necessary, conduct the field check on the protective state of airports and aircraft in concert with administrative agencies concerned and order the airport operators, etc. to take corrective measures for improving the protective state and to develop protective measures for airports and aircraft.

② 건설교통부장관은 필요시 관계행정기관과 합동으로 공항 및 항공기 보호상태에 대하여 현장점검을 실시할 수 있으며 공항운영자등에 대하여 시정조치 및 기타 보호대책 수립을 명할 수 있다.

③ Matters concerning the management of aviation security supervisors and necessary matters concerning the check under paragraph ① shall be prescribed by the Ordinance of the Ministry of Construction and Transportation.

③ 제1항의 규정에 의한 항공보안감독관 운영에 관한 사항 및 점검에 관하여 필요한 사항은 건설교통부령으로 정한다.

CHAPTER VII SUPPLEMENTARY PROVISIONS

제7장 보칙

Article 34 (Financial Assistance)

The State may financially subsidize costs necessary to provide aviation safety and security services within limits of budget.

제34조(재정지원)

국가는 예산의 범위내에서 항공안전 및 보안업무 수행에 필요한 재정을 지원할 수 있다.

Article 35(Supervision)

The Minister of Construction and Transportation may take necessary measures, including the issue of corrective orders, with regard to any act performed in contravention of this Act or any order given or any disposition taken by this Act.

제35조(감독)

건설교통부장관은 이 법 또는 이 법에 의한 명령이나 처분을 위반하는 행위에 대하여는 시정명령 등 필요한 조치를 할 수 있다.

AVIATION SAFETY AND SECURITY ACT

Article 36(Remedy for Damage Caused by Failure, etc. in Air Transportation)

① With respect to failure or delay in transportation caused by an air carrier' s intention or negligence, passengers may apply for remedy for damage to the Korea Consumer Protection Board (hereinafter referred to as the "Consumer Protection Board") established pursuant to the Consumer Protection Act directly or through the aircraft-related damage claim receipt office provided for in paragraph ②: Provided, That the same shall not apply to cases are occurred because of force majeure such as weather conditions, airport situations, aircraft connections and unexpected repairs performed for safe aviation.

② An air carrier shall open and operate aircraft-related damage claim receipt office (hereinafter referred to as the "receipt office") at an airport to accept any application for remedy for damage under paragraph ①.

③ An carrier shall transfer any application for remedy for damage within 5 days from the date on which it receives to the Consumer Protection Board pursuant to paragraph ①.

④ Necessary matters concerning establishment and operation of the receipt office and procedures for dealing with remedy for damage shall be prescribed by the Ordinance of the Ministry of Construction and Transportation.

Article 37(Hearing)

The Minister of Construction and Transportation shall, when he intends to revoke any designation of any company entrusted with security screening

항공안전및보안에관한법률

제36조(항공기이용피해구제절차)

① 승객은 항공운송사업자의 고의 · 과실로 인한 운송 불이행 또는 지연에 대하여 직접 또는 제2항의 규정에 의한 항공기이용피해구제접수처(이하 "접수처"라 한다)를 통하여 소비자보호법에 의한 한국소비자보호원(이하 "소비자보호원"이라 한다)에 피해구제를 청구할 수 있다. 다만, 기상상태, 공항사정, 항공기 접속관계, 안전운항을 위한 예견하지 못한 정비 등 불가항력적인 사유로 인한 경우에는 그러하지 아니한다.

② 항공운송사업자는 제1항의 규정에 의한 피해구제청구를 접수하기 위하여 공항에 접수처를 설치 · 운영하여야 한다.

③ 항공운송사 규정에 의하여 접수받은 신청서를 5일 이내에 소비자보호원에 이송하여야 한다.

④ 접수처의 설치 · 운영 및 처리절차 등에 관하여 필요한 사항은 건설교통부령으로 정한다.

제37조(청문)

건설교통부장관은 제15조제6항의 규정에 의한 위탁업체 지정의 취소를 하고자 하는 경우에는 청문을 실시하여야 한다.

business under Article 15 ⑥, hold a hearing thereon.

Article 38(Delegation and Entrustment of Authority)

① The Minister of Construction and Transportation may delegate part of his authority under this Act to the head of the aviation safety organization created pursuant to Article 6 in such manners as prescribed by the Presidential Decree and the head of the aviation safety organization may again delegate part of the delegated authority to the commissioners of regional airport authorities after obtaining approval therefor from the Minister of Construction and Transportation.

② Part of the authority of the Minister of Construction and Transportation under this Act may be entrusted to other administrative agencies or any person who is not an administrative agency in such manners prescribed by the Presidential Decree.

제38조(권한의 위임 · 위탁)

① 이 법에 의한 건설교통부장관의 권한은 대통령령이 정하는 바에 따라 그 일부를 제6조의 규정에 의한 항공안전조직의 장에게 위임할 수 있으며, 항공안전조직의 장은 위임받은 권한의 일부를 건설교통부장관의 승인을 얻어 지방항공청장에게 재위임할 수 있다

② 이 법에 의한 건설교통부장관의 권한은 대통령령이 정하는 바에 따라 그 일부를 다른 행정청이나 행정청이 아닌 자에게 위탁할 수 있다.

CHAPTER VIII PENAL PROVISIONS

Article 39(Crime of Causing Damage to Aircraft)

① Any person who has caused any damage to aircraft in flight to the extent that such damage harms the safety of aircraft (excluding any person falling under Article 157 (1) of the Aviation Act) shall be punished by death penalty or by imprisonment for life or for not less than 5 years.

② Any person who has caused any damage to aircraft parking on an apron to the extent that such damage harms the safety of aircraft shall be

제8장 벌칙

제39조(항공기손괴죄 등)

① 운항중인 항공기를 파괴하거나, 그 안전을 해 할 만한 손괴를 가한 자는 사형 · 무기 또는 5년 이상의 징역에 처한다.

② 계류중인 항공기를 파괴하거나, 그 안전을 해할 만한 손상을 가한 자는 7년 이하의 징역에 처한다.

AVIATION SAFETY AND SECURITY ACT

항공안전및보안에관한법률

punished by imprisonment for not more than 7 years.

Article 40(Crime of Hijacking Aircraft)

제40조(항공기납치죄 등)

① Any person who has hijacked any aircraft in flight or forced its flight by means of violence, intimidation and other means shall be punished by imprisonment for life or for a limited term of not less than 7 years.

① 폭행 또는 협박 기타의 방법으로 운항중인 항공기를 강탈하거나 그 운항을 강제한 자는 무기 또는 7년 이상의 징역에 처한다.

② Any person who has killed or injured any man by committing the crime of paragraph ① shall be punished by death penalty or life imprisonment.

② 제1항의 죄를 범하여 사람을 사상에 이르게 한 자는 사형 또는 무기징역에 처한다.

③ Any person who has attempted the crime of paragraph ① or ② shall be punished.

③ 제1항 또는 제2항의 미수범은 처벌한다.

④ Any person who has prepared or conspired to commit the crime of paragraph ① or ② shall be punished by imprisonment for not more than 5 years: Provided, That any person who turns himself in prior to the commitment of his intended crime may be subject to mitigation or exemption from the punishment therefor.

④ 제1항 또는 제2항의 죄를 범할 목적으로 예비 또는 음모한 자는 5년 이하의 징역에 처한다. 다만, 그 목적한 죄의 실행에 이르기 전에 자수한 자는 그 형을 감경 또는 면제할 수 있다.

Article 41(Crime of Causing Damage to Aviation Facilities)

제41조(공항시설손괴죄)

Any person who has harmed the safe flight of aircraft by causing damage to aviation facilities related to the flight of aircraft or by impeding the operation of such aviation facilities (excluding any person falling under Article 156 of the Aviation Act) shall be punished by imprisonment for a limited term of not less than 2 years.

항공기 운항과 관련된 항공시설을 손괴하거나 조작을 방해함으로써 항공기의 안전운항을 해한 자는 2년 이상의 유기징역에 처한다.

AVIATION SAFETY AND SECURITY ACT

Article 42(Crime of Altering Aircraft' s Air Route)

Any person who has impeded a normal flight of aircraft by altering the air route of aircraft in flight through fraudulent or forcible means shall be punished by imprisonment for not less than 1 year to not more than 10 years.

Article 43(Crime of Obstructing Duties)

Any person who has harmed the safety of aircraft in flight and its passengers as obstructing the capitan, etc. in the discharge of their justifiable duties by means of violence, intimidation or fraudulence shall be punished by imprisonment for not more than 10 years.

Article 44(Crime of Carrying Hazardous Objects onto Aircraft)

Any person who has carried or loaded hazardous objects onto aircraft or let other person carry or load them in violation of Article 21 shall be punished by imprisonment for not less than 2 years to not more than 5 years.

Article 45(Crime of Impeding Airport Operation)

Any person who has impeded the operstion of airports by means of spreading false facts, violence, intimidation and fraudulence shall be punished by imprisonment for not more than 5 years or by a fine not exceeding 30 million won.

항공안전및보안에관한법률

제42조(항공기항로변경죄)

위계 또는 위력으로써 운항중인 항공기의 항로를 변경하게 하여 정상운항을 방해한 자는 1년 이상 10년 이하의 징역에 처한다.

제43조(직무집행방해죄)

폭행 · 협박 또는 위계로써 기장등의 정당한 직무집행을 방해하여 운항중인 항공기와 승객의 안전을 해 한 자는 10년 이하의 징역에 처한다.

제44조(항공기위험물건탑재죄)

제21조의 규정을 위반하여 휴대 또는 탑재 금지된 물건을 항공기에 휴대 또는 탑재하거나 타인으로 하여금 휴대 또는 탑재하게 한 자는 2년 이상 5년 이하의 징역에 처한다.

제45조(공항운영방해죄)

허위사실 유포, 폭행, 협박 및 위계로써 공항운영을 방해한 자는 5년 이하의 징역 또는 3천만원 이하의 벌금에 처한다.

AVIATION SAFETY AND SECURITY ACT

항공안전및보안에관한법률

Article 46(Crime of Impeding Safe Flight of Aircraft by Means of Violence, etc.)

Any person who has violated the provisions of Article 23 ② shall be punished by imprisonment for not more than 5 years.

제46조(항공기안전운항저해폭행죄 등)

제23조 제2항의 규정을 위반한 자는 5년 이하의 징역에 처한다.

Article 47(Crime of Occupying Aircraft and Staging Sit-In in Aircraft)

Any person who has violated the provisions of Article 23 ③ shall be punished by imprisonment for not more than 3 years or by a fine not exceeding 20 million won.

제47조(항공기점거 · 농성죄)

제23조 제3항의 규정을 위반한 자는 3년 이하의 징역 또는 2천만원 이하의 벌금에 처한다.

Article 48(Crime of Furnishing Information Impeding Flight of Aircraft)

Any person who has furnished false information for the purpose of impeding the flight of aircraft shall be punished by imprisonment for not more than 3 years or by a fine not exceeding 20 million won.

제48조(운항방해정보제공죄)

항공운항을 방해할 목적으로 허위의 정보를 제공한 자는 3년 이하의 징역 또는 2천만원 이하의 벌금에 처한다.

Article 49(Penal Provisions)

Any person who has violated the provisions of Article 23 ① 6 or paragraph ④ of the same Article shall be punished by imprisonment for not more than one year or by a fine not exceeding 10 million won.

제49조(벌칙)

제23조 제1항 제6호 또는 동조 제4항의 규정을 위반한 자는 1년 이하의 징역 또는 1천만원 이하의 벌금에 처한다.

Article 50(Penal Provisions)

① Any person falling under any of the following subparagraphs shall be punished by a fine not exceeding 10 million won:

1. A person who has failed to develop the implementation plan or to obtain approval therefor

제50조(벌칙)

① 다음 각호의 1에 해당하는 자는 1천만원 이하의 벌금에 처한다.

1. 제10조 제1항의 규정을 위반하여 시행계획을 수립하지 아니하거나 승인을 얻지 않은 자

AVIATION SAFETY AND SECURITY ACT	항공안전및보안에관한법률
in violation of the provisions of Article 10 ①;	
2. A person who has neglected or did not perform security screening in violation of the provisions of Article 15, or Section 2 of Article 17.	2. 제15조 또는 제17조 제2항의 규정을 위반하여 보안검색 업무를 하지 아니하거나 소홀히 한자
3. An air carrier that has failed to disembark transit or transfer passengers with their carry-on baggage in violation of the provisions of Section 1 of Article 17.	3. 제17조 제1항의 규정을 위반하여 통과 또는 환승 승객이 휴대물품을 가지고 내리도록 조치하지 아니한 항공운송 사업자
4. A person who has failed to fulfill his obligation of keeping the records of security screening in violation of the provisions of Article 29;	4. 제29조의 규정을 위반하여 검색기록유지의 의무를 위반 한 자
5. A person who has failed to comply with safety measures in violation of the provisions of Article 32;	5. 제32조의 규정을 위반하여 안전조치를 준수하지 않는 자
6. A person who has failed to implement improved security measures in violation of the provisions of Article 33 ②; and	6. 제33조 제2항의 규정을 위반하여 보안개선조치를 불이 행한 자
7. A person who has failed to take measures in response to corrective orders, etc. in violation of the provisions of Article 35.	7. 제35조의 규정을 위반하여 시정명령 등의 조치를 불이 행한자
② Any person falling under any of the following subparagraphs shall be punished by a fine not exceeding one million won:	② 다음 각호의 1에 해당하는 자는 1백만원 이하의 벌금에 처한다
1. A person who has entered a secured area without obtaining approval therefor in violation of the provisions of Article 13 ①;	1. 제13조 제1항의 규정을 위반하여 무단으로 보호구역에 출입한 자
2. A person who has refused to disembark an aircraft with his/her carry-on baggage and defying instructions from the air carrier in violation of the provisions of Section 1 of Article 17.	2. 제17조 제1항의 규정을 위반하여 항공운송사업자의 지 시에도 불구하고 휴대물품을 가지고 내리지 아니한 자

AVIATION SAFETY AND SECURITY ACT

항공안전및보안에관한법률

3. A person who has violated the provisions of Article 23 ① 1 through 5 despite an advance warning from the captain, etc.

3. 기장 등의 사전계고에도 불구하고 제23조 제1항 제1호 내지 제5호의 규정을 위반한 자

ADDENDA

부칙

① (Enforcement Date) This Act shall enter into force three months after the date of its promulgation: Provided, That the amendments to Articles 6 and 38 shall enter into force on the date of its promulgation.

① (시행일)이 법은 공포후 3월이 경과한 날부터 시행한다. 다만, 제6조 및 제38조의 개정규정은 공포한 날부터 시행한다

② (Transitional Measures concerning Security Screening) Any person who performs security screening at the time of enforcement of this Act at an airport shall continue to perform the security screening until the relevant airport operator and the relevant air carrier take over the security screening.

② (보안검색업무에 관한 경과조치)이 법 시행 당시 공항에서 보안검색업무를 수행하고 있는 자는 공항운영자 및 항공운송사업자가 보안검색을 인수할 때까지 보안검색업무를 수행한다.

③ Omitted.

③ (다른 법률의 개정)항공법 중 다음과 같이 개정한다.
제61조 제2항 및 제6항을 삭제한다.
제165조 중 "제61조 제2항 또는 제3항"을 "제61조 제3항"으로 한다.

Additional Clauses

부칙

① (Enforcement Date) This act will enter into effect as of April 1, 2004.

① (시행일) 이 법은 2004년 4월 1일부터 시행한다.

② (Interim Measures for Security Screening of Transit or Transfer Passengers) The newly revised Act, including Article 17 and Sections 1, 2 and 3 of Article 50, will be applicable upon the first aircraft arriving at the airport after the enforcement for transit or transfer passengers and carry-on baggage.

② (통과 또는 환승 승객에 대한 보안검색에 관한 적용례) 제17조 및 제50조 제1항 제2호 및 제3호의 개정규정은 이 법 시행 후 최초로 공항에 도착한 항공기의 통과 또는 환승승객 및 휴대물품부터 적용한다.

AVIATION SAFETY AND SECURITY ACT

항공안전및보안에관한법률

③(Transfer of Security Screening Measures) The air carrier shall perform security screening for transit or transfer passengers and carry-on baggage until such measures are transferred to the airport operator.

③(보안검색업무에 관한 경과조치)이 법 시행당시 공항운영자가 통과 또는 환승승객 및 휴대물품의 보안검색업무를 인수할 때까지 항공운송사업자가 보안검색업무를 수행한다.

Additional Clauses <No.7472, 2005.3.31>

부칙 〈제7472호, 2005. 3.31〉

This act will enter into effect after 3months from the date of its promulgation.

이 법은 공포후 3월이 경과한 날부터 시행한다.

Additional Clauses <The Aviation Act, No.7691, 2005.11.8>

부칙(항공법) 〈제7691호, 2005.11. 8〉

①(Enforcement Date) This act will enter into effect after 8 months from the date of its promulgation.

①제1조 (시행일) 이 법은 공포 후 8월이 경과한 날부터 시행한다.

②Article 2, 9 of the Aviation Act shall be omitted.

②제2조 내지 제9조 생략

③(Amendment to other Ordinances) The Aviation Safety and Security Act shall be amended like the following.

③제10조 (다른 법률의 개정) 항공안전및보안에관한법률 일부를 다음과 같이 개정한다.

④The proviso of Article 21(1) shall be changed like the following.
Provided, That the same shall not apply to the cases where permission therefor is obtained from the Minister of Construction and Transportation in accordance with the proviso of Article 59 (1) of the Aviation Act and specific duties are needed to perform to the Ordinance of the Ministry of Construction and Transportation.

④제21조제1항 단서를 다음과 같이 한다.
다만, 「항공법」제59조제1항의 규정에 의하여 건설교통부장관의 허가를 받은 경우 및 특정한 직무를 수행하기 위한 경우 등 건설교통부령이 정하는 경우에는 그러하지 아니하다.

제3절 1.3 항공안전및보안에관한법률시행령

대통령령 제18938호['05.07.05]

Enforcement Decree of the Aviation Safety and Security Act

Article 1(Purpose)

The purpose of this Decree is to provide matters delegated by the Aviation Safety and Security Act and matters necessary for its enforcement.

Article 2(Composition of the Aviation Safety & Security Committee, etc.)

①The Aviation Safety & Security Committee (hereinafter referred to as the National Security Committee) under the Aviation Safety and Security Act (hereinafter referred to as the Act) Article 7, paragraph 1, shall be composed of 20 or fewer members including a chairman.

②The members shall be the following:

1. Grade-1 public officials or equivalent public officials appointed by each head of government agencies including Ministry of Foreign Affairs and Trade, Ministry of Justice, Ministry of National Defense, Ministry of Culture and Tourism, Ministry of Agriculture, Ministry of Health and Welfare, National Intelligence Service, Korea Customs Service, National Police Agency, and Korea National Maritime Police Agency; and,

2. Persons appointed by the Minister of the Construction and Transportation among those possessing extensive knowledge and experience in aviation safety and security.

③The chairman shall represent and have overall control over the Security Committee.

④The chairman shall convene and chair meetings of the Security Committee.

항공안전및보안에관한법률시행령

제1조(목적)

이 영은 항공안전및보안에관한법률에서 위임된 사항과 그 시행에 관하여 필요한 사항을 규정함을 목적으로 한다.

제2조(항공안전협의회의 구성 등)

① 항공안전및보안에관한법률(이하 "법" 이라 한다) 제7조 제1항의 규정에 의한 항공안전협의회(이하 "안전협의회"라 한다)는 위원장 1인을 포함한 20인 이내의 위원으로 구성한다.

② 안전협의회의 위원은 다음 각호의 자로 한다.

1. 외교통상부 · 법무부 · 국방부 · 문화관광부 · 농림부 · 보건복지부 · 국가정보원 · 관세청 · 경찰청 및 해양경찰청 소속의 1급 또는 이에 상당하는 공무원 중 소속기관의 장이 지명하는 자 각 1인

2. 항공안전 및 보안에 관한 학식과 경험이 풍부한 자 중 건설교통부장관이 위촉하는 자

③ 위원장은 안전협의회를 대표하며 그 업무를 총괄한다.

④ 위원장은 안전협의회의 회의를 소집하고, 그 의장이 된다.

Enforcement Decree of the Aviation Safety and Security Act

항공안전및보안에관한법률시행령

⑤The Security Committee shall have one secretary appointed by the Minister of Construction and Transportation from among public officials of the Ministry.

⑤안전협의회의 사무를 처리하기 위하여 간사를 두며 건설교통부장관이 소속공무원 중에서 임명한다.

⑥Necessary detailed matters concerning the operation of the Security Committee other than those stipulated in this Decree shall be determined by the chairman after obtaining the approval of the Security Committee.

⑥이 영에 규정된 사항외에 안전협의회의 운영에 관하여 필요한 세부사항은 안전협의회의 의결을 거쳐 위원장이 정한다.

Article 3(Membership of the Airport Safety and Security Committee, etc.)

제3조(공항안전운영협의회의 구성 등)

①The Airport Safety and Security Committee (hereinafter referred to as the Airport Security Committee) under the Act, Article 8, Paragraph 1, shall be composed of 10 or fewer members including one chairman.

①법 제8조제1항의 규정에 의한 공항안전운영협의회(이하 "운영협의회"라 한다)는 위원장 1인을 포함한 10인 이내의 위원으로 구성한다.

②Members of the Airport Security Committee shall be persons falling under one of the following subparagraphs:

②운영협의회의 위원은 다음 각호의 자로 한다.

1. Employees belonging to the airport operators concerned;

1. 해당 공항운영자의 소속직원

2. Employees belonging to the air carriers concerned;

2. 해당 공항에 상주하는 항공운송사업자의 소속직원

3. Other persons commissioned by the chairman.

3. 그밖에 항공안전 및 보안을 위하여 위원장이 위촉하는 자

③The chairman shall be appointed from among the heads of regional aviation administrations or the public officials of the concerned administration designated by the heads of such administrations.

③위원장은 해당 공항을 관할하는 지방항공청장 또는 지방항공청장이 소속공무원중에서 지명하는 자가 된다.

④The chairman shall represent and have overall control over the Airport Security Committee.

④위원장은 운영협의회를 대표하며 그 업무를 총괄한다.

Enforcement Decree of the Aviation Safety and Security Act

⑤ The chairman shall convene and chair meetings of the Airport Security Committee.

⑥ The Airport Security Committee shall have one secretary appointed by the head of the regional aviation administrations from among public officials belonging to such administrations.

⑦ Necessary detailed matters concerning the operation of the Airport Security Committee other than those stipulated in this Decree shall be determined by the chairman after obtaining the approval of the Security Committee.

Article 4(Duties of the Airport Security Committee)

The Airport Security Committee shall discuss all of the following:

1. Matters concerning the establishment of security implementation programmes for aviation safety and security (hereinafter referred to as security implementation programme) under the Act, Article 10, Paragraph 1;
2. Matters concerning the safety and security of airport facilities;
3. Matters concerning the safety and security of aircraft;
4. Matters concerning airport contingency plans;
5. Other matters concerning the safety and security of airports

항공안전및보안에관한법률시행령

⑤ 위원장은 운영협의회의 회의를 소집하고, 그 의장이 된다.

⑥ 운영협의회의 사무를 처리하기 위하여 간사를 두며, 지방항공청장이 소속공무원중에서 임명한다.

⑦ 이 영에 규정된 사항외에 운영협의회의 운영에 관하여 필요한 세부사항은 운영협의회의 의결을 거쳐 위원장이 정한다.

제4조(운영협의회 임무)

운영협의회는 다음 각호의 사항을 협의한다.

1. 법 제10조제1항의 규정에 의한 항공안전 및 보안의 시행계획(이하 "시행계획"이라 한다)의 수립에 관한 사항
2. 공항시설의 안전 및 보안에 관한 사항
3. 항공기의 안전 및 보안에 관한 사항
4. 공항비상계획에 관한 사항
5. 그 밖에 공항의 안전 및 보안에 관한 사항

Enforcement Decree of the Aviation Safety and Security Act

Article 5 (National Aviation Security Basic Plan)

①The national civil aviation safety and security basic plan (hereinafter referred to as the basic plan) under the Act, Article 9, Paragraph 1 shall include the following matters:

1. Basic policies concerning the safety and security of aviation;
2. Mid- and long-term plans concerning the safety and security of aviation;
3. Roles of relevant administrative agencies concerning the safety and security of aviation;
4. Roles of the airport operators defined by the Act, Article 10, Paragraph 1 (hereinafter referred to as airport operators, etc.) concerning the safety and security of aviation;
5. Contingency plans concerning the safety and security of aviation;
6. Plans for improving aviation security equipment;
7. Training plans concerning aviation safety and security;
8. International cooperation for aviation safety and security;
9. National Civil Aviation Security Program;
10. Other necessary matters concerning aviation safety and security.

②The Minister of the Construction and Transportation shall notify airport operators, etc. after establishing the basic plan.

항공안전및보안에관한법률시행령

제5조(기본계획의 내용)

① 법 제9조 제1항의 규정에 의한 항공안전 및 보안에 관한 기본계획(이하 "기본계획"이라 한다)에는 다음 각호의 내용이 포함되어야 한다.

1. 항공안전 및 보안에 관한 기본방침
2. 항공안전 및 보안에 관한 중 · 장기 추진방향
3. 항공안전 및 보안에 관한 관련 행정기관의 역할
4. 법 제10조 제1항의 규정에 의한 공항운영자등(이하 "공항운영자등"이라 한다)의 항공안전 및 보안에 대한 역할
5. 항공안전 및 보안에 관한 비상계획
6. 항공안전보안장비 개선계획
7. 항공안전 및 보안에 관한 교육훈련계획
8. 항공안전 및 보안에 관한 국제협력
9. 항공안전 및 보안에 관한 세부운영지침
10. 그 밖에 항공안전 및 보안에 관하여 필요한 사항

② 건설교통부장관은 기본계획을 수립한 때에는 그 내용을 공항운영자등에게 통보하여야 한다.

Enforcement Decree of the Aviation Safety and Security Act

Article 6(Approval of Security Implementation Programme)

① The Minister of Construction and Transportation shall, when intending to approve the security implementation programmes under the Act, Article 10, Paragraph 1, review any matters falling under all of the following subparagraphs:

1. Conformity with the Convention on International Civil Aviation, Annex 17 to the Convention, and other international agreements concerning aviation safety and security;

2. Conformity with the basic plan.

② The airport operators, etc. shall have consultations with the National Security Committee to obtain the Minister of Construction and Transportation' s approval of the security implementation programme.

Article 7(Airport Security Implementation Program)

The Airport Security Implementation Programs established by each airport operator under Article 10 of the Act shall include the following:

1. Designation of a security officer in charge of composition, operation and security of aviation security organizations;

2. Training for airport security;

3. Communication and reporting procedures on aviation safety and security;

4. Measures to protect airport facilities;

항공안전및보안에관한법률시행령

제6조(시행계획의 승인 등)

① 건설교통부장관이 법 제10조제1항의 규정에 의하여 시행계획을 승인하고자 할 때에는 다음 각호의 사항을 검토하여야 한다.

1. 국제민간항공협약 및 그 협약부속서 17 등 항공안전 및 보안에 관련된 국제협약과의 적합성

2. 기본계획과의 적합성

② 공항운영자등이 시행계획을 수립하여 건설교통부장관의 승인을 얻고자 하는 경우에는 안전협의회의 협의를 거쳐야 한다.

제7조(공항운영자의 시행계획)

법 제10조의 규정에 의하여 공항운영자가 공항별로 수립하는 시행계획에는 다음 각호의 사항이 포함되어야 한다.

1. 항공안전 및 보안조직의 구성 · 업무 및 보안책임자의 지정

2. 항공안전 및 보안에 관한 교육훈련

3. 항공안전 및 보안에 관한 정보의 전달 및 보고절차

4. 공항시설의 경비대책

Enforcement Decree of the Aviation Safety and Security Act

5. Designation and access control of security restricted areas ;

6. Security screening of passengers, carry-on baggage, and checked baggage;

6. 2) Security screening of transit or transfer passengers and their carry-on baggage

7. Operation plan of security screening personnel;

8. Security measures for airport tenants (confined to companies outside the restricted areas);

9. Management and operation of security equipment;

10. Reporting and communicating procedures for security screening failures;

11. Screening record keeping

Article 8(Air Carrier Security Implementation Programmes)

The Air Carrier Security Program established by each air carrier in accordance with Article 10 of the Act shall include the followings:

1. Designation of a security officer in charge of composition, operation and security of the aviation safety and security organizations;

2. Training for aviation safety and security;

3. Communicating and reporting procedures for aviation safety and security;

4. Security measures for aircraft maintenance facilities concerned;

항공안전및보안에관한법률시행령

5. 보호구역지정 및 출입통제

6. 승객 · 휴대물품 및 위탁수하물에 대한 보안검색

6의2. 통과 또는 환승 승객 및 그 휴대물품에 대한 보안검색

7. 보안검색요원의 운영계획

8. 공항상주업체(보호구역밖에 있는 업체에 한한다)의 항공안전 및 보안관리대책

9. 항공안전보안장비의 관리 및 운용

10. 보안검색 실패 등에 대한 대책 및 보고 · 전달체계

11. 보안검색의 기록의 작성 · 유지

제8조(항공운송사업자의 시행계획)

법 제10조의 규정에 의하여 항공운송사업자가 수립하는 시행계획에는 다음 각호의 사항이 포함되어야 한다.

1. 항공안전 및 보안조직의 구성 · 업무 및 보안책임자의 지정

2. 항공안전 및 보안에 관한 교육훈련

3. 항공안전 및 보안에 관한 정보의 전달 및 보고절차

4. 항공기 정비시설 등 항공운송사업자가 관리 · 운영하는 시설에 대한 보안대책

Enforcement Decree of the Aviation Safety and Security Act	항공안전및보안에관한법률시행령
5. Aircraft security measures including the following:	5. 항공기 보안에 관한 다음 각목의 사항
a. Aircraft guarding measures;	가. 항공기에 대한 경비대책
b. Pre-flight inspection and afterflight inspection;	나. 비행전 · 후 항공기에 대한 보안점검
c. Security control procedures for aircraft on the ground;	다. 계류항공기에 대한 보안 및 통제절차
d. In-flight security measures;	라. 항공기 운항중 보안대책
e. Procedures for dealing with passengers who violated the obligations to cooperate in maintaining safety under Article 23 of the Act;	마. 법 제23조의 규정에 의한 안전유지협조의무 위반자에 대한 처리절차
f. Procedures for escorting persons in administrative control in accordance with Article 24 of the Act;	바. 법 제24조의 규정에 의한 수감중인 자 등의 호송절차
g. Procedures for the hand-over and take-over of criminals in accordance with Article 25 of the Act;	사. 법 제25조의 규정에 의한 범인의 인도 · 인수 절차
h. Operation procedures for in-flight security personnel and their weapons;	아. 항공보안요원의 운영 및 무기운용절차
i. Security measures for aircraft in international flight;	자. 국외취항 항공기에 대한 보안대책
j. Security measures in high-threat situations to aircraft;	차. 항공기에 대한 위협증가시 항공안전 및 보안대책
k. Cockpit-access procedures and cockpit-reinforcement measures;	카. 조종실 출입절차 및 조종실 출입문 안전강화대책
l. Pilot-in-command authorities and the delegation thereof	타. 기장의 권한 및 그 권한의 위임절차
m. Operating procedures for in-flight security equipment;	파. 기내 보안장비 운용절차
6. Catering and stores security measures	6. 기내식 및 저장품에 대한 보안대책
7. Cargo screening;	7. 화물에 대한 보안검색
8. Providing procedures of air transport-related information according to Section 3 of Article 17 of the Act.	8. 법 제17조 제3항의 규정에 의한 운송정보의 제공절차
9. Operating plan for screening personnel;	9. 보안검색요원의 운영계획

10. Procedures for loading and transporting restricted items;

11. Passengers and baggage reconciliation procedures;

12. Procedures for rejecting passengers;

13. Flight documents control measures;

14. Making and keeping screening records;

15. Security pass control procedures;

16. Other necessary matters concerning aviation safety and security.

10. 위해물품 탑재 및 운송절차

11. 승객 및 수하물에 대한 일치여부 확인절차

12. 항공기 탑승 거절절차

13. 비행서류의 안전 및 보안관리 대책

14. 보안검색기록의 작성 · 유지

15. 보호구역 출입증 관리대책

16. 그 밖에 항공안전 및 보안에 관하여 필요한 사항

Article 9(Security Implementation Programme of Aircraft-handling Companies, etc.)

The security implementation programme established by aircraft-handling companies, airport-resident companies (limited to the those located in the restricted areas), cargo terminal operators and other persons prescribed by the Ordinance of the Ministry of Construction and Transportation in accordance with Article 10 of the Act shall include the followings:

1. Designation of a security officer in charge of composition, operation of aiviation security organizations;

2. Aviation safety and security training;

3. Procedures for communicating and reporting information about aviation safety and security;

4. Security pass control procedures;

제9조(항공기취급업체 등의 시행계획)

법 제10조의 규정에 의하여 항공기취급업체, 공항상주업체(보호구역 안에 있는 업체에 한한다), 항공여객 · 화물터미널 운영자 및 그 밖에 건설교통부령이 정하는 자가 수립하는 시행계획에는 다음 각호의 사항이 포함되어야 한다.

1. 항공안전 및 보안조직의 구성 · 업무 및 보안책임자 지정

2. 항공안전 및 보안에 관한 교육훈련

3. 항공안전 및 보안에 관한 정보의 전달 및 보고절차

4. 보호구역출입증 관리대책

Enforcement Decree of the Aviation Safety and Security Act

항공안전및보안에관한법률시행령

5. Security measures for guarding and access controlling of the facilities concerned;

5. 당해 시설 경비보안 및 보안검색 대책

6. Management and operation of security equipment;

6. 항공안전보안장비 관리 및 운용

7. Other matters concerning aviation safety and security.

7. 그 밖에 항공안전 및 보안에 관한 사항

Article 10(Screening of Passengers and Carry-on Baggage, etc.)

제10조(승객 및 휴대물품의 보안검색방법 등)

① Airport operators shall screen all passengers and their carry-on items before their boarding by using walk-through metal detectors, hand-held metal detectors, or X-ray screening devices (hereinafter referred to as screening equipment). In cases where passengers or their carry-on items are suspected of containing explosives, explosive-detecting equipment shall be used for detecting such items.

① 공항운영자는 항공기 탑승전에 모든 승객 및 휴대물품에 대하여 문형금속탐지기 · 휴대용탐지기 또는 엑스선 검색장비(이하 "검색장비"라 한다)를 사용하여 보안검색을 하여야 한다. 이 경우 폭발물이 있다고 의심이 되는 때에는 폭발물 탐지장비를 사용하여 보안검색을 하여야 한다.

② Airport operators shall take necessary measures to prevent passengers who refuse security screening or carry weapons, explosives or other items feared to threaten aviation safety and security from gaining access to the restricted areas.

② 공항운영자는 보안검색을 거부하거나 무기 · 폭발물 또는 그 밖에 항공안전 및 보안에 위협이 되는 물건을 휴대한 승객이 보안검색이 완료된 지역으로 진입할 수 없도록 필요한 조치를 하여야 한다.

③ In the event that cases falling under any of the following subparagraphs occur, airport operators shall physically search passengers or their baggage with the passengers' consent:

③ 공항운영자는 다음 각호의 1에 해당하는 경우에는 승객의 동의를 얻어 직접 신체에 대한 검색을 하거나 개봉검색을 하여야 한다.

1. When screening equipment is not available or does not work properly;

1. 검색장비가 설치되어 있지 아니하거나 정상적으로 작동하지 아니하는 경우

2. When alarms in the security equipment go off;

2. 검색장비의 경보음이 울리는 경우

3. When passengers are suspected of carrying or concealing weapons or restricted items;

3. 무기류 또는 위해물품을 휴대 또는 은닉하고 있다고 의심되는 경우

Enforcement Decree of the Aviation Safety and Security Act

4. When X-ray devices are not able to detect contents of baggage subject to screening.

④ Airport operators may allow the objects prohibited from being carried into the cabin to be loaded onto aircraft as checked baggage if they deem that the objects will not threaten aviation safety, and security.

Article 11(Checked Baggage Screening)

① Air carriers shall request airport operators to screen checked baggage only when the baggage belongs to passengers with valid boarding passes. In this case, the air carriers shall make sure that the baggage belongs to the passengers with boarding passes and that it contains no restricted items before requesting the airport operators for security screening.

② The airport operators shall screen checked baggage under Paragraph 1 by using X-ray screening devices before they are loaded onto the aircraft and shall open and physically examine the baggage in the event of cases falling into any of the following subparagraphs. Provided, in case that the passengers or their carry-on items are suspected to contain explosives, explosive-detecting equipment shall be used for security screening:

1. When screening equipment is not available or does not work normally;

2. When passengers are suspected of carrying or concealing weapons or restricted items;

3. When X-ray devices are not able to detect contents of baggage subject to screening;

항공안전및보안에관한법률시행령

4. 엑스선 검색장비에 의한 검색결과 그 내용물을 판독할 수 없는 경우

④ 공항운영자는 기내에서 휴대가 금지되는 물품이 항공안전 및 보안에 위해가 되지 아니하다고 인정되는 경우에는 위탁수하물로 탑재를 하게 할 수 있다.

제11조(위탁수하물의 보안검색방법 등)

① 항공운송사업자는 탑승권을 소지한 승객의 위탁수하물에 대하여만 공항운영자에게 보안검색을 의뢰하여야 한다. 이 경우 항공운송사업자는 공항운영자에게 보안검색을 의뢰하기 전에 그 위탁수하물이 탑승권을 소지한 승객의 소유인지 여부 및 위해물품인지 여부를 확인하여야 한다.

② 공항운영자는 제1항의 규정에 의한 위탁수하물에 대하여 항공기 탑재전에 엑스선 검색장비를 사용하여 보안검색을 하여야 하며, 다음 각호의 1에 해당하는 경우에는 위탁수하물을 개봉하여 그 내용물을 검색하여야 한다. 이 경우 폭발물이 있다고 의심되는 때에는 폭발물 탐지장비를 사용하여 보안검색을 하여야 한다.

1. 엑스선 검색장비가 설치되어 있지 아니하거나 정상적으로 작동하지 아니한 경우

2. 무기류 또는 위해물품이 은닉되어 있다고 의심되는 경우

3. 엑스선 검색장비에 의한 검색결과 그 내용물을 판독할 수 없는 경우

Enforcement Decree of the Aviation Safety and Security Act

항공안전및보안에관한법률시행령

4. Other special situations, including an increasing threat to aviation safety and security.

4. 그 밖에 항공안전 및 보안에 위협이 증가하는 등 특별한 사유가 발생하는 경우

③ The airport operators shall ensure that screened checked baggage is not mixed with unscreened baggage, and take adequate measures to protect the screened checked baggage before they are loaded onto aircraft.

③ 공항운영자는 보안검색이 완료된 위탁수하물이 보안검색이 완료되지 아니한 위탁수하물과 혼재되지 아니하도록 하여야 하며, 보안검색이 완료된 위탁수하물에 대하여는 항공기에 탑재되기 전까지 보호조치를 하여야 한다.

④ The air carriers shall load only screened baggage onto an aircraft; however, they shall also ensure that no baggage is loaded on board unless the owner is on board. Provided, in the event that the checked baggage needs to be carried by another aircraft, the baggage can be loaded onto the aircraft after an appropriate security control is applied to the baggage.

④ 항공운송사업자는 보안검색이 완료된 위탁수하물을 탑재하되, 위탁수하물의 소유자가 탑승하지 아니한 경우에는 그 위탁수하물을 탑재하여서는 아니된다.
다만, 그 위탁수하물에 대한 운송처리를 잘못하여 다른 항공기로 운송하여야할 경우에는 별도의 보안조치를 한 후에 탑재할 수 있다.

Article 12(Cargo Screening)

제12조(화물에 대한 보안검색방법 등)

① Concerning cargo loaded onto passenger aircraft by air carriers, the provisions of Article 11, Paragraph 2 shall be applied mutatis mutandis.

① 여객기에 탑재하는 화물에 대한 항공운송사업자의 보안검색에 대하여는 제11조제2항의 규정을 준용한다.

② The air carriers shall carry out security screening on air cargo through any methods provided in the following subparagraphs:

② 항공운송사업자는 화물기에 탑재하는 화물에 대하여는 다음 각 호의 1에 해당하는 방법에 의하여 보안검색을 하여야 한다.

1. Physical search;

1. 개봉검색

2. X-ray screening;

2. 엑스선 검색장비에 의한 검색

3. Screening by explosive-detecting devices;
4. Screening by explosive-detecting dogs;

3. 폭발물 탐지장비에 의한 검색
4. 폭발물 탐지견에 의한 검색

5. Screening by decompression chambers.

5. 압력실을 사용한 검색

③ The cargo which is loaded onto the cargo only aircraft can be exempted from security screening

③ 항공운송사업자는 검색장비의 보유, 보안검색요원의 확보 및 화물보안대책 등 항공안전본부장이 정하여 고

Enforcement Decree of the Aviation Safety and Security Act

항공안전및보안에관한법률시행령

at the airport by air carriers, provided both the screening is conducted by the private screening companies meeting standards such as equipped with required screening devices, and adequate security screening personnel, determined by the Head of the Civil Aviation Safety Authority, and air carriers make mutual agreement with them about security screening responsibilities and procedures.

시하는 화물보안기준을 갖추었다고 항공안전본부장이 인정하는 자와 운송화물(화물기에 탑재하는 화물에 한한다)에 대한 보안검색 책임 및 절차 등에 관하여 상호 협약을 체결한 때에는 그 자의 운송화물에 대하여 보안검색을 아니할 수 있다. 〈개정 2005.7.5〉

Article 13(Screening of Handicapped Persons, etc.)

제13조(장애인 등에 대한 보안검색방법 등)

① The airport operators can screen persons designated by the Head of Civil Aviation Safety Authority such as handicapped persons in supplementary medical devices, pregnant women, and seriously ill passengers at a private place other than the security screening area.

① 공항운영자는 의료보조장치를 착용한 장애인 · 임산부 또는 중환자등 항공안전본부장이 인정하는 자에 대하여는 보안검색장소외의 별도의 장소에서 보안검색을 할 수 있다.

② The airport operators shall not physically search diplomatic parcels regarding the following:

② 공항운영자는 다음 각호의 요건을 모두 갖춘 외교행낭에 대하여는 개봉검색을 하여서는 아니된다.

1. The diplomatic parcel shall be carried by persons with documents proving their diplomatic status and documents specifying the number of diplomatic parcels

1. 외교신서사(外交信書使)의 신분을 증명할 수 있는 공문서 및 외교행낭의 수를 표시한 공문서를 소지한 자가 휴대할 것

2. The diplomatic parcel shall have a clear mark proving that it is a diplomatic parcel and a mark of the nation on the exterior

2. 외교행낭의 외부에 외교행낭임을 식별할 수 있는 표지와 국가표시가 있을 것

③ The airport operators or air carriers can, when performing security screening with the screening equipment in accordance with Article 15 of the Act, carry out alternative screening such as visual examinations or verifying required documents on any items falling into one of the following subparagraphs if they cannot be opened without

③ 법 제15조의 규정에 의하여 공항운영자 또는 항공운송사업자는 검색장비에 의하여 보안검색을 하는 경우 본래의 형질이 손상되거나 변질될 수 있는 다음 각호의 1에 해당하는 물품에 대하여는 개봉검색을 하거나 입증서류 확인등의 방법으로 보안검색을 할 수 있다.

damaging or violating the contents:

1. Life-saving medical supplies such as bone marrow, and blood;

2. Remains of human body, crematory containers

3. Organs for transplant;

4. Other items similar to Subparagraphs 1 through 3, permitted by the Head of Civil Aviation Safety Authority

1. 골수 · 혈액 등 인명구조용 의료품

2. 유골, 유해

3. 이식용 장기

4. 그 밖에 제1호 내지 제3호와 유사한 것으로서 항공안전본부장의 허가를 받은 물품

Article 14(Request of Necessary Measures by Chief of Competent Police Station)

In accordance with Article 15, Paragraph ② of the Act, the chief of the police station in charge can, when deemed necessary for criminal investigation and prevention of any danger to the public, is entitled to request airport operators or air carriers for necessary measures coming under the following subparagraphs:

1. Cooperations regarding police questioning, and searching of suspicious passengers and their belongings;

2. One of the security screening methods under Article 10 or 12 of this Decree deemed appropriate;

3. Additional deployment of security-screening personnel for enhancing screening.

제14조(관할 경찰관서의 장의 필요한 조치 요구)

법 제15조 제2항 단서의 규정에 의하여 관할 경찰관서의 장은 범죄의 수사 및 공공의 위험예방을 위하여 필요한 경우 공항운영자 또는 항공운송사업자에게 다음 각호의 필요한 조치를 요구할 수 있다.

1. 보안검색대상자에 대한 불심검문, 신체 또는 물품의 수색 등에 대한 협력

2. 제10조 내지 제12조의 규정에 의한 보안검색방법 중 필요하다고 인정되는 방법에 의한 보안검색

3. 보안검색강화를 위한 보안검색요원의 증원배치

Article 15(Exemption of Security Screening)

Any person falling under one of the following subparagraphs can be exempted from the security

제15조(보안검색의 면제)

다음 각호의 1에 해당하는 자에 대하여는 법 제15조의 규정에 의한 보안검색을 면제할 수 있다.

screening prescribed in Article 15 of the Act:

1. Heads of state traveling overseas for official duties

2. Persons exempted from security screening in accordance with bilateral agreements.

1. 공무로 국외여행을 하는 국가원수

2. 국제협약 등에 의하여 보안검색의 면제를 받도록 되어 있는 자

Article 16(Transit/Transfer Passenger Screening)

According to Section 2 of Article 17, when an airport operator performs security screening for transit or transfer passengers, Articles 10, 13 and 15 of the Act will be followed as the guide.

제16조(통과 또는 환승승객의 보안검색방법 등)

공항운영자가 법 제17조 제2항의 규정에 의하여 통과 또는 환승승객에 대하여 보안검색을 하는 경우에는 제10조 · 제13조 및 제15조의 규정을 준용한다.

Article 17(Security measures concerning Unscreened Personnel, etc.)

① Airport operators and air carriers shall ensure that passengers, carry-on baggage, checked baggage and cargo which are not screened shall not be in the restricted areas.

② Air carriers shall take necessary measures to ensure that transit/transfer passengers neither leave the transit area nor board their designated aircraft without permission.

제17조(보안검색이 완료되지 아니한 자 등에 대한 조치)

① 공항운영자 및 항공운송사업자는 보안검색을 완료하지 아니한 승객 · 휴대물품 · 위탁수화물 및 화물이 보안검색이 완료된 지역으로 혼입되지 아니하도록 하여야 한다.

② 항공운송사업자는 통과 및 환승승객이 지정항공기를 탑승하지 아니하고 통과 및 환승지역을 무단으로 벗어나거나 도주하지 하지 아니하도록 하여야 한다.

Article 18(Preventing Imposition of Other Duties)

Security screening personnel shall not have other duties imposed on them by airport operators, air carriers, or companies entrusted with security screening while performing security screening work.

제18조(다른 직무의 금지 등)

공항운영자 · 항공운송사업자 또는 보안검색위탁업체는 보안검색요원이 보안검색 업무를 수행중인 때에는 보안검색업무외의 다른 업무를 수행하게 하여서는 아니된다.

Enforcement Decree of the Aviation Safety and Security Act

Article 19 (Carrying Weapons on Board)

Weapons allowed to be carried onto aircraft in accordance with Article 21 of the Act are as follows:

1. Spray guns, and stun-guns prescribed in the provisions ② and ③ of Article 6 of the Enforcement Decree of the Control of Firearms, Swords, and Explosives, etc;
2. Weapons allowed to be carried onto aircraft in accordance with bilateral agreements.
3. Cases where weapons are allowed to be carried according to the International Treaty

Article 20(Delegation and Entrustment of Authority)

The Minister of Construction and Transportation shall delegate the following authorities to the Head of the Civil Aviation Safety Authority under the Act, Article 38, Paragraph 1:

1. Establishment of the basic plan concerning aviation safety and security, prescribed in Article 9 of the Act;
2. Approval of security programmes for aviation safety and security prescribed in Article 10 of the Act;
3. Approval or revocation of designation of restricted areas and temporarily restricted areas prescribed in Article 12 of the Act;
4. Designation and cancellation of designation of companies entrusted with security screening prescribed in Article 15 of the Act;

항공안전및보안에관한법률시행령

제19조(기내 무기휴대)

법 제21조의 규정에 의하여 기내에서 휴대할 수 있는 무기는 다음 각호와 같다.

1. 총포 · 도검 · 화약류등단속법시행령 제6조의2 및 제6조의3의 규정에 의한 분사기 또는 전자충격기
2. 국제협약에 의하여 휴대가 허용되는 무기

제20조(권한의 위임)

건설교통부장관은 법 제38조제1항의 규정에 의하여 다음 각호의 권한을 항공안전본부장에게 위임한다.

1. 법 제9조의 규정에 의한 항공안전 및 보안에 관한 기본계획의 수립
2. 법 제10조의 규정에 의한 항공안전 및 보안에 관한 시행계획의 승인
3. 법 제12조의 규정에 의한 공항시설 보호구역 및 임시보호구역의 지정승인 및 취소
4. 법 제15조의 규정에 의한 보안검색위탁업체의 지정 및 취소

Enforcement Decree of the Aviation Safety and Security Act	항공안전및보안에관한법률시행령
4. 2) Details related to the sharing of security screening costs and providing air transport-related information based on Section 4 of Article 17 of the Act.	4의2. 법 제17조제4항의 규정에 의한 보안검색 비용분담 및 운송정보 제공 등에 관한 세부사항의 제정
5. Matters concerning reception of security screening failures reports, notification to relevant agencies, and countermeasures against such failures prescribed in Article 19 of the Act;	5. 법 제19조의 규정에 의한 보안검색 실패시의 보고접수, 관련기관에의 통보 및 안전조치에 관한 사항
6. Announcements of standards concerning the types, performance, and operating method of aviation security equipment prescribed in Article 27 of the Act;	6. 법 제27조의 규정에 의한 항공안전보안장비의 종류·성능 및 운용방법 등에 관한 기준고시
7. Detailed matters concerning designation of training centers and training programs prescribed in Article 28 of the Act;	7. 법 제28조의 규정에 의한 교육기관의 지정 및 교육훈련의 세부사항에 관한 사항
8. Provision of threat information against aviation safety and security prescribed in Article 30 of the Act;	8. 법 제30조의 규정에 의한 항공안전의 위협에 관한 정보의 제공
9. Approval of contingency plans developed by airport operators, etc. prescribed in Article 31, Paragraph 2;	9. 법 제31조제2항의 규정에 의한 공항운영자등의 비상계획의 승인
10. Matters concerning the safety and security measures prescribed in Article 32 of the Act;	10. 법 제32조의 규정에 의한 안전조치에 관한 사항
11. Matters concerning the evaluation and designation of aviation security supervisors prescribed in Article 33 of the Act;	11. 법 제33조의 규정에 의한 점검 및 항공보안감독관의 운영 등에 관한 사항
12. Matters concerning necessary measures including issuance of corrective orders prescribed in Article 35 of the Act;	12. 법 제35조의 규정에 의한 시정명령 등 필요한 조치에 관한 사항
13. Holding hearings prescribed in Article 37 of the Act.	13. 법 제37조의 규정에 의한 청문의 실시

Enforcement Decree of the Aviation Safety and Security Act

ADDENDA

① (Enforcement Date) This Decree shall enter into force as of the date of its promulgation.

② (Interim Measures concerning the Establishment of Implementation Plan) Airport operators, etc. shall submit to the Minster of Construction and Transportation preliminary implementation programmes after the enforcement of the Decree, within 3 months from the date of being notified of the basic plan.

③ (Amendment to other ordinances) Enforcement Decree of the Aviation Act shall be amended:

by striking Article 63, Paragraph 3, Item 22.

ADDENDA < No. 18938, 2005.7.5>

This Decree shall enter into force after 1 month from the date of its promulgation.

항공안전및보안에관한법률시행령

부칙

①(시행일)이 영은 공포한 날부터 시행한다.

②(시행계획 수립 등에 관한 경과조치)공항운영사등은 이 영 시행후 최초로 수립하는 시행계획을 건설교통부장관으로부터 기본계획의 내용을 통보받은 날부터 3월이내에 건설교통부장관에게 제출하여야 한다.

③(다른 법령의 개정)항공법시행령 중 다음과 같이 개정한다.

제63조 제3항 제22호차목을 삭제한다.

부칙 〈제18938호,2005.7.5〉

이 영은 공포 후 1월이 경과한 날부터 시행한다.

제4절 1.4 항공안전및보안에관한법률시행규칙

건설교통부령 제340호['02.11.30]

AVIATION SAFETY AND SECURITY ACT

항공안전및보안에관한법률시행규칙

Wholly Amended by Ordinance of the Ministry of Construction and Transportation No. 340, Nov. 30th, 2002

Article 1(Purpose)

The purpose of this Rule is to provide matters delegated by the Aviation Safety and Security Act and Enforcement Decree and matters necessary for its enforcement.

제1조(목적)

이 규칙은 항공안전및보안에관한법률 및 동법시행령에서 위임된 사항과 그 시행에 관하여 필요한 사항을 규정함을 목적으로 한다.

Article 2(Obligators)

The term Other persons prescribed by the Ordinance of the Ministry of Construction and Transportation under Article 5 of the Aviation Safety and Security Act (hereinafter referred to as Act) means any person falling into one of the following subparagraphs:

1. Any person who installed an aerodrome or aviation safety facilities under the approval of the Minister of Construction and Transportation in accordance with Article 75 (2) of the Aviation Act;

2. Any person operating city air terminals under Article 139 of the Aviation Act.

제2조(협조의무자)

항공안전및보안에관한법률(이하 "법"이라 한다) 제5조에서 "그 밖에 건설교통부령이 정하는 자"라 함은 다음 각호의 1에 해당하는 자를 말한다.

1. 항공법 제75조 제2항 규정에 의하여 건설교통부장관의 허가를 받아 비행장 또는 항행안전시설을 설치한 자

2. 항공법 제139조의 규정에 의하여 도심공항터미널을 경영하는 자

AVIATION SAFETY AND SECURITY ACT

Article 3(Security Programme Developers)

Any other person prescribed by the Ordinance of the Ministry of Construction and Transportation under Article 10 ① of the Act, and Article 9 of the Enforcement Decree of the same Act (hereinafter referred to as Decree) refers to city air terminal operators in accordance with Article 139 of the Aviation Act.

Article 4(Designation of Restricted Areas)

Restricted areas under Article 12 ① of the Act shall include the following:

1. Sterile Areas;

2. Immigration Areas;

3. Customs Areas;

4. Air traffic control tower and other control facilities;

5. Runways and aprons;

6. Air navigation facilities;

7. Cargo buildings;

항공안전및보안에관한법률시행규칙

제3조(시행계획의 작성자)

법 제10조제1항 및 항공안전및보안에관한법률시행령(이하 "영"이라 한다) 제9조에서 "그 밖에 건설교통부령이 정하는 자"라 함은 항공법 제139조의 규정에 의한 도심공항터미널을 경영하는 자를 말한다.

제4조(보호구역의 지정)

법 제12조제1항의 규정에 의한 보호구역에는 다음 각호의 지역이 포함되어야 한다.

1. 보안검색이 완료된 지역

2. 출입국심사장

3. 세관검사장

4. 관제탑 등 관제시설

5. 활주로 및 계류장

6. 항행안전시설 설치지역

7. 화물청사

AVIATION SAFETY AND SECURITY ACT	항공안전및보안에관한법률시행규칙
8. Areas adjacent to the areas specified under Subparagraphs ④ to ⑦.	8. 제4호 내지 제7호의 규정에 의한 지역의 부대지역
Article 5(Approval, Change and Cancellation of Restricted Areas)	**제5조(보호구역의 지정승인 · 변경 및 취소)**
① Airport operators intending to obtain approval for being designated as restricted areas or temporarily restricted areas (hereinafter referred to as restricted areas, etc.), shall submit to the Head of the Civil Aviation Safety Authority the following information:	① 공항운영자가 법 제12조의 규정에 의하여 보호구역 또는 임시보호구역(이하 "보호구역등"이라 한다)의 지정승인을 얻고자 하는 경우에는 다음 각호의 서류를 첨부하여 항공안전본부장에게 제출하여야 한다.
1. The purpose of the designation;	1. 보호구역등의 지정목적
2. A map of the restricted areas;	2. 보호구역등의 도면
3. Access control measures to be enforced at the restricted areas, etc.;	3. 보호구역등의 출입통제대책
4. The designation period (when designating temporarily restricted areas).	4. 지정기간(임시보호구역을 지정하는 경우에 한한다)
② Airport operators intending to obtain approval for changes to the designation of restricted areas shall submit to the Head of the Civil Aviation Safety Authority the following documents:	② 공항운영자가 지정된 보호구역등의 변경승인을 얻고자 하는 경우에는 다음 각호의 서류를 첨부하여 항공안전본부장에게 제출하여야 한다.
1. A statement of reasons for the change;	1. 보호구역 등의 변경사유

AVIATION SAFETY AND SECURITY ACT

2. A map of the restricted areas, etc. to be modified; and,

3. A statement of measures for controlling access to the restricted areas which need to be modified.

③ Airport operators shall obtain approval from the Head of the Civil Aviation Safety Authority concerning the cancellation of the designation.

Article 6(Approval for Access to Restricted Areas, etc.)

① Any person or vehicle intending to enter the restricted areas, etc. under Article 13 of the Act shall submit applications for approval, as requested by airport operators, to the airport operators.

② When permitting access to the restricted areas, airport operators shall issue security passes to the applicants. When permitting access to the restricted areas falling under Subparagraphs ③ and ⑥ of Article 4, airport operators shall consult with the head of the organization in charge of the areas in advance.

③ Any person permitted access to the restricted areas, etc. under Paragraph ② shall, when

항공안전및보안에관한법률시행규칙

2. 변경하고자 하는 해당 보호구역 등의 도면

3. 변경하고자 하는 해당 보호구역 등의 출입통제대책

③ 공항운영자가 보호구역등의 지정을 취소하고자 하는 경우에는 항공안전본부장의 승인을 얻어야 한다.

제6조(보호구역 출입허가 등)

① 법 제13조의 규정에 의하여 보호구역등을 출입하고자 하는 자 또는 차량은 공항운영자가 정하는 출입허가신청서를 공항운영자에게 제출하여야 한다.

② 공항운영자는 보호구역등의 출입허가를 한 때에는 신청인에게 공항운영자가 정하는 출입증을 발급하여야 한다. 이 경우 제4조제3호 내지 제6호의 지역의 출입을 허가하고자 하는 때에는 그 지역을 관할하는 행정기관의 장과 미리 협의하여야 한다.

③ 제2항의 규정에 의하여 출입허가를 받은 자가 보호구역등으로 출입하는 경우에는 출입증을 패용하여야 하고

AVIATION SAFETY AND SECURITY ACT

항공안전및보안에관한법률시행규칙

entering the areas, wear the pass and the vehicle shall have appropriate passes on the front windows.

차량의 경우에는 운전석 앞 유리창에 출입증을 부착하여야 한다.

④ Airport operators shall make and keep the documents about any person or vehicle entering the restricted areas, etc. for at least 1 year from the issuing date.

④ 공항운영자는 보호구역 등을 출입하는 자 또는 차량에 대하여 기록하고 이를 작성한 날로부터 1년 이상 보존하여야 한다.

⑤ The necessary detailed matters concerning access to the restricted areas, etc. and the making and keeping of relevant documents, other than stipulated under this Rule, shall be determined by airport operators.

⑤ 이 규칙에 규정된 사항외에 보호구역 등의 출입허가 및 기록의 작성 · 보존 등에 필요한 세부사항은 공항운영자가 정한다.

Article 7(Cockpit Door Security)

제7조(조종실 출입문 안전조치)

Air carriers shall provide the following security measures for cockpit doors, as referred to under Article 14 ③ of the Act, to strengthen security and safety of onboard passengers:

항공운송사업자는 법 제14조제3항의 규정에 의하여 여객기의 보안 및 안전강화 등을 위하여 조종실 출입문에 다음 각호의 안전조치를 취하여야 한다.

1. Establishing access control procedures for cockpit doors;

1. 조종실 출입통제절차를 마련할 것

2. Installing a safety lock in the cockpit doors to protect the doors against unauthorized access;

2. 객실에서 조종실 출입문을 임의로 열 수 없는 견고한 잠금장치를 설치할 것

3. Establishing appropriate measures to keep cockpit

3. 조종실 출입문열쇠 보관방법을 정할 것

AVIATION SAFETY AND SECURITY ACT | 항공안전및보안에관한법률시행규칙

doors keys secured;

4. Locking cockpit doors in-flight; and,

4. 운항중에는 조종실 출입문을 잠글 것

5. Installing aviation security equipment as referred to in Article 32 of the Act.

5. 법 제32조의 규정에 의한 항공안전본부장의 안전조치에 따른 항공안전 및 보안시설을 설치할 것

Article 8(Criteria for Designation of Security Companies Entrusted with Screening)

제8조(보안검색위탁업체 지정기준)

Criteria for designating companies entrusted with security screening as referred to in Article 15 ③ ⑥ of the Act are as follows:

법 제15조제3항 및 제6항의 규정에 의한 보안검색위탁업체의 지정기준은 다음과 같다.

1. Qualifications for companies entrusted with security screening for passengers, carry-on baggage and checked baggage are as follows:

1. 승객 · 휴대물품 및 위탁수화물 보안검색위탁업체의 지정기준

a. Incheon, Gimpo, Gimhae and Jeju airports:

가. 인천 · 김포 · 김해 및 제주공항의 경우

(1) Companies granted security services licenses in accordance with Article 4 of the Security Industry Act;

(1) 경비업법 제4조의 규정에 의하여 경비업 허가를 받은 법인일 것

(2) Companies with paid-in capital of at least 1 billion won;

(2) 자본금 10억원 이상일 것

(3) Companies with at least 100 permanent security-screening personnel;

(3) 상시고용직원인 보안검색인력이 100인 이상일 것

AVIATION SAFETY AND SECURITY ACT

항공안전및보안에관한법률시행규칙

b. Other airports not mentioned in Item a:

나. 가목외의 공항의 경우

(1) Companies granted security business licenses in accordance with Article 4 of the Security Industry Act;

(1) 경비업법 제4조의 규정에 의하여 경비업 허가를 받은 법인일 것

(2) Companies with paid-in capital of at least 500 million won;

(2) 자본금이 5억원 이상일 것

(3) Companies with at least 10 permanent security-screening personnel;

(3) 상시고용직원인 보안검색인력이 10인 이상일 것

2. Qualifications for security companies with entrusted cargo screening

2. 화물 보안검색위탁업체의 지정기준

(1) Companies granted business licenses in accordance with Article 4 of the Security Industry Act;

(1) 경비업법 제4조의 규정에 의하여 경비업 허가를 받은 법인일 것

(2) Companies with paid-in capital of at least 500 million won;

(2) 자본금이 5억원 이상일 것

(3) Companies with at least 5 permanent security-screening personnel.

(3) 상시고용직원인 보안검색인력이 5인 이상일 것

Article 9(Revocation of Designation of Security Screening-entrusted Companies)

제9조(보안검색위탁업체 지정취소)

The Head of the Civil Aviation Safety Authority can

항공안전본부장은 다음 각호의 1에 해당하는 경우 보안검

AVIATION SAFETY AND SECURITY ACT

항공안전및보안에관한법률시행규칙

revoke the designation for security screening of Companies falling under any of the following:

색업체의 지정을 취소할 수 있다.

1. Companies inappropriately certified;

1. 허위 그밖에 부정한 방법으로 지정받은 경우

2. Companies failing to meet the qualifications referred to in Article 8 except for those recovering the qualifications within 3 months after temporarily failing to meet

2. 제8조의 규정에 의한 지정기준에 미달하게 된 경우. 다만, 일시적으로 지정기준에 미달하게 되어 3월 이내에 지정기준을 다시 갖춘 경우에는 그러하지 아니하다.

3. Companies whose licenses, obtained under the Security Industry Act, have been revoked or suspended;

3. 경비업법에 의한 경비업의 허가가 취소되거나 영업이 정지된 경우

4. Companies which cause death or injury to persons either intentionally or through gross negligence duriing carrying out security screening

4. 보안검색업무 수행중 고의 또는 중대한 과실로 인하여 인명피해가 발생한 경우

Article 10(Catering Security, etc.)

제10조(기내식 등의 통제)

① Air carriers shall take security measures with regard to vehicles carrying catering, cabin supplies and catering facilities to prevent dangerous items from being surreptitiously carried onto aircraft, in accordance with Article 18 of the Act.

① 항공운송사업자는 법제18조의 규정에 의하여 위해물품이 기내식 또는 기내저장품을 이용하여 기내로 유입되지 아니하도록 기내식 또는 기내저장품을 운반하는 자 · 차량 및 기내식 제조시설에 대하여 보안대책을 수립하여야 한다.

② Air carriers shall not transport catering or cabin supplies onto the aircraft falling under one of the

② 항공운송사업자는 다음 각호의 1에 해당하는 경우에는 기내식 또는 기내저장품 등이 기내로 유입되게 하여서

AVIATION SAFETY AND SECURITY ACT

following subparagraphs

1. Those items that seem to have been tampered

2. Those items not inspected nor confirmed as safe by the persons designated by air carriers;

3. Catering supplies whose containers appear to potentially conceal restricted items.

Article 11(Report of the Failure of Security Screening)

As referred to in Article 19 (3) 1 of the Act, airport operators or air carriers shall make a report to the Head of the Civil Aviation Safety Authority in the following cases:

1. When security screening did not comply with the requirements referred to in Articles 10, 12 and 16 of the Ordinance;

2. When security screening was performed by persons who did not undergo training as specified in Article 28 of the Act;

3. When there is increased danger to the aircraft posed by weapons or explosives.

항공안전및보안에관한법률시행규칙

는 아니된다.

1. 외부의 침입흔적이 있는 경우

2. 항공운송사업자가 지정한 자에 의하여 검사 · 확인되지 아니한 경우

3. 기내식 용기 등에 위해물품이 들어있다고 의심이 되는 경우

제11조(보안검색 실패 등에 대한 보고)

법 제19조 제1항 제3호의 규정에 의하여 공항운영자 또는 항공운송사업자는 다음 각호의 1에 해당하는 경우 항공안전본부장에게 보고하여야 한다.

1. 영 제10조 내지 제12조 및 제16조의 규정에 의한 보안검색방법에 따라 보안검색이 이루어지지 아니한 경우

2. 법 제28조의 규정에 의한 교육훈련을 이수하지 아니한 자에 의하여 보안검색이 이루어진 경우

3. 무기 · 폭발물 등에 의하여 항공기에 대한 위협이 증가하는 경우

AVIATION SAFETY AND SECURITY ACT

Article 12(Flight Documents Security)

① Air carriers shall control flight documents under Article 20 of the Act as stipulated in the following subparagraphs:

1. The guidelines for control of flight documents including handling procedures shall be prepared;

2. Persons in charge of security and handling of flight documents shall be appointed;

3. The place to keep flight documents shall be designated.

② Air carriers shall retain boarding passes, baggage tags, passenger manifests, cargo manifests, hazardous goods reports, weapon-transporting reports, and other flight documents specified by the Head of the Civil Aviation Safety Authority for at least 1 year after the date of recording.

Article 13(Refusal to Board Passengers)

① As referred to in Article 23 ⑦ of the Act, air carriers may refuse to board persons falling under one of the following paragraphs:

1. Persons refusing to undergo security screening;

항공안전및보안에관한법률시행규칙

제12조(비행서류의 안전 및 보안관리)

① 항공운송사업자는 법 제20조의 규정에 의한 비행서류를 다음 각호와 같이 관리하여야 한다.

1. 비행서류의 취급절차 등 안전 및 보안관리를 위한 지침을 마련할 것

2. 비행서류의 안전 및 보안관리를 위한 보안담당자 및 취급자를 지정할 것

3. 비행서류의 보관장소를 지정할 것

② 항공운송사업자는 탑승권 · 수하물꼬리표 · 승객탑승명세서 · 화물탑재명세서 · 위험물보고서 · 무기운송보고서 그 밖에 항공안전본부장이 정하는 비행서류를 작성한 날로부터 1년 이상 보존하여야 한다.

제13조(탑승거절 대상자)

① 항공운송사업자는 법 제23조제7항의 규정에 의하여 다음 각호에 해당하는 자에 대하여 탑승을 거절할 수 있다.

1. 보안검색을 거부하는 자

AVIATION SAFETY AND SECURITY ACT	항공안전및보안에관한법률시행규칙
2. Persons deemed likely to harm other passengers or crew by such acts as mentioned in Article 23 ① 3 of the Act;	2. 법 제23조 제1항 제3호의 행위로 승객 및 승무원 등에게 위해를 가할 우려가 있는 자
3. Persons for whom denial of boarding has been requested by international organizations or domestic/overseas investigation agencies due to concerns over possible threats to the safety of flights.	3. 국제기구 또는 국내외 수사기관 등으로부터 항공기 안전운항을 저해할 우려가 있어 탑승거절이 요청된 자
② In cases when boarding has been denied to persons for reasons referred to in Paragraph ①, air carriers shall inform those persons of the reasons.	② 항공운송사업자가 제1항의 규정에 의하여 탑승을 거절하는 경우에는 그 사유를 탑승이 거절되는 자에게 고지하여야 한다.
Article 14(Escort of Persons in Custody, etc.)	**제14조(수감중인 자 등에 대한 호송방법 등)**
① The air carriers informed pursuant to Article 24 ① of the Act shall notify the pilot in command about the escort, and inform the judicial police officers or public officials with law-enforcement authority of the seat number of the person subject to escort and necessary safety requirements.	① 법 제24조 제1항의 규정에 의한 통보를 받은 항공운송사업자는 호송대상자가 탑승하는 항공기의 기장에게는 호송사실을, 호송대상자를 호송하는 사법경찰관리 또는 법집행 권한이 있는 공무원에게는 호송대상자의 좌석 및 안전조치 요구사항 등을 각각 통보하여야 한다.
② In cases when persons subject to escort are on board, air carriers shall take necessary measures as specified in the following subparagraphs to ensure the safety of passengers, in compliance with Article 24 ④ of the Act:	② 법 제24조 제4항의 규정에 의하여 항공운송사업자는 호송대상자가 항공기에 탑승하는 경우 승객의 안전을 위하여 다음 각호의 필요한 조치를 하여야 한다.

AVIATION SAFETY AND SECURITY ACT	항공안전및보안에관한법률시행규칙
1. For persons subject to escort, a separate boarding procedure shall be established;	1. 호송대상자의 탑승절차를 별도로 마련할 것
2. The seating arrangement of the persons subject to escort shall be made in a way that poses no threat to safety of other passengers.	2. 호송대상자의 좌석은 승객의 안전에 위협이 되지 아니하도록 배치할 것
3. Alcohol shall not be served to persons subject to escort;	3. 호송대상자에게 주류를 제공하지 아니할 것
4. Persons subject to escort shall not be provided with metal forks or knives.	4. 호송대상자에게 철제 식기류를 제공하지 아니할 것
Article 15(Designation of Screening Training Centers)	**제15조(보안검색교육기관의 지정 등)**
① Those intending to be designated as an official screening training center under Article 28 ② of the Act shall submit to the Head of the Civil Aviation Safety Authority an application form in accordance with the attachment, accompanied by written training plans including the following:	① 법 제28조 제2항의 규정에 의하여 보안검색교육기관으로 지정을 받고자 하는 자는 별지 서식의 보안검색교육기관지정신청서에 다음 각호의 사항이 포함된 교육계획서를 첨부하여 항공안전본부장에게 제출하여야 한다.
1. Training courses and contents;	1. 교육과정 및 교육내용
2. Qualifications, experiences and number of instructors	2. 교관의 자격 · 경력 및 정원 등의 현황
3. Status of the training facilities and equipment;	3. 교육시설 및 교육장비의 현황

AVIATION SAFETY AND SECURITY ACT	항공안전및보안에관한법률시행규칙
4. Testing methods;	4. 교육평가방법
5. Annual training plans; and,	5. 연간 교육계획
6. Training regulations.	6. 교육규정
② For appropriate screening training and testing, the Head of the Civil Aviation Safety Authority shall establish and announce publicly qualification requirements for security screening training centers including matters concerning Subparagraphs of Paragraph 1.	② 항공안전본부장은 적절한 보안검색 교육 및 교육평가 위하여 제1항 각호에 관한 사항을 포함하는 보안검색교육기관의 지정기준을 정하여 고시하여야 한다.
③ The Head of the Civil Aviation Safety Authority shall grant designation only when the contents of application documents submitted under Paragraph 1 meet the qualification requirements set forth in Paragraph 2.	③ 항공안전본부장은 제1항의 규정에 의하여 제출된 신청서류를 심사하여 그 내용이 제2항의 규정에 의한 지정기준에 적합한 경우에는 보안검색교육기관으로 지정하여야 한다.
④ Training centers designated as official screening training centers shall report the list of names of persons attending their programs and individual performance ratings to the Head of the Civil Aviation Safety Authority at the end of each training program.	④ 보안검색교육기관으로 지정받은 교육기관은 교육이 종료된 후 교육이수자 명단 및 교육평가결과를 항공안전본부장에게 보고하여야 한다.
⑤ In the case of any changes in the subparagraphs of Paragraph 1, training centers designated for security screening shall report such changes to the Head of the Civil Aviation Safety Authority.	⑤ 보안검색교육기관으로 지정받은 교육기관은 제1항 각호의 사항에 변경이 있는 경우에는 그 변경내용을 항공안전본부장에게 보고하여야 한다.

AVIATION SAFETY AND SECURITY ACT	항공안전및보안에관한법률시행규칙
⑥ In the case that training centers designated for security screening fail to meet the qualification requirements set forth in Paragraph ②, the Head of the Civil Aviation Safety Authority shall cancel the designation.	⑥ 항공안전본부장은 보안검색교육기관으로 지정받은 교육기관이 제2항의 지정기준에 적합한지의 여부를 확인하여 그 지정기준에 미달되는 경우에는 보안검색교육기관 지정을 취소하여야 한다.
Article 16(Screening Record Keeping, etc.)	**제16조(보안검색기록의 작성 등)**
① In accordance with Article 29 of the Act, airport operators, air carriers or companies entrusted with security screening shall make records of security screening that shall include the following and keep the records for at least one year:	① 법 제29조의 규정에 의하여 공항운영자 · 항공운송사업자 또는 보안검색을 위탁받은 검색업체는 다음 각호의 사항이 포함된 보안검색에 관한 기록을 작성하여 1년 이상 보존하여야 한다.
1. Names and working hours of the supervisors and screening personnels	1. 보안검색업무를 수행한 보안검색요원 · 감독자의 성명 및 근무시간
2. Matters concerning testing and operation of aviation security equipment; and,	2. 항공안전보안장비의 점검 및 운용에 관한 사항
3. Other special incidents during screening operation.	3. 그 밖에 보안검색업무 수행중에 발생한 특이사항
Article 17(Dissemination of Information)	**제17조(정보의 제공)**
In accordance with Article 30 of the Act, the Head of the Civil Aviation Safety Authority shall provide the information specified in Article 16 to the followings:	법 제30조의 규정에 의하여 항공안전본부장이 정보를 제공하여야할 대상은 다음 각호와 같다.

AVIATION SAFETY AND SECURITY ACT	항공안전및보안에관한법률시행규칙
1. Administrative agencies prescribed in Subparagraph 1, Paragraph 2, Article 2 of the Decree;	1. 영 제2조 제2항 제1호의 규정에 의한 행정기관
2. The states of the Registry of the aircraft and the operator of the landing	2. 해당 항공기 등록국가 및 운영국가의 관련기관
3. Each state appropriate agencies whose passengers are involved,	3. 항공기 승객의 본국의 관련기관
4. International Civil Aviation Organization (ICAO).	4. 국제민간항공기구(ICAO)
Article 18(Establishment of Airport Contingency Plan, etc.)	**제18조(공항운영자 등의 비상계획수립)**
① The aviation security contingency plans established in compliance with Article 31 ① of the Act (hereinafter referred to as contingency plan) by airport operators, etc. as mentioned in Article 10 ① of the Act (hereinafter referred to as airport operators, etc.) shall include the following:	① 법 제10조 제1항의 규정에 의한 공항운영자등(이하 "공항운영자등" 이라 한다)이 법 제31조제1항의 규정에 의하여 수립하는 비상계획(이하 "비상계획" 이라 한다)에는 다음 각호의 사항이 포함되어야 한다.
1. Airport Contingency Plan	1. 공항운영자의 비상계획
a. Roles of administrative agencies concerned;	가. 관련행정기관의 역할
b. Countermeasures in the event of threats to airport facilities;	나. 공항시설 위협시의 대응대책
c. Countermeasures in the event of hijackings; and,	다. 항공기납치시의 대응대책
d. Countermeasures in the event of threats from explosives or biological weapons.	라. 폭발물 또는 생화학무기 위협시의 대응대책

AVIATION SAFETY AND SECURITY ACT	항공안전및보안에관한법률시행규칙
2. Air Carrier Contingency Plan	2. 항공운송사업자의 비상계획
a. Countermeasures in the event of threats to airport facilities;	가. 공항시설 위협시의 대응대책
b. Preventive measures against hijackings; and,	나. 항공기납치 방지대책
c. Countermeasures in the event of threats from explosives or biological weapons.	다. 폭발물 또는 생화학무기 위협시의 대응대책
3. Contingency Plan of Aircraft-handling Companies and Others	3. 항공기취급업체 등의 비상계획
a. Countermeasures in the event of threats to airport facilities; and,	가. 공항시설 위협시의 대응대책
b. Countermeasures in the event of threats from explosives or biological weapons.	나. 폭발물 또는 생화학무기 위협시의 대응대책
② Airport operators, etc. can include their contingency plans with their security plans mentioned in Article 10 and submit them to the Head of the Civil Aviation Safety Authority for approval.	② 공항운영자등은 비상계획을 법 제10조제1항의 규정에 의한 시행계획에 포함하여 항공안전본부장의 승인을 얻을 수 있다.
Article 19(Operation of Aviation Security Inspectors)	**제19조(항공보안감독관 운영 등)**
① The aviation security inspectors under Article 33 ① of the Act (hereinafter referred to as inspectors) shall inspect airport operators concerning aviation safety and security under the direction of the Head of the Civil Aviation Safety Authority.	① 법 제33조제1항의 규정에 의한 항공보안감독관(이하 "감독관"이라 한다)은 항공안전본부장의 명에 의하여 공항운영자등의 항공안전 및 보안에 관한 업무를 점검한다.

AVIATION SAFETY AND SECURITY ACT

② The inspectors shall, when they conduct inspections on the status of aviation safety and security, not impede normal airport operations.

③ The inspectors shall, in case of finding violations of laws on aviation safety and security, without delay report to the Head of the Civil Aviation Safety Authority.

④ Necessary matters other than those stipulated under this Rule shall be determined by the Head of the Civil Aviation Safety Authority.

Article 20(Operation of Aircraft-related Claim Receipt Offices)

① Air carriers shall establish aircraft-related claim receipt offices pursuant to Article 36 ② of the Act in a prominent location and operate the offices from the time of arrival of their first aircraft every day until 1 hour after the arrival of their last aircraft.

② If air carriers receive any application for claims under Article 36 ① of the Act, they shall notify the applicants of detailed matters concerning the processing of their application, such as forwarding the applications to the Korea Consumer Protection Board pursuant to the

항공안전및보안에관한법률시행규칙

② 감독관이 항공안전 및 보안을 위한 점검을 실시하는 경우에는 공항운영자등의 정상적인 업무수행을 방해하여서는 아니된다.

③ 감독관은 점검결과 항공안전 및 보안에 관한 법령에 위반한 사실을 발견한 때에는 지체없이 항공안전본부장에게 보고하여야 한다.

④ 이 규칙에서 정한 사항외에 감독관 운영에 관하여 필요한 사항은 항공안전본부장이 정한다.

제20조(피해구제접수처의 설치 · 운영)

① 항공운송사업자는 법 제36조 제2항의 규정에 의한 항공기이용 피해구제 접수처를 공항 내 승객의 눈에 잘 보이는 곳에 설치하고, 매일 그 공항에 당해 항공운송사업자의 항공기가 처음 도착하는 시간부터 마지막 도착한 후 1시간이 경과한 때까지 운영하여야 한다.

② 항공운송사업자는 법 제36조제1항의 규정에 의한 피해구제신청을 받은 경우에는 한국소비자보호법에 의한 한국소비자보호원에 피해구제신청서를 이송한 사실 등 당해 피해구제신청의 처리 내용을 신청을 받은 날부터 8일 이내에 신청인에게 통보하여야 한다.

AVIATION SAFETY AND SECURITY ACT

항공안전및보안에관한법률시행규칙

Consumer Protection Act within 8 days from the date the application is received.

ADDENDA

부칙

This rule shall enter into force as of the date of its promulgation.

이 규칙은 공포한 날부터 시행한다.

Aviation Security

제9장
부록 II

항공 및 항공보안 용어 정의

참고문헌

항공 및 항공보안 용어정의

1. 항공 용어

용어	원어	한국어
ACC	Area Control Center or Area Control	地域航空交通管制局
ACI	Airports Council International	國際航空協會
ADF	Automatic Direction Finding	自動方向探知
ADIZ	Air Defence Identification Zone	防空識別區域
AFS	Aeronautical Fixed Service	航空固定業務
AFIS	Aerodrome Flight Information Service	航空飛行情報業務
AFTIN	Aeronautical Fixed Telecommunication Network(ICAO)	國際航空固定通信網
AIC	Aeronautical Information Circular	航空情報回覧
AIP	Aeronautical Information Publications	航空情報刊行物
AIREP	Air Report	飛行航空機로부터의 氣像通報
ALS	Approach Light System	接近燈 裝置
AMS	Aeronautical Mobile Service	航空移動業務
AOC	Aerodrome Obstruction Chart	空港(또는 飛行場) 障碍圖
APC	Aeronautical Planning Chart	空港計劃圖
ARP	Aerodrome Reference Point	空港(또는 飛行場) 標点
ASR	Airport Surveillance Radar	航空監視레이다
ATA	Actual Time Arrival	實際到着時間
ATC	Air Traffic Control(In General)	空港交通管制
ATD	Actual Time of Departure	實際出發時間
ATIS	Automatic Terminal Information Service	局地自動情報業務
CAB	Civil Aviation Bureau	交通部航空局
CATC	Civil Aviation Training Center	航空技術訓練院
CAVOK	Visibility, Cloud, Present Weather Better than Prescribed Values or Conditions	提示된 氣象値보다 良好한 視程

용어	원어	한국어
CMO	Central Meteorological Office	中央氣象臺
DME	Distance-measuring Equipment	UHF 距離測定裝置
ETA	Estimated Time of Arrival	倒着豫定時間
ETD	Estimated Time of Departure	出發豫定時間
FAA	Federal Aviation Administration(U.S.A)	美國聯邦航空廳
FAI	Federation Aeronautique International	國際航空聯盟
FANS	Future Air Navigation System	未來發行시스템
FIC	Flight Information Center	飛行情報局
FIR	Flight Information Region	飛行情報局 區域
FOD	Foreign Object Damage	外部物體에 依한 破損
GCA	Ground Controlled Approach	地上誘導接近管制
GCI	Ground Controlled Intercept	地上誘導邀擊管制
GMT	Greenwich Mean Time	國際標準時間
IATA	International Air Transport Association	國際航空運送協會
IBN	Identification Beacon	航空標識燈
ICAO	International Civil Aviation Organization	國際民間航空機構
IFR	Instrument Flight Rules	計器飛行規則
ILS	Instrument Landing System	計器着陸裝置
KLIZ	Korea Limited Identification Zone	韓國制限識別區域
LAT	Latitude	緯度
LONG	Longitude	經度
LTT	Land-line Teletypewriter	有線電信타자기
MLS	Microwave Landing System	마이크로웨이브 着陸裝置
MSA	Minimum Safe Altitude	最低安全高度
MSL	Mean Sea Level	海拔高度

용어	원어	한국어
MTI	Moving Target Indicator	移動目標指示機
NDB	Non-Directional Radio Beacon	無指向性 無線標識施設
NOTAM	Notice to Airman	航空 告示報
OCS	Obstacle Clearance Surface	障碍物 除去表面
PANS	Procedures far Air Navigation Service(ICAO)	空中航行業務節次
PAPI	Precision Approach Path Indicator	精察接近指示機
PAR	Precision Approach Radar	GCA精密測定레이다
PPI	Plan Position Indicator	監視레이다 目標
RAC	Rules of the Air and Traffic Service	航空規則 또는 航空交通管制業務
RAPCON	Radar Approach Control	레이다 接近管制
RCC	Rescue Coordination Center	搜索救助調整本部
RNR	Runway Visual Range	滑走路 視程範圍
RSR	En-Route Surveillance Radar	航空路 監視레이다
RTT	Radio Teletypewriter	無線電信타자기
SAR	Search and Rescue	搜索救助
SIGMET	Information En-Route Weather Phenomena Which May Affect the Safety of Aircraft Operations.	航空機運航에 影響을 미칠 航路上 氣象情報
SMC	Surface Movement Control	地上移動管制
SRR	Search and Rescue Region	搜索救助區域
SSB	Single Side Band	單側波帶
SSR	Secondary Surveillance Radar	2次 監視레이다
SST	Surpersonic Transport	超音速航空機
STOL	Short Take Off and Landing	短距離離着陸
SVC	Service Message	業務 또는 서비스 電報

용어	원어	한국어
TACAN	UHF Tactical Navigation Aid	戰術航法無線標識施設
TDZ	Touchdown Zone	着地地點
TVOR	Terminal VOR	空港 VOR
VASIS	Visual Approach Slope Indicator System	可視接近 滑空却 提示裝置
VFR	Visual Flight Rules	視界飛行規則
VMC	Visual Meteorolagical Condition	視界飛行氣象條件
VOLMET	Meteorological Information for Aircraft in Flight	"볼멧" 氣象放送
VOR	VHF Omni-Directional Radio Range	VHF 全方向無線標識施設
VORTAC	VOR and TACAN Combination	VOR 및 TACAN의 合同裝置
VTOL	Vertical Take-Off and Landing	垂直離着陸

2. 항공보안 용어정의

경비업	경비업법에 의한 시설경비업무, 호송경비업무, 신변보호업무, 기계경비업무, 특수경비업무를 전부 또는 일부를 도급받아 행하는 영업
경비원	경비업법에 의해 경비업의 허가를 받은 법인이 채용한 고용인으로서 일반경비원 및 특수경비원에 해당하는 자
경비지도사	경비원을 지도, 감독 및 교육하는 자
계류장	비행장내에서 승객탑승, 화물의 적재, 급유, 주기 또는 정비를 위하여 항공기를 수용할 목적으로 지정된 구역
계류장 승객 이송 차량	[Apron Passenger Vehicle] 승객들을 항공기와 여객청사 사이로 이송시키데 사용되는 제반차량
계류장	[Apron] 육상비행장내에서 승객, 우편 혹은 화물의 적재, 급유, 주기 혹은 정비를 위하여 항공기를 수용할 목적으로 지정된 구역
공항 귀빈실	귀빈이 출입국할 때에 그 귀빈에 대한 예우를 위하여 여객터미널내에 특별히 설치한 장소
공항보안감독자	항공안전 및 보안에 관한 세부운영지침에 의거한 공항안전 및 보안, 공항보안규정 등의 지도 감독 업무를 수행하는 자로서 공항보안책임자의 추천을 받아 공사의 장이 임명하는 자
공항보안대책 협의회	공항내에서의 경비 및 보안활동 및 출입국 보안업무에 관한 사항을 심의 · 조정하기 위하여 구성하며 국가정보원 공항만 보안실장을 의장으로 공항보안관련기관의 위원으로 으로 하며 공항내 시설의 경비 · 보안 및 대테러 사항, 출입증 발급대상 인원 · 지역의 범위 설정, 테러분자 · 여권위변조사범 · 불법 출입국자 등 위해인물의 출입국 보안사항, 총기 · 폭발물 · 마약 등 국가안전보장 또는 다수 국민건강과 항공기 안전에 위해로운 물품의 보안검색에 관한 사항, 다수 국민의 건강에 영향을 미칠 수 있는 인원, 동 · 식물, 식품, 수산물의 검역 관련 사항, 보안검색요원 및 검색장비 배치 · 운영에 관한 사항, 항공기 안전운항에 중대한 영향을 미칠 수 있는 사항, 종합상황실 구성 · 운영 및 첩보수집 · 전파에 관한 사항 등을 협의하는 공항보안의 최고의결권한을 갖는 협의체
공항보안시행계획	[Airport security programme] 공항 및 항공기의 안전운항을 위해 공항운영자의 책임하에 본부장으로부터 승인을 받아 공사에 의해 관리 운영되는 보안계획
공항보안책임자	항공안전 및 보안에 관한 세부운영지침에 의거한 공항안전 및 보안에 공항보안규정 등의 지도감독업무를 총괄 수행하는 자로 공사의 장이 직접 임명하는 자
공항상주업체	[airport-resident establishment] 공항에서 영업을 행할 목적으로 공항운영자와 시설이용계약을 맺은 개인 또는 법인
공항안전운영협의회	[Airport Safety and Operation Council] 지방항공청장이 관할 공항별로 항공항공안전 및 보안에 관한 시행계획 수립, 공항시설 및 항공기 안전 및 보안에 관한 사항, 공항비상계획 관련사항 등을 협의하기 위한 협의회

공항운영자	[airport operators] 인천국제공항공사법에 의한 인천국제공항공사와 한국공항공사법에 의한 한국공항공사
국제공항운영협의회	[ACI : Airport Council International] 국제공항 상호간의 효율적인 활동을 위하여 세계 주요 공항의 운영 책임자등으로 구성된 협의회
국가항공보안 프로그램	[National Aviation security programme] 국가의 항공보안에 대한 보안대책으로 항공안전본부장 책임하에 항공안전 및 보안에 관 한법률 시행령 제5조 제1항 제9호의 규정에 의하여 지상이나 공중에서 일어나는 불법행위로부터 승객, 승무원, 지상요원, 일반대중 및 시설 등을 보호하기 위한 수립한 보안계획
국제 부정기 항공수송사업자	[International non-scheduled operator] 단지 부정기적으로만 일반에게 국제 서비스를 제공하여 이러한 수송사업자는 국내 서비스도 또한 부정기적으로만 제공할 가능성이 있음.
국제공항 항공수송사업자	[International Airport] 국제항공 교통의 입 · 출국에 필요한 세관, 출입국, 검역, 동식물 검역 등의 업무가 수행 될 수 있도록 관련시설이 구비되어 있는 공항으로 체약국이 지정한 공항
국제선 정기항공사	[International scheduled airline] 제공되는 다른 모든 종류의 서비스에 대해 국제 서비스가 차지하는 비율에 관계없이 국제 정기항공수송서비스를 운영하는 항공사
권고회람	[Advisory Circular] 공항보안 책임자에 의해 발행되는 보안 회람
금속탐지장비	전기 자기장을 이용하여 금속물체를 탐지하는 검색장비
급송서비스	한개 또는 그이상의 업체에 의해 탁송물이 정상 승객 위탁수하물 서류로 정기 항공서비스로 급운송하는 운송활동
기계경비업무	경비대상시설에 설치한 기기에 의하여 감지, 송신된 정보를 그 경비대상시설외의 장소에 설치한 관제시설의 기기로 수신하여 도난, 화재 등 위험발생을 방지하는 업무
기내 물품	항공기에 선적되는 기내식, 기용품, 기내판매물품 등
기내반입금지 휴대물품	위해물품을 포함하여 객실에 반입될 수 없는 물품
기내식 물품	[Catering Supplies] 항공사가 운항하는 항공기에 선전되는 음식물(보세물품, 기내판매물품 등)
기장	[Pilot-in-command] 비행중 항공기 운항 및 안전을 책임지는 조종사
단위적재용기	[ULD: Unit load device] 화물 컨테이너, 항공기 컨테이너, 그물 또는 이글루에 그물이 있는 항공기 파레트
랜드사이드	[Landside] Airside 부대시설 경계지역의 외부에 설치된 일반대중이 출입할 수 있는 공항 건물지역
무기	인명 또는 신체에 위해를 가할 수 있도록 제작된 권총, 소총 등
미수취 수하물	[Unclaimed Baggage] 공항에 도착했으나 주인이 찾아가지 않는 수하물

미확인 수하물	[Unidentified Baggage] 공항에 도착한 수하물이지만 수하물꼬리표가 있어도 또는 꼬리표가 없음으로 인하여 주인을 찾을 수 없거나 또는 찾아가지 않은 수하물
방치물품	일반지역에 주인없이 방치되어져 있는 수상한 가방 등
보안 프로그램	[Security Program] 불법행위로부터 민간항공을 안전하게 보호하기 위하여 채택된 계획
보안검색 완료지역	[Sterile Area] 보안검색대에서 부터 접근이 엄격하게 통제되는 보안검색이 완료된 지역
보안검색	[security screening] 불법방해행위를 하는데 사용될 수 있는 무기 또는 폭발물 등 위험성이 있는 물건들을 탐지 및 수색하기 위한 행위
보안검색감독자	보안검색요원의 업무 수행실태 등을 감독하는 자로 공항 또는 항공사의 보안책임자가 임명하는 자
보안검색완료구역	[Sterile Area] 승객검색대에서 부터 접근이 엄격하게 통제되는 항공기 사이의 지역
보안검색요원	불법방해행위를 하는데 사용될 수 있는 무기 또는 폭발물 등 위험성이 있는 물건들을 탐지 및 수색하기 위한 보안검색 업무를 수행하는 자
보안장비	[Security Equipment] 민간 항공과 시설물들에 대한 불법적 방해 행위에 대해 안전한 경비를 하기위한 개별장치 또는 시스템의 일부 장치로써 사용의 특수 성격을 띤 장치
보안점검	[Inspections] 민간항공보안에 대한 보안대책 및 통제절차 등이 적절히 수행되고 있는 지를 확인하기 위하여 공항, 항공기 및 공항운영자 등에 대하여 점검하는 것
보안조회	[Security Vetting] 제한지역 출입증 발급시 신청자의 신원조회
보안통제	[Security Control] 보호구역 출입증이 없는 자의 보호구역 진입을 방지하고 불법행위에 사용될 우려가 있는 위해물품 등을 보호구역 또는 항공기내로 반입되지 않도록 금속탐지기, X-ray검색장비 등으로 검색하는 것
보안통제지역	[Security Restricted Area] 보안 및 안전의 목적으로 접근이 제한 또는 통제되는 공항건물 및 시설 지역
보호구역 출입증	보호구역으로 출입이 가능하도록 인원, 차량 및 장비에 대해 발행한 출입허가증
보호구역	[Airside] 공항의 이동지역, 이동지역과 인접된 지형 및 건물 또는 그 일부로서 일반인의 출입이 통제되어 있는지역
불법방해행위	[unlawful obstruction] 항공기 안전운항을 저해할 우려가 있거나 운항을 불가능하게 하는 행위로서 항공기를 파괴하거나 손상하는 행위, 공항 및 항행안전시설의 손상, 파괴 또는 운영을 방해하는 행위, 항공기 운항 등과 관련된 허위정보 제공행위 등의 행위
불시평가	[Tests] 보안업무 수준이 적절하게 유지되고 있는 지를 확인하기 위하여 공항, 항공기 및 공항운영자 등에 대한 보안대책 및 통제절차 등을 불시에 실시하는 것

비상계획 또는 우발계획	[Contingency Plan] 항공보안 관련 예상되는 대량 인명 및 재산 손실을 야기시키는 항공기 납치, 공항폭파 등의 피해를 최소화하기 위하여 각 관련 조직간의 책임소재, 취해야할 조치 등을 규정한 계획
사내보안강사	국가민간항공보안 교육훈련지침에 의거하여 소속장이 자체보안교육계획에 의거하여 보안교육을 실시하는 사내직원
사보타지	[Sabotage] 재산의 악의적인 파괴를 일으키려는 행동 또는 고의적인 기계고장을 야기시키는 행동.이는 국제민간항공 및 시설물에 불법적인 행위를 초래하는 위험스러운 행위임
상업용항공기	[Commercial air carrier] 정기적 또는 부정기적으로 여객, 화물, 우편 등의 유상 운송에 활용되는 항공기
상용화주	[Known Shipper] 화물, 항공회사 및 특급 소포 또는 우편물과 관련하여 항공사와 함께 사업을 수행하는 해당기관에 의해 승인된 대행업체, 항공화물 운송자 또는 기타 유사업체를 말함.
선적	[Loading] 동일한 운항에서 이전에 이미 선적된 화물, 우편물, 수하물 또는 저장품을 제외한 탑승시 화물, 수하물 또는 저장품을 비행기로 운반하는 것을 말함
소형무기	[Small Arms] 모든 휴대용 소화기(小火器)에 해당되는 무기
수하물 보관지역	[Baggage Storage Area] 보안검색이 완료된 후 항공기로의 이송이 보류된 수하물이 보관되는 장소이며 또한 오처리된 수하물이 이송, 수하물 회수과정이 이루어 지기 전까지 보관되는 장소
수하물 분류지역	[Baggage Sorting Area] 출발수하물이 항공 적재(flight loads)를 위해 분류되는 지역
수하물 적재 용기	[Baggage Container] 항공기탑재를 위해 운송용으로 수하물이 적재되는 용기
수하물 하역작업	[Unloading] 착륙후 항공기로부터 화물,우편물,수하물 및 저장품 등을 옮기는 것. 단, 통과항공편의 화물 등은 제외
수하물	[Baggage] 항공기로 탑재되는 승객과 승무원의 개인적 물품
승무원	[Flight Crew Member] 항공기 운항에 필수적인 의무를 부여하는 면허를 가지고 있는 승무원
시설경비업무	경비를 필요로 하는 시설 및 장소에서의 도난, 화재 그 밖의 혼잡 등으로 인한 위험발생을 방지하는 업무
신변보호업무	사람의 생명이나 신체에 대한 위해의 발생을 방지하고 그 신변을 보호하는 업무
에스코트 권한	[Escort Authority] 인가된자가 인원 및 차량을 제한지역으로 인솔할 수 있는 법령에 명시된 권한
엑스선 검색장비	방사선발생장치에 의해 검색대상물을 엑스선으로 조사하고 조사된 내용을 모니터에 영상으로 표시하는 검색장비
여객기	[Passenger aircraft] 공식적으로 탑승하는 운영자의 피고용인인 승무원, 적절한 정부 당국의 위임자, 위탁위험품 또는 기타 화물의 동반자 이외의 사람을 수송하는 항공기

여객표준중량	[Passenger weight] 여객에 관한 통계를 중량으로 표시하기 위해 여객수에 여객 1인당 표준중량(무료 및 초과수하물 포함)을 대표하는 전환계수를 곱하며 전환계수의 결정은 작성자의 자유재량이나 이용가능한 전환계수가 없는 경우 일반적으로 90kg이 사용됨
오류수하물	[Mishandled Baggage] 부주의한 취급으로 여객과 승무원으로 부터 이탈된 수하물
오분류수하물	[Mishandled Baggage] 부주의한 취급으로 여객과 승무원으로 부터 이탈된 수하물
외교수하물	[Diplomatic baggage] 비엔나 협약에 의하여 운송되는 외교 서신 및 물품
외교행낭	비엔나 협약에 의하여 운송되는 외교서신 및 물품
우편물	[Mail] 우편 행정업무의 송달을 위한 것으로 서신 및 기타 발송 물품
운항승무원	[Flight crew member] 비행시간중 항공기 운항에 필수적인 임무를 수행하는 유자격 승무원
운항중	[in flight] 승객이 탑승한 후 항공기의 모든 문이 닫힌 때부터 비행후 내리기 위하여 문을 열 때까지 시간
위탁수하물	[checked baggage] 항공사 관리하에 승객과 동일한 항공기에 의해 운송되는 있는 기탁수하물
위탁위험품	[Consignmen] 운용자가 한번에 한 주소로 1인 송화주로부터 접수하여 한 품목으로 영수증을 끊고 한 목적 주소에 1인 수화자에게 전달하는 1개이상의 위험품에 대한 포장물
위해물품	총포, 도검, 화약류단속법 제2조 및 11조 규정에 의한 총포류, 도검류, 화약류 - 인화물질 : 폭발 또는 발화가 가능한 인화물품, 기타 혼합물품 - 총기 : 권총, 압력총, BB권총, 섬광총 등 폭발에 의해 발사되는 모든 무기 - 가스 및 화학물질 : 최루탄, 신경가스, 기타화학가스, 유독성물질 - 곤봉류 : 경찰봉, 가죽으로 싼 곤봉 또는 유사품 - 기타 위해물품 : 가위, 면도날, 얼음송곳 등 무기로 사용 가능한 물품(모형 무기 또는 폭발물 포함) - 칼 : 위험하다고 판단되는 군도, 검, 사냥칼, 기타 도검류 - 폭발물 및 탄약 : 판매용 또는 사제폭발물, 탄약, 기타혼합제품
위험품 사건	[Dangerous goods incident] 인명 손상, 재산 피해, 화재, 파손, 엎질러짐, 액체 또는 방사능 누출 또는 포장물의 보존을 유지하지 못한 기타 흔적을 초래시키는 것으로써 위험품 항공 수송과 관련된 위험품 사고 이외에 사건으로 반드시 항공기에서 발생하지 않는 사건
위험품 사고	[Dangerous goods accident] 치명적 또는 중대한 인명 손상이나 재산 피해를 초래한 위험품 항공 수송과 관련된 사건

위험품	[Dangerous goods] 항공기 수송중 건강, 안전 또는 재산에 크게 위험을 가할 수 있는 물품 또는 재산에 크게 위험을 가할 수 있는 물품 또는 물질.
유상승객	[Revenue passenger] ICAO 통계상으로는 정규 항공요금의 25% 이상을 지불한 여객.
이동지역	[Movement Area] 기동지역(maneuvering area)과 계류장(apron)으로 항공기의 이착륙과 유도에 사용되어지는 공항지역
이착륙 대기지역	[Airside Waiting Area] 여객터미널에서 부터 출발 탑승동(departure concourse)과 이착륙 출구(air-side exits)사이에 있는 지역
이착륙 지역	[Airside] 공항통제지역으로 항공기의 이착륙과 계류, 이에 따른 조업이 이루어지는 지역
인터라인 수하물	[Interline Baggage] 승객의 여행경로에 따라 한 항공사의 항공기로 부터 다른 항공사의 항공기로환승하는 승객의 수하물
일반지역	[Landside] 공항지역 중 보호구역 이외의 지역으로 일반인 출입이 가능한 지역
잔교	[Pier] 항공기 주기장을 여객빌딩에 연결하도록 지표면 위 또는 아래에 있는 긴 복도로 된 지 (corridor)
잘못 처리된 수하물	항공사 취급 부주의로 승객 또는 승무원 으로부터 이탈된 위탁수하물
점검용테스드물품	검색장비의 정상작동 여부를 점검하거나 검사하기 위하여 사용하는 물품
제한지역	[Restricted Area] 에어사이드 지역의 일부로 인가자 이외에는 접근이 통제되는 지역
좌석이용률	[Passenger load factor] 이용가능 좌석킬로에 대한 여객킬로의 비율을 퍼센트로 나타낸 것으로 총좌석을 중심으로 어느 정도 판매되었는가를 백분율로 나타낸 것
중량이용률	[Weight load factor] 이용가능 톤킬로에 대한 톤킬로의 비율을 퍼센트로 나타낸 것으로 항공회사가 생산, 공급한 수송량 중 총중량을 중심으로 어느 정도 판매되었는가를 백분율로 나타낸 것
직접 통과지역	[Direct Transit Area] 체약국을 통과하기 위하여 일시 체류하는 여객의 편의를 위해 관련 공공기관으로 부터 승인되고 직접적이 감독을 받는 국제공항과 연결되어 설치된 특별구역
출발 탑승동	[Departure Concourse] 탑승수속장(check-in position)과 이착륙 대기지역(air-side waiting area)사이에 위치한 지역
출입국검사장	국제선항공기가 입출항하는 공항에 법령이 정하는 바에 따라 출입국관리 · 통관 및 검역 등의 업무를 수행하기 위하여 특별히 설정된 출입국심사장 · 및 검역구역
컴퓨터 단층촬영 X-ray장비	[CTX : Computer tomography X-ray] 미국 In-Vision사에서 개발한 최신 폭발물 탐지 장비(EDS)로서 병원의 CT장비 기술을 보안검색을 위하여 개발한 장비

탑승수속	[Check-in] 특정 비행기에로의 탑승을 허락하도록 항공사 운영자에게 보고하는 절차
탑승수속지역	[Check-in Position] 탑승수속이 이루어지는 시설물이 위치한 곳
통과공항	[Transit Station] 어떤 운항편에서의 예정된 경유지 공항
통과여객	[Transit Passengers] 공항에 도착은 했으나 다음 목적지를 향해 타고 온 동일 비행기로 출발 하는 여객
통과화물	공항에 도착한 화물을 동일 항공기로 다른 공항으로 운송하는 화물
특수경비업무	공항 또는 항공기 등 대통령령이 정하는 국가중요시설의 경비 및 도난, 화재 그 밖의 위험발생을 방지하는 업무
폭발물 비상상황	[Bomb Alert] 항공기, 공항 또는 민간 항공 시설물의 부대건물에서의 폭발물 또는 수상한 물건 발견시 또는 익명의 위협 전화에 인해 관계기관이 적절한 대책을 세워야 할 경우 관계기관이 발효하는 비상사태
폭발물 위협상황	[Bomb Threat] 폭발물이나 기타 다른 폭발장비등으로 인하여 비행중이거나 지상 또는 공항에서나민간항공 시설물에서 항공기, 사람의 안전을 위험에 빠져 있도록 하는 익명의 위협 전화나 기타 위협
폭발물 탐지장비	검색대상물에 묻어있는 화학성분은 흡입하여 화학적인 이온분석 방법이나 엑스선 검색방법 또는 중성자 검색 방법 등에 의하여 폭발물 또는 폭발성분을 탐지하는 검색장비
항공 폭발물 위협분석관	폭발물 위협분석을 위하여 공항 또는 항공사 보안책임자의 추천을 받아 공사 또는 항공사의 장이 임명하는 자
항공 폭발물 처리요원	폭발물의 발견 또는 신고 접수시 초동 조치를 취하고, 폭발물 해체 작업 수행을 위하여 공사, 항공사 등의 장이 임명한 자
항공경비감독자	항공경비요원의 업무 수행실태 등을 감독하는 자로 공항 또는 항공사의 보안책임자가 임명하는 자
항공경비요원	공항내의 공항 또는 항공사의 중요시설, 항공기 등을 보호하고, 보호구역내에 출입을 통제하는 업무와 승객 아닌 자 및 물품 등에 대한 검색 또는 신원확인 업무를 수행하는 자
항공기 보안점검	[Aircraft Security Check] 수상한 물품, 무기, 폭발물 및 기타 위험한 물품을 발견하기 위하여 항공기 객실 및 화물칸 등을 점검하는 것
항공기 정비지역	[Aircraft Maintenance Area] 항공기의 유지보수를 위하여 설정된 모든 지상의 공간 및 시설물(facilities)을 말함
항공기 주기장	[Aircraft Stand] 항공기를 주기시키기 위한 목적으로 계류장에 지정된 지역
항공기취급업체	[aircraft-handling company] 항공법 제137조의 규정에 의하여 항공기 취급업을 등록한 업체를 말한다.
항공보안	[Aviation Security] 인적 · 물적자원을 이용하여 불법방해행위로 부터 민간항공을 보호하기 위한 대책
항공보안감독관	항공안전및보안에관한법률 시행령 제20조제11호의 규정에 의해 위임된 항공안전 및 보안에 관한 업무를 수행하기 위하여 항공안전본부장이 법 제33조제1항의 규정에 의하여 항공보안감독관으로 지정한 소속공무원
항공보안강사요원	항공전문교육기관 및 보안검색교육기관에서 교육강의를 담당하는 자

항공보안요원	[viation security personnel] 항공기안의 질서 및 안전을 해하는 행위를 방지하는 직무를 담당하는 사법경찰관리 또는 항공운송사업자가 지명하는 자
항공사 보안 시행계획	[Airline security programme] 항공기의 안전운항을 위해 항공운송사업자의 책임하에 본부장으로부터 승인을 받아 항공사에 의해 관리 운영되는 보안계획
항공사보안감독자	항공보안 운영지침, 항공사보안규정 등의 지도 감독업무를 수행하는 자로서 항공사보안책임자의 추천을 받아 항공사의 장이 임명하는 자
항공사보안책임자	항공보안 운영지침, 항공사보안규정 등의 지도 감독업무를 수행하는 자로 항공사의 장이 직접 임명하는 자
항공안전협의회	[Aviation Safety Council] 항공안전 및 보안에 관련되는 계획의 협의, 관계행정기관간 업무협조, 항공안전 및 보안계획의 승인을 위한 협의 등을 위해 건설교통부장관을 장으로 하고 보안관련 정부기관의 위원으로 하는 협의회
항공운송사업자	[air carriers] 항공법 제112조의 규정에 의하여 면허를 받은 정기항공운송사업자, 동법 제132조의 규정에 의하여 등록한 부정기항공운송사업자 및 동법 제147조의 규정에 의하여 허가를 받은 외국인국제항공운송업자
항행안전시설	[Air navigation installation] 항공교통 관제 또는 항행 지원을 위하여 사용되는 시설 및 장비 총칭
현장조사	[Surveys] 민간항공에 대한 불법방해행위(Acts of unlawful interference), 항공기납치(Hijacking), 파괴행위(Sabotage) 및 테러공격(Terrorist attack) 등을 방지하기 위하여 그 취약성을 분석하고, 보호대책을 수립할 수 있도록 공항, 항공기 및 공항운영자등에 대하여 운영실태 등을 조사하는 것
호송경비업무	운반중에 있는 현금, 유가증권, 귀금속, 상품 그 밖의 물건에 대하여 도난, 화재 등 위험발생을 방지하는 업무
화물	[Cargo] 우편물, 보관물, 소지 수하물, 오류 처리 수하물 외에 항공기로 운송되는 제반 물품
화물기	[Cargo aircraft] 여객기가 아닌 상품 또는 재산을 수송하는 항공기
화물지역	[Cargo Area] 화물처리를 위해서 설정된 제반 지상공간 및 시설물들이 위치한 지역. 계류장(aprons), 화물청사 및 저장소(cargo buildings and warehouses), 차량 주차장과 도로 등이 이 범주에 속함
화물청사	[Cargo Buildings] 항공과 지상사이에 화물을 이송시키고 관련 시설물이 설치되며, 또는 항공/지상으로 이송이 보류된 화물 보관지역
환승수하물	[Transfer Baggage] 다른 비행기를 갈아타는 수하물
환승여객	[Transfer Passengers] 공항에 도착한 여객이 입국하지 않고, 다른 항공기로 다른 공항으로 출발하는 여객
환승지역	당해 공항에 도착한 승객이 다른 항공기를 이용할 목적으로 일시 대기하는 지역
환승화물	공항에 도착한 화물을 다른 항공기로 다른 공항으로 운송하는 화물
휴대물품	[Hand Baggage / Carry-on Baggage] 승객 또는 승무원에 의하여 운반되며 기내 또는 객실에 보관되는 물품

참고문헌

- ICAO ANNEX 17(SECURITY) (ICAO, 2001)

- ICAO SECURITY MANUAL (DOC 8973/6) (ICAO, 2002)

- Checkpoint Operations Guide -7/94 (Air Transport Association of America and Regional Airline Association)

- ICAO AVSEC 123/Basic, Supervisor, Management Course

- IATA Security Manual (2003)

- Airport Certified Employee(ACE)-Security Program(AAAE, 2004)

- Aviation and Airport Security (Kathleen M. Sweet. Esq, 2004)

- 항공보안 규정집 (항공보안교육원 편저, 2004)

- 항공보안(Aviation Security) (항공보안교육원, 2004)

- 항공경비보안(Aviation Security Guard) (항공보안교육원, 2005)

- 보안검색(Aviation Security Screening) (항공보안교육원, 2005)

- 항공안전 및 보안에 관한 법률, 시행령, 시행규칙

- 항공안전 및 보안에 관한 세부운영지침 (항공안전본부, 2003)

- 국가민간항공보안 교육훈련지침 (항공안전본부, 2004)

- 국가항공보안 수준관리지침 (항공안전본부, 2005)

- 항공안전보안장비종류, 성능 및 운영기준 (항공안전본부, 2003)

- 항공화물보안기준 (항공안전본부, 2005)

- 경찰관 직무집행법

- 경비업법, 시행령, 시행규칙

- 청원경찰법, 시행령, 시행규칙

- 총포 · 도검 · 화약류 등 단속법

- 국가보안목표관리지침(국가정보원, 2003)

- 피납항공기의 인질협상요령(대테러연구 15집) (국가정보원, 1992)

- 군 경계지침 (육군본부, 1989)

- 대통령 훈령 제28호 (합동참모본부, 2004)

- 대통령 훈령 제47호 (국가정보원, 2001)

- 경비지도사 양성과정(한국경비협회, 2004)

- 범죄예방론 (이상원, 2005)

- 2001년~2004년 테러정세 (국가정보원, 2001~2004)

- 항공안전보안개론 (김철환, 2004)

- 911 REPORT I / II권 (국가정보원, 2004)

- 제1회 항공보안세미나 주제발표논문(항공보안교육원, 2004)

- 제2회 항공보안세미나 주제발표논문(항공보안교육원, 2005)

- 공항운영 및 관리 (유광의/유문기 공저, 2004)

- 2004년~2005년 한국민간경비학회보 (한국민간경비학회, 2004~2005)

- 공항보안의 발전에 관한 연구(박사논문) (김용욱, 2004)

- 항공여객 보안검색 업무성과 개선을 위한 연구(석사논문) (최영기, 2005)

항공보안론

2006년 3월 5일 인 쇄
2006년 3월 10일 발 생

著 者 고 광 남
소 대 섭

發行人 (寅製) 秦 旭 相

저자와 합의
인지첩부 생략

發行處 白山出版社
서울시 성북구 정릉3동 653-40
등 록 : 1974. 1. 9. 제1-72호
전 화 : 914-1621, 917-6240
FAX : 912-4438
http://www.baek-san.com
edit@baek-san.com
biz@baek-san.com

값 25,000원
ISBN 89-7739-818-5

저/자/소/개

■ 고 광 남

現 인천국제공항공사 부설 항공보안교육원 교수
現 경기대학교 서울캠퍼스 경호비서학과 교수
現 Pacific Yale University Department of Private Investigation & Security (민간정보행정학과) 한국부 교수
국방대학원졸업
미국 Safe Passage "Train the Trainer" Course 이수
미국 보안검색장비 "ITEMISER" 교육이수
영국 The Smart Approach System "Instructor Training" Course 이수
ICAO ASTP 123 / Instructors 과정 이수
前 한국공항공사 부설 보안교육센터 전임교수

■ 소 대 섭

現 인천국제공항공사 인재개발원 보안교육팀 과장
現 인천국제공항공사 부설 항공보안교육원 전임교수
現 한국항공대학교 부설 한국항공안전교육원 위촉교수
現 한국민간경비학회 이사
미국 Safe Passage "Train the Trainer" Course 이수
영국 Smart Approach "Instructor Training" Course 이수
ICAO ASTP 123/Instructors 과정 이수
ICAO ASTP 123/Basic & Supercisor 과정 이수
ICAO ASTP 123/Auditor 과정 이수

[저서]

항공보안규정집(항공보안교육원 편저, 2004)
항공보안(Aviation Security)(항공보안교육원 공저, 2004)
항공경비보안(Aviation Security Guard)(항공보안교육원 공저, 2005)
보안검색(Aviation Security Screening)(항공보안교육원 공저, 2005)